福建省高职高专土建大类十三五规划教材

建筑施工技术

主　编 ◎ 卓维松

副主编 ◎ 代庭苇　刘常涛

参　编 ◎ 徐秀华　施微丹

　　　　　　王　喆　梁璋彬

主　审 ◎ 叶小清

厦门大学出版社
XIAMEN UNIVERSITY PRESS

国家一级出版社
全国百佳图书出版单位

图书在版编目（CIP）数据

建筑施工技术 / 卓维松主编. -- 3 版. -- 厦门：
厦门大学出版社，2024.6
ISBN 978-7-5615-9393-6

Ⅰ．①建… Ⅱ．①卓… Ⅲ．①建筑工程-工程施工
Ⅳ．①TU74

中国国家版本馆CIP数据核字(2024)第102543号

总策划　宋文艳
责任编辑　陈进才
美术编辑　李嘉彬
技术编辑　许克华

出版发行　厦门大学出版社
社　　址　厦门市软件园二期望海路 39 号
邮政编码　361008
总　　机　0592-2181111　0592-2181406(传真)
营销中心　0592-2184458　0592-2181365
网　　址　http://www.xmupress.com
邮　　箱　xmup@xmupress.com
印　　刷　厦门市金凯龙包装科技有限公司

开本　787 mm×1 092 mm　1/16
印张　26.5
字数　630 千字
印数　1~2 000 册
版次　2013 年 6 月第 1 版　2024 年 6 月第 3 版
印次　2024 年 6 月第 1 次印刷
定价　56.00 元

本书如有印装质量问题请直接寄承印厂调换

厦门大学出版社
微信二维码

厦门大学出版社
微博二维码

内容简介

　　本书是福建省高职高专土建大类系列规划教材,依据《福建省教育厅关于组织实施"福建省高等职业教育教材建设计划"的通知》(闽教高〔2010〕60 号)文件精神、土建类专业教材编委会研讨制定的《福建省土建类高等职业教育教材建设方案》以及国家颁布的有关新规范、新标准编写而成。

　　第三版全书内容由土方工程、桩基础工程、钢筋混凝土工程、预应力混凝土工程、结构安装工程、砌筑工程、防水工程、装饰工程等八大知识模块组成。本书主要依据近几年最新国家现行建筑工程施工及验收规范,对第二版进行了系统性的修订和更新,并大幅度地重构了第二版教材的知识体系,其内容的深度和难度更加符合高等职业教育的特点,以培养学生专业技能为核心,突出专业知识的实用性和先进性。

　　本书可作为高职高专院校建筑工程技术专业课程教材,也可作为工程造价、工程建设监理、工程建设管理、智能建造技术、土木工程检测技术、装配式建筑工程技术等土建类专业的课程教材,亦可作为土建类职业岗位培训教材、土建工程技术人员的参考用书以及成人学历教育的课程教材。

第三版前言

"建筑施工技术"是建筑工程技术专业和土建类相关专业的一门技术核心课程。它专门研究建筑工程主要分部分项工程的施工工艺、施工方法、质量要求、检验标准等内容。该课程具有知识面广、综合性强以及技术发展快的特点。本次修订在第二版的基础上，根据近几年住建部颁布的新的施工验收规范、新的行业标准、2022 年住建部《全面停止在新开工项目中使用这些施工工艺、设备和材料》等文件进行修订。

按照"知识模块化、校企共建"原则，邀请校企合作企业福建省兴岩建设集团有限公司高工参与教材编写、大纲制定等相关工作；对第二版教材内容进行大幅度调整与重构，对岗位需求的实用价值较低的部分进行大幅度删减；补充了新规范、新标准的内容，增加"岩土工程勘察报告识读"内容以及大量实景图片；充分体现了教材的"实践性、实用性、实效性"的特征，使之更贴近本专业的发展和实际需要。

《建筑施工技术》第三版由福建船政交通职业学院卓维松担任主编。福建农业职业技术学院刘常涛，福州职业技术学院梁璋彬以及福建船政交通职业学院代庭苇、徐秀华、王喆、施微丹等参与编写工作。编写分工如下：模块 1、模块 3、模块 4、模块 8 以及思考题和练习题由卓维松负责，模块 2 由徐秀华、施微丹负责，模块 5 和模块 6 由代庭苇负责，模块 7 由刘常涛、梁璋彬、王喆负责。全书由福建船政交通职业学院卓维松统稿，并进行校订工作。本教材由福建省兴岩建设集团有限公司高级工程师叶小清担任主审。

本书在编写过程中参考了大量规范、教材、专业文献和资料，在此向相关作者致以深深的谢意！感谢福建省兴岩建设集团有限公司对本教材编写工作的大力支持！

限于编写、修订者的水平、学识，本次修订难免存在一些不足，恳请广大读者批评指正。

编 者

2024 年 2 月

目　录

模块 1　土方工程

学习目标

1. 能够叙述土的分类与工程性质
2. 能够叙述基坑槽各类支护方法
3. 能够叙述轻型井点降水法
4. 能够叙述土方开挖与回填的方法
5. 能够理解土方量计算方法
6. 能够运用工程规范或标准,对土方工程进行质量检验
7. 提高工程质量意识与规范意识,形成良好的工程专业素养

　　土方工程主要包括土方的开挖、运输、填筑、平整和压实等过程,以及排水、降水和基坑(槽)支护等辅助工程过程。最常见的土方工程施工有:场地平整,地下室、基坑(槽)及管沟开挖与回填,地坪填土与碾压,路基填筑等。土方工程的施工面广,工程量大,劳动强度高,施工条件复杂,易受气候条件、地质和水文条件的限制,难以确定的因素较多。因此,施工前应做到:① 现场勘察,收集、核对、分析资料;② 做好施工前准备工作;③ 选择好施工方案;④ 确定合理土方调配方案;⑤ 制定工程质量技术保证措施。

1.1　土的工程分类与性质

1.1.1　土的工程分类

　　土的种类繁多,其分类的方法也很多。在建筑施工中,根据土的开挖难易程度,将土分为松软土、普通土、坚土、砂砾坚土、软石、次坚石、坚石、特坚石等八类。前四类属一般土,后四类属岩石。土的这八种分类方法及现场鉴别方法见表 1-1。

表 1-1　土的工程分类及鉴别方法

土的分类	土的名称	可松性系数		现场鉴别(开挖)方法
		K_s	K_s'	
Ⅰ类土 (松软土)	砂;亚砂土;冲积砂土层;种植土;泥炭(淤泥)	1.08~1.17	1.01~1.03	能用锹、锄头挖掘
Ⅱ类土 (普通土)	亚黏土;潮湿的黄土;夹有碎石、卵石的砂;种植土;填筑土及亚砂土	1.14~1.28	1.02~1.05	用锹、锄头挖掘,少许用镐翻松

续表

土的分类	土的名称	可松性系数		现场鉴别(开挖)方法
		K_S	K_S'	
Ⅲ类土 (坚土)	软及中等密实黏土;重亚黏土;粗砾石;干黄土及含碎石、卵石的黄土、亚黏土;压实的填筑土	1.24~1.30	1.04~1.07	主要用镐,少许用锹、锄头挖掘,部分用撬棍
Ⅳ类土 (砂砾坚土)	重黏土及含碎石、卵石的黏土;粗卵石;密实的黄土;天然级配砂石;软泥灰岩及蛋白石	1.26~1.32	1.06~1.09	主要用镐、撬棍,然后用锹挖掘,部分用楔子及大锤
Ⅴ类土 (软石)	硬石炭纪黏土;中等密实的页岩、泥灰岩、白垩土;胶结不紧的砾岩;软的石灰岩	1.30~1.45	1.10~1.20	用镐或撬棍、大锤挖掘,部分使用爆破方法
Ⅵ类土 (次坚石)	泥岩;砂岩;砾岩;坚实的页岩;泥灰岩;密实的石灰岩;风化花岗岩;片麻岩	1.30~1.45	1.10~1.20	用爆破方法开挖,部分用风镐
Ⅶ类土 (坚石)	大理岩;辉绿岩;粗、中粒花岗岩;坚实的白云岩、砂岩、砾岩、片麻岩、石灰岩、风化痕迹的安山岩、玄武岩	1.30~1.45	1.10~1.20	用爆破方法开挖
Ⅷ类土 (特坚石)	安山岩;玄武岩;花岗片麻岩、坚实的细粒花岗岩,闪长岩、石英岩、辉长岩、辉绿岩	1.45~1.50	1.20~1.30	用爆破方法开挖

注:K_S为最初可松性系数,K_S'为最终可松性系数。

由于土的类别不同,单位工程消耗的人工或机械台班不同,因而施工费用就不同,施工方法也不同。所以,正确区分土的种类、类别,对合理选择开挖方法、准确套用定额和计算土方工程费用关系重大。

1.1.2 土的工程性质

土一般由土颗粒(固相)、水(液相)和空气(气相)三部分组成,这三部分之间的比例关系随着周围条件的变化而变化,三者间比例不同,反映出土的物理状态不同,如干燥、稍湿或很湿,密实、稍密或松散。这些指标是最基本的物理性质指标,对评价土的工程性质、进行土的工程分类具有重要意义。

土的三相物质是混合分布的,为阐述方便一般用三相图表示(图 1.1),三相图中把土的固体颗粒、水、空气各自划分开来。

图中符号:

m——土的总质量($m = m_s' + m_w'$)(kg);

m_s'——土中固体颗粒的质量(kg);

m_w'——土中水的质量(kg);

V——土的总体积($V = V_s + V_w + V_n$)(m³);

V_n——土中的空气体积(m³);

V_s——土中的固体颗粒体积(m³);

V_w——土中水所占的体积(m³);

V_v——土中的孔隙体积($V_v = V_n + V_w$)(m³)。

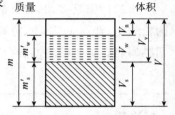

图 1.1 土的三相示意图

土的工程性质对土方工程的施工方法及工程进度影响很大。土的主要工程性质有土的天然密度、干密度、天然含水量、可松性、压缩性、渗透性等。

1. 土的天然密度

土的天然密度是指土在天然状态下单位体积的质量，又称湿密度。它影响土的承载力、土压力及边坡稳定性。土的天然密度按下式计算：

$$\rho = \frac{m}{V} \tag{1-1}$$

式中，m——土的总质量(kg)；

$\quad V$——土的总体积(m^3)。

2. 土的干密度

土的干密度是指单位体积土中固体颗粒的质量，用下式表示：

$$\rho_d = \frac{m_s'}{V} \tag{1-2}$$

式中，m_s'——土中固体颗粒的质量(kg)；

$\quad V$——土的总体积(m^3)。

土的干密度在一定程度上反映了土颗粒排列的紧密程度，因而常用它作为填土压实质量的控制指标。土的最大干密度值可参考表 1-2。

3. 土的天然含水量

土的天然含水量(w)是指在天然状态下，土中水的质量与土中固体颗粒的质量之比，用百分率 w 表示，即：

$$w = \frac{m_w'}{m_s} \times 100\% \tag{1-3}$$

式中，m_w'——土中水的质量(kg)；

$\quad m_s$——土中固体颗粒的质量(kg)。

通常情况下，干土：土的含水量在 5% 以内；湿土：土的含水量在 5%～30% 以内；饱和土：土的含水量大于 30%。土的含水量反映土的干湿程度，它对挖土的难易、土方边坡的稳定性及填土压实等均有直接影响。因此，土方开挖时，应采取排水措施。回填土时，应使土的含水量处于最佳含水量的变化范围之内，详见表 1-2。

表 1-2 土的最佳含水量和最大干密度参考值

土的种类	变动范围	
	最佳含水量/%（质量比）	最大干密度/(g/cm³)
砂土	8～12	1.80～1.88
亚砂土	9～15	1.85～2.08
粉土	16～22	1.61～1.80
粉质黏土	12～15	1.85～1.95
重亚黏土	16～20	1.67～1.79
粉质亚黏土	18～21	1.65～1.74
黏土	19～23	1.58～1.70

4. 土的可松性

自然状态下的土经开挖后,其体积因松散而增加,虽经回填夯实,仍不能完全恢复到原状态土的体积,这种现象称为土的可松性。土的可松性用最初可松性系数 K_S 及最终可松性系数 K_S' 表示。即:

$$K_S = \frac{V_2}{V_1} \tag{1-4}$$

$$K_S' = \frac{V_3}{V_1} \tag{1-5}$$

式中,V_1——土在天然状态下的体积(m^3);

V_2——土挖出后的松散体积(m^3);

V_3——土经压(夯)实后的体积(m^3)。

土的可松性对土方的平衡调配、基坑开挖时预留土量及运输工具数量的计算均有直接影响。各类土的可松性系数见表1-1。

5. 土的压缩性

土的压缩性是指土在压力作用下体积变小的性质,用压缩率表示。取土回填或移挖作填,松土经过运输、填压后,均会压缩,一般土的压缩率见表1-3。

表 1-3　一般土的压缩率参考值

土的类别	土的名称	土的压缩率/%	每立方米松散土压实后的体积/m^3
Ⅰ、Ⅱ类土	种植土	20	0.80
	一般土	10	0.90
	砂土	5	0.95
Ⅲ类土	天然湿度黄土	12～17	0.85
	一般土	5	0.95
	干燥坚实黄土	5～7	0.94

6. 土的渗透性

土的渗透性也称透水性,是指土体被水透过的性质,用渗透系数 K 表示。它主要取决于土体的孔隙特征,如孔隙的大小、形状、数量和贯通情况等。渗透系数 K 表示单位时间内地下水穿透土层的能力,以米/天(m/d)表示。渗透系数 K 反映出土透水性的强弱。它直接影响降水方案的选择和涌水量的计算。可通过室内渗透试验或现场抽水试验确定,一般土的渗透系数参考值见表1-4。

表 1-4　土的渗透系数参考值

土的种类	$K/(m/d)$	土的种类	$K/(m/d)$
亚黏土、黏土	<0.1	含黏土的中砂及纯细砂	20～25
亚黏土	0.1～0.5	含黏土的细砂及纯中砂	35～50
含亚黏土的粉砂	0.5～1.0	纯粗砂	50～75
纯粉砂	1.5～5.0	粗砂夹砾石	50～100
含黏土的细砂	10～15	砾石	100～200

1.2　土方量计算与场地平整

1.2.1　基坑（槽）土方量计算

1. 边坡坡度

土方边坡用边坡坡度和边坡系数表示。

边坡坡度是以挖土深度 H 与边坡底宽 B 之比表示[图 1.2(a)]，即：

$$土方边坡坡度 = H/B = 1:m \tag{1-6}$$

边坡系数是土方边坡底宽 B 与挖土深度 H 之比，用 m 表示，即：

$$边坡系数\ m = B/H \tag{1-7}$$

边坡坡度与边坡系数互为倒数，工程上常用 $1:m$ 表示土方边坡放坡（图 1.2）。

土方开挖或填筑的边坡可以做成直线形、折线形及阶梯形（图 1.2）。边坡的大小与土质、开挖深度、开挖方法、边坡留置时间的长短、边坡附近的震动和有无荷载、排水情况等有关。土方开挖设置边坡是防止土方坍塌的有效途径，边坡的设置应符合相关要求。

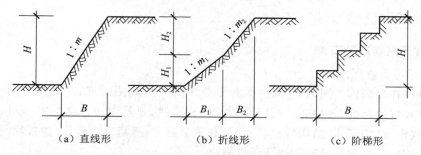

(a) 直线形　　　　　(b) 折线形　　　　　(c) 阶梯形

图 1.2　土方开挖或填筑的边坡

2. 基槽土方量计算

在土方工程施工之前，通常要计算土方的工程量。但土方工程的外形往往复杂、不规则，要得到精确的计算结果很困难。一般情况下，都将其假设或划分成为一定的几何形状，并采用具有一定精度而又和实际情况近似的方法进行计算。

基槽的土方量可按棱柱体体积的公式(1-8)计算（图 1.3），即：

$$V = \frac{L_1}{6}(A_1 + 4A_0 + A_2) \tag{1-8}$$

式中，V——基槽土方工程量（m^3）；

L_1——基槽开挖土方的长度（m）；

A_1、A_0、A_2——分别为土方棱柱体左、中、右的横截面面积（单位：m^2）。

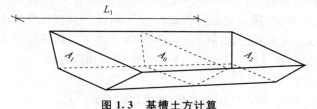

图 1.3　基槽土方计算

3. 基坑土方量计算

基坑开挖时,一般都要放坡开挖,其土方量可按照如下公式计算(图1.4),即:

$$V = \frac{H}{6}(A_1 + 4A_0 + A_2)$$ (1-9)

式中,V——基坑土方工程量(m^3);

H——基坑开挖深度(m);

A_1、A_0、A_2——分别为基坑上、中、下的横截面面积(m^2)。

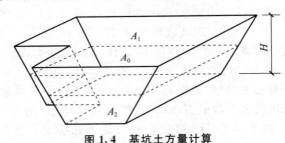

图1.4 基坑土方量计算

1.2.2 基坑(槽)开挖

1. 土方开挖前准备工作

(1)学习与审查图纸

施工单位在接到施工图纸后,应组织各专业主要人员对图纸进行学习及综合审查。核对平面尺寸及坑底标高、各专业图纸间有无矛盾和差错,熟悉地质水文勘查资料,了解基础形式、工程规模、结构形式、结构特点、工程量和质量要求;弄清地下管线、建筑物与地基的关系,进行图纸会审,对发现的问题逐条予以解决。

(2)清理场地

清理场地包括拆除施工区域内的房屋、古墓,拆除或改建通信和电力设备、上下水道及其他建筑物,迁移树木,清除含有大量有机物的草皮、耕植土、河塘淤泥等。

(3)修筑临时设施与道路

施工现场所需的临时设施主要包括生产性临时设施和生活性临时设施。生产性临时设施主要包括混凝土搅拌站、各种作业棚、建筑材料堆场及仓库等;生活性临时设施主要包括宿舍、食堂、办公室、厕所等。

开工前还应修筑好施工现场内的临时道路,同时布置好现场供水、供电、供气等设施。

2. 定位与放线

(1)定位

建筑物定位是将建筑物外轮廓的轴线交点测定到地面上,用木桩标定出来,桩顶钉上小钉指示点位,这些桩叫角桩,然后根据角桩进行细部测设。为方便恢复各轴线位置,要把主要轴线延长到安全地点并做好标志,称为控制桩。为了便于开槽后施工各阶段中确定轴线位置,应把轴线位置引测到龙门板上,用轴线钉标定。龙门板顶部标高一般定在±0.000 m,主要是便于施工时控制标高。

建筑物定位如图1.5所示;基槽的定位如图1.6所示。

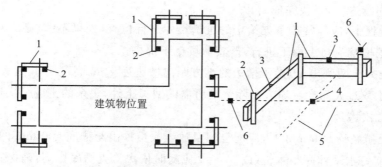

1—龙门板；2—龙门桩；3—轴线钉；4—角桩；5—轴线；6—控制桩

图 1.5 建筑物定位

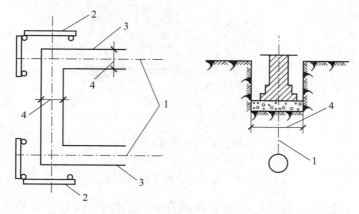

1—墙(柱)轴线；2—板；3—白灰线(基槽边线)；4—基槽宽度

图 1.6 基槽定位

（2）放线

放线是根据测量定位后确定的轴线位置，用石灰画出开挖的边线。开挖上口尺寸应根据基础的设计尺寸、埋置深度、土壤类别、地下水位高低以及季节性变化等不同情况，并考虑施工需要，确定是否需要留工作面、放坡、增加排水设施和设置支撑，从而定出挖土边线并进行放线工作。

3. 土方开挖

基础土方的开挖方法有人工开挖和机械开挖两种。应根据基础特点、规模、形式、深度以及土质情况和地下水位，结合施工场地条件确定。一般大中型工程基坑的土方量大，宜使用土方机械施工，配合少量人工清槽；小型工程基槽窄、土方量小，宜采用人工或人工配合小型挖土机施工。

（1）人工开挖

① 在基础土方开挖之前，应检查龙门板、轴线钉有无移位现象，并根据设计图纸校核基础灰线的位置、尺寸、龙门板标高等是否符合要求。

② 基础土方开挖应自上而下分步分层下挖，每步开挖深度约为 300 mm，每层深度以 600 mm 为宜，按踏步形式逐层进行剥土；每层应留足够的工作面，避免相互碰撞出现安全

事故;开挖应连续进行,尽快完成。

③ 挖土过程中,应经常按事先给定的坑槽尺寸进行检查,如果不够,则应对侧壁土及时进行修挖,修挖槽壁应自上而下进行,严禁从坑壁下部掏挖。

④ 所挖土方应两侧出土,抛于槽边的土方距离槽边远 1 m、高度 1 m 为宜,以保证边坡稳定,防止因压载过大而产生塌方。除留足所需的回填土外,多余的土应一次运至用土处或弃土场,避免二次搬运。

⑤ 挖至距槽底约 500 mm 时,应配合测量放线人员抄出距槽底 500 mm 的水平线,沿槽边每隔 3~4 m 钉水平标高小木桩(图 1.7)。应随时依次检查槽底标高,确保其不低于槽底标高。如果个别处超挖,应用与基土相同的土料填补,并夯实到要求的密实度;或用碎石类土填补,并仔细夯实;如果是在重要部位超挖,则可用低强度等级的混凝土填补。

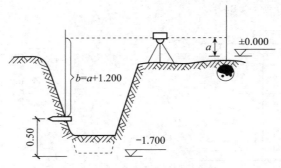

图 1.7　基槽底部抄平(单位:m)

⑥ 如果挖方后不能立即进行下道工序或在冬、雨期挖方,则应在槽底标高以上保留 150~300 mm 不挖,待下道工序开始前再挖。冬期挖方每天下班前应挖一步虚土并采取盖草帘等保温措施,尤其是挖到槽底标高时,地基土不能受冻。

(2) 机械开挖

在使用机械挖土时,为防止超挖,可在设计标高以上保留 200~300 mm 土层不挖,而改用人工挖土。土方机械开挖的方式主要有点式开挖、线式开挖、面式开挖等。

① 点式开挖。厂房的柱基或中小型设备基坑,因挖土量不大、基坑坡度小,机械只能在地面上作业,一般多采用抓铲挖土机和反铲挖土机。抓铲挖土机能挖Ⅰ、Ⅱ类土和较深的基坑;反铲挖土机适于挖Ⅳ类以下土和深度在 4 m 以内的基坑。

② 线式开挖。大型厂房的柱列基础和管沟基槽的截面宽度较小,有一定长度,适于机械在地面上作业。一般多采用反铲挖土机。如果基槽较浅,又有一定的宽度,土质干燥时也可采用推土机直接下到槽中作业,但基槽需有一定长度并设上下坡道。

③ 面式开挖。对有地下室的房屋基础、箱形和筏式基础、设备与柱基础密集,当采取整片开挖方式时,除可用推土机、铲运机进行场地平整和开挖表层外,还采用正铲挖土机、反铲挖土机或拉铲挖土机开挖。用正铲挖土机工效高,但需有上下坡道,以便运输工具驶入坑内,还要求土质干燥;反铲和拉铲挖土机可在坑上开挖,运输工具可不驶入坑内,坑内土潮湿也可以作业,但工效比正铲挖土机低。

4. 土方开挖工程质量检验标准

土方开挖前检查支护结构质量、定位放线、排水和地下水控制系统,以及对周边影响范围内地下管线和建(构)筑物保护措施的落实,并合理安排土方运输车的行走路线及弃土场。附近有重要保护设施的基坑,应在土方开挖前对围护体的止水性能通过预降水进行检验。

施工过程中应检查平面位置、水平标高、边坡坡度、压实度、排水系统、地下水控制系统、预留土墩、分层开挖厚度、支护结构的变形,并随时观测周围的环境变化。

施工结束后应检查平面几何尺寸、水平标高、边坡坡率、表面平整度和基底土性等。

土方开挖工程的质量检验标准应符合表 1-5 的规定。

表 1-5   柱基、基坑、基槽土方开挖工程质量检验标准

项	序	检查项目	允许值或允许偏差值		检查方法
			单位	数值	
主控项目	1	标高	mm	0 −50	水准测量
	2	长度、宽度 (由设计中心线向两边量)	mm	+200 −50	全站仪或用钢尺量
	3	坡率	设计值		目测法或用坡度尺检查
一般项目	1	表面平整度	mm	±20	用 2 m 靠尺
	2	基底土性	设计要求		目测法或土样分析

1.2.3   场地平整土方量计算

场地平整土方量的计算方法,通常有断面法和方格网法两种。断面法是将要计算的场地划分成若干横截面后,用横截面计算公式逐段计算,最后将逐段计算结果汇总。断面法计算精度较低,可用于地形起伏变化较大地区。对于地形较平坦地区,一般采用方格网法。

1. 断面法

在地形起伏变化较大的地区,或挖填深度较大、断面不规则的地区,采用断面法比较方便。此方法为:沿场地取若干个相互平行的断面(可利用地形图定出或实地测量定出),将所取的每个断面(包括边坡断面)划分为若干个三角形和梯形,如图 1.8 所示。

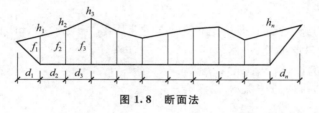

图 1.8   断面法

则每一小块面积为:$f_1 = \dfrac{1}{2} h_1 d_1$,$f_2 = \dfrac{1}{2}(h_2 + h_2)d_2$,…

某一断面面积为：$F_i = f_1 + f_2 + \cdots + f_n$。断面面积求出后，即可计算土方体积。

设各断面面积分别为 $F_1, F_2, \cdots, F_n$，相邻两断面间的距离依次为 $L_1, L_2, L_3, \cdots, L_{n-1}$，则所求土方体积为：

$$V = \frac{1}{2}(F_1 + F_2)L_1 + \frac{1}{2}(F_2 + F_3)L_2 + \cdots + \frac{1}{2}(F_{n-1} + F_n)L_{n-1} \qquad (1\text{-}10)$$

2. 方格网法

方格网法适用于地形较为平坦的地区，通常用方格网控制整个场地。其计算基本思路是：将建筑场地的地形图划分为方格网[图 1.9(a)]，根据每个方格角点的自然地面标高和实际采用的设计标高[图 1.9(b)]，算出相应的角点填挖高度，然后计算每一个方格的土方量，再对场地上所有方格的土方量求和，并算出场地边坡的土方量，这样即可得到整个场地的挖、填土方总量。

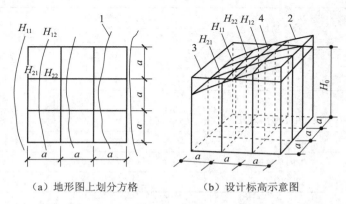

（a）地形图上划分方格　　　　　（b）设计标高示意图

1—等高线；2—自然地面；3—设计标高平面；4—自然地面与设计标高平面的交线（零线）

图 1.9　场地设计标高计算简图

（1）绘制方格网图

一般在 1∶500 的地形图上，将建筑场地划分为若干个方格，方格边长主要取决于地形变化的复杂程度，一般取 10 m、20 m、30 m 或 40 m 等，通常采用 20 m。方格网与测量的纵横坐标网相对应，在各方格角点规定的位置上标注角点的自然地面标高（H）和设计标高（H_n），如图 1.10 所示。

（2）计算各方格角点的施工高度

各个方格角点的施工高度为角点的设计标高与自然地面标高之差，是以角点设计标高为基准的挖方或填方的施工高度。各个方格角点的施工高度为：

$$h_n = H_n - H \qquad (1\text{-}11)$$

式中，h_n——角点的施工高度，即填挖高度（以"+"为填，"−"为挖）（m）；

$\quad n$——方格的角点编号（自然数列 $1, 2, 3, \cdots, n$）；

$\quad H_n$——角点的设计标高（m）；

$\quad H$——角点的自然地面标高（m）。

（3）计算零点位置，确定零线

在一个方格网内同时有填方和挖方时，应先算出方格网边上的零点的位置，并标注于方格网上，连接相邻零点即得填方区与挖方区的分界线（即零线）。

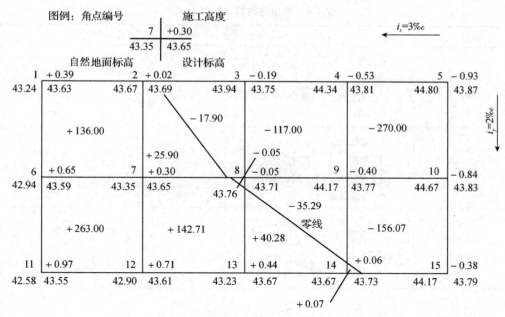

图 1.10 方格网法计算土方量图(单位:m)

零点的位置按下式计算(图 1.11):

$$X_1 = \frac{ah_1}{h_1 + h_2} \qquad\qquad X_2 = \frac{ah_2}{h_1 + h_2}$$

(1-12)

式中, X_1、X_2——角点至零点的距离(m);

h_1、h_2——相邻两角点的施工高度(m),均用绝对值表示;

a——方格网的边长(m)。

在实际工作中,为省略计算,亦可采用图解法直接求出零点位置,如图 1.12 所示。该方法是用尺在各角上标出相应比例,用尺相接,与方格相交点即为零点位置。这种方法可避免计算(或查表)出现的错误。将相邻的零点连接起来,即为零线,它是确定方格中挖方与填方的分界线。

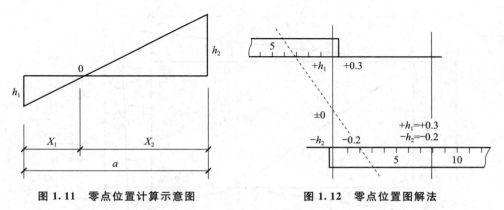

图 1.11 零点位置计算示意图   图 1.12 零点位置图解法

(4)计算方格土方量

按方格网底面图形和表 1-6 体积计算公式,计算每个方格内的挖方或填方量。

表 1-6　常用方格网点计算公式

项目	图示	计算公式
一点填方或挖方（三角形）		$V = \dfrac{1}{2}bc\dfrac{\sum h}{3} = \dfrac{bch_3}{6}$ 当 $b=a=c$ 时，$V = \dfrac{a^2 h_3}{6}$
二点填方或挖方（梯形）		$V_+ = \dfrac{b+c}{2}a\dfrac{\sum h}{4} = \dfrac{a}{8}(b+c)(h_1+h_3)$ $V_1 = \dfrac{d+e}{2}a\dfrac{\sum h}{4} = \dfrac{a}{8}(d+e)(h_2+h_4)$
三点填方或挖方（五角形）		$V = \left(a^2 - \dfrac{bc}{2}\right)\dfrac{\sum h}{5}$ $= \left(a^2 - \dfrac{bc}{2}\right)\dfrac{h_1+h_2+h_3}{5}$
四点填方或挖方（正方形）		$V = \dfrac{a^2}{4}\sum h = \dfrac{a^2}{4}(h_1+h_2+h_3+h_4)$

注：1. a 为方格的边长（m）；b、c 为零点到一角的边长（m）；h_1、h_2、h_3、h_4 为方格网四角点的施工高度（m），用绝对值代入；$\sum h$ 为填方或挖方施工高度总和（m），用绝对值代入；V 为填方或挖方的体积（m³）。

2. 本表计算公式是按各计算图形底面积乘以平均施工高度而得出的。

（5）计算边坡土方量

场地的挖方区和填方区的边沿都需要做成边坡，以保证挖方土壁和填方区的稳定。边坡的土方量可以划分成两种近似的几何形体进行计算：一种为三角棱锥体，如图 1.13 中①～③、⑤～⑪；另一种为三角棱柱体，如图 1.13 中的④。

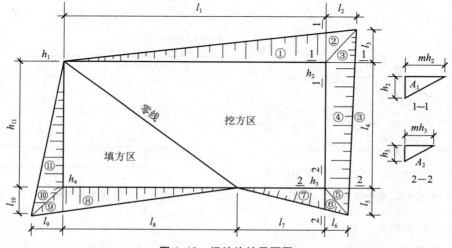

图 1.13　场地边坡平面图

① 三角棱锥体边坡体积。

三角棱锥体边坡体积的计算公式为：

$$V_1 = \frac{1}{3} A_1 l_1 \tag{1-13}$$

式中，l_1——边坡的长度；

A_1——边坡①的端面积。

② 三角棱柱体边坡体积。

三角棱柱体边坡体积的计算公式为：

$$V_4 = \frac{A_1 + A_2}{2} l_4 \tag{1-14}$$

如图 1.13 中的④三角棱柱体，在两端横断面面积相差很大的情况下，边坡体积按照下列公式计算：

$$V_4 = \frac{l_4}{6} (A_1 + 4A_0 + A_2) \tag{1-15}$$

式中，l_4——边坡④的长度；

A_1、A_2、A_0——边坡④两端及中部横断面面积。

（6）计算总土方量

将挖方区（或填方区）所有方格计算的土方量和边坡土方量汇总，即得该场地挖方和填方的总土方量。

1.2.4　场地平整

大型工程项目通常都要确定场地设计平面，进行场地平整。场地平整是将需进行建筑范围内的自然地面，通过人工或机械挖填平整，改造成为设计所需要的平面，以利现场平面布置和文明施工。在工程总承包施工中，三通一平工作常常是由施工单位来实施，因此场地平整也成为工程开工前的一项重要内容。

场地平整要考虑满足总体规划、生产施工工艺、交通运输和场地排水等要求，并尽量使土方的挖填平衡，减少运土量和重复挖运。

1. 场地平整施工工艺流程

场地平整作为施工中的一个重要项目，它的一般施工工艺流程是：现场勘察→清除地面障碍物→标定整平范围→设置水准基点→设置方格网，测量标高→计算土方挖填工程量→平整土方→场地碾压→验收。

当确定平整工程后，施工人员首先应到现场进行勘察，了解场地地形、地貌和周围环境。根据建筑总平面图及规划了解并确定现场平整场地的大致范围。

平整前必须把场地平整范围内的障碍物如树木、电线、电杆、管道、房屋、坟墓等清理干净，然后根据总图要求的标高，从水准基点引进基准标高作为确定土方量计算的基点。

土方量的计算有方格网法和断面法，可根据地形具体情况采用。现场抄平的程序和方法由确定的计算方法进行。通过抄平测量，可计算出该场地按设计要求平整需挖土和回填的土方量，再考虑基础开挖还有多少挖出（减去回填）的土方量，并进行挖填方的平衡计算，做好土方平衡调配,减少重复挖运,以节约运费。

大面积平整土方宜采用机械进行,如用推土机、铲运机推运平整土方;有大量挖方应用挖土机等进行。在平整过程中要交错用压路机压实。

2. 平整场地的一般要求

(1)平整场地应做好地面排水。平整场地的表面坡度应符合设计要求,设计无要求时,一般应向排水沟方向做成不小于 0.2% 的坡度。

(2)平整后的场地表面应逐点检查。检查点为每 100~400 m² 取 1 点,但不少于 10 点;长度、宽度和边坡均为每 20 m 取 1 点,每边不少于 1 点,其质量符合验收规范要求。

(3)场地平整应经常测量和校核其平面位置、水平标高和边坡坡度是否符合设计要求。平面控制桩和水准控制点应采取可靠措施加以保护,定期复测和检查;土方不应堆在边坡上边缘。

1.3 挖土机械

土方工程施工包括土方开挖、运输、填筑和压实等。由于土方工程量大,劳动繁重,施工时尽量采用机械化施工,以加快施工进度。土方工程机械化施工的主要设备有推土机、铲运机、单斗挖土机、装载机、自卸汽车等,施工时应正确选用施工机械,加快施工进度。

1.3.1 推土机

推土机是由拖拉机和推土铲刀组成(图 1.14)。按铲刀的操纵机构不同可分为索式和液压式两种。索式推土机的铲刀系借其本身自重切入土中,因此在硬土中切土深度较小。液压式推土机使铲刀强制切入土中,故切土深度较大;此外,液压式推土机还可调整铲刀的切土角度,灵活性大,是目前常用的一种推土机。

图 1.14 推土机

推土机的特点是:构造简单,操纵灵活,运转方便,所需工作面较小,功率较大,行驶速度快,易于转移,能爬 30° 的缓坡。适用于清理和平整挖土深度不大的施工场地,开挖深度不大于 1.5 m 的基坑以及回填基坑和沟槽,堆筑高度在 1.5 m 以内的路基、堤坝,平整其他机械卸置的土堆等。

推土机的经济运距宜在 100 m 以内,当推运距离为 40～60 m 时,最能发挥其工作效能。为了提高推土机的生产效率,必须增大铲刀前的土壤体积,减少推土过程中土壤的散失,缩短切土、运土回程等每一工作循环的延续时间。为此,常用的施工方法有:

（1）下坡推土

推土机顺地面坡势沿下坡方向推土,借助机械往下的重力作用,可增大铲刀切土深度和运土量,可提高推土能力和缩短推土时间,一般可提高生产率 30%～40%。一般坡度为 6°～10°,最大不超过 15°(图 1.15)。

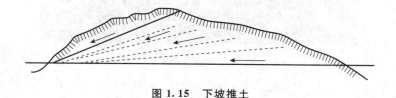

图 1.15　下坡推土

（2）槽形推土

当运距远、挖土层较厚时,利用前次推土的槽形推土,可大大减少土壤散失,从而增大推土量。此外,对于推运疏松土壤,且运距较大时,还应在铲刀两侧装置挡板,以增加铲刀前土壤的体积,减少土壤向两侧散失。因此,推土机在运行路线上形成沟槽或在推土器两侧加挡板,可提高生产率 10%～30%(图 1.16)。

（3）并列推土

对于大面积的施工区,可用 2～3 台推土机并列推土(图 1.17)。推土时两铲刀相距 150～300 mm,这样可以减少土的散失而增大推土量,能提高生产率 15%～30%。但平均运距不宜超过 75 m,亦不宜小于 20 m。

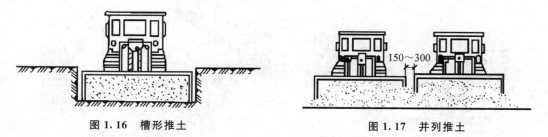

图 1.16　槽形推土　　　　　　　　图 1.17　并列推土

（4）分批集中,一次推送

当运距较远而土质又比较坚硬时,由于切土的深度不大,宜采用多次铲土,分批集中,一次推送,以便在铲刀前保持满载,有效地利用推土机的功率,缩短运土时间。

1.3.2　铲运机

铲运机是一种典型的铲土运输机械。按照行走方式可分为自行式铲运机和拖式铲运机两种。自行式铲运机的行驶和工作都靠本身的动力设备,不需要其他机械的牵引和操纵(图 1.18)。拖式铲运机是由拖拉机牵引,工作时亦靠拖拉机上的卷扬机或油泵进行操纵。

图 1.18 铲运机

铲运机的特点是：能独立完成铲土、运土、卸土、填筑、压实等工作，对行驶道路要求较低，行驶速度快，操纵灵活，运转方便，生产率高。它适用于大面积场地平整，开挖大型基坑、沟槽，以及填筑路基、堤坝等工程，但不适于在砾石层、冻土地带和沼泽区工作。

在工程中，常使用的铲运机的铲斗容量为 $2.5\sim8$ m^3。自行式铲运机的经济运距为 $800\sim1\,500$ m，最大可达 $3\,500$ m；拖式铲运机的运距以 600 m 为宜，当运距为 $200\sim350$ m 时效率最高，如果采用双联铲运或挂大斗铲运时，其运距可增加到 $1\,000$ m。

1.3.3 单斗挖土机

单斗挖土机是土方开挖常用的一种机械。按照工作装置的不同，可分为正铲、反铲、拉铲、抓铲四种（图 1.19）。

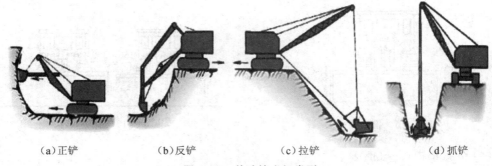

（a）正铲　　　　　（b）反铲　　　　　（c）拉铲　　　　　（d）抓铲

图 1.19 单斗挖土机类型

1. 正铲挖土机

正铲挖土机的工作特点是：前进向上，强制切土。可直接开挖停机面以上的 Ⅰ～Ⅳ 类土。其工作面的高度不应小于 1.5 m，否则一次起挖不能装满铲斗，会降低工作效率。根据挖土与配套的运输工具相对位置不同，正铲挖土机的挖土和卸土方式有以下两种：

（1）正向挖土、后方卸土

即挖土机沿前进方向挖土，运输工具在挖土机后面装土［图 1.20（a）］。这种开挖方式的挖土高度较大、工作面左右对称,但卸土时动臂回转角度大,且运土车辆要倒车开入,生产效率较低,故只宜用于工作面狭小且较深的基坑开挖作业。

（2）正向挖土、侧向卸土

即挖土机沿前进方向挖土,运输工具在挖土机一侧开行、装土[图 1.20(b)]。对于这种作业方式,挖土机卸土时动臂回转角度小,生产率高且汽车行驶方便,使用较广。由于正铲挖土机作业于坑下,无论采用哪种卸土方式,都应先开进出口坡道。

（a）后方卸土　　　　　　　　（b）侧向卸土

图 1.20　正铲挖土机开挖方式

2. 反铲挖土机

反铲挖土机的工作特点是:后退向下,强制切土（图 1.21）。主要用于停机面以下的Ⅰ～Ⅲ类土。由于机身和装土均在地面上操作,所以适用于开挖深度不大的基坑、基槽、沟渠及含水量或地下水位高的土壤。对于较大较深的基坑可采用多层接力法开挖。

图 1.21　反铲挖土机

反铲挖土机的基本作业方式有沟端开挖法和沟侧开挖法两种,如图 1.22 所示。

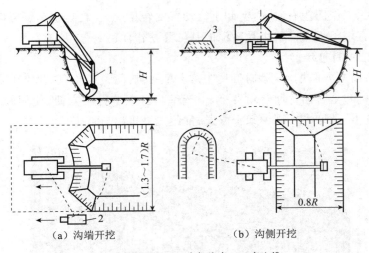

（a）沟端开挖　　　　　　　　　　　（b）沟侧开挖

1—反铲挖土机；2—自卸汽车；3—弃土堆

图 1.22　反铲挖土机开挖方式

3. 拉铲挖土机

拉铲挖土机的工作特点是：后退向下，自重切土。拉铲挖土机的铲斗用钢丝绳悬吊在机动臂上，可利用惯性力将其甩出，挖得较远。铲斗在自重作用下落至地面，借助于自身的机械能可使斗齿切入土中，然后靠收紧和放松钢丝绳进行挖土或卸土。能开挖停机面以下的Ⅰ、Ⅱ类土，但不如反铲挖土机动作灵活准确，常用以开挖沟槽、基坑和地下室等。也可开挖水下和沼泽地带的土壤。

拉铲挖土机可以开挖Ⅰ、Ⅱ类土壤的基坑、基槽和管沟等地面以下的挖土工程，特别适用于含水量大的水下松软土和普通土的挖掘。拉铲挖土机开挖方式与反铲挖土机相似，可沟端开挖，也可沟侧开挖。

4. 抓铲挖土机

抓铲挖土机的工作特点是：直上直下、自重切土。抓铲挖土机是在挖土机臂端用钢丝绳吊装一个抓斗，挖土时自由落下，其挖掘力较小，能开挖停机面以下的Ⅰ、Ⅱ类土。它适用于开挖软土地基基坑，特别是窄而深的基坑、深槽、深井采用抓铲挖土机效果理想。抓铲挖土机还可用于疏通旧有渠道以及挖取水中淤泥等，或用于装卸碎石、矿渣等松散材料。

1.3.4　装载机

装载机是用一个装在专用底盘或拖拉机底盘前端的铲斗，铲装、运输和倾斜物料的铲土运输机械（图 1.23）。它利用牵引力和工作装置产生的掘起力进行工作，如果更换工作装置，还可进行铲土、推土、起重和牵引等多种作业，具有较好的机动灵活性，在工程上得到广泛使用。

装载机按行走方式分为履带式和轮胎式，如图 1.24 所示。履带式装载机接地比压低，牵引力大，但行驶速度慢，转移不灵活；轮胎式装载机行驶速度快，机动灵活，可在城市道路行驶，使用方便。转载机具有操作灵活、轻便和快速等特点。适用于装卸土方和散料，也可用于松软土的表层剥离、地面平整和场地清理等工作，可完成短距离运土。装载机一般常与自卸汽车配合作业，有较高的工作效率。

图 1.23　装载机

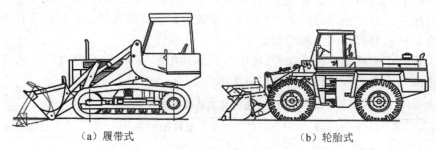

（a）履带式　　　　　　　　　　（b）轮胎式

图 1.24　装载机分类

1.3.5　自卸汽车

自卸汽车在选型时，应根据自卸汽车的不同类别，结合工程特点进行选择，自卸汽车如图 1.25 所示。按总质量，自卸汽车可分为轻型（10 t 以下）、中型（10～30 t）、重型（30～60 t）和超重型（60 t 以上）；按传动方式，自卸汽车可分为机械传动、液力传动和电传动；按车身结构，自卸汽车可分为刚性自卸汽车和铰接式自卸汽车。

图 1.25　自卸汽车

自卸汽车运输机动灵活、调运方便；爬坡能力强，坡度可达 10%～15%；转弯半径小，最小可到 15～20 m；可与装载设备密切配合，提高工作效率。

1.3.6 土方施工机械的选择

土方工程综合机械化施工,就是以土方工程中某一施工过程为主导,按其工程量大小、土质条件及工期要求,适当选择完成该施工过程的土方机械,并以此为依据,合理地配备完成其他辅助施工过程的机械,做到土方工程各施工过程均实现机械化施工。主导机械与辅助机械所配备的数量及生产率,应尽可能协调一致,以充分发挥施工机械的效能。

对于大型基坑的开挖,当弃土的距离较远时,可选择正铲、反铲或拉铲挖土机,以自卸汽车配合运土。这时就应以挖土机的生产率为依据,结合运输车辆的载重量、行驶速度、运距等因素来确定运输车辆的数量。运输车辆的数量要保证挖土机能连续工作,且本身又无停歇等候装车现象。也就是当一辆汽车装满土后,立刻又有一辆汽车开来进行装土。

若施工场地平整,则可根据地形条件、工程量、工期等要求,全面组织铲运机(或推土机、挖土机)来开挖土壤;用松土机来松土、装载机装土、自卸汽车运土;用推土机平整土壤;用碾压机械进行压实。对于独立的柱基,则可用小型液压轮胎式的抓铲或反铲挖土机挖土,配以自卸汽车或装载机和机动翻斗车运土。

土方工程除了实现综合机械化外,还应以流水式组织施工,以充分发挥机械效能,加速工程施工进度。土方工程机械的选择可参考表1-7。

表 1-7 土方施工机械的选择

机械名称		作业特点	适用范围	辅助机械
推土机		1. 推平 2. 运距80 m内的推土 3. 助铲 4. 牵引	1. 找平表面、平整场地 2. 短距离挖运 3. 拖羊足碾	
铲运机		1. 找平 2. 运距800 m内的挖运土 3. 填筑堤坝	1. 场地平整 2. 运距800~1500 m	开挖坚土时,需要推土机作助铲
单斗挖土机	正铲挖土机	1. 开挖上掌子面 2. 挖方高度1.5 m以上 3. 装车外运	1. 大型管沟基槽 2. 数千方以上挖土	1. 外运配备自卸汽车 2. 工作面有推土机配合
	反铲挖土机	1. 开挖下掌子面 2. 挖土深度随装置而定 3. 可装车和甩土两用	1. 管沟和基槽 2. 大型独立基坑	1. 外运配备自卸汽车 2. 工作面有推土机配合
	拉铲挖土机	1. 开挖停机面以下的土方 2. 开挖断面误差较大 3. 可装车和甩土两用	1. 大型管沟、基槽 2. 开挖湿土 3. 大量的外运土方	1. 外运按运距配自卸汽车 2. 配推土机创造施工条件
	抓铲挖土机	1. 开挖直井或深井的土方 2. 可以装车,也可甩土 3. 钢丝绳牵引,工效不高 4. 液压式的深度有限	1. 基坑、基槽 2. 水下挖土	外运按运距配自卸汽车

机械名称	作业特点	适用范围	辅助机械
装载机	1. 开挖停机面以上的土方 2. 轮胎式能装松散土方 3. 要装车运走	1. 外运多于土方 2. 改换挖斗可用于开挖	1. 按运距配自卸汽车 2. 常用推土机平整

1.4　基坑(槽)支护

在建筑物基坑(槽)开挖以及基础施工中,为了防止基坑塌方,保证施工安全,在基坑或管沟开挖超过一定深度时,边沿应放出足够的边坡。当场地受到限制无法放坡时,则应采取设置基坑支护结构等有效措施,以防止土壁塌方,确保施工安全。

当地质条件良好、土质均匀且地下水位低于基坑(槽)或管沟底面标高时,挖方边坡可做成直立壁不加支撑,但不宜超过下列规定:

① 密实、中密的砂土和碎石类土,不超过 1.0 m。

② 硬塑、可塑的轻亚黏土及亚黏土,不超过 1.25 m。

③ 硬塑、可塑的黏土和碎石类土,不超过 1.5 m。

④ 坚硬的黏土,不超过 2.0 m。

挖方深度超过上述规定时,应考虑放坡或做直立壁加支撑。当地质条件良好、土质均匀且地下水位低于基坑(槽)或管沟底面标高时,挖方深度在 5 m 以内不加支撑边坡的最陡坡度应符合表 1-8 的规定。

表 1-8　深度在 5 m 以内基坑(槽)、管沟边坡的最陡坡度(不加支撑)

土的类别	边坡坡率(高:宽)		
	坡顶无荷载	坡顶有静载	坡顶有动载
中密的砂土	1:1.00	1:1.25	1:1.50
中密的碎石类土	1:0.75	1:1.00	1:1.25
硬塑的粉土	1:0.67	1:0.75	1:1.00
中密的碎石类土	1:0.50	1:0.67	1:0.75
硬塑的粉质黏土、黏土	1:0.33	1:0.50	1:0.67
老黄土	1:0.10	1:0.25	1:0.33
软土(经井点降水后)	1:1.00	—	—

注:1. 静载指堆土或材料等,动载指机械挖土或汽车运输作业等。静载或动载距挖方边缘的距离应保证边坡和直立壁的稳定,堆土或材料应距挖方边缘 0.8 m 以外,高度不超过 1.5 m。

2. 当有成熟施工经验时,可不受本表限制。

永久性挖方边坡应按设计要求放坡。临时性挖方边坡值应符合表 1-9 规定。

表 1-9 临时性挖方边坡值

序号	土的类别		边坡坡率（高：宽）
1	砂土	不包括细砂、粉砂	1：1.50～1：1.25
2	黏性土	坚硬	1：1.00～1：0.75
		硬塑、可塑	1：1.25～1：1.00
		软塑	1：1.50 或更缓
3	碎石土	充填坚硬黏土、硬塑黏土	1：1.00～1：0.50
		充填砂土	1：1.50～1：1.00

注：1. 本表适用于无支护措施的临时性挖方工程的边坡坡率。

2. 设计有要求时，应符合设计标准。

3. 本表适用于地下水位以上的土层。采用降水或其他加固措施时，可不受本表限制，但应计算复核。

4. 一次性开挖深度，软土不应超过 4 m，硬土不应超过 8 m。

建筑基坑支护是为了保证地下结构设施以及周边环境的安全，对基坑侧壁以及周边环境采取支挡、加固与保护的措施。基坑支护结构选择，应综合考虑基坑实际开挖深度、基坑平面形状尺寸、工程地质和水文条件、施工作业设备、邻近建筑物的重要程度、地下管线的限制要求、工程造价等因素，比较后优选确定。建筑基坑支护结构形式主要有横撑式支护、板（桩）式支护、重力式支护、锚式支护、土钉墙支护以及地下连续墙等。

1.4.1 横撑式支护

横撑式支护由挡土板、楞木和工具式横撑等组成，用于宽度不大、深度在 5 m 以内的沟槽开挖的土壁支护。横撑式支护根据挡土板的不同，分为水平挡土板和垂直挡土板两类。水平挡土板又分为间断式、断续式、连续式三种；垂直挡土板可分为连续式和间断式两种，如图 1.26 所示。

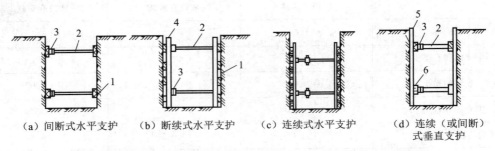

（a）间断式水平支护　（b）断续式水平支护　（c）连续式水平支护　（d）连续（或间断）式垂直支护

1—水平挡土板；2—横撑木；3—木楔；4—竖楞木；5—垂直挡土板；6—横楞木

图 1.26 横撑式支护

1. 间断式水平支护

间断式水平支护的两侧挡土板水平放置，相邻水平挡土板的间距较大，用工具或横撑木顶紧，挖一层土支顶一层。适用于能保持立壁的干土或具有天然湿度的黏性土，地下水很少，深度在 2 m 以内的浅基坑（槽）土壁支护。

2. 断续式水平支护

断续式水平支护的两侧挡土板水平放置,相邻水平挡土板之间留出适当间隔(小于间断式),并在两侧同时对称立竖楞木,再用工具或横撑木将上下顶紧。适用于能保持直立壁的干土或具有天然湿度的黏性土,地下水很少,深度在 3 m 以内的浅基坑(槽)土壁支护。

3. 连续式水平支护

连续式水平支护的两侧挡土板水平连续放置,相邻水平挡土板之间不留间隙,然后两侧同时对称立竖楞木,上下各一根撑木,端头加木楔顶紧。适用于较松散的干土或具有天然湿度的黏性土,地下水很少,深度为 3~5 m 的浅基坑(槽)土壁支护。

4. 连续式或间断式垂直支护

其挡土板垂直放置,连续或留适当间隙,然后每侧上下各水平顶一根横楞木,再用横撑木顶紧。适用于土质较松散或湿度很高的土,地下水较少,深度不限的基坑(槽)土壁支护。

在采用横撑式支护时,应随挖随撑,支撑要牢固。施工中应经常检查,如果有松动、变形等现象,应及时加固或更换。支撑的拆除应按回填顺序依次进行,多层支护应自下而上逐层拆除,随拆随填。

5. 其他支护

对宽度较大、深度不大的浅基坑,其支护形式常用的有斜柱支护、短桩横隔板支护和临时挡土墙支护等(图 1.27)。

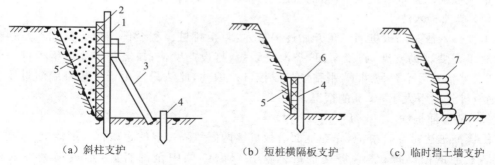

(a)斜柱支护　　　　(b)短桩横隔板支护　　　　(c)临时挡土墙支护

1—柱桩;2—挡板;3—斜撑;4—短桩;5—回填土;6—横隔板;7—编织袋或草袋装土、砂或干砌、浆砌毛石

图 1.27　其他支护

(1)斜柱支护。水平挡土板钉在柱桩内侧,外侧用斜撑支顶,斜撑底端支在木桩上,在挡土板内侧回填土。适用于开挖较大型、深度不大的基坑或使用机械挖土。

(2)短桩横隔板支护。打入小短木桩,部分打入土中,部分露出地面,钉上水平挡土板,在背面填土夯实。适用于开挖宽度大的基坑,当部分地段下部放坡不够时。

(3)临时挡土墙支护。沿坡脚用砖、石叠砌或用装水泥的聚丙烯丝编织袋、草袋装土、砂堆砌,使坡脚保持稳定。适用于开挖宽度大的基坑,当部分地段下部放坡不够时。

1.4.2　板(桩)式支护

常见的板(桩)式支护形式主要有钢板桩支护、挡土灌注桩支护、排桩内支撑支护等。

1. 钢板桩支护

钢板桩主要有平板形和波浪形两种型钢(图1.28)。钢板桩之间通过锁口互相连接,形成一道连续的板墙,可作为深基坑开挖的临时挡土、挡水围护结构。由于锁口的连接,钢板桩连接牢固,形成整体,同时也具有较好的隔水能力。钢板桩截面积小,易于打入。U形、Z形等波浪式钢板桩截面抗弯能力较好,钢板桩在基础施工完毕后还可拔出重复使用。

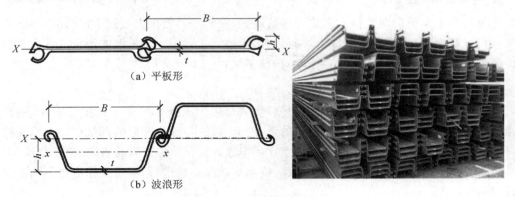

图 1.28　常用的钢板桩

钢板桩打设较为方便,承载力较高,主要适用于软弱土基和地下水位较高的深基坑工程。这种支护需要用大量的特制钢材,一次性投资较高。

钢板桩施工常常采用以下两种方法:

(1)单独打入法

单独打入法是从板桩墙一角开始逐根打入,直至打桩工程全部结束。其优点是钢板桩打设时不需要辅助支架,施工简便,搭设路线短,打设速度快;缺点是容易使钢板桩一侧倾斜,且误差积累后不容易纠正,平整度难以控制。因此,此法只适用于对板桩墙质量要求一般、钢板桩长度不大于10 m的情况。

(2)围檩插桩法

围檩插桩法是在打桩前,先在地面沿板桩墙两侧每隔一定的距离打入围檩桩,并在其上下安装工字钢做围檩,然后将钢板桩依次在双层围檩中全部打好,形成高大的板桩墙(图1.29)。围檩插桩法是用围檩支架做钢板桩打设的导向装置,可保证平面尺寸准确和钢板桩的垂直度,但施工速度慢,工程造价高。

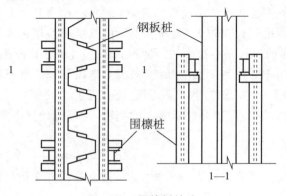

图 1.29　围檩插桩法

2. 挡土灌注桩支护

挡土灌注桩支护是在基坑周围用钻机钻孔、吊放钢筋笼,现场灌注混凝土成桩,形成桩排作为挡土支护(图 1.30)。桩的排列形式有间隔式、双排式和连续式等(图 1.31)。间隔式是每隔一定距离设置一桩,成排设置,在顶部设连系梁连成整体共同工作。双排桩是将桩前后排列或成梅花形按两排布置,桩顶也设有连系梁成门式刚架,以提高抗弯刚度,减小位移。连续式是一桩连一桩形成一道连续排桩,在顶部也设有连系梁连成整体共同工作。

图 1.30　挡土灌注排桩支护

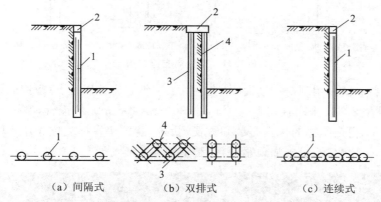

（a）间隔式　　　　（b）双排式　　　　（c）连续式

1—挡土灌注桩;2—连系梁(冠梁);3—前排桩;4—后排桩

图 1.31　挡土灌注桩排列形式

灌注桩的间距、桩径、桩长、埋置深度,根据基坑的开挖深度、土质、地下水位高低以及所承受的土压力由计算确定。挡土桩间距一般为 1～2 m,桩直径为 0.5～1.1 m,埋深为基坑深的 0.5～1.0 倍。灌注桩配筋根据侧向荷载由计算而定。灌注桩一般在基坑开挖前施工。

挡土灌注桩支护具有桩刚度较大、抗弯强度高、变形相对较小、安全感好、设备简单、施工方便、需要工作场地不大、噪声低、振动小、费用较低等优点。这种支护桩止水性差,且不能回收利用。它适用于黏性土、开挖面积较大、较深(大于 6 m)的基坑以及在不允许邻近建筑物有较大下沉、位移时采用。一般土质较好时可用于悬臂 7～10 m 的情况,若在顶部设拉杆、中部设锚杆则可用于 3～4 层地下室开挖的支护。

3. 排桩内支撑支护

对深度较大、面积不大、地基土质较差的基坑,为使围护排桩受力合理和受力后变形小,常在基坑内沿围护排桩(墙)竖向设置一定支承点组成内支撑式基坑支护体系,以减小排桩的无支护长度,提高侧向刚度,减小变形。排桩内支撑支护的优点是受力合理、安全可靠、易于控制围护排桩墙的变形。但内支撑的设置给基坑内挖土和地下室结构的施工带来不便,需要通过不断换撑来加以克服。适用于各种不易设置锚杆的松软土层及软土地基支护。

排桩内支撑结构体系一般由挡土结构和支撑结构组成,二者构成一个整体,共同抵挡外力的作用。支撑结构一般由围檩(横挡)、水平支撑、八字撑和立柱等组成(图1.32)。围檩固定在排桩墙上,将排桩承受的侧压力传给纵、横支撑;支撑为受压构件,当长度超过一定限度时其稳定性降低,一般再在中间加设立柱,以承受支撑自重和施工荷载,立柱下端插入工程桩内,当其下无工程桩时再在其下设置专用灌注桩。

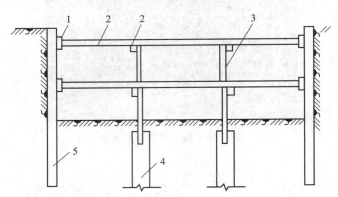

1—围檩;2—纵、横向水平支撑;3—立柱;4—工程桩或专设桩;5—围护排桩(或墙)

图 1.32　排桩内支撑结构

内支撑材料一般采用现浇钢筋混凝土支撑、大型钢管支撑以及 H 型钢或格构式钢支撑(图1.33)。钢管支撑多采用直径为 609 mm、580 mm、406 mm 的钢管,型钢支撑多采用 H型钢。钢管或 H 型钢支撑的优点是装卸方便、快速,能较快发挥支撑作用,减小变形,并可回收重复使用,可以租赁,可施加顶紧力,控制围护墙变形发展。

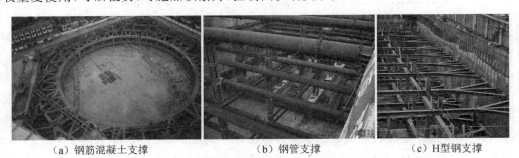

（a）钢筋混凝土支撑　　　　　　（b）钢管支撑　　　　　　（c）H型钢支撑

图 1.33　内支撑支护形式

1.4.3　重力式支护

重力式支护方式是通过沉入地下的设备将喷入的水泥与土掺和,水泥与其周围的天然土形成了相互搭接的土桩墙。这种桩墙依靠自重和刚度支挡周围土体和保护坑壁稳定。常用重力式支护形式有深层搅拌水泥土桩挡墙、旋喷桩挡墙。

1. 深层搅拌水泥土桩挡墙

深层搅拌水泥土桩挡墙是以深层搅拌机就地将天然土和压入的水泥浆强力搅拌形成连续搭接的水泥土桩挡墙,水泥土与其包围的天然土形成重力式挡墙支挡周围土体,使边坡保持稳定。这种桩墙是依靠自重和刚度进行挡土和保护坑壁稳定的,一般不设支撑,或在特殊情况下局部加设支撑,具有良好的抗渗透性能,能止水防渗,起到挡土防渗双重作用。常应用于软黏土地区开挖深度在 6 m 左右的基坑工程。为提高水泥土墙的刚性,也有的在水泥土搅拌桩内插入 H 型钢,使之成为既能受力又能抗渗的支护结构围护墙,可用于较深(8～10 m)的基坑支护。

深层搅拌水泥土桩施工工艺流程为:定位→预搅下沉→提升喷浆→重复下沉搅拌→重复提升搅拌→成桩结束。如图 1.34 所示。

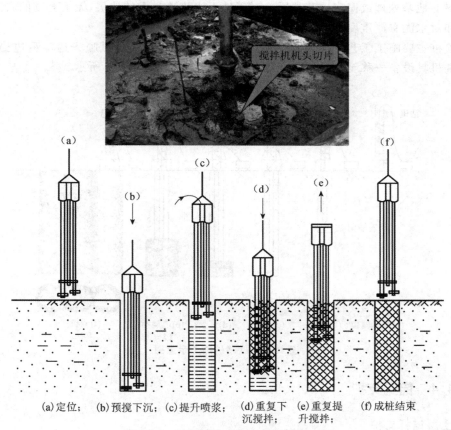

(a)定位;　　(b)预搅下沉;　(c)提升喷浆;　(d)重复下　(e)重复提　(f)成桩结束
　　　　　　　　　　　　　　　　　　　　　沉搅拌;　　升搅拌;

图 1.34　深层搅拌水泥土桩施工示意图

深层搅拌水泥土桩挡墙的施工要点:

① 深层搅拌水泥土桩挡墙的施工机具应优先选用喷浆型双轴深层搅拌机械。

② 深层搅拌机械在就位时应对中,最大偏差不得大于 20 mm,并且调平机械的垂直度偏差不得大于 1‰桩长。

③ 水泥土桩挡墙应在前桩水泥土尚未固化时进行后序搭接桩施工。相邻桩的搭接长度不宜小于 200 mm。相邻桩喷浆工艺的施工时间间隔不宜大于 10 h。施工开始和结束的

头尾搭接处,应采取加强措施以消除搭接缝。

④ 深层搅拌水泥土桩挡墙在施工前,应进行成桩工艺及水泥掺入量或水泥浆的配合比试验,以确定相应的水泥掺入比或水泥浆水灰比。

⑤ 深层搅拌桩的桩位偏差不应大于 50 mm,垂直度偏差不宜大于 0.5%。

⑥ 水泥土挡墙应有 28 d 以上的龄期,当达到设计强度要求时,方能进行基坑开挖。

2. 旋喷桩挡墙

旋喷桩是利用工程钻机把带有特殊喷嘴的注浆管钻至预定位置后,将高压水泥浆液向四周高速喷入土体,高压喷浆射流随钻头旋转和提升切削土层,使其掺和均匀固化后形成水泥土桩。土桩桩体相连形成的帷幕墙即为旋喷桩挡墙。

该工艺起到止水和加固土体的作用。适用于淤泥、黏性土、粉土、砂类土、黄土、人工填土等土层的地基处理或旧房地基加固。对于地下水流速过大的地层,无填充物的岩溶地段、永冻土和对水泥有严重腐蚀的土质均不宜采用该法。

旋喷桩主要施工工艺流程为:钻机就位→钻孔至设计标高→试喷→边旋喷边提升→成桩→冲洗机具设备→移至新孔位。高压旋喷桩施工过程如图 1.35 所示。

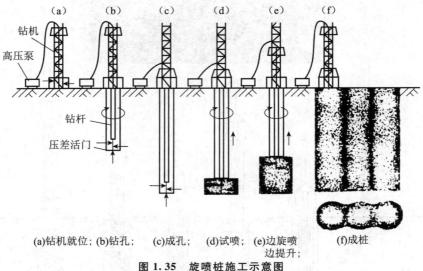

(a)钻机就位; (b)钻孔;　(c)成孔;　(d)试喷; (e)边旋喷边提升;　(f)成桩

图 1.35　旋喷桩施工示意图

1.4.4　锚式支护

1. 土层锚杆支护

土层锚杆又称土锚杆,它一端插入土层中,另一端与挡土结构拉结,借助锚杆与土层的摩阻力产生的水平抗力抵抗土侧压力来维护挡土结构的稳定。土层锚杆的施工是在深基坑侧壁的土层钻孔至要求深度,或在扩大孔的端部形成柱状或球状扩大头,在孔内放入钢筋、钢管或钢丝束、钢绞线,灌入水泥浆或化学浆液,使之与土层结合成为抗拉(拔)力强的锚杆,如图 1.36 所示。在锚杆的端部通过横撑(钢横梁)借螺母连接或再张拉施加预应力将挡土结构受到的侧压力,通过拉杆传给稳定土层,以达到控制基坑支护的变形、保持基坑土体和坑外建筑物稳定的目的。

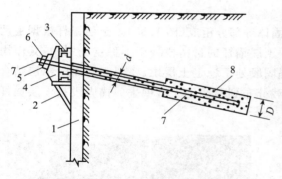

1—挡土灌注桩(支护);2—支架;3—横梁;4—台座;5—承压垫板;6—紧固器(螺母);7—拉杆;8—锚固体

图 1.36　土层锚杆

(1)土层锚杆的分类

土层锚杆的种类较多,有一般灌浆锚杆、压力灌浆锚杆、扩孔灌浆锚杆、预应力锚杆等多种。

① 一般灌浆锚杆:用水泥砂浆(或水泥浆)灌入孔中,将拉杆锚固于地层内部,拉杆所承受的拉力通过锚固段传递到周围地层中。

② 压力灌浆锚杆:它与一般锚杆不同的是在灌浆时施加一定压力,在压力下水泥砂浆渗入孔壁四周的裂缝中,并在压力下固结,从而使锚杆具有较大的抗拔力。压力灌浆锚杆主要利用锚杆周围的摩阻力来抵抗拉拔力。

③ 扩孔灌浆锚杆:一般土层锚杆的直径为 90~130 mm,若用特制的内部扩孔钻头扩大锚固段的钻孔直径,一般可将直径加大 3~5 倍,或用炸药爆扩法扩大钻孔端头,均可提高锚杆的抗拔力。这种扩孔锚杆主要用于松软土层中。扩孔灌浆锚杆主要是利用扩孔部分的侧压力来抵抗拉拔力。

④ 预应力锚杆:先对锚固段用快凝水泥砂浆进行一次压力灌浆,然后将锚杆与挡土结构相连接,施加预应力并锚固,最后在非锚固段进行不加压力的二次灌浆。这种锚杆往往用于穿过松软地层而锚固在稳定土层中,并对穿过的地层和砂浆都预加压力,在土压力的作用下,可以减小挡土结构的位移。

土层锚杆按使用时间又分永久性和临时性两类。

土层锚杆根据支护深度和土质条件,可分为单层锚杆和多层锚杆。当土质较好时,可采用单层锚杆[图 1.37(a)];当基坑深度较大、土质较差时,单层锚杆不能完全保证挡土结构的稳定,需要设置多层锚杆[图 1.37(b)、(c)]。土层锚杆通常会和排桩支护结合起来使用。

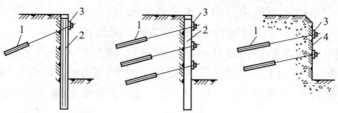

(a) 单层锚杆支护　　　(b) 多层锚杆支护　　　(c) 破碎岩土支护

1—土层锚杆;2—挡土灌注桩或地下连续墙;3—钢横梁(撑);4—破碎岩土层

图 1.37　土层锚杆支护形式

（2）土层锚杆的布置

土层锚杆由锚头、支护结构、拉杆、锚固体等部分组成（图 1.38）。土层锚杆根据主动滑动面可分为自由段（非锚固段）和锚固段。土层锚杆的自由段处于不稳定土层中，其作用是将锚头所承受的荷载传递到锚固段去。锚固段处于稳定土层中，要使它与周围土层结合牢固，通过与土层的紧密接触将锚杆所受荷载分布到周围的土层中去。锚固段是土层锚杆承载力的主要来源。

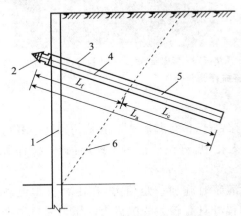

1—挡土灌注桩（支护结构）；2—锚头；3—锚孔；4—拉杆；5—锚固体；
6—主动滑动面；L_f 为非锚固段长度；L_c 为锚固段长度；L_a 为锚杆长度

图 1.38　土层锚杆长度的划分

土层锚杆的布置包括确定锚杆的尺寸、埋置深度、锚杆层数、锚杆的垂直间距和水平间距、锚杆的倾角等。锚杆的尺寸、埋置深度应保证使锚杆不引起地面隆起和地面不出现地基的剪切破坏。

① 锚杆的尺寸。锚杆的长度应使锚固体置于滑动土体外的好土层内，通常长度为 15～25 m，其中锚杆自由段的长度不宜小于 5 m，并应超过潜在滑裂面 1.5 m 以上；锚固段长度一般为 5～7 m，有效锚固长度不宜小于 4 m，在饱和软黏土中锚杆的固定段长度以 20 m 左右合适。

② 最上层锚杆的覆土厚度。最上层锚杆一般需覆土厚度不小于 4～5 m；锚杆的层数应通过计算确定，一般上下层间距为 2.0～5.0 m，水平间距为 1.5～4.5 m，或控制在锚固体直径的 10 倍。

③ 锚杆数。应根据计算确定。中国铁道科学研究院认为锚杆间距应不小于 2 m，否则应考虑锚杆的相互影响，单根锚杆的承载能力应予以降低。

④ 锚杆的倾角。倾角是锚杆设计中的重要问题，倾角的大小不但影响着锚杆水平分力与垂直分力的比例，也影响着锚固长度与非锚固长度的划分，还影响整体稳定性，因此施工中应特别重视。锚杆的倾角不宜小于 12.5°，一般宜与水平成 15°～25°倾角，且不应大于 45°。

（3）土层锚杆的施工工艺

土层锚杆施工一般先将支护结构施工完成，开挖基坑至土层锚杆标高，随挖随设置土层锚杆，逐层向下设置，直至完成。

其主要施工工艺流程为:定位→钻孔→安放拉杆→压力灌浆→张拉锚固。

① 定位。钻孔前,根据设计要求和土层条件,进行施工放线,定出挡土墙、桩基线和各个锚杆孔的孔位,锚杆的倾角。

② 钻孔。土层锚杆钻孔一般采用机械钻孔,常见的钻孔机械有旋转式钻孔机、冲击式钻孔机、旋转冲击式钻孔机等。施工前,主要根据土质、钻孔深度和地下水位情况进行选择。

土层锚杆钻孔施工时,要求钻孔的方向准确且孔壁平直无塌陷和松动,否则会影响拉杆安放和土层锚杆的承载力。钻孔时不得使用膨润土循环泥浆护壁,以免在孔壁上形成泥皮,降低锚固体与土壁之间的摩阻力。

③ 安放拉杆。土层锚杆用的拉杆,常用的有钢管、粗钢筋、钢丝束、钢绞线等。承载力较小时,多用粗钢筋;承载力较大时,我国多用钢绞线。钢筋、钢绞线使用前必须检查其各项性能,应顺直、无油污、无锈蚀、无缺股断丝等情况。钻孔完毕应尽快安设拉杆,预防塌孔。为使锚杆处于钻孔中心,应在锚杆杆件上安设定位器或隔离架,粗钢筋杆体沿轴线方向每隔 1.0~2.0 m 设置一个定位器,钢绞线或钢丝束每隔 1.0~1.5 m 设置一个隔离架。

为保证非锚固段拉杆可以自由伸长,可采取在锚固段与非锚固段之间设置堵浆器,或在非锚固段的拉杆上涂以润滑油脂,以保证在该段自由变形。

④ 压力灌浆。灌浆的作用:形成锚固段,将锚杆锚固在土层中,防止钢拉杆腐蚀,填充土层中的孔隙和裂缝。灌浆材料多用纯水泥浆,水灰比为 0.4~0.45 左右。为防止泌水、干缩,可掺加 0.3% 的木质素磺酸钙。灌浆亦可采用砂浆,灰砂比为 1∶1 或 1∶0.5(质量比)。

在灌浆前将管口封闭,接上压浆管,即可进行注浆,浇注锚固体。注浆时,宜边灌注边拔出注浆管。但应注意管口应始终处于浆面以下,注浆时应随时活动注浆管,待浆液溢出孔口时全部拔出。注浆后及时用水清洗搅浆、压浆设备及灌浆管等。

灌浆压力一般不得低于 0.4 MPa,亦不宜大于 2 MPa,宜采用封闭式压力灌浆和二次压力灌浆,可有效提高锚杆抗拔力 20% 左右。

灌浆方法分一次灌浆法和二次灌浆法两种。一次灌浆法是用压浆泵将水泥浆经胶管压入拉杆管内,再由拉杆端注入锚孔,管端保持离底 150 mm。随着水泥浆灌入,逐步将灌浆管向外拔出至孔口。待浆液回流至孔口时,用水泥袋纸等捣入孔内,再用湿黏土封堵孔口,并严密捣实,再以 0.4~0.6 MPa 的压力进行补灌,稳压数分钟即告完成。二次灌浆法是待第一次灌注的浆液初凝后,进行第二次灌浆。

⑤ 张拉锚固。注浆后自然养护不少于 7 d,待锚固体强度达到设计强度等级的 80% 以上,方可进行张拉工艺,张拉控制应力不应大于拉杆强度标准值的 75%。在灌浆体硬化之前,不能承受外力或由外力引起的锚杆移动。张拉前先在支护结构上安装围檩,张拉用设备与预应力结构张拉设备相同。边坡规范要求超张拉:1.05~1.1 设计预应力值→设计预应力值。锚固由锚具来实现,从我国目前情况看,钢拉杆为带肋钢筋的,其端部加焊一螺丝端杆,用螺母锚固;钢拉杆为光圆钢筋的,可直接在其端部攻丝,用螺母锚固;钢拉杆为钢丝束的,锚具多为墩头锚具。锚杆锚固后,若发现有明显预应力损失,应进行补偿张拉。

2. 拉锚式支护

拉锚式支护结构是挡土结构(如:钻孔灌注桩、钢板桩、地下连续墙等)与外拉系统(锚杆、腰梁)组成的基坑围护体系(图 1.39)。随着基坑深度与宽度的扩大,悬臂式围护或内撑式围护结构越来越不经济,甚至越来越行不通。在这种情况下采用拉锚式支护结构,可明显减小围护结构尺寸,降低造价,改善施工条件,并加快施工进度。

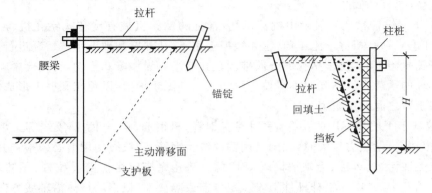

图 1.39 拉锚式支护

外拉系统的协同作用,充分调动了地层的自稳能力,使得地层既是围护结构荷载来源,也成了围护结构的组成部分,很好地满足了施工设计的要求。在同等条件下,与其他支护结构相比,拉锚式支护结构具有构件尺寸小、整体刚度大、侧向位移小等特点,在对变形有特殊要求的大型基坑工程中具有明显的优势。在工程地质条件与周围环境允许的情况下,可考虑选择此种类型的支护结构。

拉锚式支护结构的适用范围为:① 地层密实的砂土、粉土、硬塑至坚硬的黏性土,如果基坑临近具有岩层更好,以便承受通过外拉系统传递来的外载;② 如果基坑临近范围内存在不允许损坏的设施或场地时应慎用。

1.4.5　土钉墙支护

土钉墙支护是在基坑开挖一定深度时,在坡面用机械钻较密排的孔,孔内放置钢筋注水泥浆,在坡面安装钢筋网并喷射混凝土,使土体、土钉与喷射混凝土结合,使之与边坡土体形成类似重力式挡土墙,以此来抵抗墙后的土压力,从而保持开挖面边坡的稳定。

土钉墙具有节约投资、施工占地少、进度快、安全可靠、能适应复杂地质条件下的基坑支护等优点,在深基坑开挖支护工程中得到较为广泛的应用。土钉墙支护作为一种边坡稳定式支护结构,适用于淤泥、淤泥质土、黏土、粉质黏土、粉土等地基。

（1）土钉支护的构造

土钉支护一般由土钉、面层和排水系统组成,土钉支护构造如图 1.40 所示。墙面的坡度不宜大于 1∶0.1;土钉必须和面层有效连接。土钉支护具有施工速度快、施工设备和操作简单、对环境干扰小、经济效应好、土体支护位移小等优点。适用于地下水位以上或采用降水措施的砂土、粉土、黏土。

① 土钉。土钉宜采用 $\phi 16 \sim 32$ mm 的 HRB335、HRB400 级钢筋,与水平夹角宜为 $5° \sim 20°$;土钉长度宜为基坑开挖深度的 $0.5 \sim 1.2$ 倍,水平间距和垂直间距相等,间距宜为 $1 \sim 2$ m,具体数字依据土质而定;土钉呈矩形或梅花形布置,钻孔直径为 $70 \sim 120$ mm。

② 支护面层。土钉支护的面层通常是喷射混凝土面层,并配置钢筋网,钢筋直径宜为

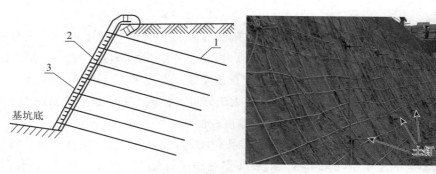

1—土钉;2—钢筋网;3—喷射混凝土面层
图 1.40　土钉支护构造

$6\sim10$ mm,间距宜为 $150\sim300$ mm。面层中坡面上下段钢筋的搭接长度应大于 300 mm。喷射混凝土的强度等级不宜低于 C20,面层厚度不宜小于 80 mm,喷射混凝土面层施工如图 1.41 所示。在土钉墙的顶部应采用砂浆或混凝土护面。喷射混凝土面层施工中要做好施工缝处的钢筋网搭接和喷射混凝土的连接,混凝土面层应深入基坑底部不少于 200 mm。如果土体的自立稳定性不良,也可以在挖土后先做喷射混凝土面层,而后再成孔置入土钉。

图 1.41　喷射混凝土面层

③ 排水系统。土钉支护在一般情况下都必须有良好的排水系统,在坡顶和坡脚应设排水设施,坡面上可根据具体情况设置泄水孔。施工开挖前要先做好地面排水,设置地面排水沟引走地表水,或设置不透水的混凝土地面以防止近处的地表水向下渗透。沿基坑边缘的地面要垫高,防止地表水注入基坑内。同时,基坑内部还必须人工降低地下水位,有利于基础施工。

(2)土钉墙支护施工工艺

土钉墙支护施工工艺流程有以下两种:

第一种:开挖第一层土方→打孔→插筋、注浆→铺设钢筋网→喷射面层混凝土→开挖下层土方。

第二种:开挖第一层土方→喷射第一层混凝土→打孔→插筋、注浆→铺设钢筋网→喷射面层混凝土→开挖下层土方。

工程上应根据场地情况、地质土质、地下水位等因素综合考虑,选择适合工程实际的施工工艺流程。

① 开挖第一层土方。基坑开挖和土钉墙施工应按设计要求自上而下分段分层进行。第一层土方开挖至首层土钉标高下 0.5 m 以内,其余各层开挖深度原则上以各层土钉之间的竖向间距 1.2 m 左右为宜,每层分段开挖长度原则上不大于 15 m。

在挖掘机施工基本完成斜坡面后,采用人工修坡对松散的或干燥的无黏性土进行铲除,并根据施工图设计要求,修置平整,坡面平整度控制在 +20 mm 以内。

② 打孔。坡面经过检查合格后,放线定孔位,并打孔,成孔深度及倾角符合设计要求。打孔时根据不同的土质情况采用不同的成孔作业法进行施工。对于一般土层,孔深小于等于 15 m 时,可选用洛阳铲或螺旋钻施工;孔深大于 15 m 时,宜选用土锚专用钻机和地质钻机施工。对饱和土易塌孔的地层,宜采用跟管钻进工艺。钻孔时如发现水量较大,要预留导水孔。

③ 插筋、注浆。土钉一般采用螺纹钢筋制作,要求顺直,应除油、除锈并做好防腐处理。检查孔深、孔径、土钉长度后,及时插入土钉和注浆管至孔底 350 mm。如采用压力注浆,出孔口部位设置止浆塞。土钉插入时,应防止扭压、弯曲,土钉安放后不得随意敲击和悬挂重物。

注浆前应将孔内残留或松动的杂土清除干净。注浆材料宜采用水泥浆或水泥砂浆,水泥浆的水灰比宜为 0.5;水泥砂浆配合比宜为 1:2～1:1(质量比),其强度等级不宜低于 M10。

④ 铺设钢筋网。钢筋网的钢筋直径宜为 6～10 mm,间距宜为 150～300 mm,坡面上下段钢筋网搭接长度应大于 300 mm,钢筋保护层厚度不宜小于 20 mm。采用双层钢筋网时,第二层钢筋网应在第一层钢筋网被混凝土覆盖后铺设。土钉与面层钢筋网的连接可通过垫板、螺母及土钉端部螺纹杆固定。土钉钢筋也可通过井字加强钢筋直接焊接在钢筋网上,焊接强度要满足设计要求。

⑤ 喷射面层混凝土。喷射混凝土强度等级不宜低于 C20,面层厚度不宜小于 80 mm。混凝土面层的喷射作业应分段进行,同一分段内喷射顺序应自下而上,一次喷射厚度不宜小于 40 mm。喷射混凝土时,喷头应与受喷面垂直,并保持 0.6～1.0 m 的距离。喷射混凝土的回弹率不大于 15%。喷射混凝土终凝 2 h 后,应喷水养护,养护时间宜为 3～7 d。养护视当地环境条件采用喷水、覆盖浇水或喷涂养护剂等方法。

⑥ 开挖下层土方。上层土钉注浆体及喷射混凝土面层达到设计强度的 70% 后,方可开挖下层土方及进行下层土钉施工。

(3)质量检验标准

① 土钉墙支护工程施工前应对钢筋、水泥、砂石、机械设备性能等进行检验。

② 土钉墙支护施工过程中应对放坡系数、土钉位置、土钉孔直径、土钉孔深度及角度、土钉杠体长度、注浆配比、注浆压力及注浆量、喷射混凝土面层厚度和强度等进行检验。

③ 土钉应进行抗拔承载力检验,检验数量不宜少于土钉总数的 1%,且同一土层中的土钉检验数量不应少于 3 根。

④ 每段支护体施工完后,应检查坡顶或坡面位移、坡顶沉降及周围环境变化,如有异常

情况应采取措施,恢复正常后方可继续施工。

⑤ 土钉墙支护工程质量检验应符合表 1-10 的规定。

表 1-10　土钉墙支护工程质量检验标准

项	序	检查项目	允许值或允许偏差值		检查方法
			单位	数值	
主控项目	1	抗拔承载力	不小于设计值		土钉抗拔试验
	2	土钉长度	不小于设计值		用钢尺量
	3	分层开挖厚度	mm	±200	水准测量或用钢尺量
一般项目	1	土钉位置	mm	±100	用钢尺量
	2	土钉直径	不小于设计值		用钢尺量
	3	土钉孔倾斜度	°	≤3	侧倾角
	4	水胶比	设计值		实际用水量与水泥等胶凝材料的质量比
	5	注浆压力	设计值		检查压力表读数
	6	浆体强度	不小于设计值		试块强度
	7	钢筋网间距	mm	±30	用钢尺量
	8	土钉面层厚度	mm	±10	用钢材量
	9	面层混凝土强度	不小于设计值		28 d 试块强度
	10	预留土墩尺寸及间距	mm	±500	用钢尺量
	11	微型桩桩位	mm	≤50	全站仪或用钢尺量
	12	微型桩垂直度	≤1/200		经纬仪测量

注:第 11 项和第 12 项的检测仅适用于微型桩结合土钉的复合土钉墙。

1.4.6　地下连续墙

1. 概述

地下连续墙是利用专用的挖槽机械在泥浆护壁下开挖一定长度(一个单元槽段),挖至设计深度并清除沉渣后,插入接头管,再将地面上加工好的钢筋笼用起重机吊入充满泥浆的沟槽内,最后用导管浇筑混凝土,待混凝土初凝后拔出接头管,一个单元槽段即施工完毕,如此逐段施工,即形成地下连续的钢筋混凝土墙。若地下连续墙为封闭状,则基坑开挖后,地下连续墙既可挡土又可防水,为地下工程施工提供条件。地下连续墙也可以作为建筑的外墙承重结构,两墙合一可以大大提高施工的经济效益。

地下连续墙的优点:① 适用于各种土质;② 防渗性能好;③ 可在各种复杂条件下进行施工;④ 施工时振动小、噪声低,除了产生较多泥浆外,对环境影响相对较小;⑤ 在建筑物、构筑物密集地区可以施工,对邻近的结构和地下设施没有什么影响。

地下连续墙的缺点:① 如果连续墙仅仅在施工期间用作支护结构,则造价可能稍高,不够经济;如能将其用作建筑物的承重结构,则可解决造价高的问题。② 如果施工现场管理不善,会造成现场潮湿和泥泞,且需对废泥浆进行处理。

地下连续墙主要用于建筑物的地下室、地下停车场、地下街道、地下铁道、地下道路、泵站、地下变电站和电站、盾构等工程的竖井、挡土墙、防渗墙、地下油库、各种基础结构等。

2. 施工工艺

地下连续墙按单元槽段逐段施工,如图 1.42 所示,其主要施工工艺流程为:修筑导墙→槽段开挖→安放锁口管→吊放钢筋笼→浇筑混凝土→拔出锁口管→墙段施工完毕。

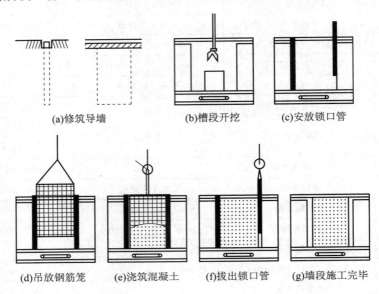

(a)修筑导墙　　　　(b)槽段开挖　　　(c)安放锁口管

(d)吊放钢筋笼　　(e)浇筑混凝土　　(f)拔出锁口管　　(g)墙段施工完毕

图 1.42　地下连续墙施工示意图

（1）修筑导墙

① 导墙的作用与结构。导墙是地下连续墙槽段开挖之前修筑的临时结构,其主要作用有:控制地下连续墙施工精度,保护槽口,挡土,支撑地面重物,保持泥浆稳定等。此外,导墙还可防止泥浆漏失,防止雨水等地面水流入槽内,地下连续墙距离现有建筑物很近时,施工时还起一定的补强作用。

导墙一般采用现浇钢筋混凝土结构,采用现场浇注的钢筋混凝土导墙容易做到底部与土层结合,防止泥浆流失。其结构如图 1.43 所示。

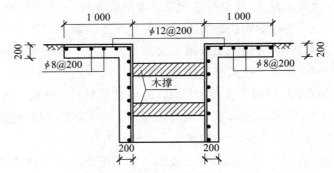

图 1.43　导墙结构示意图(单位:mm)

② 导墙施工工艺流程。现浇式钢筋混凝土导墙的施工工艺流程为：平整场地→测量定位→挖槽及处理弃土→绑扎钢筋→支模板→浇筑混凝土→拆模并设置横撑→导墙外侧回填土(如无外侧模板,可不进行此项工作)。

导墙的厚度一般为 150～200 mm,墙趾不宜小于 150 mm,深度一般为 1.0～2.0 m。导墙的配筋多为 $\phi12@200$ mm,水平钢筋必须连接起来,使导墙成为整体[图 1.44(a)]。导墙施工接头位置应与地下连续墙施工接头位置错开。地下连续墙两侧导墙内表面之间的净距,比地下连续梁略厚 40 mm 左右,导墙顶面应高于地面 100 mm 左右。现浇钢筋混凝土导墙拆模后,应沿纵向每隔 1 m 左右设上下两道木撑,将两片导墙支撑起来[图 1.44(b)]。在导墙的混凝土达到设计强度之前,禁止任何重型机械和运输设备在旁边行驶,以防导墙受压变形。

(a) 导墙钢筋绑扎　　　　　　　(b) 设置导墙横撑

图 1.44　导墙施工

(2) 槽段开挖

槽段开挖是地下连续墙施工中的关键工序,槽壁形状基本上决定了墙体外形,所以挖槽的精度是保证地下连续墙质量的关键之一。槽段开挖如图 1.45 所示。

地下连续墙挖槽的主要工作包括:单元槽段划分;挖槽机械选择与正确使用;防止槽壁坍塌措施的制订与工程特殊情况处理等。

① 单元槽段划分。地下连续墙施工时,预先沿墙体长度方向把地下墙划分为许多某种长度的施工单元,这种施工单元称为"单元槽段"。地下连续墙的挖槽是对一个个单元槽段进行挖掘。单元槽段的长度多取 5～7 m,但也有取 10 m 甚至更长的情况。划分单元槽段是地下连续墙施工组织设计中的一个重要内容。

② 挖槽机械。地下连续墙施工用的挖槽机械,是在地面上操作,穿过泥浆向地下深处开挖一条预

图 1.45　槽段开挖

定断面深槽(孔)的工程施工机械。由于地质条件十分复杂,地下连续墙的深度、宽度和技术要求也不同,目前还没有能够适用于各种情况的万能挖槽机械,因此需要根据不同的地质条件和工程要求,选用合适的挖槽机械。目前,我国在地下连续墙施工中,应用最多的是吊索式蚌式抓斗、导杆式蚌式抓斗、多头钻和冲击式挖槽机等。

③ 防止槽壁坍塌的措施。当挖槽出现坍塌迹象时,如泥浆大量漏失,液位明显下降,泥浆内有大量泡沫上冒或出现异常的扰动,导墙及附近地面出现沉降,排土量超过设计断面的土方量,多头钻或蚌式抓斗升降困难等,应首先及时地将挖槽机械提至地面,避免发生挖槽机械被坍方埋入地下的事故,然后迅速采取措施避免坍塌进一步扩大,以控制事态发展。常用的措施是迅速补浆以提高泥浆液面和回填黏性土,待所填的回填土稳定后再重新开挖。

挖槽结束后,应清理槽底的沉渣,称为清底。清底的常用方法有:① 砂石吸力泵排泥法;② 压缩空气升液排泥法;③ 带搅动翼的潜水泥浆泵排泥法;④ 抓斗直接排泥法。

(3) 安放锁口管

相邻槽段的接头应满足受力和防渗要求。国内多用锁口管连接,在挖除单元槽段土体后,在一端先吊放锁口管,再吊入钢筋笼,浇筑砼后逐渐拔出锁口管,形成半圆形接头(图 1.46)。

锁口管一般用起重机吊放,吊放时要紧贴单元槽段的端部和对准槽段中心,保持锁口管垂直并缓慢地插入槽内,下端放至槽底,上端固定在导墙或顶升架上。

(4) 吊放钢筋笼

钢筋笼起吊应用横吊梁或吊架,吊点布置和起吊方式要防止起吊时引起钢筋笼变形。起吊时不能使钢筋笼下端在地面上拖引,以防造成下端钢筋弯曲变形。为防止钢筋笼吊起后在空中摆动,应在钢筋笼下端系上曳引绳以人力操纵。

插入钢筋笼时,最重要的是使钢筋笼对准单元槽段的中心,垂直而又准确地插入槽内。钢筋笼进入槽内时,吊点中心必须对准槽段中心,然后徐徐下降,此时必须注意不要因起重臂摆动而使钢筋笼产生横向摆动,造成槽壁坍塌。钢筋笼插入槽内后,检查其顶端高程是否符合设计要求,然后将其搁置在导墙上。

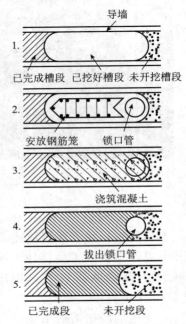

图 1.46 锁口管接头施工过程

(5) 浇筑混凝土

地下连续墙混凝土用导管法进行浇筑。在混凝土浇筑过程中,应随时掌握混凝土的浇筑量、混凝土上升高度和导管埋入深度,防止导管下口暴露在泥浆内,造成泥浆涌入导管。

混凝土面上存在一层与泥浆接触的浮浆层,需要凿去,为此混凝土需超灌 $300 \sim 500$ mm,以便在混凝土硬化后查明强度情况,将设计标高以上的部分混凝土用风镐凿去。

(6) 拔出锁口管

提拔锁口管宜使用顶升架(或较大吨位吊车)。提拔锁口管必须掌握好混凝土的浇筑时间、浇筑高度、混凝土的凝固硬化速度,不失时机地提动和拔出,不能过早、过快和过迟、过缓。如过早、过快,则会造成混凝土壁塌落;如过迟、过缓,则会由于混凝土强度增长,使摩阻力增大,造成提拔不动和埋管事故。一般宜在混凝土开始浇筑后 2～3 h 提动接头管,然后使管子回落。以后每隔 15～20 min 提动一次,每次提起 100～200 mm,使管子在自重下回落,说明混凝土尚处于塑性状态。如管子不回落,管内又没有涌浆等异常现象,宜每隔 20～30 min 拔出 0.5～1.0 m,如此重复。在混凝土浇筑结束后 5～8 h 内将锁口管全部拔出。

3. 质量检验标准

(1)施工前应对导墙的质量进行检查。

(2)施工中应定期对泥浆指标、钢筋笼的制作与安装、混凝土的坍落度、预制接头、墙底注浆、地下连续墙成槽及墙体质量等进行检验。

(3)作为永久结构的地下连续墙墙体施工结束后,应采用声波透射法对墙体质量进行检验,同类型槽段的检验数量不应少于 10%,且不少于 3 幅。

(4)地下连续墙工程质量检验标准应符合表 1-11。

表 1-11　地下连续墙成槽及墙体允许偏差

项目	序	检查项目		允许值		检查方法
				单位	数值	
主控项目	1	墙体强度		不小于设计值		28 d 试块强度或钻芯法
	2	槽壁垂直度	临时结构	≤1/200		20%超声波 2 点/幅
			永久结构	≤1/300		100%超声波 2 点/幅
	3	槽段深度		不小于设计值		测绳 2 点/幅
一般项目	1	导墙尺寸	宽度(设计墙厚+40 mm)	mm	±10	用钢尺量
			垂直度	≤1/500		用线锤测
			导墙顶面平整度	mm	±5	用钢尺量
			导墙平面定位	mm	≤10	用钢尺量
			导墙顶标高	mm	±20	水准测量
	2	槽段宽度	临时结构	不小于设计值		20%超声波 2 点/幅
			永久结构	不小于设计值		100%超声波 2 点/幅
	3	槽段位	临时结构	mm	≤50	钢尺 1 点/幅
			永久结构	mm	≤30	
	4	沉渣厚度	临时结构	mm	≤150	100%测绳 2 点/幅
			永久结构	mm	≤100	
	5	混凝土坍落度		mm	180～200	坍落度仪
	6	地下连续墙表面平整度	临时结构	mm	±150	用钢尺量
			永久结构	mm	±100	
			预制地下连续墙	mm	±20	
	7	预制墙顶标高		mm	±10	水准测量
	8	预制墙中心位移		mm	≤10	用钢尺量
	9	永久结构的渗漏水		无渗漏、线流,且≤0.1 L/(m²·d)		现场检验

1.5　土方施工排水

在土方开挖前,应做好地面排水和降低地下水位工作。开挖基坑或沟槽时,土的含水层被切断,地下水会不断地渗入基坑。雨季施工时,地面水也会流入基坑。为了保证施工的正常进行,防止边坡塌方和地基承载力下降,在基坑开挖前和开挖时,必须做好排水、降水工作。土方施工排水方法主要有地面水排出法、集水井降水法以及井点降水法。

1.5.1　地面水排出法

施工场地内低洼地区的积水必须排出,同时应注意雨水的排出,使场地保持干燥,以利土方施工。地面水的排出一般采用设置排水沟、截水沟、挡水土坝等措施。

应尽量利用自然地形来设置排水沟,使水直接排至场外,或流向低洼处再用水泵抽走。主排水沟最好设置在施工区域的边缘或道路的两旁,其横断面和纵向坡度应根据最大流量确定。一般排水沟的横断面不小于 0.5 m×0.5 m,纵向坡度一般不小于 0.3%。场地平整过程中,要注意排水沟保持畅通,必要时应设置涵洞。山区的场地平整施工中,应在较高一面的山坡上开挖截水沟。在低洼地区施工时,除开挖排水沟外,必要时应修建挡水土坝,以阻挡雨水的流入。出水口应设置在远离建筑物或构筑物的低洼地点,并保证排水畅通。

1.5.2　集水井降水法

1. 集水井的设置

集水井降水法是采用截、疏、抽的方法来进行排水。即在开挖基坑时,沿坑底周围或中央开挖排水沟,再在沟底设置集水井,使基坑内的水经排水沟流向集水井内,然后用水泵抽出坑外(图 1.47)。

为防止基底上的土颗粒随水流失而使土结构受到破坏,集水井应设置于基础范围之外、地下水走向的上游。根据地下水水量、基坑平面形状及水泵的抽水能

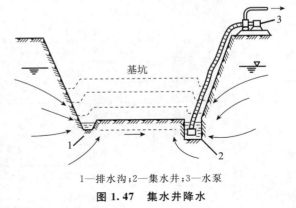

1—排水沟;2—集水井;3—水泵

图 1.47　集水井降水

力,每隔 20～40 m 设置一个集水井。集水井的直径或宽度一般为 0.6～0.8 m,其深度随着挖土的加深而加深,并保持低于挖土面 0.7～1.0 m。井壁可用竹、木等材料简易加固。当基坑挖至设计标高后,井底应低于坑底 1.0～2.0 m,并铺设碎石滤水层(0.3 m 厚)或下部砾石(0.1 m 厚)、上部粗砂(0.1 m 厚)的双层滤水层,以免由于抽水时间较长而将泥砂抽出,并防止井底的土被扰动。

集水井降水法所用的设备少,施工简单,应用广泛。但是,当基坑开挖深度大,地下水的动水压力和土的组成可能引起流砂、管涌、坑底隆起和边坡失稳时,则宜采用井点降水法。

2. 流砂及其防治

当基坑挖土至地下水位以下时,在土质为细砂土或粉砂土的情况下,往往会出现一种称

为"流砂"的现象,即土颗粒不断地从基坑边或基坑底部冒出的现象。一旦出现流砂,土体就会边挖边冒流砂,土完全丧失承载力,致使施工条件恶化,基坑难以挖到设计深度。严重时还会引起基坑边坡塌方,邻近建筑因地基被掏空而出现开裂、下沉、倾斜甚至倒塌。

（1）产生流砂的原因

土在水中渗流时受到土颗粒的阻力,水对土颗粒也作用一个压力,称为动水压力,当基坑底挖至地下水位以下时,坑底的土就受到动水压力的作用。如果动水压力等于或大于土的浸水重度时,土粒失去自重处于悬浮状态,能随着渗流的水一起流动,被带入基坑发生流砂现象。

当地下水位越高,坑内外水位差越大时,动水压力也就越大,越容易发生流砂现象。在可能发生流砂的土质处,基坑挖深超过地下水位线 0.5 m 左右,就要注意流砂现象的发生。

此外,当基坑底位于不透水层内,其下面为承压水的透水层,基坑不透水层的覆土的重量小于承压水的压力时,基坑底部就可能发生管涌现象。

（2）流砂的防治

产生流砂的重要条件是动水压力的大小和方向。在一定条件下,土转化为流砂,而在另一种条件下(改变动水压力的大小和方向),又可以将流砂转变为稳定土。因此,在基坑开挖中,防治流砂的原则是"治流砂必先治水"。

防治流砂的基本原理是:减小或平衡动水压力;设法使动水压力的方向向下;截断地下水流。

防治流砂的具体措施有:

① 枯水期施工法。枯水期地下水位较低,基坑内外水位差小,动水压力小,就不易产生流砂。

② 抢挖法。分段抢挖土方,使挖土速度超过冒砂速度,在挖至标高后立即铺竹、芦席,并抛大石块,以平衡动水压力,将流砂压住。此法适用于治理局部的或轻微的流砂。

③ 设止水帷幕法。它是将连续的止水支护结构(如连续板桩、深层搅拌桩、密排灌注桩等)打入基坑底面以下一定深度,形成封闭的止水帷幕,从而使地下水只能从支护结构下端向基坑渗流,增加地下水从坑外流入坑内的渗流路径,减小水力坡度,从而减小动水压力,防止流砂产生。

④ 水下挖土法。不排水施工,使坑内水压力与地下水压力平衡,消除动水压力,从而防止流砂的产生。此法在沉井挖土下沉过程中常用。

⑤ 人工降低地下水位法。它是采用井点降水法(如轻型井点、管井井点、喷射井点等)使地下水位降低至基坑底面以下,地下水的渗流向下,则动水压力的方向也向下,从而水不能渗流入基坑内,可有效地防止流砂的发生。因此,此法应用广泛且较可靠。

1.5.3　井点降水法

井点降水是指在基坑开挖前,预先在基坑四周埋设一定数量的滤水管(井),利用抽水设备从中抽水,使地下水位降落在坑底以下,直至施工结束为止(图 1.48)。这样,可使所挖的土始终保持干燥状态,改善施工条件,同时还使动力水压力方向向下,从根本上防止流砂发生,并增加土中有效应力,提高土的强度或密实度。因此,井点降水法不仅是一种施工的措施,也是一种地基加固方法,采用井点降水法降低地下水位,可适当改陡边坡以减少挖土。

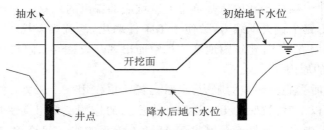

图 1.48　井点降水示意图

井点降水法有：轻型井点、喷射井点、电渗井点、管井井点及深井井点等。各种方法的选用，可根据土的渗透系数、地下水位的降低深度、工程特点、设备以及经济技术比较等具体条件，参照表 1-12 选用。其中轻型井点采用较为广泛。

表 1-12　降水类型及适用范围

井点类型	土层渗透系数/(m/d)	降低水位深度/m	适用土质
一级轻型井点	0.1～50	3～6	粉质黏土，砂质粉土，粉砂，含薄层粉砂的粉质黏土
二级轻型井点	0.1～50	6～12	粉质黏土，砂质粉土，粉砂，含薄层粉砂的粉质黏土
喷射井点	0.1～5	8～20	粉质黏土，砂质粉土，粉砂，含薄层粉砂的粉质黏土
电渗井点	<0.1	根据选用的井点确定	黏土，粉质黏土
管井井点	20～200	3～5	砂质粉土，粉砂，含薄层粉质黏土，各类砂土，砾砂
深井井点	10～520	>15	粉质黏土，砂质粉土，粉砂，含薄层粉砂的粉质黏土

1. 轻型井点

（1）轻型井点的设备

轻型井点设备由滤管、井点管、弯联管、集水总管及抽水设备等组成（图 1.49）。

滤管为进水设备，一般采用长 1.0～1.2 m、外径为 38 mm 或 51 mm 的无缝钢管，在管壁上钻有直径为 12～19 mm 的星棋状排列的滤孔，滤孔面积为滤管表面的 20%～25%。滤管外面包括两层孔径不同的滤网，内层为细滤网，采用 30～40 眼/cm² 的铜丝布或尼龙丝布；外层为粗滤网，采用 5～10 眼/cm² 的塑料纱布。为使流水畅通，管壁与滤网之间用塑料管或铁丝绕成螺旋形隔开，滤管外面再绕一层粗铁丝保护，滤管下端为一铸铁头。

井点管用直径 38 mm 或 51 mm、长度为 5～7 m 的无缝钢管或焊接钢管制成。下接滤管、上端通过弯联管与总管相连。

弯联管一般采用橡胶软管或透明塑料管，后者可以随时观察井点管出水情况。

集水总管采用直径 100～125 mm 的无缝钢管，每节长 4 m，各节间用橡皮套管联结，并用钢箍拉紧，防止漏水。总管上装有与井点管联结的短接头，间距为 0.8 m 或 1.2 m。

抽水设备由真空泵、离心泵和水汽分离器（又称为集水箱）等组成。

（2）轻型井点的布置

轻型井点的布置应根据基坑平面的形状及尺寸、基坑深度、土质、土的渗透系数、地下水位高低与流向、降水深度要求等因素而确定，设计时主要考虑平面和高程两个方面。

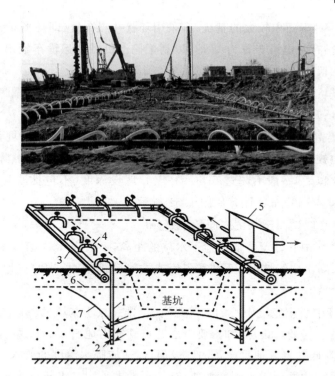

1—井点管;2—滤管;3—总管;4—弯联管;5—水泵房;6—原有地下水位线;7—降低后地下水位线

图 1.49　轻型井点设备

① 平面布置形式。根据基坑形状,轻型井点可采用单排布置、双排布置、环形布置、U 形布置(当土方施工机械需要进出基坑时采用)等,如图 1.50 所示。

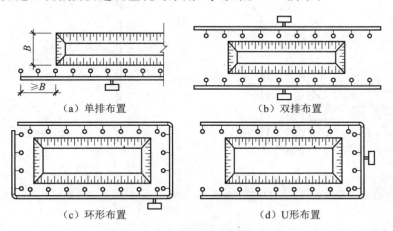

（a）单排布置　　　　　　　　　　　　（b）双排布置

（c）环形布置　　　　　　　　　　　　（d）U形布置

图 1.50　井点平面布置形式

a. 单排布置。当基坑或沟槽宽度小于 6 m,降水深度不大于 5 m 时,可用单排井点布置(即单排布置),井点管应布置在地下水流的上游一侧,两端延伸长度一般不小于坑(槽)宽度。

b. 双排布置。如果宽度大于 6 m 或土质不良,或渗透系数较大时,则用双排井点布置(即双排布置)。

c. 环形布置。对于面积较大的基坑,宜采用环状井点布置(即环形布置)。

d. U形布置。有时也可布置为 U 形,以利于挖土机械和运输车辆出入基坑,可在地下水下游方向留出一段不设井点管,形成 U 形布置。

井点管距离基坑壁一般不小于 $0.7\sim1.0$ m,以防止坑壁局部发生漏气。井点管间距一般为 0.8 m、1.2 m、1.6 m、2.0 m,由计算或经验确定。

② 高程布置。高程布置是指确定井点管埋深,即滤管上口至总管埋设面的距离,主要考虑降低后的水位控制在基坑底面标高以下,保证坑底干燥。轻型井点降水深度在考虑抽水设备的水头损失以后,一般不超过 6 m。井点管埋设深度(不包括滤管)H 按下式计算:

$H \geqslant H_1 + h + iL$,井点高程布置计算如图 1.51 所示。

式中,H_1——井点管埋设面至基坑底面的距离(m);

$\quad\quad h$——基坑底面中心处至降低后地下水位的距离,一般为 $0.5\sim1.0$ m;

$\quad\quad i$——地下水降水曲线坡度,可取实测值或按经验确定,单排井点取 $1/4$,环形井点取 $1/5\sim1/10$;

$\quad\quad L$——井点管中心至基坑中心的水平距离,单排井点至基坑另一边的距离(m)。

在计算确定井点管的埋设深度时,要考虑井点管露出地面 0.2 m 左右。如果计算出 H 值大于 6 m,则应降低井点管抽水设备的埋设面,以适应降水深度的要求。

当一级井点系统达不到降水深度的要求时,可考虑采用二级井点或多级井点,即先挖去第一级井点所疏干的土,然后在其底部再布置第二级井点,使降水深度增加(图 1.52)。

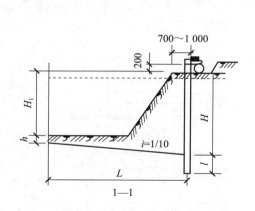

图 1.51　井点高程布置计算图(单位:mm)

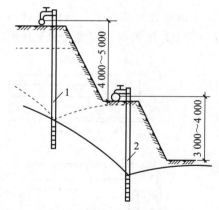

1—第一级井点管;2—第二级井点管

图 1.52　二级轻型井点(单位:mm)

(3)轻型井点的施工

轻型井点系统的施工主要包括施工准备、井点系统的安装、使用及拆除。

① 施工准备。准备工作包括井点设备、施工机具、水源、电源及必要材料的准备、排水沟的开挖、水位观测孔的设置等。

② 井点系统安装。井点系统的安装顺序:按降水方案放线→布设总管→冲孔→沉设井点管→灌填砂滤层、黏土封口→用弯联管将井点管与总管接通→安装抽水设备→试运行→

正式抽水。其中,井点管的埋设质量是保证轻型井点顺利抽水、降低地下水位的关键。

井点管的埋设一般用水冲法进行,分为冲孔与埋管两个过程(图 1.53)。

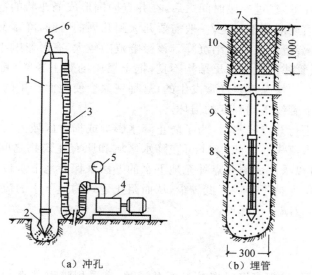

（a）冲孔　　（b）埋管

1—冲管;2—冲嘴;3—胶皮管;4—高压水泵;5—压力表;6—起重吊钩;7—井点管;8—滤管;9—填砂;10—黏土封口

图 1.53　井点管的埋设(单位:mm)

冲孔直径一般为 300 mm。冲孔时,先用起重设备将冲管吊起并垂直地插在井点位置上,利用高压水将土冲松,边冲边沉,直至冲孔深度比滤管底深 0.5～1.0 m 时停止冲水,以保证滤管埋设深度。冲管一般采用直径为 50～70 mm 的钢管,长度比井点管长 1.5 m 左右,下端装有圆锥形冲嘴,并焊有三角形翼板,便于冲管下沉。

井孔冲成后,拔出冲管,立即居中插入井点管,并在井点管与孔壁之间及时填灌干净的粗砂做过滤层,以防孔壁塌土堵塞滤网。砂滤层应比滤管顶高 1.0～1.5 m 以上,以保证水流畅通。最后在井孔的上部用黏土封口捣实,以防漏气。

弯联管最好采用软管,以便安装,并可避免因井点管沉陷而造成的管件损坏;井点系统的各部件连接接头应安装严密,防止漏气而影响降水效果。

轻型井点系统全部安装完毕后应进行试抽。以检查有无死井(井点管淤塞)或漏气、漏水现象。

(4)轻型井点的使用

轻型井点使用时,一般应连续(特别是开始阶段)。时抽时停容易使滤管网堵塞,出水浑浊并引起附近建筑物的土颗粒流失而沉降、开裂。同时由于中途停抽,使地下水回升,也可能引起边坡塌方等事故。抽水过程中,应调节离心泵的出水阀以控制水量,使抽吸排水保持均匀,做到细水长流。正常的出水规律是"先大后小,先浑后清"。真空泵的真空度是判断井点系统工作情况是否良好的指标,必须经常观察。造成真空度不足的原因很多,但大多是井点系统有漏气现象,应及时检查并采取措施解决。在抽水过程中,还应检查有无堵塞的"死井",若死井太多,严重影响降水效果时,应逐个用高压反冲洗或拔出重埋。为观察地下水位的变化,可在影响半径内设孔观察。井点降水工作结束后所留的井孔,必须用砂砾或黏土填实。

（5）井点降水对周围环境的影响

在井点管埋设完成开始抽水时,井内水位开始下降,周围含水层的水不断流向滤管。在无承压水等环境条件下,经过一段时间之后,在井点周围形成漏斗状的弯曲水面,即"降水漏斗",这个漏斗状水面逐渐趋于稳定,一般需要几天到几周的时间,降水漏斗范围内的地下水位下降以后,就必然会造成土体固结沉降。该影响范围较大,有时影响半径可达百米。在实际工程中,由于井点管滤网及砂滤层结构不良,把土层中的黏土颗粒、粉土颗粒甚至细砂同地下水一同抽出地面的情况也是经常发生的,这种现象会使地面产生的不均匀沉降加剧,造成附近建筑物及地下管线不同程度的损坏。

在建筑物附近进行井点降水时,为了防止降水影响或损害区域内的建筑物,就必须阻止建筑物下面的地下水流失。为此,除了可在降水区域和原有建筑物之间的土层设置一道固体抗渗屏幕外,还可以采用回灌井点补充地下水的办法来保持地下水位,使降水井点和原有建筑物下的地下水位保持不变或降低较少,从而阻止建筑物地下水的流失。这样,也就不会因降水使地面沉降,或减少沉降值。

2. 其他井点

（1）喷射井点

当基坑开挖较深,采用多级轻型井点不经济时,宜采用喷射井点,其降水深度可达 8～20 m。

喷射井点系统主要由喷射井管、高压水泵及进水、排水管路组成。喷射井管由内管和外管组成,在内管下端装有喷射扬水器,与滤管相连,当高压水经内外管之间的环形空间由喷嘴喷出时,地下水即被吸入而压出地面。

（2）电渗井点

电渗井点排水的原理是以井点管作负极,以打入的钢筋或钢管作正极,当通以直流电后,土颗粒即自负极向正极移动,水则自正极向负极移动而被集中排出。土颗粒的移动称电泳现象,水的移动称电渗现象,故名电渗井点。电渗井点适用于土壤渗透系数小于 0.1 m/d,用一般井点不能降低地下水位的含水层中,尤其宜用于淤泥排水。

（3）管井井点

管井井点,就是沿基坑每隔 10～50 m 距离设置一个管井,每个管井单独用一台水泵不断抽水来降低地下水位。管井井点由滤水井管、吸水管和抽水机械组成。

此法适用于土壤的渗透系数大（$K=20～200$ m/d）,地下水量大的土层中。管井设备比较简单,排水量大,降水较深,水泵设在地面,易于维护。

（4）深井井点

如要求降水深度较大,用管井井点降水不能满足要求时,则用深井井点。深井井点与管井井点基本相同,只是井较深。所用井管同管井井点区别在于滤管长度较长,一般为 3～9 m,其构造要求比管井井点滤管标准要高。

深井井点是将抽水设备放置在预定的钻孔中进行抽水,钻孔的下端有较长的滤管,将水流滤清后,由潜水泵或深井泵抽出地下水。深井井点系统主要由井管和水泵组成。

深井井点具有排水量大、降水深（15～50 m）、不受土质限制等特点,适用于地下水丰富,基坑深（>10 m）,基坑占地面积大的工程地下降水。流砂地区和重复挖方地区使用这种方法,效果更佳。

1.6　土方填筑与压实

在工程施工中,场地平整、基坑(槽)、管沟、室内外地坪的回填以及填土地基等都需要进行填土,而这些填土多是有压实要求的,压实的目的在于迅速保证填土的强度和稳定性。为了保证土方填筑的质量,必须正确选择填土的种类和填筑方法。

1.6.1　填方土料选择

填方土料应符合设计要求,以保证填方的强度和稳定性,选择土方填料应为强度高、压缩性小、水稳定性好、便于施工的土、石料。如设计无要求,应符合以下规定:

(1)碎石类土、砂土和爆破石渣可用于表层以下的填料,但其最大粒径不得超过每层铺垫厚度的 2/3。

(2)含水量符合压实要求的黏性土可用作各层填料。

(3)淤泥和淤泥质土一般不能用作填料,但在软土地区,经过处理含水量符合压实要求的,可用于填方中次要部位。

(4)碎块草皮和有机质含量大于 5% 的土只能用在无压实要求的填方。有机质含量超过 5% 的土不能用作填方的土料。

(5)含有盐分的盐渍土中,一般仅中、弱两类盐渍土可以使用,但填料中不得含有盐晶、盐块或含盐植物的根茎。

(6)不得使用冻土、膨胀土做填料。

1.6.2　土方填筑要求

(1)密实度要求

填方的密实度要求和质量指标通常以压实系数 λ_c 表示。压实系数为土的控制(实际)干土密度 ρ_d 与最大干土密度 ρ_{dmax} 的比值。最大干土密度 ρ_{dmax} 是在最优含水量的条件下,通过标准的击实方法确定的。密实度要求一般由设计根据工程结构性质、使用要求以及土的性质确定,如未作规定,可参考表 1-13 数值。

表 1-13　压实填土的质量控制

结构类型	填土部位	压实系数	控制含水量/%
砌体承重结构和框架结构	在地基主要受力层范围内	≥0.97	$w_{op}\pm2$
	在地基主要受力层范围以下	≥0.95	
排架结构	在地基主要受力层范围内	≥0.96	$w_{op}\pm2$
	在地基主要受力层范围以下	≥0.94	

注:1. w_{op} 为最优含水量。

2. 地坪垫层以下及基础底面标高以上的压实填土,压实系数不应小于 0.94。压实填土的最大干土密度 ρ_{dmax}(t/m³)宜采用击实试验确定。

(2)一般要求

① 填土应分层进行,并尽量采用同类土填筑。如采用不同土壤填筑时,应将透水性较大的土层置于透水性较小的土层之下,不能将各种土混杂在一起使用,以免在填方内部形成

水囊或产生滑动现象。

②填土应从最低处开始,由下向上整个宽度分层铺填碾压或夯实。回填基坑和管沟时,应从四周或两侧均匀地分层进行,以防止基础和管道在土压力作用下产生偏移或变形。

③在地形起伏之处,应做好接槎,修筑 1∶2 阶梯形边坡,每台阶可取高 50 cm、宽100 cm。分段填筑时每层接缝处应做成大于 1∶1.5 的斜坡,碾迹重叠 0.5~1.0 m,上下层错缝距离不应小于 1 m。接缝部位不得在基础、墙角、柱墩等重要部位。

④填土应预留一定的下沉高度,以备在行车、堆重或干湿交替等自然因素作用下,土体逐渐沉落密实。预留沉降量根据工程性质、填方高度、填料种类、压实系数和地基情况等因素确定。

1.6.3　填土压实方法

填土压实可以采用人工压实,也可以采用机械压实。当压实量较大,或工期要求比较紧张时一般采用机械压实。常用的机械压实方法有碾压法、夯实法、振动压实法等(图 1.54)。

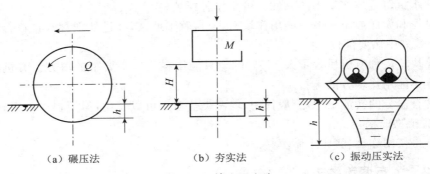

(a) 碾压法　　　　　(b) 夯实法　　　　　(c) 振动压实法

图 1.54　填土压实法

1. 碾压法

碾压法是利用机械滚轮的压力压实土壤,使之达到所需的密实度,此法多用于大面积填土工程。碾压机械有平碾、羊足碾和气胎碾(图 1.55)。平碾对砂土、黏性土均可压实;羊足碾需要较大的牵引力,且只宜压实黏性土,因在砂土中使用羊足碾会使土颗粒受到"羊足"较大的单位压力后向四周移动,从而使土的结构遭到破坏;气胎碾在工作时是弹性体,其压力均匀,填土质量较好;平碾压路机是最常用的一种碾压机械,又称光碾压路机。平碾压路机具有操作方便、转移灵活、碾压速度较快等优点。但碾轮与土的接触面积大,单位压力较小,碾压上层密实度大于下层。

(a) 平碾　　　　　　(b) 羊足碾　　　　　　(c) 气胎碾

图 1.55　碾压机械

碾压机械压实填方时,行驶速度不宜过快;一般平碾控制在 2 km/h,羊足碾控制在 3 km/h,否则会影响压实效果。

2. 夯实法

夯实法是利用夯锤自由下落的冲击力来夯实土壤,主要用于小面积回填。夯实法分人工夯实和机械夯实两种。夯实机械有夯锤、内燃夯土机和蛙式打夯机,人工夯土用的工具有木夯、石夯等。

蛙式打夯机(图 1.56)、内燃打夯机、电动立夯机等,适用于黏性较低的土(砂土、粉土、粉质黏土),基坑(槽)、管沟及各种零星分散、边角部位的填方的夯实,以及配合压路机对边线或边角碾压不到之处的夯实。夯锤是借助起重机悬挂一重锤进行夯土的夯实机械,适用于夯实砂性土、湿陷性黄土、杂填土以及含有石块的填土。

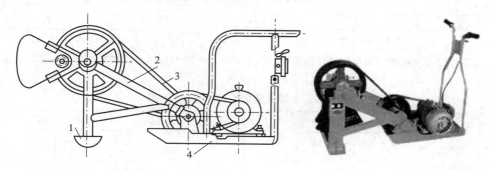

1—夯头;2—夯架;3—三角带;4—底盘

图 1.56　蛙式打夯机示意图

3. 振动压实法

振动压实法是将振动压实机放在土层表面,借助振动机械使压实机产生机械振动,土颗粒在振动力的作用下发生相对位移而达到紧密状态。这种方法用于振实非黏性土效果较好。若使用振动碾进行碾压,可使土受到振动和碾压两种作用,碾压效率高,适用于大面积填方工程。

对密实要求不高的大面积填方,在缺乏碾压机械时,可采用推土机、拖拉机或铲运机结合行驶、推(运)土、平土来压实。对已回填松散的特厚土层,可根据回填厚度和设计对密实度的要求采用重锤夯实或强夯等机具方法来夯实。

1.6.4　影响填土压实质量的因素

填土压实质量与许多因素有关,其中主要影响因素为:压实功、土的含水量以及每层铺土厚度。

1. 压实功的影响

填土压实后的密度与压实机械在其上所施加的功有一定的关系。当土的含水量一定,在开始压实时,土的密度急剧增加,待到接近土的最大密度时,压实功虽然增加许多,而土的密度却变化甚小。土的密度与所耗的功的关系如图 1.57 所示。实际施工中,对于砂土只需碾压或夯实 2～3 遍,对亚砂土只需 3～4 遍,对亚黏土或黏土只需 5～6 遍。此外,松土不宜用重型碾压机械直接滚压,否则土层有强烈起伏现象,效率不高。

2. 含水量的影响

在同一压实功的作用下,填土的含水量对压实质量有直接影响。较为干燥的土,由于土颗粒之间的摩阻力较大,因而不易压实。当土具有适当含水量时,水起了润滑作用,土颗粒之间的摩阻力减小,从而易压实。土在最佳含水量的条件下,使用同样的压实功进行压实,所达到的密度最大(图1.58)。各种土的最佳含水量和最大干密度可参考表1-14。

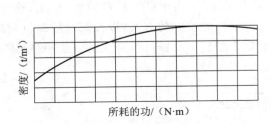

图 1.57 土的密实度与压实功的关系

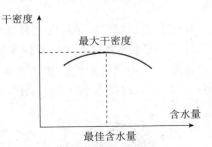

图 1.58 土的密实度与含水量的关系

表 1-14 土的最佳含水量和最大干密度

序号	土的种类	变动范围		序号	土的种类	变动范围	
		最佳含水量/%(质量比)	最大干密度/(g/m³)			最佳含水量/%(质量比)	最大干密度/(g/m³)
1	砂土	8~12	1.80~1.88	3	粉质黏土	12~15	1.85~1.95
2	黏土	19~23	1.58~1.70	4	粉土	16~22	1.61~1.80

注:1. 表中土的最大干密度根据现场实际达到的数字为准。

2. 一般性的回填土可不做此测定。

3. 铺土厚度的影响

土在压实功的作用下,其应力随深度增加而逐渐减小,超过一定深度后,土的压实密度与未压实前相差极小。其影响深度与压实机械、土的性质和含水量等有关。铺土厚度应小于压实机械压土时的影响深度。因此,填土压实时每层铺土厚度的确定应根据所选压实机械和土的性质,在保证压实质量的前提下,使土方压实机械的功耗费最小,可按照表1-15选用。

表 1-15 填土施工时的分层厚度及压实遍数

压实机具	分层厚度/mm	每层压实遍数
平碾	250~300	6~8
羊足碾	250~350	8~16
蛙式打夯机	200~250	3~4
振动压实机	250~350	3~4
柴油打夯	200~250	3~4
人工打夯	≤200	3~4

1.6.5 填土工程质量检验标准

（1）施工前应检查基底的垃圾、树根等杂物清除情况，测量基底标高、边坡坡率，检查验收基础外墙防水层和保护层等。回填料应符合设计要求，并确定回填料含水量控制范围、铺土厚度、压实遍数等施工参数。

（2）施工中应检查排水系统、每层填筑厚度、碾迹重叠程度、含水量控制、回填土有机质含量、压实系数等。

（3）施工结束后，应进行标高及压实系数检验。

（4）填方工程质量检验标准应符合表1-16、表1-17的规定。

表 1-16　柱基、基坑、基槽、地（路）面、基础层填方工程质量检验标准

项	序	检查项目	允许值或允许偏差		检查方法
			单位	数值	
主控项目	1	标高	mm	0 −50	水准测量
	2	分层压实系数	不小于设计值		环刀法、灌水法、灌砂法
一般项目	1	回填土料	设计要求		取样检查或直接鉴别
	2	分层厚度	设计值		水准测量及抽样检查
	3	含水量	最优含水量±2%		烘干法
	4	表面平整度	mm	±20	用2 m靠尺
	5	有机质含量	≤5%		灼烧减量法
	6	碾迹重叠长度	mm	500～1 000	用钢尺量

表 1-17　场地平整填方工程质量检验标准

项	序	检查项目	允许值或允许偏差			检查方法
			单位	数值		
主控项目	1	标高	mm	人工	±30	水准测量
				机械	±50	
	2	分层压实系数	不小于设计值			环刀法、灌水法、灌砂法
一般项目	1	回填土料	设计要求			取样检查或直接鉴别
	2	分层厚度	设计值			水准测量及抽样检查
	3	含水量	最优含水量±4%			烘干法
	4	表面平整度	mm	人工	±20	用2 m靠尺
				机械	±30	
	5	有机质含量	≤5%			灼烧减量法
	6	碾迹重叠长度	mm	500～1 000		用钢尺量

思考题

1. 简述土的分类以及土的主要工程性质。
2. 基槽开挖如何进行基槽底部抄平,请画图示之。
3. 简述正铲、反铲、拉铲、抓铲挖掘机的工作特点。
4. 简述基坑槽支护结构的主要形式有哪些?
5. 简述土层锚杆的组成和施工工艺流程。
6. 简述土钉支护的组成和施工工艺流程。
7. 简述地下连续墙的施工工艺流程。
8. 简述轻型井点降水的井点系统安装顺序。
9. 简述土方工程机械压实方法有哪些? 适用情况如何?

练习题

一、单选题

1. 从建筑施工的角度,根据( ),可将土石分为八类。

A. 粒径大小 B. 承载能力

C. 坚硬程度 D. 孔隙率

2. 基坑(槽)的土方开挖时,以下说法不正确的是( )。

A. 土体含水量大且不稳定时,应采取加固措施

B. 一般应采用"分层开挖,先撑后挖"的开挖原则

C. 开挖时如有超挖应立即整平

D. 在地下水位以下的土,应采取降水措施后开挖

3. 填方工程中,若采用的填料具有不同的透水性时,宜将透水性较大的填料( )。

A. 填在上部 B. 填在中间

C. 填在下部 D. 与透水性小的填料掺和

4. 铲运机适用于( )工程。

A. 中小型基坑开挖 B. 大面积场地平整

C. 河道清淤 D. 挖土装车

5. 正铲挖土机挖土的特点是( )。

A. 后退向下,强制切土 B. 前进向上,强制切土

C. 后退向下,自重切土 D. 直上直下,自重切土

6. 在土质均匀、湿度正常、开挖范围内无地下水且敞露时间不长的情况下,对较密实的砂土和碎石类土的基坑或管沟开挖深度不超过( )时,可直立开挖不加支撑。

A. 1.00 m B. 1.25 m C. 1.50 m D. 2.00 m

7. 在较深的基坑中,挡土结构的支撑不宜使用( )形式。

A. 自立式 B. 锚拉式

C. 土层锚杆 D. 坑内水平式

8. 土方的开挖顺序、方法必须与设计工况相一致,并遵循开槽支撑,( ),严禁超挖的原则。

　A. 先撑后挖,分层开挖　　　　　　　B. 先挖后撑,分层开挖

　C. 先撑后挖,分段开挖　　　　　　　D. 先挖后撑,分段开挖

9. 在同一压实功条件下,对填土压实质量有直接影响的是( )。

　A. 土的颗粒级配　　　　　　　　　　B. 铺土厚度

　C. 压实遍数　　　　　　　　　　　　D. 土料含水量

10. 场地平整前,必须确定( )。

　A. 挖填方工程量　　　　　　　　　　B. 土方机械

　C. 场地的设计标高　　　　　　　　　D. 施工方案

二、填空题

1. 建筑物定位应把轴线位置引测到龙门板上,用轴线钉标定。龙门板顶部标高一般定在_____ m,主要是便于施工时控制标高。

2. 基坑槽所挖土方应两侧出土,抛于槽边的土方距离槽边远_____ m、高度_____ m为宜,以保证边坡稳定。

3. 场地平整土方量的计算方法,通常有_____和_____两种。

4. 注浆后自然养护不少于_____,待锚固体强度达到设计强度等级的_____以上,土层锚杆方可进行张拉工艺。

5. 土钉墙面层混凝土强度等级不宜低于_____,面层厚度不宜小于_____。

6. 地下连续墙的混凝土面上存在一层与泥浆接触的浮浆层,需要凿去,为此混凝土需超灌_____。

7. 轻型井点在抽水过程中,应调节离心泵的出水阀以控制水量,使抽吸排水保持均匀,做到细水长流。正常的出水规律是"_____,_____"。

8. 填土压实质量与许多因素有关,其中主要影响因素为_____、_____以及每层铺土厚度。

9. 回填基坑和管沟时,应从四周或两侧均匀地分层进行,以防止基础和管道在土压力作用下产生_____或_____。

10. 较为干燥的土,由于土颗粒之间的摩阻力_____,因而不易压实。当土具有适当含水量时,水起了润滑作用,土颗粒之间的摩阻力_____。

模块 2　桩基础工程

学习目标

1. 能够叙述预制桩施工工艺流程
2. 能够叙述灌注桩施工工艺流程
3. 能够运用工程相关规范或标准，对桩基础工程进行质量检验
4. 提高工程质量意识与规范意识，形成良好的工程专业素养

基础是建筑物的墙或柱埋在地下的扩大部分，它是建筑物的组成部分。基础作用是承受上部结构的全部荷载，通过自身调整，把荷载有效地传给地基。

2.1　基本知识

建筑物的全部荷载是通过基础传给地基。根据建筑物荷载大小及地基承载力的情况，基础可以分为浅基础和深基础。浅基础适用于地基基础较好的多层建筑物，它造价低、施工方便；深基础适用于建筑物荷载较大，且建造点地基的软土层很厚的情况，它承载能力高、沉降小、稳定性好，但施工技术复杂、造价高。

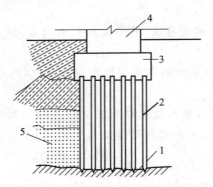

1—持力层；2—桩柱(身)；3—承台；4—上部建筑；5—软弱土层
图 2.1　桩基础示意图

桩基础是一种常用的深基础形式，它由桩身和承台组成(图 2.1)。根据不同的划分方式，桩基有以下几种分类：

1. 按承载性状分类

（1）摩擦桩

它指桩顶荷载全部或主要由桩侧阻力承担的桩；根据桩侧阻力承担荷载的份额，摩擦桩

又分为纯摩擦桩和端承摩擦桩。

（2）端承桩

它指桩顶荷载全部或主要由桩端阻力承担的桩；根据桩端阻力承担荷载的份额，端承桩又分为纯端承桩和摩擦端承桩。

（3）复合受荷载桩

即承受竖向荷载、水平荷载均较大的桩。

2. 按挤土效应分类

（1）非挤土桩

如干作业成孔桩、泥浆护壁成孔桩、套管护壁成孔桩、人工挖孔桩等。

（2）部分挤土桩

如部分挤土灌注桩，预钻孔打入式预制桩、打入式开口钢管桩，H形钢桩，螺旋成孔桩等。

（3）挤土桩

如挤土灌注桩、挤土预制混凝土桩（打入式桩、振入式桩、压入式桩）等。

3. 按制作工艺分类

（1）预制桩

预制桩在施工现场或加工厂预制。

（2）灌注桩

灌注桩在施工现场根据设计要求灌注成桩。

4. 按桩径大小分类

（1）小直径桩

桩径 $d \leqslant 250$ mm 的为小直径桩。小直径桩如树根桩、锚杆静压桩、小直径静压预制桩等，它具有施工空间要求小，对原有建筑基础影响小，施工方便，可在各种土层中成桩，并能穿越原有基础等特点。在基础托换、支撑结构、抗浮等工程中得到广泛应用。

（2）中等直径桩

桩径 250 mm$< d <800$ mm 的为中等直径桩。

（3）大直径桩

桩径 $d \geqslant 800$ mm 的为大直径桩。

2.2　岩土工程勘察报告识读

任何建筑物都是建造在地基上，地基岩土的工程地质条件将直接影响建筑物的安全。因此，在建筑物进行设计之前，必须通过各种勘察手段和测试方法进行工程地质勘察，为设计和施工提供可靠的工程地质资料。

1. 岩土工程勘察的目的

根据拟建建筑物的特点，勘察工作的目的是查明建筑场地内的工程地质和水文地质条件，不良地质作用的成因、类型、分布范围、发展趋势和危害程度，提出防治措施建议，并对基础形式、地基处理等提出建议，最终提供资料完整、数据真实、结论有据、建议合理，满足设计要求的岩土工程勘察报告。为工程建设规划、设计、施工提供准确可靠的地质工程资料，保证建筑物的安全和正常使用。

2. 岩土工程勘察的任务

岩土工程勘察的主要任务是：

（1）查明建筑场地的工程地质条件，选择地质优越的建筑场地；

（2）查明场地内滑坡、岩溶、岸边冲刷等不良地质的情况，为制定防治不良地质条件的措施提供地质依据；

（3）查明建筑物地基岩土的地层时代、岩性、地质构造、土的成因类型以及埋藏分布规律，测定地基岩土的物理力学性质；

（4）查明地下水类型、水质、埋深以及分布变化情况；

（5）根据建筑物场地的工程地质条件，分析研究可能发生的工程地质问题，提出拟建建筑物的结构形式、基础类型和施工方法的建议等；

（6）对不利于建筑的岩土层，提出切实可行的处理方法或防治措施；

（7）编制相应的岩土工程勘察报告。

3. 岩土工程勘察报告识读

在野外勘察工作和室内土样试验完成后，将工程地质勘察纲要、勘探孔平面布置图、钻孔记录表、原位测试记录表、土的物理力学试验成果、勘察任务委托书、建筑物平面布置图以及地形图等有关资料汇总，并进行整理、检查、分析、鉴定，经确定无误后编制成岩土工程勘察报告，提供给建设单位、设计单位和施工单位使用，是存档长期保存的技术资料。

（1）岩土工程勘察报告的基本内容

一份完整的岩土工程勘察报告包括以下内容：封面和目录、文字部分、图表部分。

1）封面和目录。封面的格式在不同地方有所不同，岩土工程勘察报告封面如图2.2所示。

图 2.2　勘察报告封面

2）文字部分。文字部分是岩土工程勘察报告的重要文字叙述部分，包括以下十个方面内容：

① 前言。主要说明工程概况、勘察的目的、任务要求、技术标准、工作布置、勘察方法、工作质量评述等。

② 场地工程地质条件。主要说明地形地貌及地层简况、工程地质特征等。

③ 岩土工程特性指标。主要说明岩土参数统计、参数的可靠性和适用性、参数的选用等。

④ 场地水文地质条件及评价。主要说明地下水赋存条件及水位变化幅度、水和土对建

筑材料的腐蚀性评价等。

⑤ 场地稳定性、适宜性和地震效应评价。主要说明场地稳定性和适宜性评价、场地抗震设防烈度、场地土类型和场地类别、砂土液化判别、建筑抗震地段综合评价等。

⑥ 场地岩土层工程地质性能评价。

⑦ 基础持力层及基础方案选择。

⑧ 地基均匀性及变形特征分析。

⑨ 设计施工应注意的问题。

⑩ 结论和建议。

3）图表部分。图表部分包括附表和附图两部分内容：

① 附表。包括标准贯入试验成果表、触探试验成果表、水质分析报告、土工试验成果总表等。

② 附图。包括勘探点平面位置图、工程地质剖面图、钻孔柱状图等。

（2）岩土工程勘察报告的实例

岩土工程勘察报告全文内容繁多，为方便学习和阅读，以下实例只摘取其中重要部分内容。

（一）工程概况

拟建××铸业有限公司厂区位于××市下白镇顶头村南面，交通便捷。拟建场地为宿舍楼，层数 5 层，采用框架结构，设计单柱最大荷载约为 2 000 kN；室内地面整平标高为5.100 m（1985 年国家高程），无地下室。建设单位为××市××铸业有限公司，设计单位为福建××建筑设计有限公司。详细的工程情况见表 2-1。

表 2-1　建筑物概况一览表

建筑物名称	建筑物层数	结构类型	基础形式	设计地面标高/m	单柱最大荷载/kN	基础埋深/m	相邻柱基沉降差/mm
宿舍楼	5	框架结构	桩基	5.10	2 000	≥0.5	0.002 L

（二）勘察工作布置

本次勘察阶段为一次性详细勘察阶段。勘察采用现场钻探取芯、取样、原位测试、室内试验等多种勘探手段相结合的方法进行，其中勘探点的位置是根据建筑物的周边角点及网格状布局，以及设计单位提出的“勘察技术要求”和“勘探点布置图”，遵照现行规范和有关文件的要求选取的，5 层宿舍楼共布设勘探点计 8 个，钻孔间距约为 24～28 m，其中 3 个为控制性钻孔（用 JK 表示），5 个为一般性钻孔（用 ZK 表示），勘探点平面布置情况详见图 2.3。

（三）地形地貌及地质简况

拟建场地地貌类型主要属滨海沉积地貌单元，位于丘陵地貌与滨海沉积地貌交界处，场地内原为种植用地及水塘，场地经人工后期堆填，地势较平坦开阔，场地地形标高介于3.06～4.67 m 之间，相对高差 1.61 m，地形总体变化坡度小于 3°，地势平缓。

根据区域地质资料及本次钻孔揭示地基土属第四系沉积物及侏罗系南园组凝灰熔岩地层，第四系土层主要由素植土、淤泥、含碎石粉质黏土层组成，岩体主要由全～强风化凝灰熔岩组成。

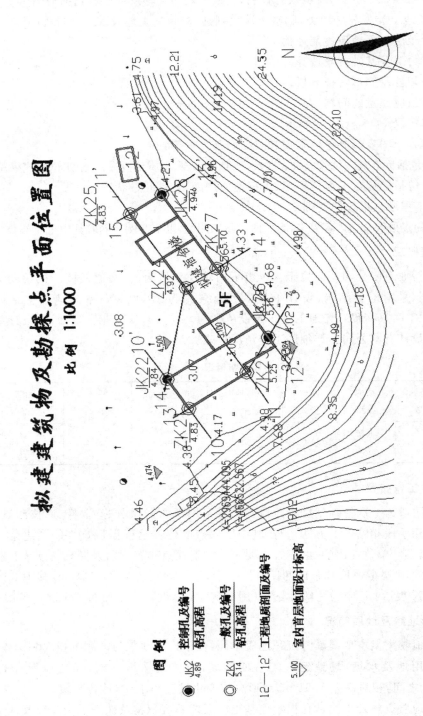

拟建建筑物及勘探点平面位置图

比例 1:1000

图 例

● JK2 控制孔及编号
  4.89 钻孔高程

◎ ZK1 一般孔及编号
  5.14 钻孔高程

12—12' 工程地质剖面及编号

▽ 5.100 室内首层地面设计标高

图 2.3 勘探点平面布置图

（四）岩土体工程地质特征

该场地的各岩土层的分布及变化情况详见《工程地质剖面图》和《钻孔柱状图》。该工程共有 6 个工程地质剖面图（10—10′、11—11′、12—12′、13—13′、14—14′、15—15′），钻孔柱状图有 8 个（ZK21、JK22、ZK23、ZK24、ZK25、JK26、ZK27、JK28），详见图 2.4。

其中 13—13′工程地质剖面如图 2.4 所示。一般孔 JK26 钻孔柱状图如图 2.5 所示。

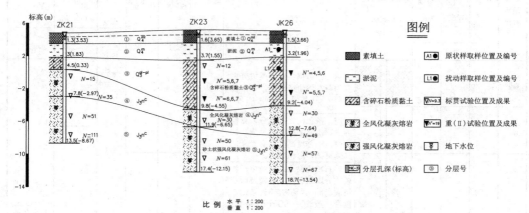

图 2.4　13—13′工程地质剖面图

根据本次钻探成果，场地岩土层可划分为 6 层，其工程地质特征自上而下分述如下：

（1）素填土①（Q_4^{ml}）：黄褐色，湿，松散，物质成分主要为凝灰熔岩风化土，局部含碎石，人工堆填，时间约 1 年。分布广泛，各孔均有揭示，顶板高程 4.70～5.25 m，层厚 1.30～2.70 m，顶板总体坡度小于 2°，顶板平缓。

（2）淤泥②（Q_4^m）：灰色、深灰色，饱和，流塑。物质成分主要以黏粒组成，土质细腻，黏性强，手感滑，局部含腐殖物及砂，干强度及韧性中等，高压缩性，无摇震反应，切面光滑。分布广泛，各孔均有揭示，顶板标高 2.10～3.74 m，层厚 1.00～10.20 m，顶板总体坡度小于 3°，顶板平缓。

（3）含碎石粉质黏土③（Q_3^{al-pl}）：黄褐色，饱和，可塑。物质成分以粉黏粒、砂粒及碎石组成，碎石含量占 25%～30%，分布不均，粒径一般 20～60 mm 为主，个别达 100～120 mm，次棱角状，岩性为火山岩，呈中风化状。部分呈强～通体风化状，分布较广泛，仅 ZK1、ZK3、ZK5 孔缺失，顶板标高为 7.69～1.96 m，钻孔揭示层厚 0.70～6.40 m，顶板坡度一般小于 5°，最大坡度约为 31°。

（4）全风化凝灰熔岩④（J_3n^c）：黄褐色，原岩结构基本破坏，但结构尚可辨认，除石英外矿物多已风化成土状及次生矿物，岩芯呈砂土状，砂感强，遇水易软化、崩解，分布较广泛，仅 ZK5 孔缺失，顶板标高为 9.59～2.34 m，钻孔揭示层厚 1.60～6.30 m，顶板坡度一般小于 7°，最大坡度约为 19°。

（5）砂土状强风化凝灰熔岩⑤（J_3n^c）：黄褐色，散体状结构，结构大部分破坏，风化裂隙发育，矿物成分显著变化，除石英云母外，其他矿物已经完全风化成砂土状。砂感强，岩芯手捏易散，遇水易崩解、软化。分布广泛，各孔均有揭示，其中仅 JK4、ZK5、ZK29、ZK30 孔揭穿，顶板标高为 13.40～0.21 m，层厚大于 0.70 m，顶板坡度一般小于 7°，最大坡度约为 27°。

钻孔柱状图

工程名称												

孔号　JK26　　　　　　　　　　　　孔口标高(m)　5.16　　　　　测量日期　2013.1.3

坐标　X=2969424.202　Y=466542.281

地质时代	层底深度	土层厚度	层底标高	柱状图 1:100	岩性描述	土层编号	极限端阻力 kPa	极限侧阻力 kPa	地下水 深度 标高 (m)	取样 原状样 扰动样 深度 (m)	实测标贯 (N63.5) 击数 深度 (m)
	(m)										
QT^1	1.5	1.5	3.66		素填土：黄褐色，物质成分主要为凝灰熔岩风化土，局部含碎石，人工堆填，时间约1年。	①			0.5 ▽ 4.66		
QT^m_4	3.2	1.7	1.96		淤泥：灰色，物质成分以黏粒为主，土质细腻，黏性强，韧性高，干强度高，稍有光泽，具腥臭味，海积成因。	②				A1 2.10-2.40	
Q^{al-pl}_3	9.2	6	-4.04		含碎石粉质黏土：灰黄色，物质成分以粉黏粒、砂粒及卵石组成，卵石含量占25%~30%，粒径一般20~80 mm为主，少量达100~120 mm，次棱角状，岩性为火山岩，呈中风化状，部分呈强通体风化状，冲洪积成因。	③				L1 4.50-4.70	N'=4,5,6 5.00-5.30 〈br〉 N'=5,5,7 7.40-7.70
J_3n^c	12.8	3.6	-7.64		全风化凝灰熔岩：黄褐色，原岩结构基本破坏，但结构尚可辨认，除石英颗粒外其余矿物已完全风化成次生矿物，岩芯呈砂土状，湿水易软化、崩解，局部风化不均，夹少量碎块。	④					N=30 9.95-10.25 〈br〉 N=49 12.45-12.75
J_3n^c	18.7	5.9	-13.54		砂土状强风化凝灰熔岩：黄褐色，原岩结构大部分破坏，主要矿物为长石及石英，风化强烈，岩芯呈砂土状，手捏易散。局部风化不均，夹少量碎块。	⑤					N=57 14.85-15.15 〈br〉 N=67 16.85-17.15

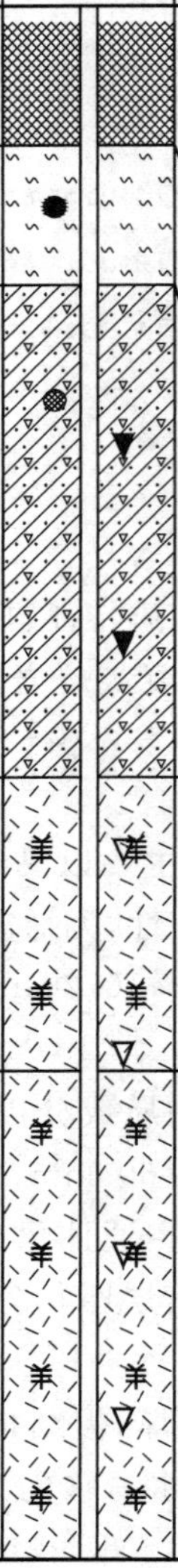

图 2.5　JK26 钻孔柱状图

（6）碎块状强风化凝灰熔岩⑥（J_3n^c）：灰黄色，凝灰熔岩结构，块状构造，主要矿物为长石及石英，风化强烈，岩芯呈碎块状，部分手折可断，部分锤击易碎。岩石坚硬程度为软岩，岩体完整程度为极破碎，岩体基本质量等级为Ⅴ级。揭示于 JK4、ZK5、ZK29、ZK30 孔，均未揭穿，顶板标高为 10.05～－0.49 m，层厚大于 1.00 m，顶板坡度一般小于 27°，最大坡度约为 34°。

（五）场地水文地质条件及评价

拟建场地主要属滨海沉积地貌，地表水体不发育。场地地下水以第四系上层滞水、孔隙弱承压水、风化裂隙水为主，上层滞水赋存于素填土①土层中，主要受大气降水的垂直渗透补给，富水性、渗透性不均，受季节性影响大；孔隙型弱承压水主要赋存于含碎石粉质黏土③土层中，补给来源主要为大气降水垂直渗透及同层水体的侧向补给，渗透性中等，富水性较好；风化裂隙水埋藏较深，其透水性和富水性很不均匀。拟建场地位于径流区，地下水位受季节性影响，枯水期水位略有下降，丰水期水位略有抬高，水位年变化幅度约为1.0~2.0 m。勘察结束后统一测得混合静水位埋深0.40~1.00 m。

本次勘察在控制孔中取水样3组，根据水质分析成果报告，判定结果：拟建场地地下水对混凝土结构具微腐蚀性；对钢筋混凝土结构中的钢筋具微腐蚀性，对钢结构存在弱腐蚀性。根据区域经验场地土对混凝土结构具微腐蚀性；对钢筋混凝土中的钢筋具微腐蚀性。

（六）场地稳定性和适宜性评价

拟建场地主要位于滨海沉积平原，三面环山，与丘陵地貌相交接，其北、西、南侧靠近山坡，坡度较缓，丘陵沟谷地势暴雨季节汇水面积大，场地内位于沟谷冲洪积区域，暴雨季节汇水面积大，应考虑洪水对厂区的冲刷影响。

本次勘察未发现滑坡、崩塌、泥石流等不良地质作用，未见防空洞、墓穴、地下管线、临空面等不利埋藏物。根据区域地质调查报告，场地内未见活动性构造发育痕迹。场地稳定性较好，适宜建筑。

（七）场地岩土层工程地质性能评价

根据钻孔揭示地层及现场原位测试，室内土工试验成果对场地各岩土体的工程地质性能评价如下：

（1）素填土①土层未经压实，工程地质性能差。

（2）淤泥②分布广泛，厚度变化较大，呈流塑状，工程地质性能差。

（3）含碎石粉质黏土③分布较广泛，厚度变化大，呈可塑状，工程地质性能一般。

（4）全风化凝灰熔岩④分布较广泛，局部缺失，厚度一般，工程性能较好。

（5）砂土状强风化凝灰熔岩⑤分布广泛，各孔均有揭示，承载力高，工程性能好。

（6）碎块状强风化凝灰熔岩⑥力学性质好，承载力高，根据勘察不存在临空面不良现象。

（八）基础持力层及基础方案选择

根据场地各岩土层空间分布及工程地质性能并结合场地建筑物荷重，进行分析如下：

拟建建筑物层数5层，无地下室，单柱最大荷重2 000 kN。场地表层素填土①为新近堆填，未压实，不能作为基础持力层；淤泥②顶部埋深1.30~2.30 m，工程地质性能差，且为高压缩性软土，该层工程地质性能较差，不能作为基础持力层；含碎石粉质黏土③呈可塑状，工程地质性能一般，局部缺失，土质不均匀，顶部埋深3.00~8.50 m，局部顶板埋深超过5 m，不宜作为浅基础持力层；全风化凝灰熔岩④顶部埋深4.50~11.00 m，局部埋深较浅，单桩承载力不高,不宜作为桩基础持力层;砂土状强风化凝灰熔岩⑤顶部埋深7.80～15.20 m,层厚度大,工程地质性能好,无软弱夹层,可作为桩基础持力层。

综上所述,宿舍楼建议采用桩基础,基础持力层采用砂土状强风化凝灰熔岩⑤。

(九) 结论与建议

(1) 本工程重要性等级为三级工程;场地复杂程度等级为二级场地;地基复杂程度等级为二级地基,地基基础设计等级为丙级,抗震设防类别为标准设防类(丙类),综合判定工程勘察等级为乙级。

(2) 根据区域地质资料及本次钻孔揭示地基土属第四系沉积物及侏罗系南园组凝灰熔岩地层,第四系土层主要由素植土、淤泥、含碎石粉质黏土层组成,岩体主要由全强风化凝灰熔岩组成。

(3) 拟建场地地下水主要由第四系上层滞水、弱承压水、风化裂隙水组成,混合稳定水位埋深0.40～1.00 m,水位年变化幅度约为1～2.0 m,承压水水位标高约为−3.0～−1.8 m。根据水质分析结果:拟建场地地下水对混凝土结构具微腐蚀性;对钢筋混凝土结构中的钢筋具微腐蚀性,对钢结构存在弱腐蚀性。根据区域经验场地土对混凝土结构具微腐蚀性;对钢筋混凝土中的钢筋具微腐蚀性。建议应采取相应防腐措施。

(4) 场地抗震设防烈度为6度,属设计地震分组第一组,设计地震加速度值为0.05 g,建筑场地类别为Ⅲ类,设计特征周期为0.45 s;根据国标《建筑抗震设计规范》(GB 50011)第4.3.2条规定,可不考虑砂土液化和震陷问题。场地属建筑抗震不利地段。

(5) 根据本场地各岩土层空间分布及工程地质性能并结合场地建筑物荷重,对本场地基础持力层及基础型式选择建议如下:

宿舍楼采用桩基础,基础持力层选择砂土状强风化凝灰熔岩⑤,桩型建议选用预应力管桩。

(6) 加强试桩、验桩及基础验槽工作,本报告建议的桩长及单桩承载力标准值是初步估算的数值,最终应以垂直荷载试验予以校核,并以试桩数据为准。

2.3 钢筋混凝土预制桩施工

1. 预制桩类型

预制桩包括钢筋混凝土桩、木桩、钢管桩等,在建筑工程中以钢筋混凝土桩应用较多。目前,钢筋混凝土预制桩主要有空心管桩和实心方桩两种,这两种桩型一般均在预制厂制作。为了制作、运输、起吊方便,一般将桩分段预制,在施工中逐段接长。

(1) 钢筋混凝土预制实心方桩

为了制作方便,其截面为方形,截面尺寸包含从200 mm×200 mm至500 mm×500 mm等几种。预制单桩长度取决于桩架高度,一般不超过27 m,必要时可达30 m。预制实心方桩如图2.6所示。

图 2.6　钢筋混凝土预制实心方桩

（2）钢筋混凝土空心管桩

管桩是指采用离心成型的先张法预应力混凝土环形截面桩。管桩按桩身混凝土强度等级及壁厚分为：预应力高强混凝土管桩（代号 PHC）、预应力混凝土管桩（代号 PC）、预应力混凝土薄壁管桩（代号 PTC）。PHC 桩混凝土强度等级不低于 C_{80}，PC 桩和 PTC 桩混凝土强度等级不高于 C_{80} 但不低于 C_{60}。PHC、PC 桩壁厚一般为 75～130 mm，大直径桩壁厚可达 150 mm，PTC 桩壁厚较小，一般为 55～70 mm。

目前，常用 PHC 管桩直径为 300～1 000 mm，单节桩长 6～15 m，PHC 桩壁厚一般为 75～150 mm，短桩根据施工需要可向厂家订货。PHC 管桩在建筑、桥梁、港口码头、水利等工程中大量使用。PHC 管桩如图 2.7 所示。

图 2.7　预应力高强度混凝土管桩

2. 预制桩的起吊、运输、堆放

钢筋混凝土预制桩应在混凝土达到设计强度的 70% 时方可起吊，达到设计强度的 100% 才能运输和打桩。如提前起吊，则必须做强度和抗裂度验算。在起吊和搬运时，吊点应符合设计规定，如无吊环，设计又未作规定时，应符合起吊弯矩最小原则，吊点合理位置如图 2.8 所示。

长距离运输预制桩，可采用平板拖车。长桩运输时，桩下要设置活动支座。经过搬运的桩，必须进行外形复查，如质量不合要求，应视具体情况，与设计单位共同研究处理。

桩的堆放必须遵守下列规定：地面必须平整坚实，垫木之间距离应根据吊点确定，并应在同一直线上，堆放管桩时应在垫木上加三角木防止管桩滚动，最下层的垫木应加强；堆放不宜超过四层。不同规格的桩，应分别堆放。

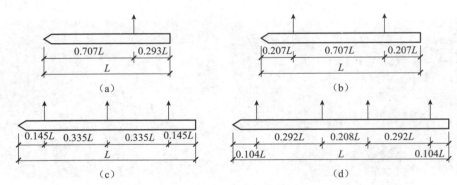

(a) 1 个吊点(<15 m);(b) 2 个吊点(<25 m);(c) 3 个吊点(>25 m);(d) 4 个吊点(>25 m)

图 2.8　吊点的合理位置

3. 预制桩施工方法

（1）锤击打桩法

锤击打桩是利用桩锤下落产生的打击能量,克服土体对桩的阻力,将桩沉入土中,它是钢筋混凝土预制桩最早、最常用的施工方法。由于该法施工极易产生挤土、噪声和振动现象,在城市居住区限制使用,锤击打桩如图 2.9 所示。

（2）振动打桩法

振动打桩法的原理是借助固定于桩头上的振动沉桩机所产生的振动力,以减小桩与土壤颗粒之间的摩擦力,使桩在自重与机械力的作用下沉入土中。该法施工也产生挤土、噪声和振动现象。

振动沉桩法主要适用于砂土、黄土、软土、亚黏土地基,在含水砂层中的效果更为显著。但在砂砾层中采用振动打桩法时,施工比较困难,还需要配以水冲沉桩法。在打桩施工过程中,必须连续进行,以防间歇过久难以沉桩,振动打桩如图 2.10 所示。

（3）静力压桩法

静力压桩法是在软土地基上,通过压桩机的自重和桩架上的配重作反力将预制桩压入土中的一种沉桩工艺。静力压桩机有机械式和液压式两种,目前市场上液压式静力压桩机主要有顶压式和抱压式两种类型。这种施工方法沉桩精度高,降低工程成本,施工质量高,无振动、无噪声、对周围环境影响小,适合于在城市中施工,是目前预制桩施工中的主要方法。液压式静力压桩机技术发展很快,有的压桩力已达 8 000 kN 以上。液压式静力压桩机如图 2.11 所示。

图 2.9　锤击打桩

图 2.10　振动打桩

图 2.11　静力压桩

4. 接桩方法

钢筋混凝土预制桩在施工中一般采用"分段压入,逐节接长"的接桩方法,一般采用如下两种方法进行接桩:

(1)焊接法

接桩时上节桩必须对准下节桩,并调整垂直后,采用 E4303 或 E4316 焊条将上下节桩的钢端头板焊接起来,或将角钢与预制桩的主筋焊接起来,完成桩的接长工作。焊接法接桩如图 2.12 和图 2.13 所示。

(2)浆锚法

此法节约钢材,操作简便,接桩时间较焊接法大为缩短,适用于钢筋混凝土预制方桩。接桩时,首先上节桩必须对准下节桩,使上节桩 4 根钢筋插入下节桩的锚浆孔内(孔径为锚筋直径的 2.5 倍),安装好夹箍,将熔化的硫黄胶泥注满锚筋孔内,然后将上节桩徐徐下放,当硫黄胶泥冷却后,停息一定时间并拆除夹箍后可继续施工(图 2.14)。

图 2.12 方桩焊接

图 2.13 管桩焊接

图 2.14 浆锚法接桩

5. 打桩顺序

打桩顺序是否合理,直接影响打桩进度和施工质量。在确定打桩顺序时,应考虑施工中土体的挤压位移对桩本身及附近建筑物的影响。打桩顺序一般分为:两侧向中间打设、逐排打设、自中部向四周打设、由中间向两侧打设四种(图 2.15)。

当桩较稀时(桩中心距大于 4 倍桩边长或桩径),可采用图 2.15(a)或图 2.15(b)打桩顺序。

当桩较密时(桩中心距小于等于 4 倍桩边长或桩径),可采用图 2.15(c)或图 2.15(d)打桩顺序。

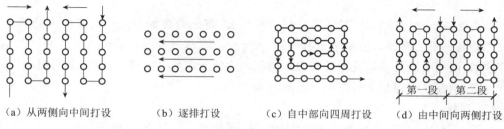

(a)从两侧向中间打设　　(b)逐排打设　　(c)自中部向四周打设　　(d)由中间向两侧打设

图 2.15 打桩顺序

6. 预制桩施工工艺

预制桩施工一般是采用分节压入,逐段接长的方法。当每一节桩压入土中后,在其上端距地面 1 m 左右时,将第二节桩接上,如此反复。以静力压桩为例,其施工工艺流程为:场地清理→测量定位→桩机就位→吊桩插桩→压桩→接桩→再压桩→……(送桩)→终止压桩→(截桩),如图 2.16 所示。

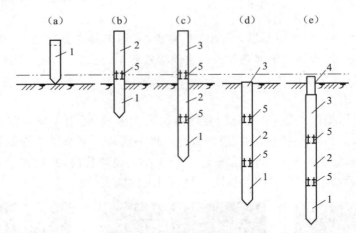

(a)桩位定位;(b)压桩、接桩;(c)压桩、接桩;(d)压桩;(e)送桩

1、2、3—预制桩;4—送桩器;5—桩接头

图 2.16　静力压桩施工示意图

（1）场地清理

清除施工区域内高空、地上、地下的障碍物,平整、压实场地,并铺上 100 mm 厚道渣。由于静力压桩机设备重,对地面附加应力大,应验算其地基承载力,若不能满足要求,应对地表土加以处理(如碾压、铺毛石垫层等),以防机身沉陷。

（2）测量、定位

施工前应测定好轴线和每一个桩位,并在桩位上有明显标记。如在较软的场地施工,由于桩机的行走会挤走预定标志,在桩机就位之后要重新复核桩位。

（3）吊桩、插桩

通过桩机自带的起重机起吊预制桩,插入夹持器内就位。对于液压步履式行走机构的压桩机,通过启动纵向和横向行走液压缸,将尖桩对准桩位,开动夹持液压缸,将桩箍紧,调整桩在两个方向的垂直度,开动压桩液压缸,使桩压入土中 1.0 m 左右,再次校对垂直度。

（4）压桩

由夹持液压缸将桩夹紧,然后启动压桩液压缸,将压力施加到夹持桩身的夹持器上,通过夹持器与桩身的摩擦力传递压力,将桩压入土中。压桩过程要记录桩入土深度、压力表读数等数据,以判断压桩质量及压桩阻力。当压力表读数突然上升或下降时,要对照地质资料进行分析,判断是否遇到障碍物或产生断桩等情况。

（5）接桩

当下一节桩压到露出地面 0.8～1.0 m 时,开始接桩。接桩过程不应放松上节桩身的夹持系统。应尽量缩短接桩时间,以防桩周与土固结,压桩力骤增,造成压桩困难。

（6）送桩

最后一节桩桩顶压至接近地面需要送桩时,应检查管桩的垂直度和桩顶质量,以及送桩器的中心与管桩的中心线是否一致,合格后立即送桩。送至设计标高后,其在地面遗留的送桩孔洞应立即回填覆盖,以免桩机行走时引起地面沉陷。

（7）终止压桩

终止压桩控制标准:对摩擦型桩以达到桩端设计标高为终止压桩条件;对于端承摩擦型长桩以设计桩长控制为主,最终压力值做对照;对承载力较高的工程桩,终压力值宜尽量接近或达到压桩机满载值;对端承型短桩,以终压力值达到压桩机满载值为终止压桩条件,并以满载值复压。

（8）截桩

桩压好后,露出地面的预制桩应及时截除,以免桩机行走时损坏桩身。截桩方法有人工凿桩或用混凝土切割器、液压紧箍式切断机、液压千斤顶等设备截桩。人工凿桩难度大,不易保证质量,一般不宜采用。通常采用锯桩器截割,严禁用大锤横向敲击或强行扳拉截断。

7. 预制桩施工质量检验标准

（1）基础工程一般规定

① 桩基础工程施工前应对放好的轴线和桩位进行复核,桩位的放样允许偏差:群桩 20 mm;单排桩 10 mm。

② 预制桩(钢桩)的桩位偏差,应符合表 2-2 的规定。斜桩倾斜度的偏差应为倾斜角正切值的 15%(倾斜角系桩的纵向中心线与铅垂线间的夹角)。

表 2-2　预制桩(钢桩)桩位的允许偏差

序号	检查项目		允许偏差/mm
1	带有基础梁的桩	垂直基础梁的中心线	$\leqslant 100 + 0.01H$
		沿基础梁的中心线	$\leqslant 150 + 0.01H$
2	承台桩	桩数为 1～3 根桩基中的桩	$\leqslant 100 + 0.01H$
		桩数大于或等于 4 根桩基中的桩	$\leqslant 1/2$ 桩径 $+0.01H$ 或 $1/2$ 边长 $+0.01H$

注:H 为桩基施工面至设计桩顶的距离(mm)。

（2）预制桩质量检验标准

① 施工前应检验成品桩构造尺寸和外观质量。

② 施工中应检验接桩质量、锤击及静压的技术指标、垂直度以及桩顶标高等。

③ 施工结束后应对承载力及桩身完整性等进行检验。

④ 钢筋混凝土预制桩质量检验标准应符合表 2-3 和表 2-4 的规定。

表 2-3　锤击预制桩质量检验标准

项	序	检查项目	允许值或允许偏差		检查方法
			单位	数值	
主控项目	1	承载力	不小于设计值		静载试验、高应变法等
	2	桩身完整性	—		低应变法

项	序	检查项目	允许值或允许偏差		检查方法
			单位	数值	
一般项目	1	成品桩质量	表面平整,颜色均匀,掉角深度小于 10 mm,蜂窝面积小于总面积 0.5%		查产品合格证
	2	桩位	表 2-1		全站仪或用钢尺量
	3	电焊条质量	设计要求		查产品合格证
	4	接桩:焊缝质量	钢桩施工质量检验标准		钢桩施工质量检验标准
		电焊结束后停歇时间	min	≥8(3)	用表计时
		上下节平面偏差	mm	≤10	用钢尺量
		节点弯曲矢高	同桩体弯曲要求		用钢尺量
	5	收锤标准	设计要求		用钢尺量或查沉桩记录
	6	桩顶标高	mm	±50	水准测量
	7	垂直度	≤1/100		经纬仪测量

注:括号中为采用二氧化碳气体保护焊时的数值。

表 2-4　静压预制桩质量检验标准

项	序	检查项目	允许值或允许偏差		检查方法
			单位	数值	
主控项目	1	承载力	不小于设计值		静载试验、高应变法等
	2	桩身完整性	—		低应变法
一般项目	1	成品桩质量	表面平整,颜色均匀,掉角深度小于 10 mm,蜂窝面积小于总面积 0.5%		查产品合格证
	2	桩位	表 2-1		全站仪或用钢尺量
	3	电焊条质量	设计要求		查产品合格证
	4	接桩:焊缝质量	钢桩施工质量检验标准		钢桩施工质量检验标准
		电焊结束后停歇时间	min	≥6(3)	用表计时
		上下节平面偏差	mm	≤10	用钢尺量
		节点弯曲矢高	同桩体弯曲要求		用钢尺量
	5	终压标准	设计要求		现场实测或查沉桩记录
	6	桩顶标高	mm	±50	水准测量
	7	垂直度	≤1/100		经纬仪测量
	8	混凝土灌芯	设计要求		查灌注量

注:括号中为采用二氧化碳气体保护焊时的数值。

2.4　钢筋混凝土灌注桩施工

混凝土灌注桩是直接在施工现场的桩位上成孔,然后在孔内安装钢筋笼,浇筑混凝土成桩。与预制桩相比,具有施工挤土影响小,单桩承载力大,施工不受地层变化的限制,无需接桩及截桩等优点。但成桩工艺复杂、施工速度慢、质量影响因素多、出现问题不易观测,具有在软土地基中容易出现缩径、断裂,在冬季施工较困难等缺点。

灌注桩的施工分为成孔和成桩两部分。成孔即利用各种方法在桩位上造孔;成桩即在成孔的基础上,安放钢筋笼,然后浇筑混凝土形成一根连续完整的桩。

灌注桩主要施工工序:成孔→安放钢筋笼→灌注混凝土→成桩。

1. 灌注桩类型及适用范围

灌注桩按成孔方法分为泥浆护壁成孔灌注桩、干作业成孔灌注桩、沉管成孔灌注桩及爆扩成孔灌注桩,其适用范围见表 2-5。

表 2-5　灌注桩适用范围

成孔方法及机械		适用范围
泥浆护壁成孔	冲抓 冲击 回转钻 潜水钻	碎石土、砂土、黏性土及风化岩 黏性土、淤泥质土及砂土
干作业成孔	螺旋钻	地下水位以上的黏性土、砂土及人工填土
	钻孔扩底	地下水位以上的坚硬、硬塑的黏性土及中密以上的砂土
	机动(人工)洛阳铲	地下水位以上的黏性土、黄土及人工填土
沉管成孔	锤击振动	可塑、软塑、流塑的黏性土、稍密及松散的砂土
爆扩成孔		地下水位以上的黏性土、黄土碎石土及风化岩

2. 常见灌注桩成孔方法

常见的成孔方法有冲抓成孔、冲击成孔、回转钻成孔、潜水钻成孔、螺旋空心钻成孔、沉管成孔、人工挖孔等。

(1) 冲抓(击)成孔

冲抓成孔是通过机架和卷扬机将冲抓锥头提升到一定高度,下落时松开卷筒刹车,抓片张开,锥头便自由下落冲入土中,然后开动卷扬机提升锥头(图 2.17),这时抓片闭合抓土。冲抓锥整体提升至地面上卸去土渣,依次循环成孔。

冲击成孔是通过机架、卷扬机把带刃的重钻头(即冲击钻头,图 2.18)提高到一定高度,靠自由下落的冲击力切削破碎岩层或冲击土层成孔。

图 2.17　冲抓锥头

图 2.18　冲击钻头

（2）潜水钻成孔

潜水钻机是一种旋转式钻孔机，其防水电机变速机构和钻头密封在一起，由桩架及钻杆定位后可潜入水或泥浆中钻孔。注入泥浆后通过循环排渣法将孔内切削土粒、石渣排至孔外（图 2.19）。

（3）沉管成孔

沉管灌注桩成孔是利用锤击打桩设备或振动沉桩设备，将带有钢筋混凝土的桩尖（或钢板靴）的钢管沉入土中（钢管直径应与桩的设计尺寸一致），造成桩孔（图 2.20）。

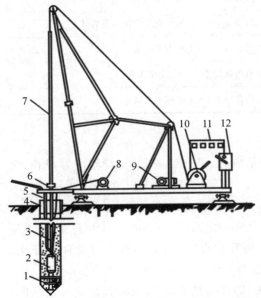

1—钻头；2—潜水钻机；3—电缆；4—护筒；5—水管；
6—滚轮（支点）；7—钻杆；8—电缆盘；9—5 kN 卷扬机；
10—10 kN 卷扬机；11—电流电压表；12—启动开关

图 2.19　潜水钻机钻孔

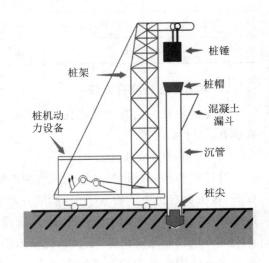

图 2.20　捶击沉管成孔

（4）螺旋空心钻成孔

利用动力旋转钻杆,钻杆带动钻头的螺旋叶片旋转来削切土层,削下的土沿叶片上升排出孔外(图 2.21)。

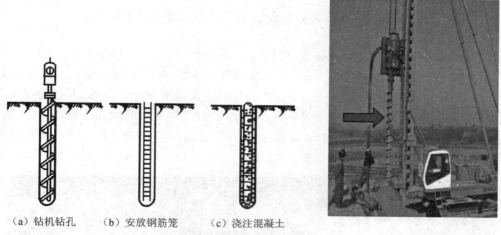

（a）钻机钻孔　　（b）安放钢筋笼　　（c）浇注混凝土

图 2.21　螺旋钻机钻孔过程

3. 泥浆护壁钻孔灌注桩

当地下水位较高或土质较差(如淤泥、淤泥质土、砂土等)容易塌孔时,在孔内灌满泥浆进行成孔施工,泥浆护壁钻孔灌注桩也称为湿作业成孔灌注桩。

（1）施工工艺流程

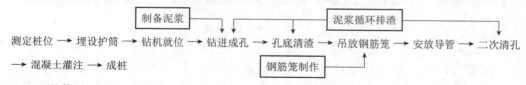

（2）泥浆护壁成孔方式

按照泥浆循环顺序不同:可分为正循环排法和反循环排渣法两种成孔方式,如图 2.22(a)、(b)所示。

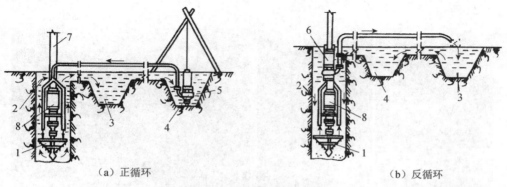

（a）正循环　　　　　　　　　　　（b）反循环

1—钻头;2—泥浆循环方向;3—沉淀池;4—泥浆池;5—泥浆泵;6—砂石泵;7—钻杆;8—钻杆回转装置

图 2.22　泥浆循环成孔工艺

正循环排渣法是泥浆由钻杆内部沿钻杆从端部(孔底)喷出,携带孔底的土渣沿孔壁向上流动,由孔口将土渣带出流入沉淀池,经沉淀的泥浆流入泥浆池,由泥浆泵注入钻杆,如此循环,沉淀的泥渣用泥浆车运出施工场外。

反循环排渣法是泥浆由孔口流入孔内,同时砂石泵沿钻杆内部吸渣,使孔底的土渣由钻杆内腔吸出并排入沉淀池,沉淀后流入泥浆池,反循环工艺排渣效率高。

(3)埋设护筒

① 护筒主要作用。固定桩孔位置,保护孔口,维持桩孔内水头,防止塌孔,为钻头导向。

② 护筒埋设要求。护筒是由 3~5 mm 厚的钢板制成,内径应比桩径大 100 mm,上部留有1~2 个溢浆口,高度约 1.5~2.0 m。护筒埋设位置应准确稳定,护筒中心线与桩位中心线偏差不得大于 50 mm。护筒埋设应牢固密实,护筒与坑壁之间用黏土填实,以防漏水。护筒的埋设深度一般为 1.0~1.5 m。护筒顶面高于地面 0.5 m,并应保持孔内泥浆面高于地下水位 1.0 m 以上,防止塌孔,如图 2.23 所示。

图 2.23 护筒

(4)制备泥浆

① 泥浆的作用。起护壁、携砂排土、切土润滑、冷却钻头等作用,其中以护壁为主。

② 泥浆的制备。制备泥浆的方法可根据钻孔土质确定。在黏性土和粉质黏土中成孔时,可采用自选泥浆护壁,即在孔中注入清水,使清水和孔中钻头切削来的土混合而成。在砂土或其他土中钻孔时,应采用高塑性黏土或膨润土加水配制护壁泥浆。制备后的泥浆池如图 2.24 所示。

图 2.24 泥浆池

③ 泥浆的比重要求(表 2-6)。

表 2-6　不同土层中护壁泥浆比重

名称	黏土或粉质黏土	砂土或较厚夹砂层	砂夹卵石或易塌孔土层
相对密度	1.1~1.2	1.1~1.3	1.3~1.5

施工中应经常测定泥浆相对密度,并定期测定浓度、含水率和胶体率等指标,对施工中废弃的泥浆、石渣应按环境保护的有关规定处理。

(5) 钢筋笼制作

钢筋笼一般都在工地现场制作(图 2.25),制作时要求主筋环向均匀布置,箍筋直径、间距、主筋保护层、加劲箍的间距等均应符合设计要求。钢筋笼一般分段制作,采用焊接接长。

图 2.25　钢筋笼制作

(6) 清孔

① 第一次清孔。当钻孔达设计要求深度后,应进行成孔质量检查和清孔,清除孔底沉渣、淤泥,以减少桩基的沉降量,保证成桩的承载力。清孔方法有:换浆法、掏渣法、射水抽渣法、真空吸泥渣法等。

② 第二次清孔。当第一次清孔满足设计要求后,便可吊放钢筋笼和安装导管,因钢筋笼和导管的安装时间较长,孔底的沉渣又逐渐增多,在灌注混凝土前,须进行二次清孔。

③ 清孔标准。孔底沉渣允许厚度符合标准规定:端承桩≤50 mm,摩擦端承桩、端承摩擦桩≤100 mm,摩擦桩≤150 mm。

(7) 混凝土灌注

水下混凝土的浇筑过程如图 2.26、图 2.27 所示。首先将导管沉入桩孔内,导管顶部高于泥浆液面 3.0~4.0 m,导管底端到孔底的距离为 0.3~0.5 m。用铁丝将隔水栓吊放在导管内,并使其与导管内水面紧贴,然后向导管内浇入混凝土。当隔水栓以上的导管和储料斗装满混凝土后,即可剪断悬吊隔水栓的铁丝,在混凝土自重压力作用下,隔水栓下落,混凝土冲出导管下口,孔内的泥浆急剧外溢,混凝土则在导管下部包围住导管,形成混凝土堆。随着混凝土不断地通过储料斗、导管灌入桩孔内,初期灌注的混凝土及其上面的泥浆不断被顶托上升。随着导管外混凝土面的上升,边逐渐提升导管边拆除上部导管。在浇筑过程中,要保证导管埋入混凝土面以下 2.0~6.0 m,严禁把导管底端提出混凝土面。最后混凝土浇筑面应超过设计标高 0.5 m 以上,以便清除桩顶部的浮浆渣层。

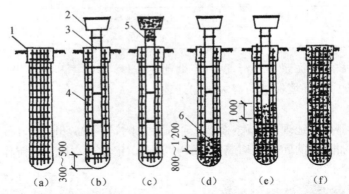

(a)下钢筋笼;(b)下导管;(c)储料斗满灌混凝土;(d)剪栓混凝土下落孔底;(e)边浇边提导管;(f)拔管成桩

1—护筒;2—储料斗;3—导管;4—钢筋笼;5—隔水栓;6—混凝土

图 2.26　水下混凝土灌注工艺图

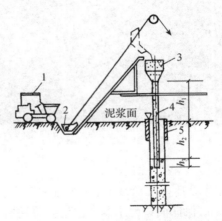

1—翻斗车;2—料斗;3—储料漏斗;4—导管;5—护筒

图 2.27　水下灌注混凝土

4. 沉管灌注桩

沉管灌注桩是利用锤击或振动方法将带有桩尖(桩靴)的桩管(钢管)沉入土中成孔。当桩管打到要求深度后,放入钢筋笼,边浇筑混凝土,边拔出桩管而成桩,其施工工艺过程如图 2.28 所示。

沉管灌注桩施工方法有锤击沉管灌注桩、振动沉管灌注桩、静压沉管灌注桩、沉管夯扩灌注桩等。

(1)锤击沉管灌注桩

锤击沉管灌注桩宜用于一般黏性土、淤泥质土、砂土和人工填土地基。

锤击沉管灌注桩施工时,用桩架吊起钢桩管,对准预先设在桩位处的预制混凝土桩靴,然后缓缓放下桩管,套入桩靴压进土中。当桩管沉到设计要求深度后,停止锤击,在管内安放钢筋笼,用吊斗将混凝土灌入桩管内,然后开始拔管。拔管要均匀,不宜拔管过高,并在桩

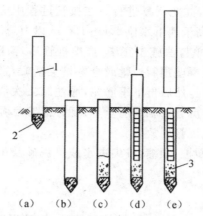

(a) 就位；(b) 沉套管；(c) 初灌混凝土；(d) 放钢筋笼、灌注混凝土；(e) 拔管成桩

1—钢管；2—桩靴；3—桩

图 2.28　沉管灌注桩施工过程

管内保持不低于 2.0 m 高度的混凝土，然后再灌足混凝土。拔管时还要经常探测混凝土落下的扩散情况，一直到全管拔出为止。

(2) 振动沉管灌注桩

振动沉管灌注桩的适用范围除与锤击沉管灌注桩相同外，更适用于砂土、稍密及中密的碎石土地基。

振动沉管灌注桩采用激振器或振动冲击锤沉管（图 2.29）。施工时，先安装好桩机，将桩管下端活瓣桩尖合起来，对准桩位（用桩靴时，将桩管与桩靴连接），徐徐放下桩管，压入土中，勿使偏斜，即可开动激振器沉管。当桩管沉到设计标高，停止振动，安放钢筋笼，并用吊斗将混凝土灌入桩管内，然后再开动激振器和卷扬机拔出钢管，边振边拔，从而使混凝土得到振实。

图 2.29　振动沉管灌注桩

锤击或振动沉管灌注桩可采用单打法、反插法或复打法施工。

① 单打法。在沉入土中的桩管内灌满混凝土，开动激振器，振动 5～10 s，开始拔管，边振边拔，直到地面。

② 反插法。在桩管灌满混凝土之后，先振动再开始拔管，每次拔管高度为 0.5～1.0 m，

向下反插深度为 0.3～0.5 m,如此反复进行。在拔管过程中应分段添加混凝土,保持管内混凝土面始终高于桩顶面或高于地下水位 1.0～1.5 m 以上,拔管速度应小于 0.5 m/min。

③ 复打法。在第一次按单打法施工完毕,拔出桩管后,清除桩管外壁上的污泥和桩孔周围地面浮土,立即在原桩位再埋预制桩靴或合好桩尖活瓣,进行第二次沉管,使未凝固的混凝土向四周挤压以扩大桩径,然后再下钢筋笼,灌注第二次混凝土,拔管方法与初打时相同。施工时要注意:前后两次沉管的轴线应重合;复打施工必须在第一次灌注的混凝土初凝之前进行;钢筋笼应在第二次沉管后放入。

沉管灌注桩施工易发生断桩、颈缩、桩尖进水或进泥砂及吊脚桩等质量问题,施工中应加强检查并及时处理。

5. 人工挖孔灌注桩

人工挖孔灌注桩是采用人工挖孔后,吊放钢筋笼,浇筑混凝土成桩(图 2.30)。其主要施工工艺流程:人工挖掘成孔→安放钢筋笼→浇注混凝土。

图 2.30　人工挖孔桩

人工挖孔灌注桩的特点是:设备简单,噪声小,振动小,无挤土现象,施工质量可靠,桩径不受限制,承载力高,与其他桩相比较经济。但工人的作业环境较差,施工时应特别重视工人的人身安全,如防窒息、防毒、防触电等,开挖时还需注意通风、照明和排水,必须严格按照操作规程进行施工,制定可靠的安全技术措施。

(1) 主要施工机具

① 电动葫芦或手动卷扬机、提土桶、软梯及三角支架。

② 潜水泵,用于抽出桩孔中的积水。

③ 鼓风机和输风管,用于向桩孔中强制送入新鲜空气。

④ 镐、锹、土筐等。若遇到坚硬的土层或岩石,还需准备风镐和爆破设备。

⑤ 照明灯、对讲机、电铃等。

(2) 主要施工工艺

① 测定桩位。按设计图样测定桩位、放线。

② 分段开挖。每段挖土深度为 0.5～1.0 m,视土壁直立能力而定。开挖直径为设计桩径加护壁的厚度。

③ 绑扎护壁钢筋。竖向钢筋上部与上一节护壁钢筋搭接绑扎,竖向钢筋下部可插入土中或弯入孔内,以便锚入下一节护壁内。

④ 支设护壁模板。由 4～8 块活动钢模板(或木模板)组合而成,模板高度取决于开挖土方施工段的高度,一般为 1.0 m。

⑤ 放置操作平台。在模板顶部设置临时操作平台,用来临时放置混凝土和浇筑混凝土用,平台可用角钢和钢板制成半圆形。

⑥ 浇筑护壁混凝土。护壁混凝土起着防止土壁塌陷与防水的双重作用,要求捣实。第一节护壁厚度宜增加 10～15 mm,上下节护壁预埋钢筋应搭接,其搭接长度不得小于 50 mm。

⑦ 拆除模板继续下一段施工。当混凝土强度达到规定强度后拆除模板,继续下一段施工,直到挖至设计标高。

⑧ 清孔封底。终孔后应清理护壁上的泥土、孔底残渣和积水,应立即进行隐蔽验收、封底。

⑨ 浇筑成桩。安放钢筋笼、排出积水、浇筑桩身混凝土。

从 2022 年 6 月起,存在下列条件之一的区域不得使用人工挖孔工艺:

① 地下水丰富,软弱土层、流砂等不良地质条件的区域。

② 孔内空气污染物超标准的。

③ 机械成孔设备可以到达的区域。

6. 灌注桩质量检验标准

以泥浆护壁成孔灌注桩为例,其质量检验标准如下:

(1)灌注桩的桩径、垂直度及桩位允许偏差应符合表 2-7 的规定。

表 2-7　灌注桩的桩径、垂直度及桩位允许偏差

序号	成孔方法		桩径允许偏差/mm	垂直度允许偏差	桩位允许偏差/mm
1	泥浆护壁钻孔桩	$D<1\ 000$ mm	$\geqslant 0$	$\leqslant 1/100$	$\leqslant 70+0.01H$
		$D\geqslant 1\ 000$ mm			$\leqslant 100+0.01H$
2	套管成孔灌注桩	$D<500$ mm	$\geqslant 0$	$\leqslant 1/100$	$\leqslant 70+0.01H$
		$D\geqslant 500$ mm			$\leqslant 100+0.01H$
3	干成孔灌注桩		$\geqslant 0$	$\leqslant 1/100$	$\leqslant 70+0.01H$
4	人工挖孔桩		$\geqslant 0$	$\leqslant 1/120$	$\leqslant 50+0.005H$

注:1. H 为桩基施工面至设计桩顶的距离(mm)。

2. D 为设计桩径(mm)。

(2)泥浆护壁成孔灌注桩质量检验标准应符合表 2-8 的规定。

表 2-8　泥浆护壁成孔灌注桩质量检验标准

项	序	检查项目	允许值或允许偏差		检查方法
			单位	数值	
主控项目	1	承载力	不小于设计值		静载试验
	2	孔深	不小于设计值		用测绳或井径仪测量
	3	桩身完整性	—		钻芯法,低应变法,声波透射法
	4	混凝土强度	不小于设计值		28 d 试块强度或钻芯法
	5	嵌岩深度	不小于设计值		取岩样或超前钻孔取样

项	序	检查项目		允许值或允许偏差		检查方法
				单位	数值	
一般项目	1	垂直度		表2-7		用超声波或井径仪测量
	2	孔径		表2-7		用超声波或井径仪测量
	3	桩位		表2-7		全站仪或用钢尺在开挖前量护筒,开挖后量桩中心线
	4	泥浆指标	比重(黏土或砂性土)	1.10~1.25		用比重计测,清孔后在距孔底500 mm处取样
			含砂率	%	≤8	洗砂瓶
			黏度	s	18~28	黏度计
	5	泥浆面标高(高于地下水位)		m	0.5~1.0	目测法
	6	钢筋笼质量	主筋间距	mm	±10	用钢尺量
			长度	mm	±100	用钢尺量
			钢筋材质检验	设计要求		抽样送检
			箍筋间距	mm	±20	用钢尺量
			笼直径	mm	±10	用钢尺量
	7	沉渣厚度	端承桩	mm	≤50	用沉渣仪或重锤测
			摩擦桩	mm	≤150	
	8	混凝土坍落度		mm	180~220	坍落度仪
	9	钢筋笼安装深度		nm	+100 0	用钢尺量
	10	混凝土充盈系数		≥1.0		实际灌注量与计算灌注量的比
	11	桩顶标高		mm	+30 -50	水准测量,需扣除桩顶浮浆及劣质桩体
	12	后注浆	注浆终止条件	注浆量不小于设计值		查看流量表
				注浆量不小于设计要求80%,且注浆压力达到设计值		查看流量表,检查压力表读数
			水胶比	设计值		实际用水量与水泥等胶凝材料的重量比
	13	扩底桩	扩底直径	不小于设计值		用井径仪测量
			扩底高度	不小于设计值		

2.5 桩基检测与验收

成桩的质量检测有两种常见基本方法:一种是静载试验法;另一种是低应变法。桩基检测应由有资质的检测单位进行。

1. 静载试验法

静载试验现场如图 2.31 所示。

图 2.31　静载试验

（1）试验目的：是采用接近于桩的实际工作状态，通过静载加压，确定单桩的极限承载力，作为设计依据，或对工程桩的承载力进行抽样检测和评价。

（2）试验方法：静载试验是根据模拟实际荷载情况，通过静载加压，得出一系列位移—应力关系曲线，综合评定确定其容许承载力的一种试验方法。它能较好地反映单桩的实际承载力。荷载试验有多种，通常采用的是单桩竖向抗压静载试验、单桩竖向抗拔静载试验和单桩水平静载试验。

（3）试验要求：预制桩在沉到设计标高后，待桩身与土体的结合基本趋于稳定，才能进行试验。对于砂类土，不应少于 10 d；对于粉土和黏性土，不应少于 15 d；对于淤泥或淤泥质土不应少于 25 d。

对于灌注桩和爆扩桩，应在桩身混凝土强度达到设计强度等级的前提下，对砂类土不少于 10 d；对一般黏性土不少于 20 d；对淤泥或淤泥质土不少于 30 d，才能进行试验。

（4）检测数量：对于地基基础设计等级为甲级或地质条件复杂，成桩质量可靠性低的灌注桩，应采用静载试验的方法进行检验，检验的桩数不应少于桩总数的 1%，且不应少于 3 根；当总桩数少于 50 根，检验桩数不应少于 2 根。除静载试验外尚应进行桩身是否完整的质量检验。抽检数量不应少于总数的 30%，且不应少于 20 根；其他桩基工程的抽检数量不应少于总数的 20%，且不应少于 10 根；对混凝土预制桩及地下水位以上且终孔后经过核验的灌注桩，检验数量不应少于总数的 10%，且不得少于 10 根；每根柱子独立承台下面的桩不得少于 1 根。

2. 低应变法

低应变法检测现场如图 2.32 所示。

低应变法属于动力无损检测方法，是检测桩基承载力及桩身质量的一项技术，作为静载试验的补充。

一般静载试验装置较复杂笨重，装、卸操作费工费时且成本高，测试数量有限，并且容易破坏桩基。而低应变法的试验仪器轻便灵活，检测快速，单桩试验时间仅为静载试验的1/50左右，可大大缩短试验时间；费用也较低，单桩测试费为静载试验的 1/30 左右，可节省静载试验时锚桩、堆载、设备运输、吊装焊接等大量人力、物力。所以在桩基进行普查时优先选用，检测质量也相对较高。

图 2.32　低应变法

（1）试验方法：低应变法是相对静载试验法而言，它是对桩土体系进行适当的简化处理，建立起数学力学模型，借助于现代电子技术与量测设备，采集桩土体系在给定的动荷载作用下所产生的振动参数，结合实际的桩土条件进行计算，所得结果与相应的静载试验结果进行对比，在积累一定数量的动静试验对比结果的基础上，找出两者之间的某种相关关系，并以此作为标准来确定桩基承载力。单桩承载力的动测方法种类较多，国内有代表性的方法有：动力参数法、锤击贯入法、水电效应法、共振法、机械阻抗法、波动方程法等。

（2）桩身质量检验：在桩基动态无损检测中，国内外广泛使用的方法是应力波反射法，又称低应变法。其原理是根据一维杆件弹性反射理论（波动理论），采用锤击振动力法检测桩体的完整性，即以波在不同阻抗和不同约束条件下的传播特性来判别桩身质量。

3. 桩基质量检验

桩基工程的质量检验按时间顺序可分为三个阶段：施工前检验、施工中检验、施工后检验。

（1）施工前检验

施工前应严格对桩位进行检验，预制桩和灌注桩的检验要求如下：

① 预制桩。施工现场应对预制桩外观质量及桩身混凝土强度进行检验。应对接桩用焊条、压桩用压力表等材料和设备进行检验。

② 灌注桩。混凝土拌制应对原材料质量与计量、混凝土配合比、坍落度、混凝土强度等级等进行检查。钢筋笼制作应对钢筋规格、焊条规格、品种、焊口规格、焊缝长度、焊缝外观和质量、主筋和箍筋的制作偏差等进行检查。

（2）施工中检验

① 预制桩。检查打入深度、停锤标准、静压终止压力值及桩身（架）垂直度等。检查接桩质量、接桩间歇时间及桩顶完整状况。检查每米进尺锤击数、最后 1.0 m 锤击数、总锤击数、最后三阵贯入度及桩尖标高等。

② 灌注桩。灌注混凝土之前，对已成孔的中心位置、孔深、孔径、垂直度、孔底沉渣厚度进行检查。应对钢筋笼安放的实际位置进行检查。干作业条件下成孔后，应对大直径桩桩端持力层进行检验。

（3）施工后检验

根据不同桩型应按表 2-7 检查成桩桩位偏差（图 2.33）。工程桩应进行承载力和桩身质量检验。对于专用抗拔桩和对水平承载力有特殊要求的桩基工程,应进行单桩抗拔静载试验和水平静载试验检测。

图 2.33　桩位偏差检查

4. 桩基验收

(1)桩基验收规定

当桩顶设计标高与施工场地标高相近时,桩基工程施工全部结束后,就可以对桩位进行检查,开展桩基工程的质量验收工作。

当桩顶设计标高低于施工场地标高,送桩后无法对桩位进行检查时,可在每根桩施打到场地标高时,对打入桩进行中间验收,待全部桩施工结束,承台或底板开挖到设计标高后,再做最终检查验收;对灌注桩可对护筒位置做中间验收。

(2)桩基验收资料

① 工程地质勘察报告、桩基施工图、图纸会审记录、设计变更及材料代用通知单等。

② 经审定的桩基施工组织设计、施工方案及执行中的变更情况。

③ 桩位测量放线图,包括工程桩位复核签证单。

④ 原材料的质量合格和质量鉴定书。

⑤ 半成品如预制桩、钢桩等产品的合格证。

⑥ 施工记录及隐蔽工程验收文件。

⑦ 成桩质量检查报告。

⑧ 单桩承载力检测报告。

⑨ 基坑挖至设计标高的基桩竣工平面图及桩顶标高图。

⑩ 其他必须提供的文件及记录。

思　考　题

1. 预制桩的打桩顺序有哪几种? 如何确定?

2. 简述预制桩静压法施工工艺流程。

3. 简述泥浆护壁钻孔灌注桩施工工艺流程。

4. 简述静压预制桩质量检验标准中,主控项目和检验方法有哪些?

5. 简述泥浆护壁钻孔灌注桩质量检验标准中,主控项目有哪些?

练习题

一、单选题

1. 桩径(   )的为大直径桩。

A. $d \leqslant 250$ mm   B. $d \geqslant 250$ mm   C. $d \leqslant 800$ mm   D. $d \geqslant 800$ mm

2. 预应力高强混凝土管桩(代号 PHC),桩身混凝土强度等级不低于(   )。

A. C20   B. C40   C. C60   D. C80

3. 钢筋混凝土预制桩应在混凝土达到设计强度的(   )时方可起吊。

A. 50%   B. 70%   C. 90%   D. 100%

4. 当桩较稀时(桩中心距大于4倍桩边长或桩径),打桩顺序可采用(   )或逐排打设。

A. 中间向两侧   B. 中间向四周   C. 两侧向中间   D. 四周向中间

5. 当预制桩下一节桩压到露出地面(   )时,开始接桩,并应尽量缩短接桩时间。

A. 0.5~1.0 m   B. 0.8~1.0 m   C. 1.0~1.5 m   D. 1.5~2.0 m

6. 护筒埋设应牢固密实,以防漏水。护筒的埋设深度一般为(   )。

A. 0.5~1.0 m   B. 0.8~1.0 m   C. 1.0~1.5 m   D. 1.5~2.0 m

7. 灌注桩在混凝土浇筑过程中,要保证导管埋入混凝土面以下(   ),严禁把导管底端提出混凝土面。

A. 0.5~1.0 m   B. 1.0~2.0 m   C. 2.0~5.0 m   D. 2.0~6.0 m

8. 人工挖孔灌注桩应分段开挖,每段挖土深度(   ),视土壁直立能力而定。

A. 0.5~1.0 m   B. 0.8~1.0 m   C. 1.0~1.5 m   D. 1.5~2.0 m

9. 预制桩施工终止标准:对摩擦型桩以达到(   )为终止压桩条件。

A. 最终压力值   B. 桩端设计标高   C. 设计桩长   D. 最终压力值＋桩长

10. 灌注桩最后混凝土浇筑面应超过设计标高(   )以上,以便清除桩顶部的浮浆渣层。

A. 0.5 m   B. 1.0 m   C. 1.5 m   D. 2.0 m

二、填空题

1. 钢筋混凝土预制桩主要有_____和_____两种。

2. 钢筋混凝土预制桩应在混凝土达到设计强度的_____才能运输和打桩。

3. 预制桩施工方法主要有锤击打桩法、振动打桩法、_____。

4. 钻孔灌注桩的孔底沉渣允许厚度符合标准规定:端承桩_____mm,摩擦桩_____mm。

5. 当桩较密时(桩中心距小于等于4倍桩边长或桩径),打桩顺序可采用_____、_____。

6. 泥浆护壁钻孔灌注桩,其_____排渣法是泥浆由孔口流入孔内,携带孔底的土渣由钻杆内腔吸出并排入沉淀池。

7. 埋设护筒的主要作用是_____，保护孔口，防止塌孔，为钻头导向。

8. 灌注桩成桩的质量检测工作应由有相应检测资质的检测单位进行，常用检测方法有_____和_____。

9. 锤击或振动沉管灌注桩可采用_____、_____或复打法施工。

10. 钢筋混凝土预制桩在施工中采用的接桩方法有_____、_____。

三、判断题

1. 人工挖孔灌注桩在施工时应特别重视工人的人身安全，如防窒息、防毒、防触电等，开挖时还需注意通风、照明和排水。　　　　　　　　　　　　　　　　　（　　）

2. 成桩质量可靠性低的灌注桩，应采用静载试验的方法进行检验，检验的桩数不应少于桩总数的1‰，且不应少于1根。　　　　　　　　　　　　　　　　（　　）

3. 钢筋混凝土预制桩在施工中一般采用"分段压入，逐节接长"的接桩方法。　（　　）

4. 护筒顶面高于地面1.0 m，并应保持孔内泥浆面高于地下水位0.5 m以上，防止塌孔。　　　　　　　　　　　　　　　　　　　　　　　　　　　　　（　　）

5. 泥浆护壁钻孔灌注桩，其反循环排渣法是泥浆由钻杆内部沿钻杆从端部（孔底）喷出，携带孔底的土渣沿孔壁向上流动排入沉淀池。　　　　　　　　　　　（　　）

四、识图题

仔细阅读以下勘探点平面布置图，然后填空。

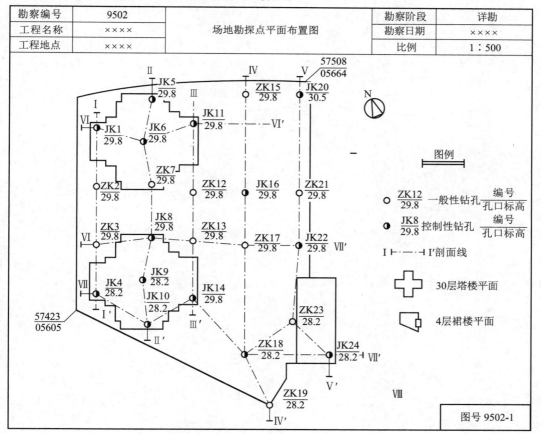

勘察编号	9502		勘察阶段	详勘
工程名称	××××	场地勘探点平面布置图	勘察日期	××××
工程地点	××××		比例	1：500

图号 9502-1

（1）图中共有 _____ 个勘探点，其中控制点钻孔 _____ 个，一般性钻孔 _____ 个。

（2）图中共有 _____ 个工程地质剖面图，其中南北走向的剖面图 _____ 个，东西走向的剖面图 _____ 个。

（3）图中"$\frac{ZK19}{28.2}$"的"ZK19"表达的意思是 _____，"28.2"表达的意思是 _____。

（4）图中"$\frac{JK20}{30.5}$"的"JK20"表达的意思是 _____，"30.5"表达的意思是 _____。

（5）图中共有 _____ 幢单体建筑，其中塔楼有 _____ 幢 _____ 层，裙楼有 _____ 幢 _____ 层。

模块 3　钢筋混凝土工程

学习目标

1. 能够叙述模板安装工艺流程,理解模板的构造
2. 能够叙述钢筋连接的工艺要点,能够对钢筋配料、代换进行计算
3. 能够叙述混凝土工程施工工艺流程,能够对混凝土配料进行计算
4. 能够运用相关规范,对钢筋混凝土结构工程质量进行检验
5. 提高工程质量意识与规范意识,形成良好的工程专业素养

钢筋混凝土工程在建筑施工中占有重要的地位,它对整个工程的工期、成本、质量都有极大的影响。

钢筋混凝土工程按施工方法可分为现浇钢筋混凝土结构工程和装配式钢筋混凝土结构工程。现浇钢筋混凝土结构工程是在施工现场进行支设模板、绑扎钢筋、浇筑混凝土、养护、拆除模板等工序完成的。现浇钢筋混凝土结构整体性好,抗震能力强,节约钢材,而且施工不需大型的起重机械。其缺点为现场施工周期长、需要耗费大量模板、现场运输工作量大、劳动强度高、施工易受气候条件影响、建筑垃圾和噪声影响环境;装配式钢筋混凝土结构工程的结构构件可在加工厂批量生产,它具有降低成本、现场拼装、减轻劳动强度、缩短工期的优点,但其耗钢量较大,而且施工时需要大型起重设备。为了兼顾这两者的优点,在施工中这两种方式往往兼而有之。

钢筋混凝土工程由模板工程、钢筋工程和混凝土工程三部分组成。

3.1　模板工程

模板是使混凝土结构和构件按所要求的几何尺寸成型的模型板,是钢筋混凝土结构构件施工的重要模具。现浇钢筋混凝土结构施工用模板工程的总造价,占钢筋混凝土工程总价的 20%～30%,占劳动量的 30%～40%,占工期的 50% 左右,决定着施工方法和施工机械的选择,直接影响工期和造价。正确选择模板形式、材料及合理组织施工对于提高工程质量、加快施工进度、提高劳动生产率、降低工程成本和实现文明施工,都具有重要意义。

模板系统包括模板、支架和紧固件三个部分。

3.1.1　模板种类

模板的类型多种多样,常见模板分类有:

(1)按材料分为木模板、胶合板模板、钢模板、钢木模板、钢竹模板、塑料模板、铝合金模板、玻璃钢模板等。

（2）按结构类型分为基础模板、柱模板、梁模板、楼板模板、墙模板、楼梯模板、壳模板、烟囱模板等。

（3）按施工方法分为组合式模板（如组合钢模板）、工具模板（如大模板、滑模、爬模、胎膜等）和永久性模板。

（4）按规格型式分为定型模板（即定型组合模板，如小钢模）和非定型模板（散装模板）。

随着新结构、新工艺、新技术的采用，模板工程也在不断发展。模板构造由不定型向定型发展；模板材料由单一木模板向多种材料模板发展；模板功能由单一功能向多功能发展。下面主要对木模板、胶合板模板、组合钢模板、大模板、滑升模板、台模、隧道模以及永久性模板做一些介绍。

1. 木模板

木模板一般是在木工车间或木工棚加工成基本组件（拼板），然后在现场进行拼装。拼板由板条用拼条钉成（图 3.1）。为避免模板在干缩时缝隙不均匀，受潮后易产生翘曲，拼板宽度一般不宜超过 200 mm（工具式模板不超过 150 mm）；板条厚度一般为 20～50 mm。但梁底的板条宽度则不受限制，以减少拼缝、防止漏浆。梁底的板条由于承受较大的荷载要加厚至 40～50 mm。拼条的截面尺寸一般为（25～50 mm）×（40～70 mm），拼条间距取决于所浇筑混凝土的侧压力和板条厚度，一般为 400～500 mm。

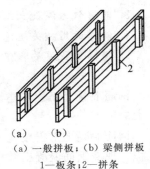

（a）　　（b）

（a）一般拼板；（b）梁侧拼板

1—板条；2—拼条

图 3.1　拼板的构造

木模板是最传统的模板之一，为了保护森林以及由于新型模板的发展，木模板的应用已逐渐减少。

2. 胶合板模板

胶合板模板包括木胶合板和竹胶合板。

（1）木胶合板模板

模板用的木胶合板通常由 5、7、9、11 层等奇数层单板经热压固化而胶合成型。相邻层的纹理方向相互垂直，通常最外层表板的纹理方向和胶合板板面的长度方向平行，因此，整张胶合板的长度方向为强方向，宽度方向为弱方向，使用时必须加以注意。木胶合板周转次数在 10 次以内，使用的广泛性受到限制。我国模板用木胶合板的规格尺寸见表 3-1。

表 3-1　模板用木胶合板规格尺寸

厚度/mm	层数	宽度/mm	长度/mm
12	至少 5 层	915	1 830
15		1 220	1 830
	至少 7 层	915	2 135
18		1 220	2 440

模板用胶合板的胶黏剂主要是酚醛树脂。此类胶黏剂胶合强度高，耐水、耐热、耐腐蚀等性能良好，其突出的是耐沸水性及耐久性优异。也有采用经化学改性的酚醛树脂胶。

（2）竹胶合板模板

我国竹材资源丰富，且竹材具有生长快、生产周期短（一般 2～3 年成材）的特点。另外，一般竹材顺纹抗拉强度为 18 N/mm²，为松木的 2.5 倍，红松的 1.5 倍；横纹抗压强度为 6～8 N/mm²，是杉木的 1.5 倍，红松的 2.5 倍；静弯曲强度为 15～16 N/mm²。因此，在我国木材资源短缺的情况下，以竹材为原料，用竹胶合板制作混凝土模板，具有收缩率小、膨胀率和吸水率低，以及承载能力大的特点，是一种具有发展前途的新型建筑模板。

竹胶合板由竹席、竹帘、竹片等多种组坯结构，以及与木单板等其他材料复合而成，是专用于混凝土施工的模板。竹胶合板的构造如图 3.2 所示。

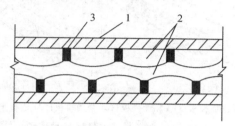

1—竹席或薄木片面板；2—竹帘芯板；3—胶黏剂

图 3.2　竹胶合板的构造

我国标准《竹胶合板模板》（JG/T 156）规定竹胶合板的规格如表 3-2 所示。竹胶合板的厚度常为 9 mm、12 mm、15 mm、18 mm。

表 3-2　竹胶合板规格

长度/mm	宽度/mm	长度/mm	宽度/mm
1 830	915、1 220	2 440	1 220
2 000	1 000	3 000	1 500
2 135	915	—	—

3. 组合钢模板

组合钢模板是现代模板技术中，具有通用性强、拆装方便、周转次数多等特点的一种常用模板。组合钢模板通过各种连接件和支撑件可组合成多种尺寸和几何形状，以适应基础、柱、梁、板、墙施工的需要。组合钢模板尺寸适中，轻便灵活，装拆方便适用于人工采用散装散拆方法，也可预拼成大模板、台模等，用起重机整体吊运安装。

（1）组合钢模板的组成

55 型组合钢模板又称组合式定型小钢模，是目前使用较广泛的一种通用组合模板。组合钢模板的部件主要由组合钢模板、连接件、支承件三大部分组成。

① 钢模板。钢模板包括平面模板（P）、阴角模板（E）、阳角模板（Y）、连接角模（J）等，此外还有一些异形模板。

平面模板：用于基础、墙体、梁、板、柱等各种结构的平面部位，它由面板和肋组成，肋上设有 U 形卡孔和插销孔，利用 U 形卡和 L 形插销等拼装成大块板，如图 3.3(a)所示。

阳角模板：阳角模板主要用于混凝土构件阳角，如图 3.3(b)所示。

阴角模板：阴角模板用于混凝土构件阴角，如内墙角、水池内角及梁板交接处阴角等，如图 3.3(c)所示。

连接角模:角模用于平模板作垂直连接构成阳角,如图 3.3(d)所示。

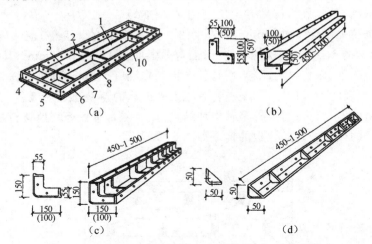

(a) 平面模板;(b) 阳角模板;(c) 阴角模板;(d) 连接角模

1—中纵肋;2—中横肋;3—面板;4—横肋;5—插销孔;6—纵肋;7—凸棱;8—凸壳;9—U 形卡孔;10—钉子孔

图 3.3 钢模板类型

钢模板采用模数制设计,宽度模数以 50 mm 进级(共有 100 mm、150 mm、200 mm、250 mm、300 mm、350 mm、400 mm、450 mm、500 mm、550 mm、600 mm 十一种规格),长度为 150 mm 进级(共有 450 mm、600 mm、750 mm、900 mm、1 200 mm、1 500 mm、1 800 mm 七种规格),可以用于横竖拼装成以 50 mm 进级的任何尺寸的模板。

② 连接件。定型组合钢模板的连接件包括 U 形卡、L 形插销、钩头螺栓、对拉螺栓、紧固螺栓和扣件等,如图 3.4 所示。

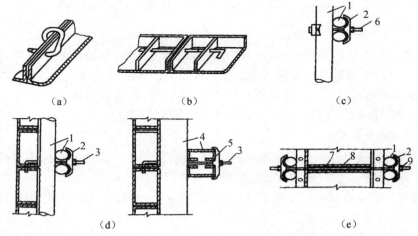

(a) U 形卡连接;(b) L 形插销连接;(c) 紧固螺栓连接;(d) 钩头螺栓连接;(e) 对拉螺栓连接

1—圆钢管钢楞;2—"3"形扣件;3—钩头螺栓;4—内卷边槽钢钢楞;

5—蝶形扣件;6—紧固螺栓;7—对拉螺栓;8—塑料套管;9—螺母

图 3.4 钢模板连接件

U 形卡：模板的主要连接件，用于相邻模板的拼装。

L 形插销：用于插入两块模板纵向连接处的插销孔内，以增强模板纵向接头处的刚度。

钩头螺栓：连接模板与支撑系统的连接件。

紧固螺栓：用于内、外钢楞之间的连接件。

对拉螺栓：又称穿墙螺栓，用于连接墙壁两侧模板，保持墙壁厚度，承受混凝土侧压力及水平荷载，使模板不致变形。

扣件：扣件用于钢楞之间或钢楞与模板之间的扣紧，按钢楞的不同形状，分别采用蝶形扣件和"3"形扣件。

③ 支承件。定型组合钢模板的支承件包括钢楞、柱箍、支架、斜撑、钢桁架以及梁卡具等。

钢楞：即模板的横档和竖档，分内钢楞和外钢楞。内钢楞一般应与钢模板垂直，承受钢模板传来的荷载，间距一般为 700～900 mm；外钢楞承受内钢楞传来的荷载，或用来加强模板结构的整体刚度和调整平直度。钢楞一般用圆钢管、矩形钢管、槽钢或内槽钢及内卷边槽钢，而以钢管较多。

柱箍：柱模板四角设角钢柱箍。角钢柱箍由两根互相焊成直角的角钢组成，用弯角螺栓及螺母拉紧。如图 3.5 所示。

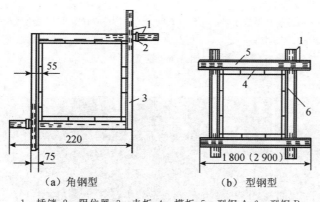

（a）角钢型　　　（b）型钢型

1—插销；2—限位器；3—夹板；4—模板；5—型钢 A；6—型钢 B

图 3.5　柱箍

钢支架：常用钢管支架如图 3.6（a）所示。它由内外两节钢管制成，其高低调节距模数为 100 mm；支架底部除垫板外，均用木楔调整标高，以利于拆卸。

另一种钢管支架本身装有调节螺杆，能调节一个孔距的高度，使用方便，但成本略高，如图 3.6（b）所示。

当荷载较大、单根支架承载力不足时，可用组合钢支架或钢管井架，如图 3.6（c）所示。还可用扣件式钢管脚手架、门型脚手架作支架，如图 3.6（d）所示。

斜撑：由组合钢模板拼成的整片墙模或柱模，在吊装就位后，应由斜撑调整和固定其垂直位置，如图 3.7 所示。

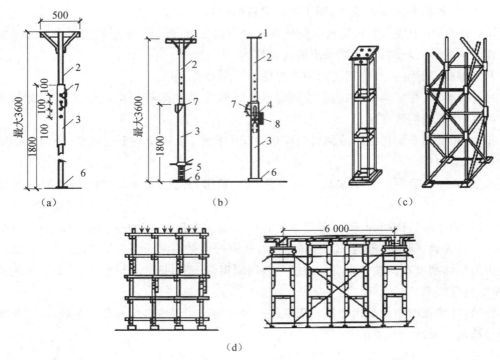

（a）钢管支架；（b）调节螺杆钢管支架；（c）组合钢支架和钢管井架；（d）扣件式钢管和门型脚手架支架

1—顶板；2—插管；3—套管；4—转盘；5—螺杆；6—底板；7—插销；8—转动手柄

图 3.6　钢支架

图 3.7　斜撑

　　钢桁架：其两端可支承在钢筋托具、墙、梁侧模板的横档以及柱顶梁底横档上，以支承梁或板的模板，如图 3.8 所示。

　　梁卡具：又称梁托架，用于固定矩形梁、圈梁等模板的侧模板，可节约斜撑等材料，也可用于侧模板上口的卡固定位，如图 3.9 所示。

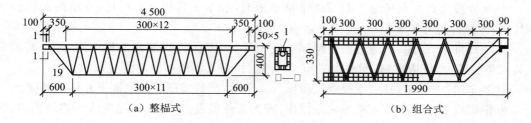

图 3.8　钢桁架

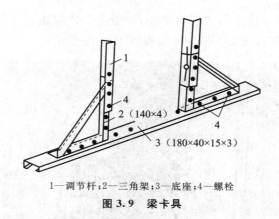

1—调节杆；2—三角架；3—底座；4—螺栓

图 3.9　梁卡具

（2）钢模、钢构件使用后的规定

① 使用后的钢模、桁架、钢楞和立柱应将黏结物清理洁净，清理时严禁采用铁锤敲击的方法。

② 清理后的钢模、桁架、钢楞、立柱，应逐块、逐榀、逐根进行检查，发现翘曲、变形、扭曲、开焊等必须修理完善。

③ 清理整修好的钢模、桁架、钢楞、立柱应刷防锈漆，对立即待用钢模板的表面应刷脱模剂，而暂不用的钢模板表面可涂防锈油一度。

④ 钢模板及配件，使用后必须进行严格清理检查，已损坏断裂的应剔除，不能修复的应报废。螺栓的螺纹部分应整修上油，然后分别按规格分类装于箱笼内备用。

⑤ 钢模板及配件等修复后，应进行检查验收。凡检查不合格者应重新整修。待合格后方准应用，其修复后的质量标准应符合表 3-3 的规定。

表 3-3　钢模板及配件修复后的主要质量标准

	项目	允许偏差/mm		项目	允许偏差/mm
钢结构	板面局部不平度	≤2.0	钢模板	板面锈皮麻面，背面粘混凝土	不允许
	板面翘曲矢高	≤2.0		孔洞破裂	不允许
	板侧凸棱面翘曲矢高	≤1.0	零配件	U 型卡卡口残余变形	≤1.2
	板肋平直度	≤2.0		钢楞及支柱长度方向弯曲度	≤L/1 000
	焊点脱焊	不允许	桁架	侧向平直度	≤2.0

⑥钢模板由拆模现场运至仓库或维修场地时,装车不宜超出车栏杆,少量高出部分必须拴牢,零配件应分类装箱,不得散装运输。

⑦经过维修、刷油、整理合格的钢模板及配件,如需运往其他施工现场或入库,必须分类装入集装箱内,杆应成捆、配件应成箱,清点数量,由入库或接收单位验收。

⑧装车时,应轻搬轻放,不得相互碰撞。卸车时,严禁成捆从车上推下和拆散抛掷。

⑨钢模板及配件应放入室内或敞棚内,若无条件需露天堆放时,则应装入集装箱内,底部垫高100 mm,顶面应遮盖防水篷布或塑料布,但集装箱堆放高度不宜超过2层。

4. 大模板

大模板是一种大尺寸的工具式定型模板,一般是一块墙面用1~2块模板。因其重量大,需起重机配合装拆进行施工。墙体大模板如图3.10所示。

图3.10 墙体大模板

大模板由面板、加劲肋、竖楞、支撑机构及附件组成。

(1)面板

面板要求平整、刚度好。平整度按中级抹灰质量要求确定。面板多用钢板和多层板制成。用钢板做面板的优点是刚度大和强度高,表面平滑,所浇筑的混凝土墙面外观好,无需再抹灰,可以直接粉面,模板可重复使用200次以上。缺点是耗钢量大,自重大,易生锈,不保温,损坏后不易修复。钢面板厚度根据加劲肋的布置确定,一般为4~6 mm。用12~18 mm厚多层板做的面板,用树脂处理后可重复使用50次,质量轻,更换容易、规格灵活,对非标准尺寸的大模板工程更为适用。

(2)加劲肋

加劲肋的作用是固定面板,阻止其变形并把混凝土传来的侧压力传递到竖楞上。加劲肋可用6号或8号槽钢,间距一般为300~500 mm。

(3)竖楞

竖楞是与加劲肋相连接的竖直部件。它的作用是加强模板刚度,保证模板的几何形状,并作为穿墙螺栓的固定支点,承受由模板传来的水平力和垂直力。竖楞多采用6号或8号槽钢制成,间距一般约为1~1.2 m。

(4)支撑机构

支撑机构主要承受风荷载和偶然的水平力,防止模板倾覆。用螺栓或竖楞连接在一起,以加强模板的刚度。每块大模板采用 2～4 榀桁架作为支撑机构,兼作搭设操作平台的支座,承受施工活荷载,也可用大型型钢代替桁架结构。

大模板的附件有操作平台、穿墙螺栓和其他附属连接件。大模板亦可用组合钢模板拼成,用后拆卸仍可用于其他构件。

5. 滑升模板

滑升模板是一种工具式模板,最适于现场浇筑高耸的圆形和矩形筒壁结构,如筒仓、贮煤塔、竖井等。近年来,滑升模板施工技术有了进一步的发展,不但适用浇筑高耸的变截面结构,如烟囱、双曲线冷却塔,而且应用于剪力墙、筒体结构等高层建筑的施工。用滑升模板可以节约大量的模板和脚手架,节省劳动力,施工速度快,工程费用低,结构整体性好;但模板一次投资多,耗钢量大,对建筑的立面和造型有一定的限制。

(1)滑升模板施工原理

滑升模板施工时,在建筑物或构筑物底部,沿其墙、柱、梁等构件的周边组装高 1.2 m 左右的模板,在模板内不断浇筑混凝土和不断向上绑扎钢筋的同时,利用一套提升设备,将模板装置不断向上提升,使混凝土连续成型,直至达到需要浇筑的高度为止。

(2)滑升模板的构造组成

滑升模板是由模板系统、操作平台系统和提升机具系统三部分组成。模板系统包括模板、围圈和提升架等,它的作用主要是使混凝土成型。操作平台系统包括操作平台、辅助平台和外吊脚手架等,是施工操作的场所。提升机具系统包括支承杆、千斤顶和提升操纵装置等,是滑升的动力。这三部分通过提升架连成整体,构成整套滑升模板装置(图 3.11)。

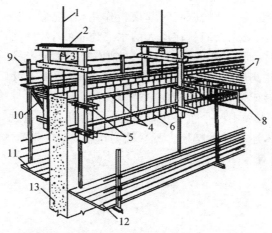

1—支承杆;2—提升架;3—液压千斤顶;4—围圈;5—围圈支托;6—模板;7—内操作平台;
8—平台桁架;9—栏杆;10—外挑三角架;11—外吊脚手;12—内吊脚手;13—混凝土墙体

图 3.11　滑升模板构造示意图

(3)滑升设备

滑升模板装置的全部荷载是通过提升架传递给千斤顶,再由千斤顶传递给支承杆承受。

千斤顶是使滑升模板装置沿支承杆向上滑升的主要设备,形式很多,目前常用的是 HQ-30 型液压千斤顶,主要由活塞、缸筒、底座、上卡头、下卡头和排油弹簧等部件组成。它是一种穿心式单作用液压千斤顶,支承杆从千斤顶的中心通过,千斤顶只能沿支承杆向上爬升,不能下降,起重量为 30 kN,工作行程为 30 mm。

液压千斤顶的进油、回油是由油泵、油箱、电动机、换向阀、溢流阀等集中安装在一起的液压控制台操纵进行的。液压控制台放在操作平台上,随滑升模板装置一起上升。

6. 台模

台模是一种大型工具模板,用于浇筑楼板。台模是由面板、纵梁、横梁和台架等组成的一个空间组合体。台架下装有轮子,以便移动。有的台模没有轮子,用专用运模车移动。台模尺寸应与房间单位相适应,一般是一个房间对应一个台模。施工时,先施工内墙墙体,然后吊入台模,浇筑楼板混凝土。脱模时,只要将台架下降,将台模推出墙面放在临时挑台上,用起重机吊至下一单元使用。楼板施工后再安装预制外墙板。

目前国内常用台模有用多层板作面板,铝合金型钢加工制成的桁架式台模,以及用组合钢模板、扣件式钢管脚手架、滚轮组装成的移动式台模。

利用台模浇筑楼板可省去模板的装拆时间,能节约模板材料和降低劳动消耗,但一次性投资较大,且须大型起重机械配合施工。

7. 隧道模

隧道模采用由墙面模板和楼板模板组合成的可以同时浇筑墙体和楼板混凝土的大型工具式模板,能将各开间沿水平方向逐间整体浇筑,故施工的建筑物整体性好、抗震性能好、节约模板材料,施工方便。但由于模板用钢量大、笨重、一次投资大等原因,国内较少采用。

8. 永久性模板

永久性模板在钢筋混凝土结构施工时起模板作用,在混凝土凝结后模板不再取出而成为结构本身的组成部分。最先人们就在厚大的水工建筑物上用钢筋混凝土预制薄板作为永久性模板。房屋建筑中,各种形式的压型钢板(波形、密肋形等)、预应力钢筋混凝土薄板作为永久性模板,已在一些高层建筑楼板施工中广泛应用。薄板铺设后稍加支撑,然后在其上铺放钢筋,浇筑混凝土形成楼板,施工简便,效果较好。

模板是钢筋混凝土工程中一个重要组成部分,国内外都很重视,新型模板亦不断出现,除上述各种类型模板外,还有各种爬模、提模、简易滑模、装饰模板、塑料模板、塑料模壳和具有各种专门用途的模板等。

3.1.2　模板安装

1. 基础模板安装

基础模板安装工艺流程为:抄平、放线→安装基础模板→校正加固。

(1)抄平、放线

根据施工图纸尺寸,将控制模板标高的水平控制点引测至基坑(槽)壁上,在混凝土垫层上弹出轴线和基础外边线。

(2)阶梯形独立基础模板安装

阶梯形独立基础模板制作安装应根据图纸尺寸制作每一阶模板,每一阶模板由 4 块侧板拼钉而成,4 块侧板用方木拼成方框,并校正尺寸及角部方正。支模顺序由下至上逐层安装,先安装底阶模板,把下阶模板放在基坑底,使侧模墨线对准垫层的基础轴线,用水平尺校正其标高,在模板周围打上木桩,用平撑与斜撑支撑顶牢。再安装上台阶模板,上阶模板由两块侧板的拼板加长或用方木作为水平横杆,搁置在下台阶模板上,重新核对各部位标高尺寸,上、下台阶模板的四周设置斜撑和水平撑支撑牢固(图 3.12)。较大型的独立基础模板也可采用扣件式钢管脚手架作为模板的围箍和支撑架,上阶模板可采用轿杠架设在两端支架上,并用斜撑、水平支撑以及拉杆加以固定、撑牢,最后检查拉杆是否稳固,校核基础模板几何尺寸及轴线位置。

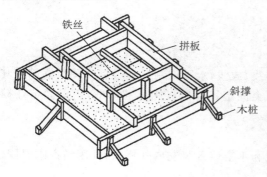

图 3.12　阶梯形基础模板

（3）条形基础模板安装

先在基槽底弹出基础中心线、边线,再把侧板和端头板对准边线垂直竖立,用水平尺校正侧板顶面水平后,再用斜撑和平撑钉牢。如基础较长,应先安装基础两端端模板,校正后,再在侧板上口拉通线,再依照通线安装侧板。为防止在浇筑混凝土时模板变形,保证基础宽度的准确,在侧板上口每隔一定距离钉上搭头木。

2. 柱模板安装

柱模板由两块相对的内拼板夹在两块外拼板之间拼成(图 3.13)。

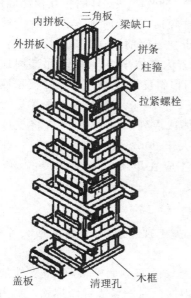

图 3.13　方形柱子的模板

柱底处一般有个木框钉在底部混凝土地面上,用以固定柱模板下口位置。柱模板底部应开有清理孔,若柱的高度超过允许自由倾落高度,应在柱的中间部位开有浇筑孔。模板顶部根据需要开有与梁模板连接的缺口。为承受混凝土的侧压力和保持模板形状,拼板外面要设柱箍。柱箍间距与混凝土侧压力、拼板厚度有关。由于柱子底部混凝土侧压力较大,因而柱模板越靠近下部柱箍越密。

模板安装工艺流程为:放线、定位→安装柱模板→调直纠偏→安装柱箍→柱模群体固定。

(1)放线、定位

柱模板安装前,应先绑扎好钢筋。

按图纸尺寸进行轴线、模板线(或模边界线)放线,水平控制标高引测到预留插筋或其他过渡引测点。在已浇筑好的基础顶面或楼面上固定好柱模板底部的木框,用以固定柱模板下口位置。

(2)安装柱模板

在内外拼板上弹出中心线。根据柱边线和木框位置竖立内外拼板,并用斜撑临时固定。

(3)调直纠偏

柱模板安装完后,应全面复核模板的轴线位移、垂直度(可用锤球校正)、截面尺寸等,检查无误后,即用斜撑钉牢固定。同一轴线上的柱子,应先校正两端的柱模板,再从柱模板上口中心线拉线来校正中间的柱模板。

(4)安装柱箍

柱箍的安装应自下而上进行,柱箍应根据柱模尺寸、柱高及侧压力的大小等因素进行设计选择(有木箍、钢箍、钢木箍等),柱箍间距一般在 400~600 mm,柱截面面积较大时应设置柱中穿心螺丝,由计算确定螺丝的直径、间距。

(5)柱模群体固定

检查安装质量,最后进行柱子模板群体的水平拉(支)杆及剪刀支杆的相互拉结固定。

柱模板的安装构造应符合下列规定:① 现场拼装柱模时,应适时地支设临时支撑进行固定,斜撑与地面的倾角宜为 60°,严禁将大片模板系于柱子钢筋上;② 待四片柱模就位组拼经对角线校正无误后,应立即自下而上安装柱箍;③ 若为整体预组合柱模,吊装时应采用卡环和柱模连接,不得用钢筋钩代替;④ 柱模校正(用四根斜支撑或用连接在柱模顶四角带花篮螺丝的揽风绳,底端与楼板钢筋拉环固定进行校正)后,应采用斜撑或水平撑进行四周支撑,以确保整体稳定。⑤ 当高度超过 4 m 时,应群体或成列同时支模,并应将支撑连成一体,形成整体框架体系。⑥ 当需单根支模时,柱宽大于 500 mm,应每边在同一标高上设不得少于两根斜撑或水平撑。角柱模板的支撑,还应在里侧设置能承受拉、压力的斜撑。

3. 剪力墙模板安装

钢筋混凝土剪力墙模板一般采用在木工车间制作,施工现场组拼,预拼装成大片模板,以减少现场高空作业量,提高施工速度。

其安装工艺流程为:放线、检查→安装门窗口模板→安装双侧墙模板,模板支撑加固→插入穿墙螺栓及塑料套管→调整模板位置与垂直度→斜撑固定→紧固穿墙螺栓。剪力墙模板如图 3.14 所示。

图 3.14　剪力墙模板

（1）放线、检查

按图纸尺寸进行轴线、模板线（或模边界线）放线，水平控制标高引测到预留插筋或其他过渡引测点。同时检查墙模板安装位置的定位基准面墙线及墙模板编号是否符合图纸要求。

（2）安装门窗口模板

按洞口位置线安装门窗洞口模板、安装预埋件。

（3）安装双侧墙模板，模板支撑加固

按位置线先安装一侧模板，然后安装斜撑或使用工具型斜撑调整至模板与地面呈 75°，使其稳定坐落于基准面上。以同样方法就位另一侧墙模板。

（4）插入穿墙螺栓和塑料套管

穿墙螺栓规格和间距在模板设计时应明确规定，根据施工图纸位置插入穿墙螺栓和塑料套管。要使螺栓杆端向上，套管套于螺杆上，并清扫模内杂物。

（5）调整模板位置和垂直度

利用提前弹好在地面上的 500 mm 控制线，用线锤吊线检查模板是否偏位，并检查其垂直度。在模板上口上，拉通线检查该模板的顺线程度，并将模板上口调整到同一条线上。

（6）斜撑固定，紧固穿墙螺栓

调整斜撑角度使模板垂直，合格后固定斜撑，紧固全部穿墙螺栓的螺母。

墙模板安装构造应符合下列规定：

① 当用散拼定型模板支模时，应自下而上进行，必须在下一层模板全部紧固后，方可进行上一层安装。当下层不能独立安设支撑件时，应采取临时固定措施。

② 当采用预拼装的大块墙模板进行支模安装时，严禁同时起吊两块模板，应边就位、边校正、边连接，固定后方可摘钩。

③ 安装电梯井内墙模前，必须于板底下 200 mm 处牢固地满铺一层脚手板。

④ 模板未安装对拉螺栓前，板面应向后倾一定角度。安装过程应随时拆换支撑或增加支撑。

⑤ 当钢楞长度需接长时，接头处应增加相同数量和不小于原规格的钢楞，其搭接长度

不得小于墙模板宽或高的 15％～20％。

⑥ 拼接时的 U 型卡应正反交替安装,间距不得大于 300 mm;两块模板对接接缝处的 U 型卡应满装。

⑦ 对拉螺栓与墙模板应垂直,松紧应一致,墙厚尺寸应正确。

⑧ 墙模板内外支撑必须坚固、可靠,应确保模板的整体稳定。当墙模板外面无法设置支撑时,应于里面设置能承受拉和压的支撑。多排并列且间距不大的墙模板,当其支撑互成一体时,应有防止灌筑混凝土时引起临近模板变形的措施。

4. 梁模板安装

梁模板由底模板和侧模板等组成(图 3.15),梁模板如采用木模板时,侧模要包住底模。梁底模板承受垂直荷载,一般较厚,下面有支架(木琵琶撑、桁架或钢管立柱)支撑。支架的立柱最好做成可以伸缩的,以便调整高度,底部应支承在坚实的地面,楼面或垫以木板。支架间应用水平和斜向拉杆拉牢,以增强整体稳定性,当层间高度大于 5 m 时,应选桁架或钢管立柱作为模板的支架。梁侧模板主要承受混凝土的侧压力,底部用钉在支架顶部的夹条夹住,顶部可由支承楼板的搁栅或支撑顶住。高大的梁,可在侧板中上位置用铁丝或螺栓相互撑拉。当梁跨度大于等于 4 m 时,底模应起拱,起拱高度为梁全跨长度的 1/1 000～3/1 000。主次梁交接时,先主梁起拱,后次梁起拱。

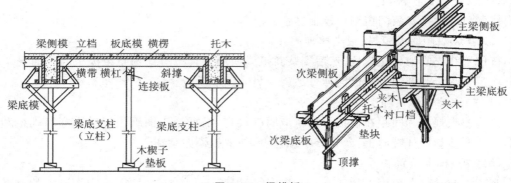

图 3.15 梁模板

梁模板安装工艺流程为:支设柱头模板→支设梁底支柱→铺设梁底模板→安装梁侧模板→安装侧向支撑或对拉螺栓。

(1)支设柱头模板

根据柱弹出的轴线、梁位置和水平线,安装柱头模板。

(2)支设梁底支柱

按配板设计在梁下设置支柱,间距一般为 600～1 000 mm。

(3)铺设梁底、梁侧模板

按设计标高调整梁底支架标高,然后安装梁底模板,根据墨线安装梁侧模板。

(4)安装侧向支撑或对拉螺栓。

梁侧模板安装后,应采用压脚板、斜撑等侧向支撑加固。当梁高超过 700 mm 时,应采用对拉螺栓在梁侧中部设置通长横楞,用对拉螺栓紧固。

梁模板安装构造要符合下列要求:

① 安装独立梁模板时应设安全操作平台,并严禁操作人员站在独立梁底模或柱模支架上操作及上下通行。

② 底模与横楞应拉结好,横楞与支架、立柱应连接牢固。

③ 安装梁侧模时,应边安装边与底模连接,当侧模高度多于两块时,应采取临时固定措施。

④ 起拱应在侧模内外楞连固前进行。

5. 楼板模板安装

楼板模板主要承受竖向荷载,目前多采用定型模板。它支承在搁栅上,搁栅支承在梁侧模外的横档上,跨度大的楼板,搁栅中间可以再加支撑作为支架系统(图 3.16)。

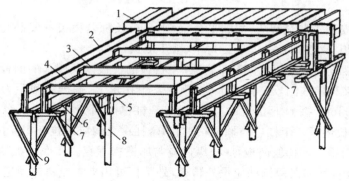

1—楼板模板;2—梁侧模板;3—搁栅;4—横档;5—牵档;6—夹条;7—短撑;8—牵杠撑;9—支撑

图 3.16　梁及楼板模板

楼板模板安装工艺流程为:搭设支架→安装龙骨(搁栅)→调整板底标高→铺设楼板模板→校正标高与平整度。

(1) 根据模板的排列图,架设立柱支架和龙骨。支柱与龙骨的间距,应根据楼板混凝土重量与施工荷载的大小,在模板设计中确定,支柱排列应考虑留设施工通道。

(2) 拉通线调节支柱高度,将大小龙骨找平,并按设计要求起拱。

(3) 采用竹(木)胶合板作楼板模板时,一般采用整张铺设、局部小块拼补的方法,模板拼缝应设置在龙骨上。大龙骨常采用方木或 $\phi48\times3.5$ 双钢管(钢管直径 48 mm,壁厚 3.5 mm),其跨度取决于支架立杆间距;小龙骨一般采用 50 mm×100 mm 方木(立放),间距 300～400 mm 为宜,其跨度由大龙骨间距决定。楼板模板应压在梁侧模上,并通长钉固。

(4) 铺模板时可从四周铺起,在中间收口,模板的拼缝应严密不漏浆。楼板模板铺完后,应认真检查支架是否牢固以及模板顶面标高和平整度,模板梁面、板面应清扫干净。

6. 楼梯模板安装

平台梁和平台模板的构造与有梁板模板基本相同。楼梯段模板是由底模、搁栅、牵杠、牵杠撑、外帮板、踏步侧板、反三角木等组成(见图3.17)。

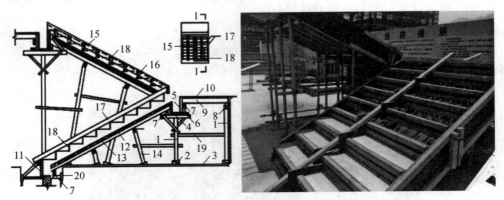

1—支柱(顶撑);2—木楔;3—垫板;4—平台梁底板;5—侧板;6—夹木;7—托木;8—杠木;
9—楞木;10—平台底板;11—梯基侧板;12—斜楞木;13—楼梯底板;14—斜向顶撑;
15—外帮板;16—横档木;17—反三角木;18—踏步侧板;19—拉杆;20—木桩

图 3.17 楼梯模板

楼梯模板的安装工艺流程为:安装平台梁、平台板及梯基模板→安装托木、设搁栅及支撑→安装梯段底板、立外帮板→安装三角木、踏步侧板。

(1)按照有梁板模板的要求安装平台梁、平台板的模板以及梯基的侧板。

(2)在平台梁和梯基侧板上钉托木,将搁栅支于托木上,搁栅的间距为400~500 mm,断面为50~100 mm。搁栅下立牵杠及牵杠撑,牵杠撑断面为100 mm,牵杠撑间距为1~1.2 m,其下垫通长垫板。牵杠应与搁栅相垂直,牵杠撑之间应用拉杆相互拉结。

(3)然后在搁栅上铺梯段底板,底板纵向应与搁栅相垂直。在底板上划梯段宽度线,依线立外帮板(侧板),且梯段两侧都应设外帮板,外帮板可用夹木或斜撑固定。梯段侧板的宽度至少要等于梯段板厚度及踏步高度,长度按梯段长度确定。

(4)梯段中间加设反三角木,反三角木是由若干三角木块钉在方块上,三角木块两直角边长分别等于踏步的高和宽,方木断面为120 mm,每一梯段反三角木至少要配一块,楼梯较宽时可多配。反三角木用横楞及立木支吊。在反三角木与外帮板之间逐块钉踏步侧板,踏步侧板一头钉在外帮板的木档上,另一头钉在反三角木的侧面上。

(5)施工时要注意梯步高度应均匀一致,最下一步及最上一步的高度,必须考虑到楼地面最后的装修厚度,防止由于装修厚度不同而造成梯步高度不协调。

3.1.3 模板拆除

1. 模板拆除的基本要求

(1)拆除时间

现浇混凝土结构模板的拆除日期,取决于结构的性质、模板的用途和混凝土硬化速度。

及时拆模可提高模板的周转效率,为后续工作创造条件。如过早拆模,因混凝土未达到一定强度,过早承受荷载会产生变形甚至会造成重大的质量事故。因此,模板的拆除措施应经技术主管部门或负责人批准,拆除模板的时间可按现行国家标准《混凝土结构工程施工质量验收规范》(GB 50204)及《混凝土结构工程施工规范》(GB 50666)的有关规定执行。

① 模板拆除时,可采取先支的后拆,后支的先拆,先拆非承重模板、后拆承重模板的顺序,并应从上而下进行拆除。

② 底模及支架应在混凝土强度达到设计要求后再拆除;当设计无具体要求时,采用同条件养护的混凝土立方体试件抗压强度应符合表 3-4 的规定。

表 3-4　底模拆除时的混凝土强度要求

构件类型	构件跨度/m	达到设计混凝土强度等级值的百分率计/%
板	≤2	≥50
	>2,≤8	≥75
	>8	100
梁、拱、壳	≤8	≥75
	>8	≥100
悬臂梁构件		≥100

③ 当混凝土强度能够保证其表面及棱角不受损伤时,方可拆除侧模。

④ 多个楼层间连续支模的底层支架拆除时间,应根据连续支模的楼层间荷载分配和混凝土强度的增长情况确定。

⑤ 快拆支架体系的支架立杆间距不应大于 2 m。拆模时,应保留立杆并顶托支撑楼板,拆模时的混凝土强度可按表 3-4 中构件跨度为 2 m 的规定确定。

⑥ 后张预应力混凝土结构构件,侧模宜在预应力张拉前拆除;底模及支架不应在结构构件建立预应力前拆除。

(2)拆除模板应注意问题

① 在拆除模板过程中,如发现混凝土有影响结构安全的质量问题时,应暂停拆除。经过处理后,方可继续拆除。

② 已拆除模板及其支架的结构,应在混凝土强度达到设计强度后才允许承受全部计算荷载。当混凝土未达到规定强度或已达到设计规定强度时,如需提前拆模或承受部分超设计荷载时,必须经过计算和技术主管确认其强度能足够承受此荷载后,方可拆。

③ 拆模前应检查所使用的工具应有效和可靠,扳手等工具必须装入工具袋或系挂在身上,并应检查拆模场所范围内的安全措施。

④ 模板的拆除工作应设专人指挥。作业区应设围栏,其内不得有其他工种作业,并应设专人负责监护。拆下的模板、零配件严禁抛掷。

⑤ 多人同时操作时,应明确分工、统一信号或行动,应具有足够的操作面,人员应站于安全处。

⑥ 高处拆除模板时,应遵守有关高处作业的规定。严禁使用大锤和撬棍,操作层上临时拆下的模板堆放不能超过 3 层。

⑦ 在提前拆除互相搭连并涉及其他后拆模板的支撑时,应补设临时支撑。拆模时,应

逐块拆卸,不得成片撬落或拉倒。

⑧ 拆模如遇中途停歇,应将已拆松动、悬空、浮吊的模板或支架临时支撑牢固或相互连接稳固。对活动部件必须一次拆除。

⑨ 已拆除了模板的结构,应在混凝土强度达到设计强度值后方可承受全部设计荷载。若在未达到设计强度以前,需在结构上加置施工荷载时,应另行核算,强度不足时,应加设临时支撑。

⑩ 遇 6 级或 6 级以上大风时,应暂停室外的高处作业。雨、雪、霜后应先清扫施工现场,方可进行工作。

⑪拆除有洞口模板时,应采取防止操作人员坠落的措施。洞口模板拆除后,应按现行行业标准《建筑施工高处作业安全技术规范》(JGJ 80)的有关规定及时进行防护。

(3) 拆模顺序

拆模的顺序和方法应按模板的设计规定进行。当设计无规定时,可采取先支的后拆、后支的先拆、先拆非承重模板、后拆承重模板的顺序,并应从上而下进行拆除。拆下的模板不得抛扔,应按指定地点堆放。模板拆除时,不应对楼层形成冲击荷载。拆除的模板和支架宜分散堆放并及时清运。

拆除框架结构模板的顺序:首先是柱模板,然后是梁侧模板,楼板底板,最后是梁底模板。拆除跨度较大的梁下支柱时,应先从跨中开始,分别拆向两端。

多层楼板模板支架的拆除,应按下列要求进行:上层楼板正在浇筑混凝土时,下一层楼板的模板支柱不得拆除,再下一层楼板模板的支柱,仅可拆除一部分;跨度 4 m 及 4 m 以上的梁下均应保留支柱,其间距不大于 3 m。

2. 支架立柱拆除

(1) 支架拆除

① 当拆除钢楞、木楞、钢桁架时,应在其下面搭设临时防护支架,使所拆楞梁及桁架先落于临时防护支架上。

② 对已拆下的钢楞、木楞、桁架、立柱及其他零配件应及时运到指定地点。有芯钢管立柱运出前应先将芯管抽出或用销卡固定。

(2) 立柱拆除

① 当立柱的水平拉杆超出 2 层时,应首先拆除 2 层以上的拉杆。当拆除最后一道水平拉杆时,应和拆除立柱同时进行。

② 当拆除 4~8 m 跨度的梁下立柱时,应先从跨中开始,对称地分别向两端拆除。拆除时,严禁采用连梁底板向旁侧一片拉倒的拆除方法。

③ 对于多层楼板模板的立柱,当上层及以上楼板正在浇筑混凝土时,下层楼板立柱的拆除,应根据下层楼板结构混凝土强度的实际情况,经过计算确定。

④ 拆除平台、楼板下的立柱时,作业人员应站在安全处。

3. 普通模板拆除

(1) 基础的模板拆除

拆除条形基础、杯形基础、独立基础或设备基础的模板时,应遵守下列规定:

① 拆除前应先检查基槽(坑)土壁的安全状况,发现有松软、龟裂等不安全因素时,应在

采取安全防范措施后，方可进行作业。

② 模板和支撑杆件等应随拆随运，不得在离槽(坑)上口边缘 1 m 以内堆放。

③ 拆除模板时，施工人员必须站在安全地方。应先拆内外木楞、再拆木面板；钢模板应先拆钩头螺栓和内外钢楞，后拆 U 形卡和 L 形插销，拆下的钢模板应妥善传递或用绳钩放置地面，不得抛掷。拆下的小型零配件应装入工具袋内或小型箱笼内，不得随处乱扔。

（2）柱模拆除

柱模拆除应分别采用分散拆和分片拆两种方法。

① 分散拆除的顺序。拆除拉杆或斜撑、自上而下拆除柱箍或横楞、拆除竖楞、自上而下拆除配件及模板、分类堆放、清理、拔钉、维修钢模、刷防锈油或脱模剂、入库备用。

② 分片拆除的顺序。拆除全部支撑系统、自上而下拆除柱箍及横楞、拆掉柱角 U 型卡、分二片或四片拆除模板、原地清理、刷防锈油或脱模剂、分片运至新支模地点备用。

柱子拆下的模板及配件不得向地面抛掷。

（3）墙模拆除

① 墙模分散拆除顺序。拆除斜撑或斜拉杆、自上而下拆除外楞及对拉螺栓、分层自上而下拆除木楞或钢楞及零配件和模板、运走分类堆放、拔钉清理或清理检修后刷防锈油或脱模剂、入库备用。

② 预组拼大块墙模拆除顺序。拆除全部支撑系统、拆卸大块墙模接缝处的连接型钢及零配件、拧去固定埋设件的螺栓及大部分对拉螺栓、挂上吊装绳扣并略拉紧吊绳后，拧下剩余对拉螺栓，用方木均匀敲击大块墙模立楞及钢模板，使其脱离墙体，用撬棍轻轻外撬大块墙模板使其全部脱离，指挥起吊、运走、清理、刷防锈油或脱模剂备用。

拆除每一大块墙模的最后两个对拉螺栓后，作业人员应撤离大模板下侧，以后的操作均应在上部进行。个别大块模板拆除后产生局部变形者应及时整修好。大块模板起吊时，速度要慢，应保持垂直，严禁模板碰撞墙体。

（4）梁、板模板拆除

① 梁、板模板应先拆梁侧模，再拆板底模，最后拆除梁底模，并应分段分片进行，严禁成片撬落或成片拉拆。

② 拆除时，作业人员应站在安全的地方进行操作，严禁站在已拆或松动的模板上进行拆除作业。

③ 拆除模板时，严禁用铁棍或铁锤乱砸，已拆下的模板应妥善传递或用绳钩放至地面。

④ 严禁作业人员站在悬臂结构边缘敲拆下面的底模。

⑤ 待分片、分段的模板全部拆除后，方允许将模板、支架、零配件等按指定地点运出堆放，并进行拔钉、清理、整修、刷防锈油或脱模剂、入库备用。

3.1.4　模板工程质量检验标准

1. 模板、支架杆件和连接件的进场检查

（1）模板表面应平整，胶合板模板的胶合层不应脱胶翘角；支架杆件应平直，应无严重变形和锈蚀;连接件应无严重变形和锈蚀,且不应有裂纹。

(2) 模板的规格和尺寸,支架杆件的直径和壁厚及连接件的质量,应符合设计要求。

(3) 施工现场组装的模板,其组成部分的外观和尺寸应符合设计要求。

(4) 必要时,应对模板、支架杆件和连接件的力学性能进行抽样检查。

(5) 应在进场时和周转使用前全数检查外观质量。

2. 钢管支架的安装质量检查

(1) 扣件式钢管支架安装质量检查

① 梁下支架立杆间距的偏差不应大于 50 mm,板下支架立杆间距的偏差不应大于 100 mm;水平杆间距的偏差不应大于 50 mm。

② 应检查支架顶部模板荷载的水平杆与支架立杆连接的扣件数量,采用双扣件构造设置的抗滑移扣件,其上下应顶紧,间隙不应大于 2 mm。

③ 支架顶部承受荷载水平杆与支架立杆连接的扣件拧紧力矩不应小于 40 N·m,且不应大于 65 N·m;支架每步双向水平杆应与立杆扣接,不得缺失。

(2) 碗扣式、盘扣式或盘销式钢管支架安装质量检查

① 插入立杆顶端可调托座伸出顶层水平杆的悬臂长度不应超过 650 mm。

② 水平杆杆端与立杆连接的碗扣、插接和盘销的连接状况,不应松脱。

③ 按规定设置的垂直和水平斜撑。

3. 模板工程验收

在浇筑混凝土之前,应对模板工程进行验收。模板工程施工质量必须符合《混凝土结构工程施工质量验收规范》(GB 50204)及相关规范要求。即"模板及其支架应具有足够的承载能力、刚度和稳定性,能可靠地承受浇筑混凝土的重量、侧压力以及施工荷载"。模板工程的施工质量检验应按主控项目、一般项目规定的检验方法进行检验。

(1) 主控项目

① 模板及支架用材料的技术指标应符合国家现行有关标准的规定,进场时应抽样检验模板和支架材料的外观、规格和尺寸。

检查数量:按国家现行有关标准的规定确定。

检验方法:检查质量证明文件;观察、尺量。

② 现浇混凝土结构模板及支架的安装质量,应符合国家现行有关标准的规定和施工方案的要求。

检查数量:按国家现行有关标准的规定确定。

检验方法:按国家现行有关标准的规定执行。

③ 后浇带处的模板及支架应独立设置。

检查数量:全数检查。

检验方法:观察。

④ 支架竖杆或竖向模板安装在土层上时,应符合下列规定:

a. 土层应坚实、平整,其承载力或密实度应符合施工方案的要求;

b. 应有防水、排水措施;对冻胀性土,应有预防冻融措施;

c. 支架竖杆下应有底座或垫板。

检查数量：全数检查。

检验方法：观察；检查土层密实度检测报告、土层承载力验算或现场检测报告。

（2）一般项目

① 模板外观检查。模板安装应满足下列要求：

a. 模板的接缝应严密；

b. 模板内不应有杂物、积水或冰雪等；

c. 模板与混凝土的接触面应平整、清洁；

d. 用作模板的地坪、胎膜等应平整、清洁，不应有影响构件质量的下沉、裂缝、起砂或起鼓；

e. 对清水混凝土及装饰混凝土构件，应使用能达到设计效果的模板。

检查数量：全数检查。

检验方法：观察。

② 模板隔离剂。隔离剂的品种和刷涂方法应符合施工方案的要求。隔离剂不得影响结构性能及装饰施工；不得沾污钢筋、预应力预埋件和混凝土接槎处；不得对环境造成污染。

检查数量：全数检查。

检验方法：检查质量证明文件；观察。

③ 模板的起拱。模板的起拱应符合现行国家标准《混凝土结构工程施工规范》(GB 50666)的规定，并应符合设计及施工方案的要求。对跨度不小于 4 m 的现浇钢筋混凝土梁、板，其模板应要求起拱，当设计无具体要求时，起拱高度宜为跨度的 1/1 000～3/1 000。

检查数量：在同一检验批内，对梁，跨度大于 18 m 时应全数检查，跨度不大于 18 m 时应抽查构件数量的 10%，且不应小于 3 件；对板，应按有代表性的自然间抽查 10%，且不得小于 3 间；对大空间结构，板可按纵、横轴线划分检查面，抽查 10%，且不少于 3 面。

检验方法：水准仪或尺量。

④ 预埋件与预留孔。固定在模板上的预埋件、预留孔洞均不得遗漏，且应安装牢固，其偏差应符合表 3-5 的规定。

表 3-5　预埋件和预留孔洞的安装偏差

项目		允许偏差/mm
预埋钢板中心线位置		3
预埋管、预留孔中心线位置		3
插 筋	中心线位置	5
	外露长度	+10，0
预埋螺栓	中心线位置	2
	外露长度	+10，0
预留洞	中心线位置	10
	尺 寸	+10，0

注：检查中心线位置时，应沿纵、横两个方向量测，并取其中偏差的较大值。

检查数量：在同一检验批内，对梁、柱和独立基础，应抽查构件数量的 10%，且不少于 3 件；对墙和板，应按有代表性的自然间抽查 10%，且不少于 3 间；对大空间结构，墙可按相邻轴线间高度 5m 左右划分检查面，板可按纵、横轴线划分检查面，抽查 10%，且均不少于 3 面。

检验方法:观察,尺量。

⑤ 现浇结构模板安装的偏差与检验。现浇结构模板安装的偏差及检验方法应符合表3-6 的规定。

表 3-6　现浇结构模板安装的允许偏差及检验方法

项目		允许偏差/mm	检验方法
抽线位置		5	尺量
底模上表面标高		±5	水准仪或拉线、尺量
模板内部尺寸	基础	±10	尺量
	柱、墙、梁	±5	尺量
	楼梯和邻踏步高差	5	尺量
柱、墙垂直度	层高≤6 m	8	经纬仪或吊线、尺量
	层高>6 m	10	经纬仪或吊线、尺量
相邻模板表面高差		2	尺量
表面平整度		5	2 m靠尺和塞尺量测

注:检查中心线位置时,应沿纵、横两个方向量测,并取其中的较大值。

检查数量:在同一检验批内,对梁、柱和独立基础,应抽查构件数量的10%,且不少于3件;对墙和板,应按有代表性的自然间抽查10%,且不少于3间;对大空间结构,墙可按相邻轴线间高度5 m左右划分检查面,板可按纵、横轴线划分检查面,抽查10%,且均不少于3面。

4. 模板工程成品保护

(1)拆模时不得用大锤硬砸或用撬棍硬撬,以免损坏构件。

(2)模板搬运时应轻拿轻放,不准碰撞柱、墙、梁、板等混凝土,以防模板变形和损坏构件。

(3)模板安装时不得随意在结构上开洞,不得用重物冲击已安装好的模板及支撑。

(4)与混凝土接触的模板表面应认真涂刷隔离剂,不得漏涂,涂刷后如被雨淋,应补刷隔离剂。

(5)模板支好后,应保持模内清洁,防止掉入砖头、砂浆、木屑等杂物。

(6)搭设脚手架时,严禁与模板及支柱连接在一起。

(7)不得在模板平台上行车和堆放大量材料和重物。

(8)在模板上进行钢筋、铁件等焊接工作时,必须用石棉板或薄钢板隔离。

3.2　钢筋工程

3.2.1　钢筋的检验与存放

1. 钢筋进场检验

钢筋混凝土工程中所用的钢筋与成型钢筋均应进行现场检查验收,合格后方能入库存放、待用。钢筋混凝土工程中所用的钢筋与成型钢筋检验应按现行国家标准《混凝土结构工程施工质量验收规范》(GB 50204)及《混凝土结构工程施工规范》(GB 50666)的有关规定执行。

钢筋和成型钢筋进场时,应按照主控项目和一般项目分别进行检验。

(1)主控项目

主控项目检查主要内容包括钢筋力学性能检验和重量偏差检验两方面,钢筋力学性能检验包括钢筋屈服强度、抗拉强度、伸长率、弯曲性能等。钢筋按实际重量交货,也可按理论重量交货。钢筋实际重量与理论重量的允许偏差:当钢筋直径为 6~12 mm 时,允许偏差为 ±7%;当钢筋直径为 14~20 mm 时,允许偏差为 ±5%;当钢筋直径为 22~50 mm 时,允许偏差为 ±4%。

①钢筋进场时,应按国家现行相关标准的规定抽取试件做屈服强度、抗拉强度、伸长率、弯曲性能和重量偏差检验,检验结果必须符合相应标准的规定。

检查数量:按进场的批次和产品的抽样检验方案确定。

检验方法:检查质量证明文件和抽样检验报告。

②成型钢筋进场时,应抽取试件做屈服强度、抗拉强度、伸长率和重量偏差检验,检验结果应符合国家现行有关标准的规定。

对于热轧钢筋制成的成型钢筋,当施工单位或监理单位的代表驻厂监督生产过程,并提供原材料钢筋力学性能第三方检验报告时,可仅进行重量偏差检验。

检查数量:同一厂家、同一类型、同一钢筋来源的成型钢筋,不超过 30 t 为一批,每批中每种钢筋牌号、规格均应至少抽取 1 个钢筋试件,总数不应少于 3 个。

检验方法:检查质量证明文件和抽样检验报告。

③对按一、二、三级抗震等级设计的框架和斜撑构件(含梯段)中的纵向受力普通钢筋应采用 HRB335E、HRB400E、HRB500E、HRBF335E、HRBF400E 或 HRBF500E 钢筋,其强度和最大力下总伸长率的实测值应符合下列规定:钢筋的抗拉强度实测值与屈服强度实测值的比值不应小于 1.25;钢筋的屈服强度实测值与屈服强度标准值的比值不应大于 1.30;钢筋的最大力下总伸长率不应小于 9%。

检查数量:按进场的批次和产品的抽样检验方案确定。

检查方法:检查抽样检验报告。

(2)一般项目

一般项目检验主要内容包括钢筋外观检验和尺寸偏差两个方面。

①钢筋应平直、无损伤,表面不得有裂纹、油污、颗粒状或片状老锈。

检查数量:全数检查。

检验方法:观察。

②成型钢筋的外观质量和尺寸偏差应符合国家现行有关标准的规定。

检查数量:同一厂家、同一类型的成型钢筋,不超过 30 t 为一批,每批随机抽取 3 个成型钢筋。

检验方法:观察,尺量。

2. 钢筋的存放

(1)钢筋在运输和存放时,不得损坏包装和标志。钢筋运至现场后,必须严格按牌号、规格、炉批分别挂牌堆放,并注明数量,不得混淆(图 3.18)。

图 3.18 钢筋存放

（2）钢筋应尽量堆放在仓库或料棚内，应堆放整齐。在条件不具备时，应选择地势较高，较平坦坚实的露天场地堆放。在场地或仓库周围应设排水沟，以防积水。堆放时，钢筋下面应加垫木，离地不宜小于 200 mm，也可用钢筋堆放架堆放，以防钢筋锈蚀和污染。室外堆放时，应采用避免钢筋锈蚀的措施。

（3）钢筋堆放，应防止与酸、盐、油等类物品存放在一起，同时堆放地点不要和产生有害气体的车间靠近，以免钢筋被污染和腐蚀。

（4）已加工的钢筋成品，分工程名称和构件名称按号码顺序堆放，同一工程与同一构件的钢筋放在一起，按号挂牌排列，牌上注明构件名称、部位、钢筋形式、尺寸、钢号、直径、根数，不得将几项工程的钢筋混放在一起。

3.2.2 钢筋加工

钢筋一般在钢筋车间加工，然后运至现场绑扎或安装。钢筋加工过程一般有调直、除锈、切断、弯曲成型等。

1. 钢筋调直

直径在 10 mm 以下的钢筋在生产过程中都卷成圆盘状（又称盘圆钢筋），以便于运输、存放和使用。盘圆钢筋在使用前，必须经过一道放圈、调直工序。直径在 10 mm 以上的钢筋，一般在轧制过程中都切成长度为 9 m 左右的直条，以便于运输、存放和使用。但往往因运输或存放不当，使直条状钢筋造成局部曲折，因此在使用前也要进行一次调直处理。

钢筋调直的常用方法有：卷扬机拉直、调直机调直、锤直或拔直。

（1）卷扬机拉直

用卷扬机冷拉调直钢筋时，应注意控制冷拉率。从 2022 年 6 月起，卷扬机拉直钢筋的施工工艺禁止使用。

（2）调直机调直

数控钢筋调直切断机是在原有调直机的基础上应用电子控制仪，准确控制钢筋断料长度，并自动计数（图 3.19）。钢筋数控调直切断机一般在构件厂采用，断料精度高（偏差仅 1～2 mm），并实现了钢筋调直切断自动化，调直机具有调直、除锈、切断等三项功能。直径在 4～14 mm 的钢筋可采用调直机调直。

图 3.19　钢筋调直切断机

（3）锤直或拔直

粗钢筋调直可采用锤击法平直或将弯折部位置于工作台的板柱之间用扳手矫直。

（4）钢筋调直的质量要求

盘卷钢筋调直后应进行力学性能和重量偏差的检验,其强度应符合国家现行有关标准的规定。其断后伸长率、重量偏差应符合表 3-7 的规定。采用无延伸功能的机械设备调直的钢筋,可不进行本条规定的检验。

表 3-7　盘卷钢筋调直后的断后伸长率、重量偏差要求

钢筋牌号	断后伸长率 $A/\%$	重量偏差/%	
		直径 6~12 mm	直径 14~16 mm
HPB300	≥21	≥−10	—
HRB335、HRBF335	≥16	≥−8	≥−6
HRB400、HRBF400	≥15		
RRB400	≥13		
HRB500、HRBF500	≥14		

注:断后伸长率 A 的量测标距为 5 倍钢筋直径。

检查数量:同一设备加工的同一牌号、同一规格的调直钢筋,重量不大于 30 t 为一批;每批见证抽取 3 个试件。

检验方法:检查抽样检验报告。

2. 钢筋除锈

为了确保钢筋与混凝土之间的握裹力,保证混凝土结构工程的质量,钢筋的表面应清洁、无损伤,油渍、漆污和铁锈应在加工前清除干净。

对大量的钢筋,可通过在钢筋冷拉或钢丝调直过程中除锈;少量的钢筋可采用电动除锈机或喷砂法除锈;钢筋的局部除锈可采用人工用钢丝刷或砂轮等方法进行。亦可将钢筋通过砂箱往返搓动除锈。

电动除锈机如图 3.20 所示,该机的圆盘钢丝刷有成品供应,也可将废钢丝绳头拆开编成。为了减少除锈时灰尘飞扬,除锈机装设有排尘罩和排尘管道。

图 3.20 电动除锈机

带有颗粒状或片状老锈的钢筋不得使用。钢筋除锈后如有严重的表面缺陷,应重新检验该批钢筋的力学性能及其他相关性能指标。

3. 钢筋切断

(1)机具设备

钢筋切断使用的机具设备有电动钢筋切断机、液压切断机、电动切割机、钢剪等。液压切断机为移动式,便于现场流动使用,能切断 $\phi32$ 以下的钢筋(图 3.21)。电动切割机能切断 $\phi6\sim40$ 的钢筋(图 3.22)。

图 3.21 液压切断机

图 3.22 电动切割机

(2)钢筋切断工艺要点

① 断料前应检查钢筋配料单复核料牌上所写钢筋种类、直径、尺寸、根数是否正确,根据钢筋长度,将同规格钢筋长短搭配,统筹排料,先断长料,后断短料,以减少短头、接头和损耗。

② 在断料时应避免用短尺量长料,防止在量料中产生累积误差,在工作台上标出尺寸刻度并设置控制断料尺寸用的挡板。

③ 手执钢筋处应距刀口 150 mm 以外,待活动片往后退时,再将钢筋握紧送入刀口。切断长 300 mm 左右钢筋时,应将钢筋套在钢管内送料,防止发生人身或设备安全事故。一

次切断根数严禁超过机械性能规定范围。

④ 切断过程中如发现劈裂、缩头或严重的弯头等必须切除。热处理钢筋切断时,只允许用切断机或氧乙炔割断,不得用电弧切割。

4. 钢筋弯曲成型

钢筋弯曲成型是指用钢筋施工设备将其加工成设计图纸要求的形状。

(1) 钢筋弯曲成型机具设备

常用的钢筋弯曲成型机具设备有钢筋弯曲成型机(图 3.23)、钢筋弯箍机,也有的采用简易钢筋弯曲成型装置。在缺乏设备或对少量钢筋加工时,可采用在成型台上用手摇扳手每次弯 4~8 根 $\phi 8$~10 以下细钢筋,或用卡盘和扳手弯曲 $\phi 12$~32 粗钢筋。

图 3.23　钢筋弯曲机

(2) 钢筋弯曲成型工艺要点

① 画线。钢筋弯曲前,对形状复杂的钢筋(如弯起钢筋),根据钢筋料牌上标明的尺寸,用粉笔将各弯曲点位置画出。画线时应注意以下问题:

a. 根据不同的弯曲角度扣除弯曲调整值,其扣除方法是从相邻两段长度中各扣一半;

b. 钢筋端部带半圆弯钩时,该段长度画线时增加 $0.5d$(d 为钢筋直径);

c. 画线工作宜从钢筋中线开始向两边进行;两边不对称的钢筋,也可从钢筋一端开始画线,如画到另一端有出入时,则应重新调整。

② 钢筋弯曲成型。钢筋在弯曲机上成型时,心轴直径应是钢筋直径的 2.5~5 倍,成型轴宜加偏心轴套,以便适应不同直径的钢筋弯曲需要。弯曲细钢筋时,为了使弯弧一侧的钢筋保持平直,挡铁轴宜做成可变挡架或固定挡架(加铁板调整)。

钢筋弯曲点线和心轴的关系,如图 3.24 所示。由于成型轴和心轴同时转动,会带动钢筋向前滑移。因此,钢筋弯 90° 时,弯曲点线约与心轴内边缘齐;弯 180° 时,弯曲点线距心轴内边缘为 1.0~1.5d。

③ 曲线形钢筋成型。弯制曲线形钢筋时(图 3.25),可在原有钢筋弯曲机的工作盘中央,放置一个十字架和钢套;另外在工作盘四个孔内插上短轴和成型钢套(和中央钢套相切)。插座板上的挡轴钢套尺寸,可根据钢筋曲线形状选用。钢筋成型过程中,成型钢套起顶弯作用,十字架只协助推进。

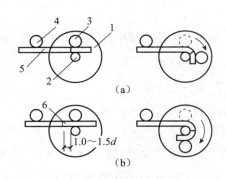

（a）

1.0～1.5d

（b）

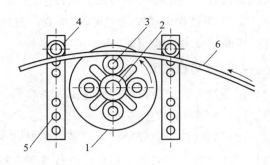

（a）弯 90°；（b）弯 180°

1—工作盘；2—心轴；3—成型轴；4—固定挡铁；
5—钢筋；6—弯曲点线

图 3.24　弯曲点线与心轴关系示意图

1—工作盘；2—十字撑及圆套；3—桩柱及圆套；
4—挡轴及圆套；5—插座板；6—钢筋

图 3.25　曲线形钢筋成型示意图

（3）质量要求

① 对 HRB335 级和 HRB400 级钢筋不能弯过头后再弯回来，以免钢筋弯曲点处出现裂纹。

② 钢筋加工的形状、尺寸应符合设计要求，其偏差应符合表 3-8 的规定。

表 3-8　钢筋加工的允许偏差

项目	允许偏差/mm
受力钢筋沿长度方向的净尺寸	±10
弯起钢筋的弯折位置	±20
箍筋外廓尺寸	±5

检查数量：同一设备加工的同一类型钢筋，每工作班抽查不应少于 3 件。

检验方法：尺量。

3.2.3　钢筋连接

钢筋的连接方式有焊接、机械连接和绑扎连接。

1. 钢筋的焊接

采用焊接代替绑扎，可改善结构受力性能，提高工效，节约钢材，降低成本。钢筋的焊接，应采用闪光对焊、电弧焊、电渣压力焊、电阻点焊、气压焊等。钢筋与钢板的 T 形连接，宜采用埋弧压力焊或电弧焊。

钢筋的焊接质量与钢材的可焊性、焊接工艺有关。在相同的焊接工艺条件下，能获得良好焊接质量的钢材，称其在这种条件下的可焊性好，相反则称其在这种工艺条件下的可焊性差。钢筋的可焊性与其含碳量及含合金元素的量有关。含碳、锰量增加，则可焊性差；加入适量的钛，可改善焊接性能。焊接参数和操作水平亦影响焊接质量，因此，应加强对焊接操作人员的技术培训和考核，必须实行持证上岗。在工程开工正式焊接之前，参与该项施焊的焊工应进行现场条件下的焊接工艺试验，经试验合格后，方可正式生产。试验结果应符合质量检验与验收时的要求。

（1）闪光对焊

钢筋闪光对焊是利用对焊机使焊接钢筋接触,通过低电压、强电流使钢筋被加热,待钢筋被加热到一定温度变软后,进行轴向加压顶锻,冷却后形成对焊接头(图 3.26)。闪光对焊是钢筋焊接中操作工艺简单、效率高、施工速度快、质量好的一种焊接方法,广泛用于钢筋接长及预应力钢筋与螺丝端杆的焊接。热轧钢筋的焊接宜优先用闪光对焊,条件不允许时才用电弧焊。闪光对焊适用于焊接 $\phi 10\sim 20$ mm 各级热轧钢筋。从 2022 年 6 月起,对于直径大于或等于 22 mm 的钢筋连接,不得使用钢筋闪光对焊工艺。

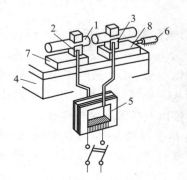

（a）钢筋闪光对焊原理　　　　　　（b）钢筋闪光对焊现场

1—焊接钢筋;2—固定电极;3—可动电极;4—机座;5—变压器;6—平动顶压机构;7—固定支座;8—滑动支座

图 3.26　钢筋闪光对焊

① 焊接工艺。钢筋闪光对焊工艺分为连续闪光焊、预热闪光焊、闪光－预热－闪光焊三种。

a. 连续闪光焊:连续闪光焊的工艺过程是将待焊钢筋夹紧在电极钳口上后,闭合电源,使两钢筋端面轻微接触。由于钢筋端部不平,开始只有一点或数点接触,接触面小而电流密度很大,使钢筋被加热,接触点很快熔化并产生金属蒸气飞溅,形成闪光现象。待闪光一开始,即徐徐移动钢筋,形成连续闪光过程,同时接头也被加热。待接头烧平、闪去杂质和氧化膜后、钢筋接头白热熔化时,随即施加轴向压力迅速进行顶锻,使两根钢筋焊牢。

b. 预热闪光焊:施焊时先闭合电源,然后使两钢筋端面交替地接触和分开。这时钢筋端面间隙中即发出断续的闪光,形成预热过程。当钢筋达到预热温度后进入闪光阶段,随后顶锻而成。

c. 闪光－预热－闪光焊:在预热闪光焊前加一次闪光过程。目的是使不平整的钢筋端面烧化平整。使预热均匀,然后按预热闪光焊操作。

RRB400 钢筋闪光对焊时,与热轧钢筋比较,应减小调伸长度,提高焊接变压器级数,缩短加热时间,快速顶锻,形成快热快冷条件,使热影响区长度控制在钢筋直径的 0.6 倍范围之内。

HRB500 钢筋焊接时,应采用预热闪光焊或闪光－预热－闪光焊工艺。当接头拉伸试验中发生脆性断裂,或弯曲试验不能达到规定要求时,尚应在焊机上进行焊后热处理。

② 焊接质量检验。a. 闪光对焊接头的质量检验,应分批进行外观检查和力学性能检验,并应按下列规定作为一个检验批:

Ⅰ. 在同一台班内,由同一焊工完成的 300 个同级别、同直径钢筋焊接接头应作为一

批。当同一台班内焊接的接头数量较少,可在一周之内累计计算;累计仍不足 300 个接头时,应按一批计算;

Ⅱ. 力学性能检验时,应从每批接头中随机切取 6 个接头,其中 3 个做拉伸试验,3 个做弯曲试验;

Ⅲ. 外观检查的接头数量,应从每批中抽查 10%,且不少于 10 个。

b. 闪光对焊接头外观检查结果应符合的要求是:接头处不得有横向裂纹;与电极接触处的钢筋表面不得有明显烧伤;接头处的弯折角不得大于 4°;接头处的轴线偏移不得大于钢筋直径的 0.1 倍,且不得大于 2 mm。

当外观检查结果有 1 个接头不符合要求时,应对全部接头进行检查。

（2）电弧焊

电弧焊是利用弧焊机使焊条与焊件之间产生高温电弧,在电弧的作用下焊条和燃烧范围内的焊件被熔化,待其冷却凝固后,形成焊缝或接头。电弧焊广泛应用于钢筋接头、钢筋骨架焊接、装配式结构接头的焊接、钢筋与钢板的焊接以及各种钢结构焊接。

① 电弧焊接头形式。钢筋电弧焊的接头形式有搭接焊接头（单面焊缝或双面焊缝）、帮条焊接头（单面焊缝或双面焊缝）、坡口焊接头（平焊或立焊）、窄间隙焊和熔槽帮条焊（用于安装 $d \geq 25$ mm 的钢筋）等。电弧焊的接头形式如图 3.27 所示。

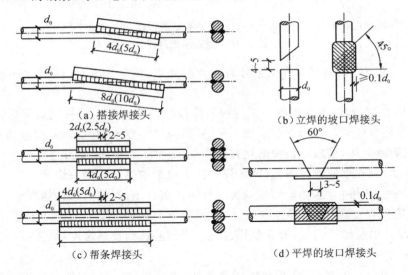

图 3.27　钢筋电弧焊的接头形式

② 质量检验。电弧焊的钢筋接头,应按规范规定的方法进行焊接接头的力学性能检验和外观质量检查。

a. 在进行力学性能试验时,应按下列规定抽取试件:

在工厂焊接条件下,应以 300 个同接头形式、同钢筋级别的接头作为一批;在现场安装条件下,每一至二层中以 30 个同接头形式、同钢筋级别的接头作为一批,不足 300 个时,仍作为一批。每批随机切取 3 个接头进行拉伸试验。

b. 电弧焊接头外观检查质量要求:焊缝表面应平整,不得有凹陷或焊瘤;焊缝接头区域不得有肉眼可见的裂纹;咬边深度、气孔、夹渣等缺陷允许值及接头尺寸的允许偏差应符合相关规定。

（3）电阻点焊

电阻点焊主要用于焊接 φ6～14 的 HPB235、HRB335、HRB400、CRB550 级钢筋和 φ3～5 的冷拔低碳钢丝钢筋网片、钢筋骨架等，它生产效率高，节约材料，应用广泛。

电阻点焊的工作原理：焊接时将已除锈的钢筋交叉点放在点焊机的两电极间，使钢筋通电发热至一定温度后，加压使焊点金属焊合。常用点焊机有单点点焊机、多点点焊机和悬挂式点焊机，施工现场还可采用手提式点焊机。电阻点焊的主要工艺参数有：电流强度、通电时间和电极压力。电流强度和通电时间一般均宜采用电流强度大，通电时间短的强参数；电极压力则根据钢筋级别和直径选择。电阻点焊的工艺过程中应包括预压、通电、锻压三个阶段。

电阻点焊的焊点应进行外观检查和强度试验，热轧钢筋的焊点应进行抗剪试验。冷处理钢筋除进行抗剪试验外，还应进行抗拉试验。

（4）电渣压力焊

电渣压力焊适用于现浇钢筋混凝土结构中竖向或斜向（倾斜度在 4∶1 范围内）钢筋的连接。与电弧焊比较，它工效高、节约钢材、成本低，在高层建筑施工中得到广泛应用。从 2022 年 6 月起，电渣压力焊不得用于焊接直径大于 22 mm 的钢筋。

① 机具设备。电渣压力焊的主要设备是竖向钢筋电渣压力焊机，按控制方式分为手动式钢筋电渣压力焊机、自动式钢筋电渣压力焊机。电渣压力焊机主要由电源、控制箱、焊接夹具、焊剂盒等几部分组成。自动电渣压力焊的设备还包括控制系统及操作箱。电渣压力焊机容量应根据所焊钢筋直径选定。焊接夹具应具有一定刚度，要求坚固、灵巧、上下钳口同心。

② 焊接原理。电渣压力焊原理是将钢筋的待焊端部置于焊剂的包围之中，通过引燃电弧加热，最后在断电的同时，迅速将钢筋进行顶压，使上、下钢筋焊接成一体的一种焊接方法（图 3.28）。

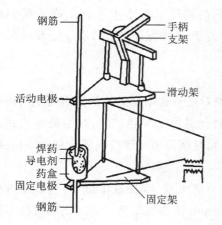

图 3.28　电渣压力焊

焊剂型号可采用 HJ431 型，常用的为熔炼型高锰高硅低氟焊剂或中锰高硅低氟焊剂。焊剂除起隔绝、保温及稳定电弧作用外，在焊接过程中还起补充熔渣、脱氧及添加合金元素作用。

③ 焊接参数。电渣压力焊的参数包括焊接电流、渣池电压和焊接通电时间，它们均根据钢筋直径选择。采用 HJ431 焊剂时，宜符合表 3-9 的规定。采用专用焊剂或自动电渣压力焊机时，应根据焊剂或焊机使用说明书中推荐数据，通过试验确定。

表 3-9　钢筋电渣压力焊焊接参数

钢筋直径/mm	焊接电流/A	焊接电压/V		焊接通电时间/s	
		电弧过程 U_{21}	电渣过程 U_{22}	电弧过程 t_1	电渣过程 t_2
14	200～220			12	3
16	200～250			14	4
18	250～300			15	5
20	300～350	35～45	18～22	17	5
22	350～400			18	6
25	400～450			21	6
27	500～550			24	6
32	600～650			27	7

④ 质量检验。a. 电渣压力焊接头的质量检验，应分批进行外观检查和力学性能检验，并应按下列规定作为一个检验批：

Ⅰ. 在现浇混凝土结构中，应以 300 个同牌号钢筋接头作为一批；在房屋结构中，应在不超过二楼层中 300 个同牌号钢筋接头作为一批；当不足 300 个接头时，仍应作为一批。每批随机切取 3 个接头做拉伸试验。

Ⅱ. 在同一批中若有几种不同直径的钢筋焊接接头，应在最大直径钢筋接头中切取 3 个试件。

b. 钢筋电渣压力焊接头外观检查结果应符合下列要求：接头焊包均匀，不得有裂纹，钢筋表面无明显烧伤等缺陷；四周焊包凸出钢筋表面的高度不得小于 4 mm；接头处钢筋轴线弯折角不得大于 4°；接头处钢筋轴线偏移不得大于钢筋直径的 0.1 倍，且不得大于 2 mm。

(5)气压焊

气压焊是利用乙炔—氧混合气体燃烧的高温火焰对已有初始压力的两根钢筋端面接合处加热，使钢筋端部产生塑性变形，并促使钢筋端面的金属原子互相扩散，当钢筋加热到约 1 250～1 350 ℃（相当于钢材熔点的 0.80～0.90 倍，此时钢筋加热部位呈橘黄色，有白亮闪光出现）时进行加压顶锻使钢筋焊接在一起。

这种焊接工艺具有设备轻巧、使用灵活、效率高、节省电能、焊接成本低，可进行全方位（竖向、水平和斜向）焊接等优点。适用于直径 14～40 mm 的热轧钢筋。当两钢筋直径不同时，其直径之差不得大于 7 mm。

① 机具设备。气压焊接设备主要包括加热系统与加压系统两部分。

加热系统包括氧、乙炔供气装置、加热器。加热能源是氧和乙炔，加热器用来将氧和乙炔混合后，从喷火嘴喷出火焰加热钢筋。

　　加压系统主要是加压器,由顶压油缸、油泵、油管、油压表等组成。加压系统中的压力源为电动油泵(亦有手动油泵),使加压顶锻时压力平稳。

　　压接器是气压焊的主要设备之一,要求它能准确、方便地将两根钢筋固定在同一轴线上,并将油泵产生的压力均匀地传递给钢筋达到焊接的目的。气压焊工作原理如图 3.29 所示。

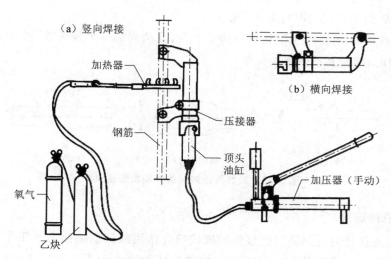

图 3.29　气压焊工作原理

　　② 焊接工艺。气压焊的主要工艺包括端部处理、安装钢筋、喷焰加热、施压焊接等。

　　a. 端部处理。施焊前钢筋端面应切平,并与钢筋轴线垂直。钢筋边角毛刺及端面上的铁锈、油污、氧化膜应清除干净,并经过打磨,使其露出金属光泽,然后即喷涂一薄层焊接活化剂保护端面不再氧化。

　　b. 安装钢筋。把钢筋安装在焊接夹具上,并使两根钢筋在同一条直线上。钢筋安装夹牢,预压顶紧后,两钢筋端面局部间隙不得大于 3 mm。

　　c. 喷焰加热。开始应采用碳化焰集中加热,钢筋端面密合后可采用中性焰宽幅加热,焊接全过程不得使用氧化焰。钢筋端面的加热温度控制在 1 150～1 300 ℃。

　　d. 加压焊接。当加热到钢筋缝隙密合后,上下摆动加热器适当增大钢筋加热范围,促使钢筋端面金属原子互相渗透即可加压顶锻。加压顶锻的压应力约 34～40 MPa,使焊接部位产生塑性变形。直径小于 22 mm 的钢筋可以一次顶锻成型,大直径钢筋可以进行二次顶锻。

　　③ 质量检验。a. 气压焊接头的质量检验,应分批进行外观检查和力学性能检验,并应按下列规定作为一个检验批:

　　Ⅰ. 在现浇钢筋混凝土结构中,应以 300 个同牌号钢筋接头作为一批;在房屋结构中,应在不超过连续二楼层中 300 个同牌号钢筋接头作为一批;当不足 300 个接头时,仍应作为一批;

　　Ⅱ. 在柱、墙的竖向钢筋连接中,应从每批接头中随机切取 3 个接头做拉伸试验;在梁、板的水平钢筋连接中,应另切取 3 个接头做弯曲试验。

b. 气压焊接头外观检查结果,应符合下列要求:

Ⅰ. 接头处的轴线偏移距离 e 不得大于钢筋直径的 1/10,且不得大于 1 mm[图 3.30(a)];当不同直径钢筋焊接时,应按较小钢筋直径计算;当大于上述规定值,但在钢筋直径的 3/10 以下时,可加热矫正;当大于 3/10 时,应切除重焊;

Ⅱ. 接头处的弯折角不得大于 2°;当大于规定值时,应重新加热矫正;

Ⅲ. 接头表面不得有肉眼可见的裂纹;

Ⅳ. 镦粗长度 L_e 不得小于钢筋直径的 1.0 倍,且凸起部分平缓圆滑[图 3.30(c)];当小于上述规定值时,应重新加热镦长。

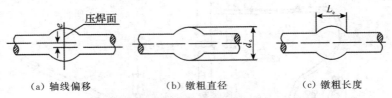

(a)轴线偏移　　　　　(b)镦粗直径　　　　　(c)镦粗长度

图 3.30　钢筋气压焊接头外观质量图解

2. 钢筋机械连接

钢筋机械连接是通过钢筋与连接件的机械咬合作用或钢筋端面的承压作用,将一根钢筋中的力传递至另一根钢筋的连接方法。钢筋机械连接是大直径钢筋现场连接的主要方法。钢筋机械连接常用形式有套筒挤压连接和螺纹套筒连接两种形式,螺纹套筒连接又分为锥螺纹套筒连接和直螺纹套筒连接。钢筋机械连接应符合《钢筋机械连接通用技术规程》(JGJ 107)。

机械连接接头应根据极限抗拉强度、残余变形、最大力下总伸长率以及高应力和大变形条件下反复拉压性能,分为下列三个等级:

Ⅰ级:接头抗拉强度等于被连接钢筋的实际拉断强度或不小于 1.10 倍钢筋抗拉强度标准值,残余变形小并具有高延性及反复拉压性能。

Ⅱ级:接头抗拉强度不小于被连接钢筋抗拉强度标准值,残余变形较小并具有高延性及反复拉压性能。

Ⅲ级:接头抗拉强度不小于被连接钢筋屈服强度标准值的 1.25 倍,残余变形较小并具有一定的延性及反复拉压性能。

(1)钢筋套筒挤压连接

钢筋套筒挤压连接是通过挤压力使连接钢套筒塑性变形与带肋钢筋紧密咬合形成钢筋接头,亦称钢筋套筒冷压连接。即将需连接的变形钢筋插入特制钢套筒内,利用液压驱动的挤压机进行径向或轴向挤压,使钢套筒产生塑性变形,使它紧紧咬住变形钢筋实现连接(图 3.31)。它适用于竖向、横向及其他方向的较大直径变形钢筋的连接,以及直径 16~40 mm 的 HRB335、HRB400、HRB500 级带肋钢筋的连接。

① 机具设备。机具设备由高压泵站、高压油管和钢筋挤压钳等组成。目前,钢筋径向挤压机主要有 YJH-25、YJH-32 和 YJH-40 等型号。

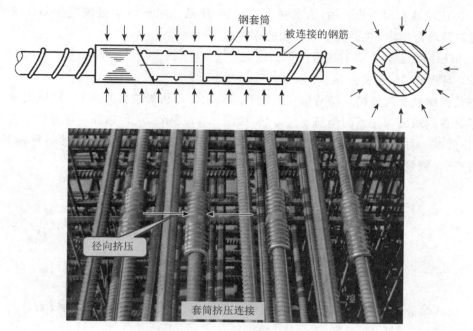

图 3.31　钢筋径向挤压连接

② 挤压工艺参数。钢筋挤压连接的工艺参数主要是压接顺序、压接力和压接道数。压接顺序从中间逐道向两端压接;压接力应能保证套筒与钢筋紧密咬合,压接力和压接道数取决于钢筋直径、套筒型号和挤压机型号。

③ 挤压连接工艺。其施工工艺流程为:钢套筒、钢筋挤压部位检查、清理、矫正→检查钢筋端头压接标志→钢筋插入钢套筒挤压(每侧挤压从接头中间压痕标志开始依次向端部进行)→检查验收。

a. 对挤压接头作业的人员实行持证上岗制度。检查挤压设备是否正常,并试压,符合要求后方可作业。

b. 钢筋端部应有检查插入套筒深度的明显标记,钢筋按标记要求插入钢套筒内,钢筋端头离套筒长度中点不宜超过 10 mm。被连接钢筋的轴心与钢套筒轴心应保持同一轴线,防止偏心和弯折。

c. 把挤压机机架的开口插入被挤压的带肋钢筋的连接套中,对准钢套筒所需压接的标记处,控制挤压机换向阀进行挤压。挤压时,压钳的压接应对准套筒压痕标志,并垂直于被压钢筋的横肋。挤压应从套筒中央开始,依次向两端挤压。

d. 为了减少高空作业并加快施工进度,可先在地面挤压一端套筒,在施工作业区插入待接钢筋后再挤压另一端套筒。

④ 套筒挤压钢筋接头的安装质量检验。

a. 钢筋端部不得有局部弯曲,不得有严重锈蚀和附着物;

b. 钢筋端部应有检查插入套筒深度的明显标记,钢筋端头离套筒长度中心点不宜超过 10 mm;

c. 挤压应从套筒中央开始,依次向两端挤压,压痕直径的波动范围应控制在供应商认定的允许波动范围内,并提供专用量规进行检查;

d. 挤压后的套筒不得有肉眼可见裂纹。

(2) 钢筋锥螺纹套筒连接

钢筋锥螺纹套筒连接是将两根待接钢筋端头用套丝机做成锥形外丝,然后用带锥形内丝的套筒将钢筋两端拧紧的钢筋连接方法,如图 3.32 所示。这种钢筋连接方法具有接头可靠、操作简单、不用电源、全天候施工、对中性好、施工速度快等优点,可连接各种钢筋,不受钢筋种类、含碳量的限制,但所连接钢筋的直径之差不宜大于 9 mm。

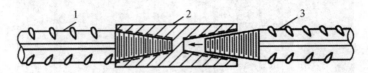

1—已连接的钢筋;2—锥螺纹套筒;3—待连接的钢筋

图 3.32 钢筋锥螺纹套筒连接

① 机具设备。钢筋套丝机:是加工钢筋连接端的锥螺纹用的一种专用设备。可加工直径为 16~40 mm HRB335 级、HRB400 级钢筋。

扭力扳手:保证钢筋连接质量的测力扳手。它可以按照钢筋直径大小规定的力矩值,把钢筋与连接套筒拧紧,并发出声响信号。

量规:包括牙形规、卡规和锥螺纹塞规。牙形规用来检查钢筋连接端的锥螺纹牙形加工质量;卡规用来检查钢筋连接端的锥螺纹小端直径加工质量;锥螺纹塞规用来检查锥螺纹连接套筒加工质量。

② 质量检验。钢筋锥螺纹套筒连接质量检验主要包括:拧紧扭矩和接头强度等。

钢筋拧紧扭矩检查:用质检用的扭力扳手对接头质量进行抽检。

抽检数量:抽检应按验收批进行,同钢筋生产厂、同强度等级、同规格、同类型和同型式接头应以 500 个为一个验收批进行检验与验收,不足 500 个也应作为一个验收批。抽取其中 10% 的接头进行拧紧扭矩校核,拧紧扭矩值不合格数超过被校核接头数的 5% 时,应重新拧紧全部接头,直到合格为止。

钢筋接头强度检查:对接头每一验收批,应在工程结构中随机截取 3 个接头试件做极限抗拉强度试验,按设计要求的接头等级进行评定。当 3 个接头试件的极限抗拉强度均符合规范要求时,该验收批应评为合格。当仅有 1 个试件的极限抗拉强度不符合要求时,应再取 6 个试件进行复检,复检中仍有 1 个试件的极限抗拉强度不符合要求的,该验收批应评为不合格。

(3) 钢筋直螺纹套筒连接

钢筋直螺纹套筒连接是在锥螺纹连接的基础上发展起来的一种钢筋连接形式,它与锥螺纹连接的施工工艺基本相似,但它克服了锥螺纹连接接头处钢筋断面削弱的缺点,在现浇结构施工中已经取代了锥螺纹连接。钢筋直螺纹套筒连接可分为镦粗直螺纹套筒连接、剥肋滚压直螺纹套筒连接、挤压肋滚压直螺纹套筒连接、碾压肋滚压直螺纹套筒连接、带肋钢筋直螺纹套筒连接(图 3.33)等。其中带肋钢筋直螺纹套筒连接技术是当今建筑业最为先进的钢筋连接技术之一,其接头力学性能、加工工艺、现场安装等方面均优于挤压套筒接头、锥螺纹接头和墩粗直螺纹接头,接头拉伸试验效果优于钢筋原材。

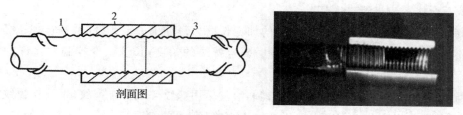

剖面图

1—已连接的钢筋;2—直螺纹套筒;3—正在拧入的钢筋

图 3.33　钢筋直螺纹套筒连接

① 设备机具。机械设备:GHG-40 型直螺纹套丝机、砂轮切割机、角向磨光机、台式砂轮等。主要工具:力矩扳手、量规(牙形规、卡规、直螺纹塞规)等。

② 直螺纹接头类型。直螺纹接头形式主要有六种:标准型、正反丝扣型、加长型、异径型、扩口型、加锁母型,如图 3.34 所示。

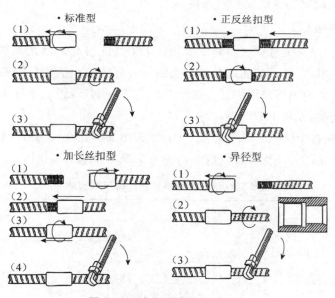

图 3.34　直螺纹套筒接头形式

标准型用于正常情况下连接钢筋;加长型用于转运钢筋较困难的场合,通过转运套筒连接钢筋;扩口型用于钢筋较难对中的场合;异径型用于连接不同直径的钢筋;正反丝扣型用于两端钢筋均不能运转而要求调节轴向长度的场合;加锁母型用于钢筋完全不能运转,通过运转套筒连接钢筋,用锁母锁定套筒。

③ 直螺纹套筒连接工艺。该工艺与传统的制作螺纹方法不同,是在钢筋端部经轧圆滚丝后产生的螺纹,不削切钢筋,不减小钢筋截面。具有接头可靠、质量保证、对中性好、操作简便、施工安全、不污染环境等特点,并能节约大量钢材和能源。

其主要施工工艺流程为:钢筋断料、切头→钢筋端头轧圆滚丝→螺纹质量检验→套筒连接→接头检查。

钢筋原材料断料时应切割到位,断面要平整并与钢筋轴线垂直,断面无毛刺,端部无翘曲变形,不合格的应进行二次切除。

按钢筋规格调整好机械,保证丝头的加工长度。每加工一定数量的钢筋丝头,必须检查刀具的磨损情况,滚丝长度变化情况,随时确保螺纹的精度,长度微变控制在允许的偏差范围内。

钢筋轧圆后用外径卡规检查直径,钢筋滚丝后用螺纹环规检查螺纹,钢筋外螺纹的基本尺寸应符合有关规定。操作工人应逐个检查钢筋丝头的外观质量,检查牙型是否饱满、无断牙、秃牙等缺陷。检查合格后应立即戴上塑料保护套,防止在搬运过程中碰伤或污染,以避免施工时无法连接或连接不到位。

安装时钢筋端头螺纹旋入套筒后,应控制好套筒两端外露的丝扣圈数。允许外露(1 ± 0.5)圈,既不能外露太多,也不能一点不露。连接时注意套筒两端剩余丝扣要对称,同时要保证两丝头端面充分顶紧。

④ 质量检验。同钢筋锥螺纹套筒连接。

3. 钢筋绑扎连接

绑扎连接是用 20～22 号铁丝将两段钢筋扎牢使其连接起来而达到接长的目的。目前绑扎搭接仍然在使用,尤其是板筋以及剪力墙钢筋等直径较小的钢筋一般均采用绑扎连接的方式。而较大直径的钢筋采用绑扎连接则会比较浪费钢筋,因此梁柱纵筋的连接要尽量采用焊接或机械连接,以利于节约钢材。

钢筋搭接处,应在中部和两端用铁丝扎牢。受拉钢筋绑扎连接的搭接长度应符合表 3-10 的规定。轴心受拉及小偏心受拉杆件的纵向受力钢筋不得采用绑扎搭接。

表 3-10　受拉钢筋绑扎接头的搭接长度

序号	钢筋类型	混凝土强度等级		
		C20	C25	≥C30
1	HPB235 级钢筋	35d	30d	25d
2	HRB335 级钢筋	45d	40d	35d
3	HRB400 级钢筋	55d	50d	45d
4	低碳冷拔钢丝	300 mm		

注:1. 当 HRB335、HRB400 级钢筋直径 $d>25$ mm 时,其受拉钢筋的搭接长度应按表中数值增加 5d 采用。

2. 当螺纹钢筋直径 $d\leqslant25$ mm 时,其受拉钢筋的搭接长度应按表中数值减少 5d 采用。

3. 当混凝土在凝固过程中易受扰动时(如滑模施工),受力钢筋的搭接长度宜适当增加。

4. 在任何情况下,纵向受拉钢筋的搭接长度不应小于 300 mm,受拉钢筋的搭接长度不应小于 200 mm。

5. 轻骨料混凝土的钢筋绑扎接头搭接长度应按普通混凝土搭接长度增加 5d 采用(低碳冷拔钢丝增加 50 mm)。

6. 当混凝土强度等级低于 C20 时,对 HRB335、HRB400 级钢筋最小搭接长度应按表中 C20 的相应数值增加 10d 采用。

同一构件中相邻纵向受力钢筋的绑扎搭接接头宜互相错开。钢筋绑扎搭接接头连接区段的长度为 1.3 倍搭接长度,凡搭接接头中点位于该连接区段长度内的搭接接头均属于同一连接区段(图 3.35)。同一连接区段内纵向受力钢筋搭接接头面积百分率为该区段内有搭接接头的纵向受力钢筋与全部纵向受力钢筋截面面积的比值。当直径不同的钢筋搭接时,按直径较小的钢筋计算。位于同一连接区段内的受拉钢筋搭接接头面积百分率:对梁类、板类及墙类构件,不宜大于 25%,基础筏板不宜超过 50%;对柱类构件,不宜大于 50%。当工程中确有必要增大受拉钢筋搭接接头面积百分率时,对梁类构件,不宜大于 50%;对板、墙、柱及预制构件的拼接处,可根据实际情况适当放宽。

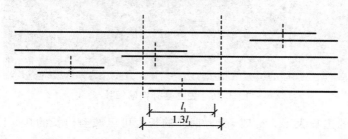

注:图中所示同一连接区段内的搭接接头钢筋为两根,当钢筋直径相同时,接头面积百分率为 50%。

图 3.35　同一连接区段内纵向受拉钢筋的绑扎搭接接头

3.2.4　钢筋安装

钢筋安装一般采用绑扎安装,一般用 18～22 号铁丝,其中 22 号铁丝只用于绑扎直径 12 mm 以下的钢筋。钢筋绑扎安装前,应先熟悉施工图纸,核对钢筋配料单和料牌,研究钢筋安装和其与有关工种配合的顺序,确定施工方法。施工前准备绑扎用的铁丝、绑扎工具、绑扎架等。

为了缩短钢筋安装的工期,减少钢筋施工中的高空作业,在运输、起重等条件许可的情况下,钢筋网与钢筋骨架应尽量采用先绑扎、后安装的方法。只有当条件不具备时才在施工现场绑扎成型。

下面主要介绍基础、柱、剪力墙、梁、板、楼梯等部位的钢筋绑扎工艺。

1. 独立基础钢筋绑扎

独立基础钢筋绑扎工艺流程为:基础垫层清理→弹放底板钢筋位置线→按位置线布置钢筋→绑扎钢筋→布置垫块→绑柱预留插筋(图 3.36)。

(1)基础垫层清理

将垫层清扫干净,混凝土基层要等基层硬化,没有垫层时要把基层清理平整,有水时要将水排净晾干。

(2)弹放底板钢筋位置线

按设计的钢筋间距,直接在垫层上用石笔或墨斗弹放钢筋位置线。

(3)按位置线布置钢筋

基础底板为双向受力钢筋网时,一般情况下,底面短边方向的钢筋放在最下层,底面长边方向的钢筋应放在短边方向的钢筋上面;而单向受力钢筋,短边方向受力钢筋放在下层,长边方向钢筋放在上层。

图 3.36　独立基础钢筋板扎

当独立基础的边长大于 3 m 时,受力钢筋的长度可以减至边长的 0.9 倍,和全长的钢筋交错布置。

（4）绑扎钢筋

绑扎常用一面顺扣的绑扎形式,对于单向主钢筋的钢筋网,沿基础四周的两行钢筋交叉点应每点绑扎牢固,中间部分每隔 1 根相互成梅花式扎牢,必须保证受力钢筋不发生位移;对于双向主钢筋的钢筋网,必须将所有交叉点全部扎牢。绑扎时应注意相邻绑扎点的扎扣要成八字形,以免网片歪斜变形。

（5）布置垫块

基础底板采用单层钢筋网片时,基础钢筋网绑扎好以后,可以用小撬棍将钢筋网略向上抬后,放入准备好的混凝土垫块,将钢筋网垫起。

基础底板采用双层钢筋网片时,在上层钢筋网下面应设置钢筋撑脚或混凝土撑脚,以保证钢筋上下位置正确。上层钢筋弯钩应朝下,而下层钢筋弯钩应朝上,弯钩不能倒向一边。为了保证基础混凝土的保护层厚度,避免钢筋锈蚀,基础中纵向受力的钢筋混凝土保护层厚度不应小于 40 mm,若基础无垫层时不应小于 70 mm。

（6）绑柱预留插筋

现浇独立基础与柱的连接是在基础内预埋柱子的纵向钢筋。这里往往是柱子的最低部位,要保证柱子轴线位置准确,柱子插筋位置一定要准确,且要绑扎牢固,以保证浇筑混凝土时不偏移。因此,柱子插筋下端用 90°弯钩与基础钢筋网绑扎连接,再用井字形架将插筋上部固定在基础的外模板上。其箍筋不少于 3 道,位置一定要正确,并绑扎牢固,以免造成柱轴线偏移。

2. 柱钢筋绑扎

柱钢筋绑扎的工艺流程为:基层清理→弹放柱子线→调整柱子钢筋→套柱子箍筋→连接竖向受力钢筋→画箍筋位置线→绑扎箍筋。

（1）基层清理

剔除混凝土表面浮浆,清除结构层表面的水泥薄膜、松动的石子和软弱的混凝土层,并用水冲洗干净。

（2）弹柱子线

将柱截面的外皮尺寸线弹在已经施工完的结构面上。

（3）检查、调整柱钢筋

根据弹好的外皮尺寸线,检查下层预留搭接钢筋位置、数量、长度,如不符合要求时,应进行调整处理。绑扎前先整理调直下层伸出的搭接钢筋,并将钢筋上的锈蚀、水泥砂浆等污物清理干净。

（4）套柱子箍筋

按图样要求间距,计算好每根柱需用箍筋的数量,将箍筋套在下层伸出的搭接钢筋上。

（5）连接柱竖向受力钢筋

柱子竖向受力钢筋的连接,一般可采用电渣压力焊进行接长以节约钢筋。当采用绑扎搭接连接时,箍筋的数量要符合绑扎搭接的规定,绑扣要面向柱中心。

（6）画箍筋位置线

在立好的柱子竖向钢筋上,按图样要求用粉笔画好箍筋位置线。

（7）绑扎箍筋

① 按画好的箍筋位置线,将已套好的箍筋往上移,由上往下采用缠扣绑扎。

② 箍筋与纵向钢筋要垂直,箍筋转角处与纵向钢筋交点应逐点绑扎,绑扣相互之间呈八字形,纵向钢筋与箍筋非转角部分的交点可呈梅花式交错绑扎。

③ 箍筋弯钩叠合处应沿柱子纵向钢筋交错布置,并绑扎牢固,如图 3.37 所示。

④ 有抗震要求的结构箍筋端头应弯成 $135°$,平直部分长度不小于 $10d$,如图 3.37 所示。

⑤ 有些柱子中,为了保证柱中的钢筋连接,还设计有拉筋,拉筋绑扎应钩住箍筋,如图 3.38 所示。

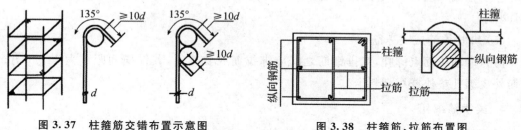

图 3.37　柱箍筋交错布置示意图　　　　图 3.38　柱箍筋、拉筋布置图

⑥ 将准备好的混凝土垫块竖绑在柱钢筋上,间距一般为 1 m。以保证纵向钢筋保护层厚度准确。此处所用的混凝土垫块上应带有扎丝。

3. 剪力墙钢筋绑扎

剪力墙钢筋绑扎的工艺流程为:基层清理→弹放墙体线→调整墙体预留钢筋→绑纵向钢筋→绑横向钢筋→绑扎拉筋或支撑筋(图 3.39)。

（1）基层清理

剔除楼板混凝土表面浮浆,清除结构层表面的水泥薄膜、松动的石子和软弱的混凝土层,并用水冲洗干净。

（2）弹墙体线

将剪力墙截面的外皮尺寸线弹在已经施工完的结构面上。

图 3.39　剪力墙钢筋板扎

（3）调整墙体预留钢筋

根据弹好的外皮尺寸线，检查下层预留搭接钢筋位置、数量、长度，如不符合要求时，应进行调整处理。绑扎前先整理调直下层伸出的搭接钢筋，并将钢筋上的锈蚀、水泥砂浆等粘污物清理干净。

（4）绑纵向钢筋及横向钢筋

先立 2～4 根竖向钢筋，将竖筋与下层伸出的搭接筋绑扎，搭接绑扎要符合搭接连接的要求。在竖筋上画好横筋分档标志，然后在下部及齐胸处绑两根定位水平钢筋，并在横筋上画好竖筋分档标志，接着绑其余竖筋。最后再绑其余横筋。横筋在竖筋里面或外面应符合设计要求。

（5）绑扎拉筋或支撑筋

剪力墙筋应逐点绑扎，双排钢筋之间应绑拉筋或支撑筋，其纵横间距不大于 600 mm，钢筋外皮绑扎垫块或用塑料卡。

4. 梁钢筋绑扎

梁钢筋的绑扎可分为模内绑扎和模外绑扎。

（1）模内绑扎

梁钢筋模内绑扎的工艺流程为：画梁箍筋间距线→穿梁钢筋→绑扎钢筋→垫混凝土垫块。

① 画梁箍筋间距线。按设计图样的要求，用粉笔或墨线在梁侧板上画出主次梁箍筋及加密箍的位置线，按画好的箍筋位置线摆放箍筋，应使箍筋的弯钩在梁中交错。

② 穿梁钢筋。先穿主梁下层纵向钢筋及弯起钢筋，将箍筋按已经画好位置逐个分开，再穿次梁下层纵向钢筋及弯起钢筋，并套好次梁箍筋，然后放主次梁上部架立筋。

③ 绑扎钢筋。按画好的间距将架立钢筋与箍筋绑扎牢，绑扎主梁钢筋时，主次梁同时配合进行。梁上部纵向钢筋与箍筋的绑扎，宜采用套扣法绑扎（图 3.40），相邻扣的方向应相互绑扎成八字形。

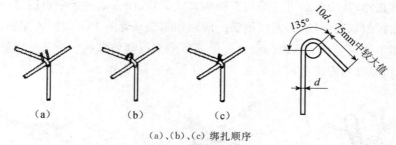

(a)、(b)、(c) 绑扎顺序

图 3.40　梁钢筋套扣法绑扎

④ 垫混凝土垫块。主次梁受力筋下面均应垫混凝土垫块,垫块长×宽＝50 mm×50 mm,要保证混凝土保护层的厚度。受力钢筋为双排时,可以用短钢筋垫在两层钢筋之间,以方便绑扎。

梁钢筋搭接要符合设计和规范关于接头的要求。在进行配料时就要考虑周全,绑扎时更要随时注意。

（2）模外绑扎

有一些混凝土梁较高,钢筋绑扎不便。这时,可以先把钢筋骨架用横杆架在梁的模板上口分段进行绑扎,绑扎完成后,再将横杆抽出,将钢筋骨架放入模板内。梁钢筋模外绑扎的工艺流程为:画梁箍筋间距线→铺横杆→穿梁钢筋→绑扎钢筋→垫混凝土垫块。

① 画梁箍筋间距线。按设计图样的要求,用粉笔或墨线在梁侧板上画出主次梁箍筋及加密箍的位置线。

② 铺横杆。在主次梁模板上口铺横杆数根以支撑钢筋骨架。

③ 穿梁钢筋。先穿主梁底层纵向受力钢筋及弯起钢筋,将箍筋按已画好的间距逐个分开;穿次梁底层纵向受力钢筋及弯起钢筋,并套好箍筋;再穿主次梁上层纵向架立钢筋;隔一定距离将架立筋与箍筋绑扎牢固。

④ 绑扎钢筋。调整箍筋间距符合设计要求,绑扎架立筋,再绑扎主筋,主次梁同时配合进行,按次序抽出横杆将梁钢筋骨架落入模板内。

⑤ 垫混凝土垫块。其要求与模内钢筋绑扎相同。

5. 板钢筋绑扎

板钢筋绑扎的工艺流程为:清理模板→模板上画线→绑扎板的下部受力钢筋→绑扎负弯矩钢筋→垫混凝土垫块。

（1）清理模板

在绑扎钢筋之前,要和木工班长共同检查模板的尺寸,无差错后,将模板清理干净。

（2）模板上画线

按设计图样要求用粉笔或墨线在模板上画好主钢筋、分布钢筋的位置。按画好的间距,先摆放受力主钢筋、后放分布钢筋。

（3）绑扎板钢筋

绑扎板钢筋一般采用顺扣（图 3.41）或八字扣。在单向板中除外围的两排钢筋每个相交点应全部绑扎外,其余各点可以采用交错梅花式绑扎;而在双向板中板钢筋的每个相交点都要绑扎。如板为双层钢筋时,两层钢筋之间须用钢筋马凳将上下钢筋支撑住,才能保证上下钢筋在混凝土浇筑时位置准确。板上部钢筋每个交点都要绑扎。为防止钢筋网在混凝土浇筑时弯斜,相邻绑扣需绑扎成八字形。

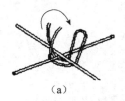 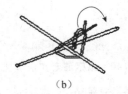 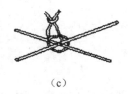

| (a) | (b) | (c) |

图 3.41 板钢筋绑扎顺序

如果需绑扎的板钢筋带有弯起直段时,应先将直段立起来,用联系钢筋先绑扎上,以防止直段钢筋弯斜。

（4）垫混凝土垫块

钢筋下面每隔 1.5 m 左右,垫好混凝土垫块。垫块的厚度等于保护层的厚度,板混凝土保护层厚度应符合规范要求。

6. 楼梯钢筋绑扎

楼梯钢筋绑扎工艺流程为:画位置线→绑扎受力筋和分布筋→绑扎踏步筋(图 3.42)。

图 3.42 楼梯钢筋板扎

（1）在楼梯底板上画出受力筋和分布筋间距的位置线。

（2）受力筋和分布筋每个交点均应绑扎,底部筋绑完,绑扎梯板负弯矩筋。

（3）如有楼梯斜梁时,先绑梁筋后绑板筋,板筋应锚固到梁内,踏步吊帮模板支好后,再绑扎踏步钢筋。

3.2.5　钢筋工程安装质量检验标准

钢筋工程属于隐蔽工程,在浇筑混凝土前应对钢筋及预埋件进行隐蔽工程验收,并按规定做好隐蔽工程记录,以便查验。

1. 验收内容

钢筋分项工程验收的内容包括:

(1)纵向受力钢筋的牌号、规格、数量、位置。

(2)钢筋的连接方式、接头位置、接头质量、接头面积百分率、搭接长度、锚固方式及锚固长度。

(3)箍筋、横向钢筋的牌号、规格、数量、间距、位置,箍筋弯钩的弯折角度及平直段长度。

(4)预埋件的规格、数量和位置。

(5)检查钢筋绑扎是否牢固,有无变形、松脱和开焊的情况。当钢筋的牌号、级别或规格需作变更时,应办理设计变更文件,以确保满足原结构设计的要求。

2. 质量检验标准

钢筋工程安装施工质量检验应按主控项目、一般项目进行检验,并按规定的检验方法进行检验。检验批合格质量应符合下列规定:主控项目的质量经抽样检验合格;一般项目的质量经抽样检验合格;当采用计数检验时,除有专门要求外,一般项目的合格点率应达到 80%及以上,且不得有严重缺陷;具有完整的施工操作依据和质量验收记录。

(1)主控项目

① 钢筋安装时,受力钢筋的牌号、规格和数量必须符合设计要求。

检查数量:全数检查。

检验方法:观察,尺量。

② 钢筋应安装牢固。受力钢筋的安装位置、锚固方式应符合设计要求。

检查数量:全数检查。

检验方法:观察,尺量。

(2)一般项目

钢筋安装偏差及检验方法应符合表 3-11 的规定,受力钢筋保护层厚度的合格点率应达到 90%及以上,且不得超过表中数值 1.5 倍的尺寸偏差。

表 3-11　钢筋安装允许偏差和检验方法

项目		允许偏差/mm	检验方法
绑扎钢筋网	长、宽	±10	尺量
	网眼尺寸	±20	尺量连续三档,取最大偏差值
绑扎钢筋骨架	长	±10	尺量
	宽、高	±5	尺量

续表

项目		允许偏差/mm	检验方法
纵向受力钢筋	锚固长度	−20	尺量
	间距	±10	尺量两端、中间各一点,取最大偏差值
	排距	±5	
纵向受力钢筋、箍筋的混凝土保护层厚度	基础	±10	尺量
	柱、梁	±5	尺量
	板、墙、壳	±3	尺量
绑扎箍筋、横向钢筋间距		±20	尺量连续三档,取最大偏差值
钢筋弯起点位置		20	尺量
预埋件	中心线位置	5	尺量
	水平高差	+3,0	塞尺检查

注:检查预埋件中心线位置时,应沿纵、横两个方向量测,并取其中偏差的较大值。

检查数量:在同一检验批内,对梁、柱和独立基础,应抽查构件数量的10%,且不少于3件;对墙和板,应按有代表性的自然间抽查10%,且不少于3间;对大空间结构,墙可按相邻轴线间高度5 m左右划分检查面,板可按纵、横轴线划分检查面,抽查10%,且均不少于3面。

3. 钢筋安装质量记录

钢筋安装施工质量验收时,应提供下列文件和记录:

(1) 设计变更文件。

(2) 钢筋出厂质量证明书和试验报告单;钢筋力学性能试验报告;进口钢筋应有化学成分检验报告和可焊性试验报告;国产钢筋在加工过程中发生脆断、焊接性能不良或机械性能显著不正常的,应有化学成分检验报告。

(3) 钢筋焊接试验报告;焊条、焊剂合格证、焊工操作证。

(4) 钢筋隐蔽验收记录。

(5) 钢筋验收批及分项工程质量验收记录。

(6) 其他必要的文件和记录。

4. 钢筋工程成品保护

(1) 柱子钢筋绑扎后,不准随意扳动。楼板的弯起钢筋、负弯矩钢筋绑扎好后,不准在上面踩踏行走,浇筑混凝土时派钢筋工专门负责修理,保证负弯矩钢筋位置的正确性。

(2) 模板表面刷隔离剂时不应污染钢筋。

(3) 安装电线管、暖卫管线或其他设施时,不得任意切断和移动钢筋。

3.2.6 钢筋代换

1. 钢筋代换原则

当施工中遇到钢筋品种或规格与设计要求不同时,可参照以下原则进行钢筋代换:

(1) 当构件按强度控制时,不同级别钢筋的代换,按承受拉力相等的原则,即按强度相等的原则进行代换,称为"等强度代换"。

（2）当构件按最小配筋率配筋或钢筋级别相同时，可按钢筋面积相等的原则进行代换，称为"等面积代换"。

2. 钢筋代换方法

钢筋代换方法有两种：等强度代换和等面积代换。

（1）等强度代换

如设计中所用钢筋设计强度为 f_{y1}，钢筋总面积 $A_{s1} = n_1 \cdot \pi(d_1^2/4)$，代换后钢筋强度为 f_{y2}，代换后钢筋总面积为 $A_{s2} = n_2 \cdot \pi(d_2^2/4)$，代换后的钢筋根数计算过程如下：

根据等强度原则，则有 $A_{s1} \cdot f_{y1} \leqslant A_{s2} \cdot f_{y2}$

即：
$$n_1 \cdot \pi \cdot (d_1^2/4) \cdot f_{y1} \leqslant n_2 \cdot \pi \cdot (d_2^2/4) \cdot f_{y2}$$

得出：
$$n_2 \geqslant \frac{n_1 d_1^2 f_{y1}}{d_2^2 f_{y2}} \tag{3-1}$$

式中，n_1——原设计钢筋根数；

n_2——代换后钢筋根数；

d_1——原设计钢筋直径；

d_2——代换后钢筋直径。

【例 3-1】　某梁设计主筋为 3 根直径为 20 mm 的 HRB335 级钢筋（$f_{y1} = 335 \text{ N/mm}^2$），今现场无该级别钢筋，拟用直径为 24 mm 的 HPB235 级钢筋（$f_{y2} = 235 \text{ N/mm}^2$）代换，试计算需几根钢筋？

解：因钢筋的级别不同，所以应按强度相等的原则进行代换。

$$n_2 \geqslant (n_1 \cdot d_1^2 \cdot f_{y1})/(d_2^2 \cdot f_{y2}) = (3 \times 20^2 \times 335)/(24^2 \times 235) = 2.96 \text{ 根}$$

取 $n = 3$ 根，即代换后该梁的主筋为 $3\phi24$ 的钢筋。

（2）等面积代换

如设计中所用钢筋总面积 $A_{s1} = n_1 \cdot \pi(d_1^2/4)$，代换后钢筋总面积 $A_{s2} = n_2 \cdot \pi(d_2^2/4)$，代换后的钢筋根数计算过程如下：

根据等面积代换原则，则有：$A_{s1} = n_1 \cdot \pi(d_1^2/4)$，即：$n_1 \cdot \pi(d_1^2/4) \leqslant n_2 \cdot \pi(d_2^2/4)$

得出：
$$n_2 \geqslant n_1 \frac{d_1^2}{d_2^2} \tag{3-2}$$

钢筋代换后，有时由于受力钢筋根数增多而使钢筋排数增加，这样构件截面的有效高度 h_0 减小，截面承载力降低。通常对这种影响可凭经验适当增加面积，然后再作截面承载力复核。对于矩形截面，可根据弯矩相等，按下式复核截面承载力：

$$N_2\left(h_{02} - \frac{N_2}{2f_c b}\right) \geqslant N_1\left(h_{01} - \frac{N_1}{2f_c b}\right) \tag{3-3}$$

式中，N_1——原设计钢筋承受的拉力，$N_1 = f_{y1}A_{s1}$；

N_2——代换后钢筋承受的拉力，$N_2 = f_{y2}A_{s2}$；

h_{01}——原设计钢筋合力点至构件截面受压边缘的距离（即原设计构件截面的有效高度）；

h_{02}——代换后钢筋合力点至构件截面受压边缘的距离（即代换后构件截面的有效高度）；

f_c——混凝土轴心抗压强度设计值，按《混凝土结构设计规范》（GB 50010）采用；

b——构件截面宽度。

【例 3-2】 某墙体设计配筋为 $\phi12@200$，施工现场现无此筋，拟用 $\phi10$ 的钢筋代换，试计算代换后每米几根？

解： 因钢筋的级别相同，所以可按面积相等的原则进行代换。代换前墙体每米设计配筋的根数为：

$$n_1 = 10\ 000/200 = 5\ 根$$

$$n_2 \geq n_1 \cdot d_1^2/d_2^2 = 5 \times 12^2/10^2 = 7.2\ 根$$

取 $n_2 = 8$ 根，即代换后墙体配筋为每米 8 根 $\phi10$ 的钢筋。

3. 钢筋代换注意事项

钢筋的级别、钢号和直径应按设计要求采用，若施工中缺乏设计图中所要求的钢筋，应征得设计单位的同意并办理设计变更文件，且应符合下列规定：

（1）对重要受力构件，如吊车梁、薄腹梁、桁架下弦等，不宜用 HPB235 级光圆钢筋代换 HRB335、HRB400、RRB400 级钢筋，以免裂缝开展过大。

（2）钢筋代换后，除应符合设计要求的构件承载力、最大应力下的总伸长率、裂缝宽度验算以及抗震规定以外，尚应满足最小配筋率、钢筋间距、保护层厚度、钢筋锚固长度、接头面积百分率及搭接长度等构造要求。

（3）当构件受裂缝宽度或挠度控制时，钢筋代换后应进行裂缝宽度或挠度验算。

（4）梁的纵向受力钢筋与弯起钢筋应分别进行代换。偏心受压构件（如框架柱、有吊车厂房柱、桁架上弦等）或偏心受拉构件进行钢筋代换时，不取整个截面配筋量计算，应按受力面（受拉或受压）分别代换。

（5）有抗震要求的梁、柱和框架，不宜以强度等级较高的钢筋代换原设计中的钢筋，如必须代换时，其代换的钢筋还应符合抗震对钢筋的要求。

（6）预制构件的吊环，必须采用未经冷拉的 HPB235 级热轧钢筋制作，严禁以其他钢筋代换。

（7）同一截面内，可同时配有不同种类和直径的代换钢筋，但每根钢筋的拉力差不应过大（如同品种钢筋的直径差值一般不大于 5 mm），以免构件受力不匀。

3.2.7　钢筋下料与计算

钢筋配料是钢筋加工前根据结构施工图和图纸会审记录，按不同构件尺寸，分别计算构件各钢筋的直线下料长度、根数以及质量，编制钢筋配料单。钢筋配料单作为钢筋备料、加工和结算的依据，是钢筋工程施工的重要环节。

1. 钢筋下料长度计算

（1）弯起钢筋的量度差值

钢筋弯曲后的特点：一是在弯曲处内皮收缩、外皮延伸，轴线长度不变；二是在弯曲处形成圆弧。钢筋的量度方法是沿直线量外包尺寸（图 3.43），而钢筋是按轴线长度下料的，因此，钢筋弯曲段的外包尺寸大于轴线长度，二者之间存在一个差值，称量度差值。对于常用的 335 MPa 级、400 MPa 级带肋钢筋，弯弧内直径 $5d$ 时，为计算简便，钢筋

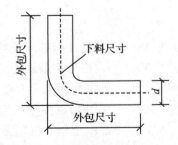

图 3.43　钢筋弯曲时的量度方法

弯曲处的量度差值见表 3-12。

表 3-12　钢筋弯曲处的量度差值

钢筋弯起角度	30°	45°	60°	90°	135°
钢筋的量度差值	0.35d	0.5d	1d	2d	3d

注：d 为钢筋直径。

　　如果下料长度按外包尺寸的总和来计算，则加工后钢筋尺寸大于设计要求的尺寸，影响施工，也造成材料的浪费；只有按轴线长度下料加工，才能使钢筋形状尺寸符合设计要求。钢筋的下料长度为各段外包尺寸之和，减去量度差值，再加上两端弯钩增加长度。

　　弯起钢筋主要在梁和板中，其弯起角度 α 由设计确定。常用的弯起角度有 30°、45°、60° 三种。弯起钢筋的弯起角度应按设计规定。当设计无明确规定时，弯起角度按以下计算：梁高大于 800 mm 时，按 60°；梁高在 800 mm 以内时，按 45°；板按 30°。

　　（2）弯起钢筋斜段长度

　　弯起钢筋的斜段长度，根据直角三角形几何关系可求得，弯起钢筋斜段长度计算如图 3.44 所示，弯起钢筋斜长系数见表 3-13。

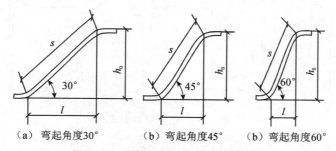

（a）弯起角度30°　　　（b）弯起角度45°　　　（b）弯起角度60°

图 3.44　弯起钢筋斜段长度计算简图

表 3-13　弯起钢筋斜长系数

弯起角度	$\alpha=30°$	$\alpha=45°$	$\alpha=60°$
斜边长度 s	$2h_0$	$1.41h_0$	$1.15h_0$
底边长度 l	$1.732h_0$	h_0	$0.575h_0$
增加长度 s－l	$0.268h_0$	$0.41h_0$	$0.575h_0$

注：h_0 为弯起高度。

　　（3）弯钩增加长度

　　钢筋的弯钩形式有三种，即半圆弯钩、直弯钩及斜弯钩（图 3.45），即在钢筋末端分别做成 180°弯钩、90°弯钩、135°弯钩。半圆弯钩是最常用的一种弯钩，直弯钩只用在柱钢筋的下部、箍筋和附加钢筋中，斜弯钩只用在直径较小的钢筋中。

　　为了计算方便，光圆钢筋的弯钩增加长度按图 3.45 所示的简图（弯心直径为 2.5d，平直部分为 3d）计算，对半圆弯钩增加长度为 6.25d，对直弯钩增加长度为 3.5d，对斜弯钩增加长度为 4.9d。

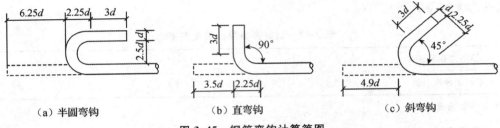

（a）半圆弯钩　　　　　（b）直弯钩　　　　　（c）斜弯钩

图 3.45　钢筋弯钩计算简图

（4）箍筋弯钩增长值

箍筋末端的弯钩形式应符合设计要求，当设计无具体要求时，用 HPB235 钢筋或冷拔低碳钢丝制作的箍筋，其弯钩的弯曲直径应大于受力钢筋直径，且不小于箍筋直径的 2.5 倍。箍筋弯钩平直部分的长度，对一般构件不宜小于箍筋直径的 5 倍，对有抗震要求的结构，不应小于箍筋直径的 10 倍或 75 mm 中的较大值。

箍筋弯钩形式如图 3.46 所示，对于有抗震要求和受扭的结构，可按图 3.46（a）形式加工，其他结构可按照图 3.46（b）、（c）加工。

$$箍筋下料长度＝直段长度＋弯钩增加长度－弯折量度差值$$

（a）135°/135°　　　　（b）90°/180°　　　　（c）90°/90°

图 3.46　箍筋弯钩形式

（5）箍筋调整值

对于一般结构，为了方便计算箍筋下料长度，可采用箍筋调整值的方法计算。调整值即为箍筋弯钩增长值和量度差值之差，根据箍筋量外包尺寸或内皮尺寸确定，其值见下表 3-14。

$$箍筋下料长度＝箍筋周长（外包或内皮尺寸）＋箍筋调整值$$

表 3-14　箍筋调整值

箍筋量度方法	箍筋直径/mm			
	4～5	6	8	10～12
量外包尺寸	40	50	60	70
量内皮尺寸	80	100	120	150～170

（6）下料长度计算公式

钢筋下料长度计算是钢筋配料的关键。设计图中注明的钢筋尺寸是钢筋的外轮廓尺寸（从钢筋外皮到外皮量得的尺寸），称为钢筋的外包尺寸，在钢筋加工时，也按外包尺寸进行验收。钢筋因弯曲或弯钩会使其长度变化，在配料中不能直接根据图纸中尺寸下料，必须按照混凝土保护层、钢筋弯曲、弯钩等规定，再根据图中尺寸计算其下料长度（即钢筋中心线长度）。各种钢筋下料长度计算公式如下：

① 直钢筋下料长度＝直构件长度－保护层厚度＋弯钩增加长度。

② 弯起钢筋下料长度＝直段长度＋斜段长度－弯折量度差值＋弯钩增加长度。

③ 箍筋下料长度＝直段长度＋弯钩增加长度－弯折量度差值；

　　或箍筋下料长度＝箍筋周长＋箍筋调整值。

上述钢筋需要搭接的话,还应增加钢筋搭接长度,钢筋搭接长度应符合规定。

2. 配料计算注意事项

(1) 结构设计中构件(梁、柱)设计多以平法标注,其钢筋长度、断点以及搭接均在所选用的标准图集中注明,钢筋下料时根据图集进行计算即可。

(2) 在设计图纸中,钢筋配置的细节问题没有注明时,一般可按照构造要求处理。

(3) 配料时还要考虑施工需要的附加钢筋,如后张预应力构件预留孔道定位用的钢筋井字架、基础双层钢筋网中保证上层钢筋网位置用的钢筋撑脚、墙板双层钢筋网中固定钢筋间距用的钢筋撑铁、柱钢筋骨架增加四面斜筋撑等。

3. 配料计算实例

【例 3-3】　某非抗震设防要求的建筑物二层楼面共有 10 根 L-1 梁,梁混凝土等级为 C25,梁的配筋如图 3.47 所示,试计算①～⑤钢筋的下料长度以及一根梁箍筋的数量。钢筋保护层厚度取 25 mm。

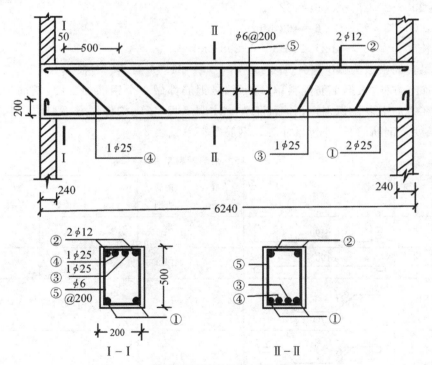

图 3.47　L-1 梁配筋图(共 10 根)(单位:mm)

解：　L-1 梁各钢筋下料长度计算如下：

① 号钢筋下料长度

钢筋保护层厚度为 25 mm,钢筋在梁的端部 90°弯起,端部直线长度为 200 mm,钢筋末

端为 180°弯钩,其下料长度为:

$$(6\,240+2\times200-2\times25)-2\times2\times25+2\times6.25\times25=6\,802\text{ mm}$$

②号钢筋下料长度

$$6\,240-2\times25+2\times6.25\times12=6\,340\text{ mm}$$

③号钢筋下料长度

③号钢筋为弯起钢筋,要分段计算其长度,可分为上直线段长度、斜段长度、中间直段长度三大部分。

上直段长度:$240+50+500-25=765$ mm

斜段长度:$(500-2\times25)\times1.41=635$ mm,其中,1.41 是钢筋弯 45°斜长增加系数。

中间直段长度:$6\,240-2\times(240+50+500)-2\times(500-2\times25)=3\,760$ mm

③号钢筋下料长度$=(2\times765+2\times635+3\,760)-4\times0.5\times25+2\times6.25\times25=6\,823$ mm

④号钢筋下料长度

通过计算④号钢筋与③号钢筋的下料长度相等,均为 6 823 mm。

⑤号钢筋下料长度

⑤号钢筋为箍筋,为方便计算,采用箍筋调整值计算。

量外包尺寸,箍筋外包尺寸为:

宽度:$200-2\times25+2\times6=162$ mm

高度:$500-2\times25+2\times6=462$ mm

下料长度为:$(162+462)\times2+50=1\,298$ mm

一根梁箍筋根数为:$(6\,240-2\times25)/200+1=31.95$ 根,取 32 根。

为了加工方便,根据钢筋配料单,每一编号钢筋都做一个钢筋加工牌,钢筋加工完毕将加工牌绑在钢筋上以便识别。钢筋加工牌中注明工程名称、构件编号、钢筋规格、总加工根数、下料长度及钢筋简图、外包尺寸等。钢筋配料单见表 3-15。

表 3-15　钢筋配料单

构件名称	钢筋编号	简图	直径/mm	钢筋级别	下料长度/mm	单位根数	合计根数	质量/kg
L-1 梁共 10 根	①	200　6190	25	HRB335	6 802	2	20	523.75
	②	6190	12	HPB235	6 340	2	20	112.60
	③	765　635　3760	25	HRB335	6 823	1	10	262.72
	④	265　635　4760	25	HRB335	6 823	1	10	262.72
	⑤	162　462	6	HPB235	1 298	32	320	91.78
合计	$\phi6$:91.78 kg;$\phi12$:112.60 kg;$\phi25$:1 049.19 kg							

3.3　混凝土工程

混凝土工程包括混凝土的拌制、运输、浇筑振捣和养护等施工过程。各个施工过程既相互联系又相互影响,在混凝土施工过程中除按有关规定控制混凝土原材料质量外,任一施工过程处理不当都会影响混凝土的最终质量。因此,如何在施工过程中控制好每一道施工工序质量,是混凝土工程需要研究的课题。随着科学技术的发展,近年来混凝土外加剂发展很快,它们的应用改进了混凝土的性能和施工工艺。此外,自动化与机械化的发展、纤维混凝土和碳素混凝土的应用、新的施工机械和施工工艺的应用,也大大提高了混凝土工程的施工质量和施工效率。

3.3.1　混凝土施工配料

混凝土制备应采用符合质量要求的原材料,按规定的配合比配料,混合料应拌和均匀,以保证结构设计所规定的混凝土强度等级,还应满足施工性能和耐久性能的要求以及设计提出的特殊要求(如抗冻、抗渗等),并应符合节约水泥、减轻劳动强度等原则。

混凝土强度等级按照规范规定为 14 个:C15、C20、C25、C30、C35、C40、C45、C50、C55、C60、C65、C70、C75、C80。C50 及其以下为普通混凝土,C60~C80 为高强混凝土。

1. 混凝土配制强度

混凝土配制强度应按下列规定确定:

(1) 当混凝土的设计强度等级小于 C60 时,混凝土配制强度应按下式计算:

$$f_{cu,0} \geqslant f_{cu,k} + 1.645\sigma \tag{3-4}$$

式中,$f_{cu,0}$——混凝土配制强度(MPa);

$f_{cu,k}$——混凝土立方体抗压强度标准值(MPa),这里取设计混凝土强度等级值(MPa);

σ——混凝土强度标准差(MPa)。

(2) 当设计强度等级大于或等于 C60 时,配制强度应按下式计算:

$$f_{cu,0} \geqslant 1.15 f_{cu,k} \tag{3-5}$$

(3) 当具有近 1~3 个月的同一品种、同一强度等级混凝土的强度资料,且试件组数不小于 30 时,其混凝土强度标准差 σ 应按下式计算:

$$\sigma = \sqrt{\frac{\sum\limits_{n-1}^{n} f_{cu,i}^2 - n m_{fcu}^2}{n-1}} \tag{3-6}$$

式中,σ——混凝土强度标准差(MPa);

$f_{cu,i}$——第 i 组试件的强度(MPa);

m_{fcu}——n 组强度的平均值(MPa);

n——试件组数,n 值应大于或者等于 30。

对于强度等级不大于 C30 的混凝土:当 σ 计算值不小于 3.0 MPa 时,应按式(3-6)计算结果取值;当 σ 计算值小于 3.0 MPa 时,σ 应取 3.0 MPa。对于强度等级大于 C30 且小于 C60 的混凝土:当 σ 计算值不小于 4.0 MPa 时,应按式(3-6)计算结果取值;当 σ 计算值小于 4.0 MPa 时,σ 应取 4.0 MPa。

（4）当没有近期的同一品种、同一强度等级混凝土强度资料时，其强度标准差 σ 可按表 3-16 取值。

表 3-16   标准差 σ 值

混凝土强度标准值	≤C20	C25～C45	C50～C55
σ/MPa	4.0	5.0	6.0

2. 混凝土施工配合比计算

混凝土的配合比是在实验室根据混凝土的配制强度经过试配和调整确定的，称为实验室配合比。混凝土配合比使用过程中，应根据反馈的混凝土动态质量信息，及时对配合比进行调整。

实验室配合比所用砂、石都不含水分。而施工现场砂、石都有一定的含水率，且含水率大小随气温等条件不断变化。为保证混凝土的质量，施工中应按砂、石实际含水率对原配合比进行修正。根据现场砂、石含水率调整后的配合比，称为施工配合比。

设实验室配合比为：水泥：砂：石 $=1：x：y$，水灰比 W/C，现场砂、石含水率分别为 W_x、W_y，则施工配合比为：水泥：砂：石 $=1：x(1+W_x)：y(1+W_y)$，水灰比 W/C 不变，但加水量应扣除砂、石中的含水量。

施工配料是确定每拌一次需用的各种原材料量，它根据施工配合比和搅拌机的出料容量计算。

【例 3-4】   某工程混凝土实验室配合比为 $1：2.3：4.2$，水灰比 $W/C=0.6$，每立方米混凝土水泥用量为 300 kg，现场砂、石含水率分别为 3% 及 2%，求施工配合比。若采用出料容量为 250 L 搅拌机，求每拌一次材料用量。

解：   施工配合比，水泥：砂：石为：

$1：x(1+W_x)：y(1+W_y)=1：2.3(1+0.03)：4.2(1+0.02)=1：2.37：4.28$

用 250 L 搅拌机，每拌一次材料用量（施工配料）：

水泥：$300 \times 0.25 = 75$ kg

砂：$75 \times 2.37 = 177.8$ kg

石：$75 \times 4.28 = 321$ kg

水：$75 \times 0.6 - 75 \times 2.3 \times 0.03 - 75 \times 4.2 \times 0.02 = 33.5$ kg

为严格控制混凝土的配合比，原材料的数量应采用质量计量，必须准确。其质量偏差不得超过以下规定：水泥、外掺混合材料为 $\pm2\%$；粗、细骨料为 $\pm3\%$；水、外加剂溶液为 $\pm2\%$。各种衡量器应定期校验，骨料含水率应经常测定，雨天施工时，应增加测定次数。

3.3.2   混凝土拌制

1. 混凝土的搅拌方法

混凝土搅拌是将各种组成材料拌制成质地均匀、颜色一致、具备一定流动性的混凝土拌和物。混凝土搅拌不均匀，就不容易获得密实的混凝土，影响混凝土的质量，因此，搅拌是混凝土施工工艺中很重要的一道工序。

混凝土搅拌方法主要有人工搅拌和机械搅拌两种。人工搅拌混凝土质量差，消耗水泥多,而且劳动强度大,所以只有在工程量很小时才用人工搅拌。工地施工一般均采用机械搅拌,机械搅拌混凝土质量均匀,大大减轻劳动力。

2. 搅拌机的选择

混凝土搅拌机按其搅拌原理分为自落式和强制式两类。

（1）自落式搅拌机

自落式搅拌机的搅拌筒内壁焊有弧形叶片,当搅拌筒绕水平轴旋转时,叶片不断将物料提升到一定高度,利用重力的作用,自由落下。由于各物料颗粒下落的时间、速度、落点和滚动距离不同,从而达到使物料颗粒混合的目的(图 3.48)。自落式搅拌机宜于搅拌塑性混凝土和低流动性混凝土,适用于施工现场。

图 3.48 自落式搅拌机

JZ 锥形反转出料搅拌机是自落式搅拌机中较好的一种,由于它的主、副叶片分别与拌筒轴线成 45°和 60°夹角,故搅拌时叶片使物料作轴向窜动,所以搅拌运动比较强烈。它正转搅拌,反转出料,功率消耗大。这种搅拌机构造简单,重量轻,搅拌效率高,出料干净,维修保养方便。

（2）强制式搅拌机

强制式搅拌机利用运动着的叶片强迫物料颗粒朝环向、径向和竖向各个方面产生运动,使各物料均匀混合。强制式搅拌机作用比自落式强烈,宜于搅拌干硬性混凝土和轻骨料混凝土,一般用于预制厂或混凝土搅拌站。

强制式搅拌机所搅拌的混凝土质量好,搅拌时间短,搅拌效率明显优于鼓筒型搅拌机,但也存在一些缺点,如动力消耗大、叶片和衬板磨损大、混凝土骨料尺寸大时易把叶片卡住而损坏机器等。

我国规定混凝土搅拌机以其出料容量(m³)×1 000 标定规格,现行混凝土搅拌机的系列为:50、150、250、350、500、750、1 000、1 500 和 3 000。选择搅拌机时,要根据工程量大小、混凝土的坍落度、骨料尺寸等而定,既要满足技术上的要求,亦要考虑经济效果和节约能源。

3. 混凝土搅拌制度

为了获得质量优良的混凝土拌和物,除正确选择搅拌机外,还必须正确确定搅拌制度,即搅拌时间、投料顺序和进料容量等。

(1) 搅拌时间

搅拌时间是影响混凝土质量及搅拌机生产率的重要因素之一,时间过短,拌和不均匀,会降低混凝土的强度及和易性;时间过长,不仅会影响搅拌机的生产率,而且会使混凝土和易性降低或产生分层离析现象。搅拌时间与搅拌机的类型、鼓筒尺寸、骨料的品种和粒径以及混凝土的坍落度等有关。根据中华人民共和国国家标准《混凝土结构工程施工规范》(GB 50666)的规定:混凝土应搅拌均匀,宜采用强制式搅拌机搅拌。混凝土搅拌的最短时间可按表 3-17 采用。搅拌强度等级 C60 及以上的混凝土时,搅拌时间应适当延长。

表 3-17　混凝土搅拌的最短时间　　　　　　　　　　　　　　单位:s

混凝土坍落度(mm)	搅拌机机型	搅拌机出料容量		
		<250 L	250~500 L	>500 L
≤40	强制式	60	90	120
>40,且<100	强制式	60	90	90
≥100	强制式	60		

注:1. 混凝土搅拌时间指从全部材料装入搅拌筒中起,到开始卸料止的时间段。

2. 当掺有外加剂与矿物掺合料时,搅拌时间应适当延长。

3. 采用自落式搅拌机时,搅拌时间宜延长 30 s。

4. 当采用其他形式的搅拌设备时,搅拌的最短时间也可按设备说明书的规定或经试验确定。

(2) 投料顺序

投料顺序应从提高搅拌质量,减少叶片、衬板的磨损,减少拌合物与搅拌筒的黏结,减少水泥飞扬以改善工作条件等方面综合考虑确定。常用方法有一次投料法、二次投料法、水泥裹砂法。

① 一次投料法。一次投料法即在上料斗中先装石子,再加水泥和砂,然后一次投入搅拌机。在鼓筒内先加水或在料斗提升进料的同时加水,这种上料顺序使水泥夹在石子和砂中间,上料时不致飞扬,又不致粘住斗底。

② 二次投料法。它又分为预拌水泥砂浆法和预拌水泥净浆法。预拌水泥砂浆法是先将水泥、砂和水加入搅拌筒内进行充分搅拌,成为均匀的水泥砂浆,再投入石子搅拌成均匀的混凝土。预拌水泥净浆法是将水泥和水充分搅拌成均匀的水泥净浆后,再加入砂和石子搅拌成混凝土。二次投料法搅拌的混凝土与一次投料法相比较,混凝土强度提高约 15%,在强度相同的情况下,可节约水泥 15%~20%。

③ 水泥裹砂法。此法又称为 SEC 法。采用这种方法拌制的混凝土称为 SEC 混凝土,也称作造壳混凝土。其搅拌程序是先加一定量的水,将砂表面的含水量调节到某一规定的数值后,再将石子加入与湿砂拌匀,然后将全部水泥投入,与润湿后的砂、石拌和,使水泥在砂、石表面形成一层低水灰比的水泥浆壳(此过程称为"成壳"),最后将剩余的水和外加剂加入,搅拌成混凝土。采用 SEC 法制备的混凝土与一次投料法比较,强度可提高 20%~30%,混凝土不易产生离析现象,泌水少,工作性能好。

（3）进料容量（干料容量）

进料容量为搅拌前各种材料体积的累积。进料容量 V_j 与搅拌机搅拌筒的几何容量 V_g 有一定的比例关系，一般情况下 $V_j:V_g=0.22\sim0.4$，鼓筒式搅拌机可用较小值。如任意超载（进料容量超过 10%），就会使材料在搅拌筒内无充分的空间进行拌合，影响混凝土拌合物的均匀性；如装料过少，则又不能充分发挥搅拌机的效率。进料容量可根据搅拌机的出料容量，按混凝土的施工配合比计算。

使用搅拌机时，必须注意安全。在鼓筒正常转动之后，才能装料入筒。在运转时，不得将头、手或工具伸入筒内。在因故（如停电）停机时，要立即设法将筒内的混凝土取出，以免凝结。在搅拌工作结束时，也应立即清洗鼓筒内外。叶片磨损面积如超过 10% 左右，就应按原样修补或更换。

4. 搅拌要求

（1）每班开始搅拌前，对搅拌机应进行空车试运转。待运转正常，加入清水运转 $2\sim3$ min，润湿搅拌筒内壁，并在排尽积水后，再上料搅拌。

（2）混凝土搅拌中必须严格控制水灰比和坍落度，未经试验人员同意严禁随意加减用水量。搅拌好的混凝土要卸尽，在混凝土全部卸出之前，不得再投入拌和料，更不得采取边出料边进料的方法。

（3）搅拌第一罐混凝土时，应按配合比增加 5%～10% 的水泥和细骨料，以弥补搅拌筒内壁及叶片黏附的水泥砂浆，或采用减少粗骨料 5%～10% 的方法。

（4）混凝土搅拌时应对原材料用量准确计量，计量设备的精度应符合现行国家标准《建筑施工机械与设备混凝土搅拌站（楼）》（GB/T 10171—2016）的有关规定，并应定期校准。

当粗、细骨料的实际含水量发生变化时，应及时调整粗、细骨料和拌和用水的用量。原材料用量允许偏差应符合表 3-18 的规定。

表 3-18　混凝土原材料计量允许偏差　　　　　　　　单位：%

原材料品种	水泥	细骨料	粗骨料	水	掺合料	外加剂
每盘计量允许偏差	±2	±3	±3	±1	±2	±1
累计计量允许偏差	±1	±2	±2	±1	±1	±1

注：1. 现场搅拌时原材料计量允许偏差应满足每盘计量允许偏差要求。

2. 累计计量允许偏差指每一运输车中各盘混凝土的每种材料累计称量的偏差，该项指标仅适用于采用计算机控制计量的搅拌站。

3. 骨料含水率应经常测定，雨、雪天施工应增加测定次数。

（5）测定混凝土的坍落度，应在搅拌地点或浇筑地点进行。每工作班至少测定两次（上、下午各一次）。使用预拌混凝土，坍落度每 10 车且不大于 100 m³ 至少检查一次，对连续浇筑且总量超过 1 000 m³ 的混凝土，可按 200 m³ 检查一次。并应做好坍落度测定记录。

（6）当混凝土搅拌完毕或预计停歇 1 h 以上时，除将余料出净外，应用石子和清水倒入拌筒内，开机转动 5～10 min，把粘在料筒上的砂浆冲洗干净后全部卸出。料筒内不得有积水，以免料筒和叶片生锈。同时还应清理搅拌筒外积灰，使机械保持清洁完好。

5. 混凝土搅拌站

混凝土拌和物在搅拌站集中拌制,可以做到自动上料、自动称量、自动出料和集中操作控制,机械化、自动化程度大大提高,劳动强度大大降低,使混凝土质量得到提高,可以取得较好的技术经济效果。施工现场可根据工程任务的大小、现场的具体条件、机具设备的情况,因地制宜地选用,如采用移动式混凝土搅拌站等。

为了适应我国基本建设事业飞速发展的需要,一些大城市已建立混凝土集中搅拌站(图 3.49),目前的供应半径约 15～20 km。搅拌站的机械化及自动化水平一般较高,用自卸汽车直接供应搅拌好的混凝土,然后直接浇筑入模。这种供应"商品混凝土"的生产方式,在改进混凝土的供应,提高混凝土的质量以及节约水泥、骨料等方面有很多优点。商品混凝土的生产和产品质量应符合《预拌混凝土标准》(GB/T 14902)的要求。

图 3.49　混凝土搅拌站

3.3.3　混凝土运输

1. 混凝土运输的要求

混凝土自搅拌机中卸出后,应及时运至浇筑地点,混凝土运输、输送、浇筑过程中严禁加水;混凝土运输、输送、浇筑过程中散落的混凝土严禁用于结构浇筑。为保证混凝土的质量,对混凝土运输的基本要求是:

(1)混凝土运输过程中要能保持良好的均匀性,不分层、不离析、不流失水泥浆;如有离析现象,必须在浇筑前进行二次拌和。

(2)混凝土运至浇筑地点,应保证混凝土具有设计配合比所规定的坍落度(表 3-19)。

(3)在混凝土初凝之前应有充分的时间进行浇筑和振捣。

(4)保证混凝土浇筑能连续进行。

(5)运送混凝土的容器应严密,其内壁应平整光洁,不吸水,不漏浆,黏附的混凝土残渣应及时清除。

表 3-19 混凝土浇筑时的坍落度

序号	结构种类	坍落度/mm
1	基础或地面等的垫层、无配筋的厚大结构(挡土墙、基础或厚大的块体等)或配筋稀疏的结构	10~30
2	板、梁和大型及中型截面的柱子等	30~50
3	配筋密列的结构(薄壁、斗仓、筒仓、细柱等)	50~70
4	配筋特密的结构	70~90

注:1. 本表系指采用机械振捣的坍落度,采用人工捣实时可适当增大。

2. 需要配制大坍落度混凝土时,应掺用外加剂。

3. 曲面或斜面结构的混凝土,其坍落度值应根据实际需要另行选定。

4. 轻骨料混凝土的坍落度,宜比表中数值减少 10~20 mm。

5. 自密实混凝土的坍落度另行规定。

2. 混凝土运输工具

混凝土运输分为地面运输、垂直运输和楼面运输三种。

（1）地面水平运输工具

混凝土地面运输工具有:手推车、机动翻斗车、混凝土搅拌运输车和自卸汽车等。如运距较远时,可采用自卸汽车或混凝土搅拌运输车;工地范围内的运输多用载重 1 t 的小型机动翻斗车,近距离亦可采用双轮手推车。

手推车是施工工地上普遍使用的水平运输工具,容积为 0.07~0.1 m³,载重约 200 kg,手推车具有小巧、轻便等特点,不但适用于一般的地面水平运输,还能在脚手架、施工栈道上使用;也可与塔吊、井架等配合使用,用于垂直运输。

机动翻斗车系用柴油机装配而成的翻斗车,功率 7 355 W,最大行驶速度达 35 km/h。车前装有容量为 400 L、载重 1 000 kg 的翻斗。具有轻便灵活、结构简单、转弯半径小、速度快、能自动卸料、操作维护简便等特点。适用于短距离水平运输混凝土以及砂、石等散装材料,如图 3.50 所示。

图 3.50 机动翻斗车

混凝土搅拌输送车是一种用于长距离输送混凝土的高效能机械,它是将运送混凝土的搅拌筒安装在汽车底盘上,而以混凝土搅拌站生产的混凝土拌和物灌装入搅拌筒内,直接运至施工现场,供浇筑作业需要,如图 3.51 所示。在运输途中,混凝土搅拌筒始终在不停地慢速转动,从而使筒内的混凝土拌和物可连续得到搅动,以保证混凝土经过长途运输后,仍不致产生离析现象。在运输距离很长时,也可将混凝土干料装入筒内,在运输途中加水搅拌,这样能减少由于长途运输而引起的混凝土坍落度损失。

图 3.51　混凝土搅拌输送车

(2)垂直运输工具

混凝土垂直运输工具有:井架、塔式起重机、快速提升机及混凝土泵等。

井架适用于多层工业与民用建筑施工时的混凝土运输。另外,井架可以兼运其他材料,利用率较高。

塔式起重机作为混凝土的垂直运输工具,一般均配有料斗。料斗的容积一般为 0.3 m³,上部开口装料,下部安装扇形手动闸门,可直接把混凝土卸入模板中。当搅拌站设在起重机工作半径范围内时,塔式起重机可完成地面、垂直及楼面运输而不需要二次倒运。

混凝土快速提升机是供快速运送大量混凝土的垂直提升设备。它是由钢井架、混凝土提升斗、高速卷扬机等组成,其提升速度可达 50～100 m/min。当混凝土提升到施工楼层后,卸入楼面受料斗,再采用其他楼面水平运输工具(如手推车等)运送到施工部位浇筑。对于混凝土浇筑量较大的工程,特别是高层建筑,在缺乏其他高效能机具的情况下,混凝土快速提升机是一种较为经济适用的混凝土垂直运输机具。

混凝土泵是指当混凝土从混凝土搅拌输送车或贮料斗中卸入混凝土泵的料斗中后,利用泵的压力将混凝土通过管道直接输送到浇筑地点的一种运输混凝土的机械(图 3.52)。混凝土中途不经转运即可同时完成水平运输和垂直运输工作。泵送混凝土具有输送能力大、速度快、效率高、节省人力、能连续工作等特点。

因此,它已成为施工现场运输混凝土的一种重要方法,得到越来越广泛的应用。当前,最大功率的混凝土泵的最大水平输送距离已达 1 520 m,最大垂直输送高度已达 432 m。泵送混凝土应按照国家标准《混凝土泵送施工技术规程》(JGJ/T 10)要求进行。

图 3.52　混凝土泵

（3）楼面运输工具

楼面运输工具有：手推车、皮带运输机，也可用塔式起重机、混凝土泵等。楼面运输应采取保护模板与钢筋位置、防止混凝土离析等措施。

由于在浇筑混凝土时，楼面上已立好模板，扎好钢筋，因此需铺设手推车行走用的跳板。为了避免压坏钢筋，跳板可用马凳垫起。手推车的运输道路应形成回路，避免交叉和运输堵塞。

3. 混凝土运输时间

混凝土应以最少的转运次数和最短的时间，从搅拌地点运至浇筑地点，并在混凝土初凝前浇筑完毕。混凝土从搅拌机中卸出后到浇筑完毕的延续时间不宜超过表 3-20 的规定，且不应超过表 3-21 的限值规定。

表 3-20　运输到输送入模的延续时间

条件	延续时间/min	
	≤25 ℃	>25 ℃
不掺外加剂	90	60
掺外加剂	150	120

表 3-21　运输、输送入模及其间歇总的时间限值

条件	时间限值/min	
	≤25 ℃	>25 ℃
不掺外加剂	180	150
掺外加剂	240	210

3.3.4　混凝土浇筑与振捣

1. 浇筑前的准备工作

混凝土浇筑要保证混凝土的均匀性和密实性，要保证结构的整体性、尺寸准确和钢筋、预埋件的位置正确，拆模后混凝土表面要平整、光洁。因此混凝土浇筑前，应做好以下几项准备工作：

（1）检查模板及支架的位置、标高、尺寸、强度、刚度是否符合设计要求，接缝是否严密；钢筋及预埋件应对照图纸校核其数量、直径、位置及保护层厚度。对模板工程和钢筋工程应进行验收，并做好隐蔽工程记录；对重要工程或重点部位的浇筑，以及其他施工中的重大问题，均应随时填写施工记录。

（2）浇筑混凝土前，应清除模板内或垫层上的杂物。表面干燥的地基、垫层、模板上应洒水湿润；现场环境温度高于 35 ℃时宜对金属模板进行洒水降温；洒水后不得留有积水。

（3）准备和检查材料、机具等。

（4）做好施工组织工作和安全、技术交底。

2. 混凝土浇筑的一般规定

（1）按施工技术方案要求检查坍落度，并做好记录。

（2）混凝土自由倾落高度，浇筑楼板时，不应超过 1 m；浇筑柱、墙等竖向构件时，不应超过 3 m。如超过时，应采用串筒、溜管或振动溜管下落。

（3）浇捣人员应随时注意钢筋的位置和保护层的厚度，并设专人负责经常检查钢筋是否踩塌，模板、支架、预埋件和预留孔洞等是否移动，如发现变形或位移时应立即修复。

（4）混凝土拌和物入模温度不应低于 5 ℃，且不应高于 35 ℃。

（5）混凝土构件浇筑后，在混凝土初凝前和终凝前宜分别对混凝土裸露表面进行抹面处理。表面应刮平压实，细砂混凝土尚应在表面收水后，进行二次压光。

（6）雨雪天不宜露天浇筑混凝土，必须浇筑时，浇筑后应及时覆盖，防止表面遭到破坏。

（7）混凝土浇筑完毕应及时填写"混凝土工程施工记录"。"混凝土工程施工记录"包括结构名称、浇筑部位、混凝土强度等级、混凝土数量、混凝土配合比报告单、试件留置数量及试压结果、拆模日期等。

3. 施工缝的留设

（1）施工缝的留设原则

如果混凝土不能一次连续浇筑时，中间的间歇时间超过混凝土的初凝时间，则应留设施工缝或后浇带分块浇筑。留设施工缝的位置应按施工技术方案事先确定。由于该处新、旧混凝土的结合力较差，是构件中的薄弱环节，故施工缝宜留设在结构受剪力较小且便于施工的部位。

（2）施工缝的留设位置

柱：柱施工缝的留设位置（图 3.53）宜在基础的顶面；梁、柱同时浇筑时留在梁的上面（楼面处），梁、柱分开浇筑时留在梁的下面；无梁楼板留在柱帽的下面；排架柱留在牛腿的下面或吊车梁的上面。当梁的负弯矩配筋向下伸入柱内的长度超过梁的高度时，柱施工缝则宜设置在此钢筋的下端，以方便此钢筋的绑扎。

梁：梁的混凝土施工缝有竖直施工缝（不得留成斜面）和水平施工缝。与板连成整体的大截面梁单独浇筑时，施工缝留在板底面以下 20～30 mm 处；当梁高度大于 1 m 时可按设计或施工技术方案的要求留置水平施工缝；当板下有梁托时，宜留设在梁托下 0～20 mm 处。

楼板：对于有主次的楼板，宜顺着次梁方向浇筑，施工缝应留在次梁跨度的中间 1/3 范围内。如因特殊原因,须顺着主梁的方向浇筑时,施工缝应留在主梁同时亦为板跨度的中央 1/2 的范围内(图 3.54)。

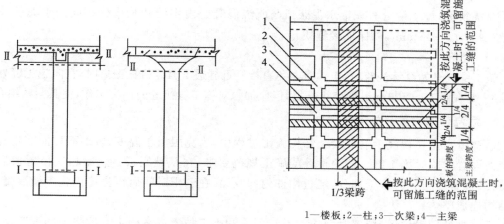

图 3.53　柱施工缝的留设

1—楼板;2—柱;3—次梁;4—主梁

图 3.54　肋形楼板施工缝的位置

墙:宜留在门洞口过梁跨中 1/3 范围内,也可留置在纵横墙的交接处。

楼梯:现浇钢筋混凝土楼梯常采用板式楼梯。楼梯施工缝可留置在梯段板跨度端部 1/3 的位置,一般取 3 步台阶,也有的将楼梯施工缝留置在平台梁上。

受力复杂的结构构件:如双向受力的楼板、拱、薄壳、穿拱、斗仓、大体积基础承台、蓄水池、异型框架等,应按设计要求留置施工缝。

4. 施工缝的处理

(1)强度要求

在施工缝处继续浇筑混凝土时,已浇筑的混凝土强度不应低于 1.2 MPa。混凝土强度达到 1.2 MPa 所需的龄期可参考表 3-22。

表 3-22　普通混凝土强度达到 1.2 MPa 所需龄期参考表

外界温度	水泥品种及强度等级	混凝土强度等级	期限/h	外界温度	水泥品种及强度等级	混凝土强度等级	期限/h
1~5 ℃	普通 42.5	C15	48	10~15 ℃	普通 42.5	C15	24
		C20	44			C20	20
	矿渣 32.5	C15	60		矿渣 32.5	C15	32
		C20	50			C20	24
5~10 ℃	普通 42.5	C15	32	15 ℃以上	普通 42.5	C15	20 以上
		C20	28			C20	20 以上
	矿渣 32.5	C15	40		矿渣 32.5	C15	20
		C20	32			C20	20

(2)清理

结合面应采用粗糙面,结合面应清除浮浆、疏松石子、软弱混凝土层,并应清理干净。

（3）湿润

用水冲洗干净并充分润湿，混凝土表面不得有积水。

（4）接浆

在浇筑前，施工缝处宜先铺水泥浆或与所浇混凝土内水泥砂浆成分相同的水泥砂浆一层，厚度为 10～15 mm，以保证接缝质量。

（5）浇筑

施工缝处开始继续浇筑时，应注意避免直接靠近缝边下料。机械振捣时，宜向施工缝处逐渐推进，并在距 80～100 mm 处停止振捣，但应加强对施工缝接缝的捣实工作，使其紧密结合。

5. 后浇带的设置与处理

后浇带是指在现浇钢筋混凝土结构施工过程中，为克服由于温度、收缩而可能产生有害裂缝而设置的临时施工缝。按照设计或施工规范要求，在基础底板、墙、梁相应位置留后浇带，将结构暂时划分为若干部分，经过构件内部收缩，在若干时间后再浇捣该施工缝混凝土，将结构连成整体。

后浇带的留设位置、留置时间应按设计要求和施工技术方案确定。后浇带的设置距离，应考虑在有效降低温差和收缩应力的条件下，通过计算来获得。在正常的施工条件下，每 30～40 m 间距留出施工后浇带，带宽 800～1 000 mm，后浇带内的钢筋应完好保存。当后浇带的保留时间设计无要求时，后浇带混凝土宜在 60 d 后浇灌（最短不宜少于 30 d）。后浇带在浇筑混凝土前，应将整个混凝土表面按照施工缝的要求进行处理。后浇带混凝土强度等级及性能应符合设计要求；当设计无要求时，后浇带强度等级宜比两侧混凝土提高一级，并宜采用减少收缩的技术措施进行浇筑，并保持至少 14 d 的湿润养护。

后浇带的构造形式主要有平接式、企口式、台阶式（图 3.55）。如设计无要求时，采用何种形式的后浇带应视现场具体情况确定，其中地下室外剪力墙一般采用平直缝，并安装止水带（条）。

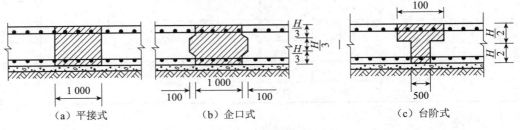

图 3.55　后浇带构造图

6. 混凝土浇筑

（1）柱混凝土浇筑

混凝土柱的浇筑，主要采用自制的布料斗或吊斗，如图 3.56、图 3.57 所示。借助塔吊悬吊于柱子的正上方，通过搭设操作平台使人能够直接对位，用人工控制手柄出料，完成浇筑。

图 3.56　混凝土浇筑布料斗

图 3.57　混凝土吊斗

柱子浇筑宜在梁板模板安装后、梁板钢筋未绑扎前进行，以便利用梁板模板稳定柱模和作为浇筑柱混凝土操作平台之用。浇筑柱子时，每个浇筑区域内每排柱子应由外向内对称地顺序浇筑，不宜由一端向另一端推进，以免因浇筑混凝土后由于模板吸水膨胀，断面增大而产生横向推力，预防柱子模板逐渐受推倾斜而使误差积累难以纠正。

混凝土浇筑前柱底部应先填以不大于 30 mm 厚、与混凝土配合比相同的水泥砂浆。浇筑柱子时，布料设备的出口离模板内侧面不应小于 50 mm，且不得向模板内侧面直冲布料，也不得直冲钢筋骨架，以防模板和钢筋骨架在混凝土拌和物冲击力作用下产生不能恢复的变形。柱混凝土应分层浇筑、分层振捣，每层厚度不大于 500 mm，振捣棒不得触动钢筋和预埋件。柱子浇筑完毕，如柱顶处有较大厚度的砂浆层，应加以处理。柱子浇筑后，应间歇 1～1.5 h，待已浇筑的混凝土拌和物初步沉实，再浇筑上面的梁板结构。浇筑完后，应随时将伸出的搭接钢筋整理到位。

柱、墙模板内的混凝土浇筑倾落高度应符合表 3-23 的规定；当不能满足表 3-23 的要求时，应加设串筒、溜管、溜槽等装置。

表 3-23　柱、墙模板内混凝土浇筑倾落高度限值

条件	浇筑倾落高度限值/m
粗骨料粒径大于 25 mm	≤3
粗骨料粒径小于等于 25 mm	≤6

注：当有可靠措施能保证混凝土不产生离析时，混凝土倾落高度可不受本表限制。

（2）剪力墙混凝土浇筑

剪力墙浇筑应采取长条流水作业，分段浇筑，均匀上升。墙体浇筑混凝土前或在新浇混凝土与下层混凝土结合处，应先在底部均匀浇筑 30 mm 厚与墙体混凝土成分相同的水泥砂浆。墙体浇筑混凝土时应用铁锹或混凝土输送泵管均匀入模，不应用吊斗直接灌入模内。每层浇筑厚度控制在 500 mm 左右，分层浇筑和振捣。浇筑墙体混凝土下料点应分散布置，连续浇筑，如必须间歇，其间歇时间应尽量缩短，并应在前层混凝土初凝前将此层混凝土浇筑完毕。

柱、墙连为一体的混凝土浇筑时，如柱、墙的混凝土强度等级相同时，可同时浇筑；当柱、墙混凝土强度等级不同时，宜先浇混凝土强度等级高的柱，后浇混凝土强度等级低的墙，柱与墙的混凝土面保持 0.5 m 高差上升，浇至顶部时与柱浇筑平齐。浇筑时应始终保持高强度等级柱的混凝土侵入低强度等级墙的混凝土大于 0.5 m 的要求。

墙体洞口浇筑混凝土时，应使洞口两侧混凝土高度大体一致。振捣时，振动棒应距洞边 300 mm 以上，从两侧同时振捣，以防止洞口模板产生位移和偏斜。混凝土浇筑顺序为先浇筑窗台以下部位，后浇筑窗间墙，大洞口下部模板应开口并补充浇筑和振捣。

构造柱混凝土应分层浇筑，内外墙交接处的构造柱和墙同时浇筑，振捣要密实。采用插入式振捣器捣实普通混凝土的移动间距不宜大于作用半径的 1.5 倍，振捣器距离模板不应大于振捣器作用半径的 1/2，不要碰撞各种埋件。

混凝土墙体浇筑完毕之后，将上口甩出的钢筋加以整理，用木抹子按标高线将墙上表面混凝土找平。混凝土浇捣过程中，不可随意挪动钢筋，要经常检查钢筋保护层厚度及所有预埋件的牢固程度和位置的准确性。

（3）梁板混凝土浇筑

肋形楼板的梁和板一般同时浇筑，浇筑方法应由一端开始，用"赶浆法"，即先浇筑梁，根据梁高分层浇筑成阶梯形，当达到板底位置时再与板的混凝土一起浇筑，随着阶梯形不断延伸，梁板混凝土浇筑连续向前推进（图 3.58），倾倒混凝土的方向应与浇筑方向相反（图 3.59）。

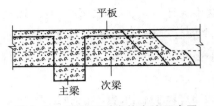

图 3.58　梁板同时浇筑方法示意图

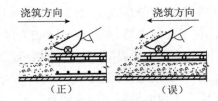

图 3.59　混凝土倾倒方向

用混凝土泵浇筑时不得在同一处连续布料，应在 2～3 m 范围内水平移动布料，且宜垂直于模板布料，对于深梁（梁高大于 1 m 时）才允许单独浇筑梁，此时的施工缝宜留在楼板板面下 20～30 mm 处。

浇筑板混凝土的虚铺厚度应略大于板厚，用平板振捣器垂直于浇筑方向来回振捣，也可用插入式振捣器顺浇筑方向拖拉振捣，并用铁插尺检查混凝土厚度，振捣完毕后用长木抹子抹平。施工缝处或有预埋件及插筋处用木抹子找平。浇筑板混凝土时不允许用振捣棒铺摊混凝土。为保证捣实质量，混凝土应分层浇筑，每层厚度如表 3-24 所示。

表 3-24　混凝土分层振捣的最大厚度

捣实方法	混凝土分层振捣最大厚度
振动棒	振动器作用部分长度的 1.25 倍
平板振动器	200 mm
附着振动器	根据设置方式，通过试验确定

浇筑无梁楼盖时，在离柱帽下 50 mm 处暂停，然后分层浇筑柱帽，下料必须倒在柱帽中心，待混凝土接近楼板底面时，即可连同楼板一起浇筑。

梁柱节点钢筋较密时，浇筑此处混凝土时宜用小粒径石子同强度等级的混凝土浇筑，并用小直径振捣棒振捣。

当柱与梁板混凝土强度等级差一级时，经设计单位同意，梁、柱节点核心区的混凝土可随楼板混凝土同时浇筑；当柱与梁板混凝土强度等级差二级及以上时，应先浇筑柱子混凝土于楼板面标高，且向柱子周边的梁内浇筑一定长度（梁内近柱子处用钢丝网将不同强度等级的混凝土拌和物隔开），其部位要求如图 3.60 所示，然后再浇筑梁、板混凝土。最好由两个小组分别进行浇筑。务必防止强度等级较低的梁、板混凝土落入柱模板内。

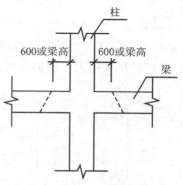

图 3.60　梁、柱节点混凝土强度等级差二级及以上时浇筑示意图

柱、梁、楼板混凝土如果是一次连续浇筑完毕，则应在柱混凝土浇筑完毕后停歇 1～1.5 h，使其获得初步沉实后，梁与楼板混凝土才能开始浇筑。

（4）楼梯段混凝土浇筑

楼梯段混凝土自下而上浇筑，先振实底板混凝土，达到踏步位置时再与踏步混凝土一起浇捣，不断连续向上推进，并随时用木抹子将踏步上表面抹平，楼梯混凝土宜连续浇筑完毕。多层楼梯的施工缝应留置在楼梯段 1/3 的部位。楼梯混凝土浇筑完毕后，要避免踩踏，做好防护措施，如搭设围栏限制出入或铺设木板等。

7. 混凝土振捣

混凝土浇入模板以后，由于内部骨料和砂浆之间摩阻力与黏结力作用，混凝土流动性很低，不能自动充满模板内各角落，其内部是疏松的，空气与气泡含量占混凝土体积的 5%～20%，不能达到设计要求的密实度。而混凝土的强度、抗冻性、抗渗性以及耐久性等，都与混凝土的密实程度有关。

混凝土振捣应能使模板内各个部位混凝土密实、均匀，不应漏振、欠振、过振。

混凝土振捣方法分人工振捣和机械振捣两种方式。

人工振捣是用捣锤或插钎等工具的冲击力来使混凝土密实成型，效率低、效果差，只有在缺少机械或工程量不大的情况下，才进行人工捣实。人工振捣时，必须要做到分层浇筑，每层厚度一般宜控制在 150 mm 左右，振捣时要注意插匀、插全。

机械振捣的方法有多种,在建筑工地主要采用振动法和真空吸水工艺。其中振动法是通过振动机械将一定频率、振幅和激振力的振动能量传给混凝土,强迫混凝土组分中的颗粒产生振动,从而提高混凝土的流动性,使混凝土达到良好的密实成型的目的。这种方法适应性强、效率高、质量好,是目前最广泛使用的一种方法。

(1)混凝土振动密实原理

振动机械的振动一般是由电动机、内燃机或压缩空气马达带动偏心块转动而产生的简谐振动。产生振动的机械将振动能量通过某种方式传递给混凝土拌和物,使其受到强迫振动。在振动力作用下混凝土内部的黏着力和内摩擦力显著减少,使骨料犹如悬浮在液体中,在其自重作用下向新的位置沉落,紧密排列,水泥砂浆均匀分布填充空隙,气泡被排出,游离水被挤压上升,混凝土填满了模板的各个角落并形成密实体积。机械振实混凝土可以大大减轻工人的劳动强度,减少蜂窝麻面的产生,提高混凝土的强度和密实性,节约水泥 10%~15%。

(2)振捣机械类型与振捣

振捣机械的类型,按其工作方式的不同可分为内部振动器、外部振动器、表面振动器和振动台(图 3.61)。现浇结构混凝土振捣应采用插入式振动器、平板振动器或附着式振动器,必要时可采用人工辅助振捣。

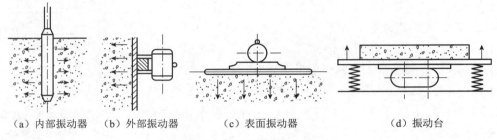

(a)内部振动器　(b)外部振动器　　(c)表面振动器　　　　(d)振动台

图 3.61　振动机械类型

① 插入式振动器振捣。插入式振动器又称振动棒,是内部振动器。由电动机、软轴和振动棒三部分组成(图 3.62)。振动棒是工作部分,它是一个棒状空心圆柱体,内部安装着偏心振子,在动力源驱动下,由于偏心振子的振动,使整个棒体产生高频微幅的机械振动。工作时,将它插入混凝土中,通过棒体将振动能量直接传给混凝土,因此,振动密实的效率高。适用于基础、柱、梁、墙、厚板等深度或厚度较大的结构构件的混凝土振捣。

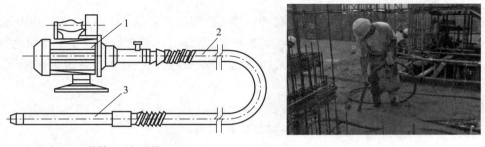

1—电动机;2—软轴;3—振动棒

图 3.62　插入式振动器

根据振动棒激振的原理,内部振动器有偏心式和行星滚锥式(简称行星式)两种。偏心轴式内部振动器是利用振动棒中心具有偏心质量的转轴产生高频振动,其振动频率为5 000~6 000 次/min。行星滚锥式内部振动器是利用振动棒中一端空悬的转轴旋转时其下垂端圆锥部分沿棒壳内圆锥面滚动,形成滚动体的行星运动而驱动棒体产生圆振动,其振动频率为 12 000~15 000 次/min,振捣效果好,且构造简单,使用寿命长,是当前常用的内部振动器。

用插入式振动器振捣混凝土时,应按分层浇筑厚度分别进行振捣,分层振捣最大厚度不应大于振动棒作用部分长度的 1.25 倍。同时,振动棒的前端应插入前一层混凝土中 50~100 mm(图 3.63),以促使上下层混凝土结合成整体。振动棒不能插入太深,最好应使棒的尾部留露 1/4~1/3 软轴部分不要插入混凝土中。振动棒应垂直于混凝土表面并快插慢拔、均匀振捣以保证上下部分的混凝土振捣均匀。每一振点的振捣延续时间,应使混凝土捣实,以混凝土不再显著下沉、有水泥浆出现、不再冒气泡、表面泛出灰浆和外观均匀为止(一般为20~30 s)。振捣器不得在初凝的混凝土上及干硬的地面上试振。

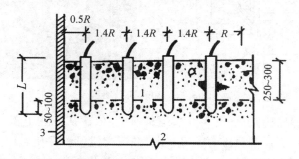

1—新浇筑混凝土;2—下层已振捣但尚未初凝混凝土;3—模板;R—有效作用半径;L—振动棒长度

图 3.63　插入式振动器的插入深度

采用插入式振动器,振动棒各插点的间距应均匀,不要忽远忽近。捣实普通混凝土的移动间距,不应大于振动棒有效作用半径的 1.4 倍。捣实轻骨料混凝土的插点间距,不宜大于有效作用半径的 1 倍;振动棒与模板的距离不应大于其有效作用半径的 0.5 倍,并应尽量避免碰撞钢筋、模板、预埋件等。插点的分布有行列式和交错式两种,如图 3.64 所示。其中交错式重叠、搭接部位较多,能更好地防止漏振,保证混凝土的密实性。

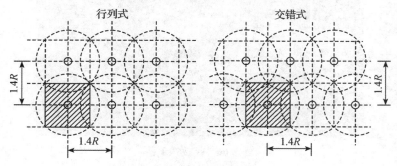

图 3.64　插点的分布

② 附着式振动器振捣。附着式振动器又称外部振动器,它通过螺栓或夹钳等固定在模板外侧的横档或竖档上,偏心块旋转所产生的振动能量通过模板传给混凝土,从而达到使混凝土密实的目的。

对于截面较小而钢筋较密的柱、梁及墙等构件,插入式振动器的振动棒很难插入,可采用附着式振动器。附着式振动器的设置间距及分层振捣最大厚度,应通过试验确定,在一般情况下,可每隔 1~1.5 m 设置一个。

附着式振动器的构造如图 3.65 所示。它在电动机两侧伸出的悬臂轴上安装有偏心块,故当电动机回转时,偏心块便产生振动力,并通过轴承基座传给模板。由于模板要传递振动力,故模板应有足够的刚度。

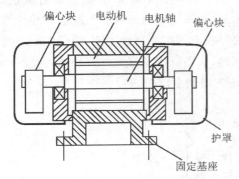

图 3.65　附着式振动器

附着振动器应根据混凝土浇筑高度和浇筑速度,依次从下往上振捣。模板上同时使用多台附着振动器时,应使各振动器的频率一致,并应交错设置在相对面的模板上。

③ 平板振动器振捣。将附着式振动器固定在一块底板上则成为平板式振动器,它又称为表面振动器(图 3.66)。适用于振捣楼板、地面、板形构件和薄壳等平面面积大而厚度较小的混凝土结构构件。

图 3.66　平板振动器

平板式振动器的振动力是通过底板传递给混凝土的。故使用时,振动器的底部应与混凝土面保持接触。在一个位置振动振捣到混凝土不再下沉、表面出浆时,即可移至下一位置继续进行振动振捣。平板振动器振捣应覆盖振捣平面边角,移动间距应覆盖已振实部分混凝土边缘。倾斜表面振捣时,应由低处向高处进行振捣。振捣时,以使该处的混凝土振实出浆为准,以保证衔接处混凝土的密实性。也可进行两遍振实,第一遍和第二遍的方向要互相垂直,第一遍主要使混凝土密实,第二遍则使表面平整。

3.3.5　混凝土养护

混凝土浇筑捣实后,逐渐凝固硬化,这个过程主要由水泥的水化作用来实现,而水化作用必须在适当的温度和湿度条件下才能完成。因此,为了保证混凝土有适宜的硬化条件,使其强度不断增长,必须对混凝土进行养护。混凝土浇筑后,如气候炎热、空气干燥,若不及时进行养护,混凝土中的水分蒸发过快出现脱水现象,使已形成凝胶体的水泥颗粒不能充分水化,不能转化为稳定的结晶,缺乏足够的黏结力,从而会在混凝土表面出现片状或粉状剥落,影响混凝土的强度。此外,在混凝土尚未具备足够的强度时,水分过早地蒸发,还会产生较大的变形,出现干缩裂缝,影响混凝土的整体性和耐久性。

混凝土养护方法分自然养护、蒸汽养护、热水养护、太阳能养护等。选择养护方式应考虑现场条件、环境温湿度、构件特点、技术要求、施工操作等因素。

1. 自然养护

混凝土自然养护是指利用平均气温高于 5 ℃的自然条件,用适当的保水材料对混凝土表面加以覆盖并浇水,使混凝土在一定的时间内在湿润状态下硬化。当最高气温低于25 ℃时,混凝土浇筑完后应在 12 h 以内加以覆盖和浇水;最高气温高于 25 ℃时,应在 6 h 以内开始养护(炎夏时可缩短至 2～3 h)。

根据所用密封材料的不同,自然养护可分为覆盖浇水养护、塑料薄膜养护和薄膜养护剂养护。

(1)覆盖浇水养护

覆盖浇水养护是用吸水保温能力较强的材料(如麻袋、帆布、草帘、芦席、锯末等)将混凝土覆盖,经常洒水使其保持湿润。

(2)塑料薄膜养护

它是采用不透水、不透气的塑料薄膜严密地覆盖在混凝土表面对混凝土进行养护。养护时,应掌握好铺放塑料薄膜的时间,一般以不会与混凝土表面黏着时为准。塑料薄膜必须把混凝土全部敞露的表面覆盖严密,周边应紧贴压严,用砂袋或其他重物压紧盖严,防止被风吹开,影响养护效果。防止水分蒸发,并应保持塑料薄膜内有凝结水。

塑料薄膜养护的优点是不必浇水,操作方便,能重复使用,可提高混凝土早期强度。缺点是容易撕裂,且易使混凝土表面产生斑纹,影响外观。故只适用于表面外观要求不高的工程。

(3)薄膜养护剂养护

薄膜养护剂养护是在新浇筑的混凝土表面喷涂一层液态薄膜养护剂(又称薄膜养生液),溶液挥发后养护剂在混凝土表面能很快形成一层不透水的密封膜层,阻止混凝土中的水分蒸发,使混凝土中的水泥获得充分水化条件的一种养护方法。养护时应注意薄膜的保护。此法一般适用于表面积大的混凝土施工和缺水地区。

薄膜养护剂应在 5 ℃以上的气温下使用,喷涂的时间要掌握好,喷涂过迟会影响混凝土的质量,甚至导致出现干缩裂缝。喷涂时间约在混凝土浇筑后 15 min 至 4 h 之间,视气温和空气湿度而定。

2. 蒸汽养护

蒸汽养护是指将构件放置在有饱和蒸汽或蒸汽空气混合物的养护室内(图 3.67),在较高的温度和相对湿度的环境中进行养护,以加速混凝土的硬化,使混凝土在较短的时间内达到规定的强度标准值。

蒸汽养护过程可分为静停、升温、恒温、降温四个阶段。

混凝土构件蒸汽养护室

蒸汽发生器

图 3.67　蒸汽养护室

(1)静停阶段

混凝土构件成型后在温室下停放养护叫作静停,时间为 2～6 h,以防止构件表面产生裂缝和疏松现象。

(2)升温阶段

升温阶段即为构件的吸热阶段。升温速度不宜过快,以免构件表面和内部温差过大而产生裂纹。对薄壁构件每小时升温不得超过 25 ℃,其他构件不得超过 20 ℃,用干硬性混凝土制作的构件不得超过 40 ℃,每小时测温一次。

(3)恒温阶段

恒温阶段是指升温后温度保持不变的时间。此时混凝土强度增长最快,这个阶段应保持 90%～100% 的相对湿度,最高温度不得超过 90 ℃。对普通混凝土的养护温度不得超过 80 ℃,时间为 3～8 h,每 2 h 测温一次。

(4)降温阶段

降温阶段是指构件散热的过程。降温速度不宜过快。每小时不得超过 10 ℃,出池后构件表面与外界温差不得超过 20 ℃,每小时测温一次。

3. 混凝土养护要求

混凝土浇筑完毕后应根据原材料、配合比、浇筑部位和施工季节等具体情况,在施工技术方案中确定有效的养护措施,并要符合以下规定:

(1)应在浇筑完毕后的 12 h 以内对混凝土加以覆盖并保湿养护,当日平均气温低于 5 ℃时不得浇水。

(2)混凝土浇水养护的时间:对采用硅酸盐水泥、普通硅酸盐水泥或矿渣硅酸盐水泥拌制的混凝土,不得少于 7 d;采用其他品种水泥时,养护时间应根据水泥性能确定;对掺用缓凝型外加剂或有抗渗要求的混凝土、强度等级 C60 及以上的混凝土、后浇带混凝土,其养护时间不应少于 14 d。

(3) 洒水养护应保证混凝土处于湿润状态,浇水次数应能保持混凝土处于湿润状态,混凝土养护用水应与拌制用水相同。

(4) 采用塑料布覆盖养护的混凝土,其敞露的全部表面应覆盖严密,并应保持塑料布内有冷凝水。

(5) 混凝土强度达到 1.2 N/mm² 前,不得在其上踩踏或安装模板及支架。

(6) 混凝土表面不便浇水或使用塑料布时,宜涂刷养护剂。

(7) 对大体积混凝土的养护,应根据气候条件按施工技术方案采取控温措施。

3.3.6　混凝土工程质量检查

混凝土结构施工质量检查可分为过程控制检查和拆模后的实体质量检查。过程控制检查应在混凝土施工全过程中,按施工段划分和工序安排及时进行;拆模后的实体质量检查应在混凝土表面未做处理和装饰前进行。

1. 混凝土施工过程控制检查

混凝土施工过程控制检查包括:技术复核(预检)和混凝土施工过程中为控制施工质量而进行的各项检查,如:混凝土的原材料、混凝土拌和物、混凝土施工等。

混凝土结构施工过程控制检查应按主控项目、一般项目规定的检验方法进行检验。

(1) 主控项目

① 水泥。水泥进场时应对其品种、代号、强度等级、包装或散装编号、出厂日期等进行检查,并应对其强度、安定性和凝结时间进行检验,检验结果应符合现行国家标准《通用硅酸盐水泥》(GB 175)等的相关规定。当使用中对水泥质量有怀疑或水泥出厂超过三个月(快硬硅酸盐水泥超过一个月)时,应进行复验,并按复验结果使用。

检查数量:按同一生产厂家、同一品种、同一代号、同一强度等级、同一批号且连续进场的水泥,袋装不超过 200 t 为一批,散装不超过 500 t 为一批,每批抽样不应少于一次。

检验方法:检查质量证明文件和抽样检验报告。

② 混凝土外加剂。混凝土外加剂进场时,应对其品种、性能、出厂日期等进行检查,并应对外加剂的相关性能指标进行检验,检验结果应符合现行国家标准《混凝土外加剂》(GB 8076)和《混凝土外加剂应用技术规范》(GB 50119)等的规定。

检查数量:按同一生产厂家、同一品种、同一性能、同一批号且连续进场的混凝土外加剂,不超过 50 t 为一批,每批抽样不应少于一次。

检验方法:检查质量证明文件和抽样检验报告。

③ 预拌混凝土。

a. 预拌混凝土进场时,其质量应符合现行国家标准《预拌混凝土》(GB/T 14902)的规定。

检查数量:全数检查。

检验方法：检查质量证明文件。

b. 混凝土拌和物不应离析。

检查数量：全数检查。

检验方法：观察。

④ 氯离子和碱含量。混凝土中氯离子含量和碱总含量应符合现行国家标准《混凝土结构设计规范》(GB 50010)的规定和设计的要求。

检查数量：同一配合比的混凝土检查不应少于一次。

检验方法：检查原材料试验报告和氯离子、碱的总含量计算书。

⑤ 开盘鉴定。首次使用的混凝土配合比应进行开盘鉴定，其原材料、强度、凝结时间、稠度等应满足设计配合比的要求。

检查数量：同一配合比的混凝土检查不应少于一次。

检验方法：检查开盘鉴定报告和强度试验报告。

⑥ 混凝土试件取样。混凝土的强度等级必须符合设计要求。用于检验混凝土强度的试件应在浇筑地点随机抽取。

检查数量：对同一配合比混凝土，取样与试件留置应符合下列规定：

a. 每拌制 100 盘且不超过 100 m³时，取样不得少于一次；

b. 每工作班拌制不足 100 盘时，取样不得少于一次；

c. 连续浇筑超过 1 000 m³时，每 200 m³取样不得少于一次；

d. 每一楼层取样不得少于一次；e. 每次取样应至少留置一组试件。

检验方法：检查施工记录及混凝土强度试验报告。

(2) 一般项目

① 矿物掺合料。混凝土用矿物掺合料进场时，应对其品种、技术指标、出厂日期等进行检查，并应对矿物掺合料的相关技术指标进行检验，检验结果应符合国家现行有关标准的规定。

检查数量：按同一厂家、同一品种、同一技术指标、同一批号且连续进场的矿物掺合料，粉煤灰、石灰石粉、磷渣粉和钢铁渣粉不超过 200 t 为一批，粒化高炉矿渣粉和复合矿物掺合料不超过 500 t 为一批，沸石粉不超过 120 t 为一批，硅灰不超过 30 t 为一批，每批抽样不应少于一次。

检验方法：检查质量证明文件和抽样检验报告。

② 粗、细骨料。混凝土原材料中的粗、细骨料的质量应符合现行行业标准《普通混凝土用砂、石质量及检验方法标准》(JGJ 52)的规定，使用经过净化处理的海砂应符合现行行业标准《海砂混凝土应用技术规范》(JGJ 206)的规定，再生混凝土骨料应符合现行国家标准《混凝土用再生粗骨料》(GB/T 25177)和《混凝土和砂浆用再生细骨料》(GB/T 25176)的规定。

检查数量：按现行行业标准《普通混凝土用砂、石质量及检验方法标准》(JGJ 52)的规定确定。

检验方法：检查抽样检验报告。

③ 水。混凝土拌制及养护用水应符合现行行业标准《混凝土用水标准》(JGJ 63)的规定。采用饮用水时，可不检验；当采用其他水源时，应对其成分进行检验。

检查数量：同一水源检查不应少于一次。

检验方法：检查水质检验报告。

④ 稠度。混凝土拌和物稠度应满足施工方案的要求。

检查数量：对同一配合比混凝土，取样应符合下列规定：

a. 每拌制 100 盘且不超过 100 m³ 时，取样不得少于一次；

b. 每工作班拌制不足 100 盘时，取样不得少于一次；

c. 连续浇筑超过 1 000 m³ 时，每 200 m³ 取样不得少于一次；

d. 每一楼层取样不得少于一次。

检验方法：检查稠度抽样检验记录。

⑤ 耐久性。混凝土有耐久性指标要求时，应在施工现场随机抽取试件进行耐久性检验，其检验结果应符合国家现行有关标准的规定和设计要求。

检查数量：同一配合比的混凝土，取样不应少于一次，留置试件数量应符合国家现行标准《普通混凝土长期性能和耐久性能试验方法标准》(GB/T 50082)和《混凝土耐久性检验评定标准》(JGJ/T 193)的规定。

检验方法：检查试件耐久性试验报告。

⑥ 抗冻性。混凝土有抗冻性要求时，应在施工现场进行混凝土含气量检验，其检验结果应符合国家现行有关标准的规定和设计要求。

检查数量：同一配合比的混凝土，取样不应少于一次，取样数量应符合现行国家标准《普通混凝土拌和物性能试验方法标准》(GB/T 50080)的规定。

检验方法：检查混凝土含气量试验报告。

⑦ 后浇带与施工缝。后浇带的留设位置应符合设计要求。后浇带和施工缝的留设及处理方法应符合施工方案要求。

检查数量：全数检查。

检验方法：观察。

⑧ 养护。混凝土浇筑完毕后应及时进行养护，养护时间以及养护方法应符合施工方案要求。

检查数量：全数检查。

检验方法：观察，检查混凝土养护记录。

2. 混凝土实体质量检查

混凝土结构实体质量检查内容包括混凝土外观质量、位置和尺寸偏差、混凝土强度、钢筋保护层厚度及工程合同约定的项目，必要时可检验其他项目。拆模后的实体质量检查应在混凝土表面未做处理和装饰前进行，并应做记录。

(1) 外观质量检查

现浇混凝土结构外观质量的验收，采用检查缺陷，并对缺陷的性质和数量加以限制的方法进行。现浇结构外观质量缺陷应由监理单位、施工单位等各方根据其对结构性能和使用功能等影响的严重程度按表 3-25 共同确定。当外观质量缺陷的严重程度超过表 3-25 的一般缺陷时，可按严重缺陷处理。对于具有重要装饰效果的清水混凝土，考虑到其装饰效果属于主要使用功能,将其外形缺陷、外表缺陷规定为严重缺陷。

表 3-25　现浇结构的外观质量缺陷

名称	现象	严重缺陷	一般缺陷
露筋	构件内钢筋未被混凝土包裹而外露	纵向受力钢筋有露筋	其他钢筋有少量露筋
蜂窝	混凝土表面缺少水泥砂浆而形成石子外露	构件主要受力部位有蜂窝	其他部位有少量蜂窝
孔洞	混凝土中孔穴深度和长度均超过保护层厚度	构件主要受力部位有孔洞	其他部位有少量孔洞
夹渣	混凝土中夹有杂物且深度超过保护层厚度	构件主要受力部位有夹渣	其他部位有少量夹渣
疏松	混凝土中局部不密实	构件主要受力部位有疏松	其他部位有少量疏松
裂缝	缝隙从混凝土表面延伸至混凝土内部	构件主要受力部位有影响结构性能或使用功能的裂缝	其他部位有少量不影响结构性能或使用功能的裂缝
连接部位缺陷	构件连接处混凝土缺陷及连接钢筋、连接件松动	连接部位有影响结构传力性能的缺陷	连接部位有基本不影响结构传力性能的缺陷
外形缺陷	缺棱掉角、棱角不直、翘曲不平、飞边凸肋等	清水混凝土构件有影响使用功能或装饰效果的外形缺陷	其他混凝土构件有不影响使用功能的外形缺陷
外表缺陷	构件表面麻面、掉皮、起砂、沾污等	具有重要装饰效果的清水混凝土构件有外表缺陷	其他混凝土构件有不影响使用功能的外表缺陷

① 外观质量检查主控项目。现浇结构的外观质量不应有严重缺陷。对已经出现的严重缺陷,应由施工单位提出技术处理方案,并经监理单位认可后进行处理;对裂缝或连接部位的严重缺陷及其他影响结构安全的严重缺陷,技术处理方案尚应经过设计单位认可。对经处理的部位应重新验收。

检查数量:全数检查。

检查方法:观察,检查处理记录。

② 外观质量检查一般项目。现浇结构的外观质量不应有一般缺陷。对已经出现的一般缺陷,应由施工单位按技术处理方案进行处理,对经处理的部位应重新验收。

检查数量:全数检查。

检查方法:观察,检查处理记录。

(2) 位置和尺寸偏差检查

① 主控项目。现浇结构不应有影响结构性能和使用功能的尺寸偏差;混凝土设备基础不应有影响结构性能或设备安装的尺寸偏差。

对超过尺寸允许偏差且影响结构性能和安装、使用功能的部位,应由施工单位提出技术处理方案,并经监理单位、设计单位认可后进行处理。对经处理的部位应重新验收。

检查数量:全数检查。

检验方法:量测,检查处理记录。

② 一般项目。

a. 现浇结构的位置和尺寸偏差及检验方法应符合表 3-26 的规定。

表 3-26 现浇结构位置和尺寸允许偏差及检验方法

项目			允许偏差/mm	检验方法
轴线位置	整体基础		15	经纬仪及尺量
	独立基础		10	
	柱、墙、梁		8	尺量
标高	层高		±10	用水准仪或拉线,尺量
	全高		±30	
垂直度	层高	≤6 m	10	用经纬仪或吊线,尺量
		>6 m	12	
	全高(H)≤300 m		H/30 000+20	经纬仪、尺量
	全高(H)>300 m		H/10 000 且≤80	
截面尺寸	基础		+15,−10	尺量
	柱、梁、板、墙		+10,−5	
	楼梯相邻踏步高差		6	
电梯井	中心位置		10	尺量
	长、宽尺寸		+25,0	
表面平整度			8	2 m 靠尺和塞尺量测
预埋件中心位置	预埋板		10	尺量
	预埋螺栓		5	
	预埋管		5	
	其他		10	
预留洞、孔中心线位置			15	尺量

注:1. 检查柱轴线、中心线位置时,沿纵、横两个方向测量,并取其中偏差的较大值。

2. H 为全高,单位为 mm。

检查数量:按楼层、结构缝或施工段划分检验批。在同一检验批内,对梁、柱独立基础,应抽查构件数量的 10%,且不少于 3 件;对墙和板,应按有代表性的自然间抽查 10%,且不少于 3 间;对大空间结构,墙可按相邻轴线间高度 5 m 左右划分检查面,板可按纵、横轴线划分检查面,抽查 10%,且均不少 3 面;对电梯井,应全数检查。

检验方法:见表 3-26。

b. 现浇设备基础的位置和尺寸应符合设计和设备安装的要求。其位置和尺寸偏差及检验方法应符合表 3-27 的规定。

表 3-27　现浇设备基础位置和尺寸允许偏差及检验方法

项目		允许偏差/mm	检验方法
坐标位置		20	经纬仪及尺量
不同平面的标高		0,−20	水准仪或拉线、尺量
平面外形尺寸		±20	尺量
凸台上平面外形尺寸		0,−20	
凹槽尺寸		+20,0	
平面水平度	每米	5	水平尺、塞尺量测
	全长	10	水准仪或拉线、尺量
垂直度	每米	5	经纬仪或吊线、尺量
	全高	10	
预埋地脚螺栓	标高(顶高)	+20,0	水准仪或拉线,钢尺检查
	中心距	±2	钢尺检查
预埋地脚螺栓	中心位置	2	尺量
	顶标高	+20,0	水准仪或拉线、尺量
	中心距	±2	尺量
	垂直度	5	吊线、尺量
预埋地脚螺栓孔	中心线位置	10	尺量
	截面尺寸	+20,0	
	深度	+20,0	
	垂直度	$h/100$ 且≤10	吊线、尺量
预埋活动地脚螺栓锚板	中心线位置	5	尺量
	标高	+20,0	水准仪或拉线、尺量
	带槽锚板平整度	5	直尺,塞尺量测
	带螺纹孔锚板平整度	2	

注:1. 检查坐标、中心线位置时,应沿纵、横两个方向测量,并取其中偏差的较大值。

2. h 为预埋地脚螺栓孔孔深,单位为 mm。

检查数量:全数检查。

检验方法:见表 3-27。

(3) 混凝土结构强度检查

为了检查混凝土是否达到设计强度等级,或混凝土是否已达到拆模、起吊强度及预应力构件混凝土是否达到张拉、放松预应力筋时所规定的强度,应进行混凝土强度检验。混凝土强度检验主要是指混凝土的立方体抗压强度的检验。混凝土立方体抗压强度应以边长为150 mm 的立方体试件在温度为(20±3)℃、相对湿度为 90% 以上的潮湿环境或水中的标准条件下经过 28 d 养护后试验确定。

对混凝土结构工程中的各混凝土强度等级,均应留置同条件养护试件。对混凝土结构强度的检验,应以在混凝土浇筑地点制备并与结构实体同条件养护的试件强度为依据。对混凝土强度的检验,有时根据合同的约定,采用回弹法、超声回弹综合法、钻芯法、后装拔出法等非破损或局部破损的检测方法。当同条件养护试件强度的检验结果符合现行国家标准《混凝土强度检验评定标准》(GB/T 50107)的有关规定时,混凝土强度应判为合格。

试件的取样频率和数量应符合下列规定:每拌制 100 盘,但不超过 100 m³ 的同配合比混凝土,取样次数不应少于一次;每一工作班拌制的同配合比的混凝土不足 100 盘和100 m³ 时其取样次数不应少于一次;当一次连续浇筑同配合比混凝土超过 1 000 m³ 时,每 200 m³ 取样不应少于一次;对房屋建筑,每一楼层、同一配合比的混凝土,取样不应少于一次。

混凝土试件的立方体抗压强度试验应根据现行国家标准《混凝土力学性能试验方法标准》(GB/T 50081)执行。每组三个试件,其强度代表值的确定,应符合下列规定:

① 取三个试件强度的算术平均值作为每组试件的强度代表值。

② 当一组试件中强度的最大值或最小值与中间值之差超过中间值的 15％时,取中间值作为该组试件的强度代表值。

③ 当一组试件中强度的最大值和最小值与中间值之差均超过中间值的 15％时,该组试件的强度不应作为评定的依据。

当采用非标准尺寸试件时,应将其抗压强度乘以尺寸折算系数,折算成边长为 150 mm 的标准尺寸试件抗压强度。当混凝土强度等级低于 C60 时,对边长为 100 mm 的立方体试件尺寸折算系数取 0.95,对边长为 200 mm 的立方体试件尺寸折算系数取 1.05。当混凝土强度等级不低于 C60 时,宜采用标准尺寸试件;使用非标准尺寸试件时,尺寸折算系数应由试验确定。

(4) 钢筋保护层厚度检查

对钢筋保护层厚度的检验,其构件选取、抽样数量、检验方法、允许偏差和合格条件应按下列规定要求进行:

① 构件选取与数量。结构实体钢筋保护层厚度检验构件的选取应均匀分布,并应符合下列规定:

a. 对非悬挑梁板类构件,应各抽取构件数量的 2％且不少于 5 个构件进行检验。

b. 对悬挑梁,应抽取构件数量的 5％且不少于 10 个构件进行检验;当悬挑梁数量少于 10 个时,应全数检查。

c. 对悬挑板,应抽取构件数量的 10％且不少于 20 个构件进行检验。当悬挑板数量少于 20 个时,应全数检查。

对于选定的梁类构件,应对全部纵向受力钢筋的保护层厚度进行检验;对选定的板类构件,应抽取不少于 6 根纵向受力钢筋的保护层厚度进行检验。对每根钢筋,应选择有代表性的不同部位量测 3 点取平均值。

② 检验方法。钢筋保护层厚度的检验,可采用非破损或局部破损的方法,也可采用非破损方法并用局部破损方法进行校准。当采用非破损方法检验时,所使用的检测仪器应经过计量检验,检测操作应符合相应规程的规定。

钢筋保护层厚度检验的检测误差不应大于 1 mm。

③ 允许偏差。钢筋保护层厚度检验时,纵向受力钢筋保护层厚度的允许偏差,对梁类构件为+10 mm,-7 mm;对板类构件为+8 mm,-5 mm。

④ 合格条件。对梁类、板类构件纵向受力钢筋的保护层厚度应分别进行验收。结构实体钢筋保护层厚度验收合格应符合下列规定:

当全部钢筋保护层厚度检验的合格点率为90%及以上时,钢筋保护层厚度的检验结果应判为合格;当全部钢筋保护层厚度检验的合格点率小于90%但不小于80%,可再抽取相同数量的构件进行检验;当按两次抽样总和计算的合格点率为90%及以上时,钢筋保护层厚度的检验结果仍应判为合格;每次抽样检验结果中不合格点的最大偏差均不应大于允许偏差的1.5倍。

3. 混凝土强度的评定方法

根据混凝土生产情况,在混凝土强度检验评定时,有统计法评定和非统计法评定两种。而根据混凝土强度质量控制的稳定性,评定混凝土强度的统计法又分为标准差已知统计法和标准差未知统计法两种。

(1) 标准差已知统计法

同一品种的混凝土生产,有可能在较长的时期内,通过质量管理,维持基本相同的生产条件,即维持原材料、设备、工艺以及人员配备的稳定性,即使有所变化,也能很快予以调整而恢复正常。由于这类生产状况,能使每批混凝土强度的变异性基本稳定,每批的强度标准差 σ_0 可根据前一时期生产累计的强度数据确定。符合以上情况时,采用标准差已知方案统计法。

当连续生产的混凝土,生产条件在较长时间内保持一致,且同一品种、同一强度等级混凝土的强度变异性能保持稳定时,一个检验批的样本容量应为连续的三组试件,其强度应同时满足下列要求:

$$m_{fcu} \geqslant f_{cu,k} + 0.7\sigma_0 \tag{3-7}$$

$$f_{cu,min} \geqslant f_{cu,k} - 0.7\sigma_0 \tag{3-8}$$

当混凝土强度等级不高于 C20 时,强度的最小值尚应满足下式要求:

$$f_{cu,min} \geqslant 0.85 f_{cu,k} \tag{3-9}$$

当混凝土强度等级高于 C20 时,强度的最小值尚应满足下式要求:

$$f_{cu,min} \geqslant 0.90 f_{cu,k} \tag{3-10}$$

式中,m_{fcu}——同一检验批混凝土立方体抗压强度平均值(N/mm²),精确到 0.1(N/mm²);

$f_{cu,k}$——混凝土立方体抗压强度标准值(N/mm²),精确到 0.1(N/mm²);

$f_{cu,min}$——同一检验批混凝土立方体抗压强度最小值(N/mm²),精确到 0.1(N/mm²);

σ_0——检验批混凝土立方体抗压强度的标准差(N/mm²),精确到(0.01 N/mm²)。

当检验批混凝土强度标准差 σ_0 计算值小于 2.5 N/mm² 时,应取 2.5 N/mm²。σ_0 应根据前一个检验期内的强度数据计算确定。应按下式计算:

$$\sigma_0 = \sqrt{\frac{\sum_{i=1}^{n} f_{cu,i}^2 - n m_{fcu}^2}{n-1}} \tag{3-11}$$

式中，$f_{cu,i}$——前一个检验期内同一品种、同一强度等级的第 i 组混凝土试件的立方体抗压强度代表值(N/mm^2)，精确到 $0.1(N/mm^2)$；检验期不应少于 60 d 且不得超过 90 d；

n——前一检验期内的样本容量，在该期间内的样本容量不应少于 45。

（2）标准差未知统计法

生产连续性较差，即在生产中无法维持基本相同的生产条件，或生产周期较短，无法积累强度数据用以计算可靠的标准差参数，此时检验评定只能直接根据每一验收批抽样的样本强度数据确定，采用标准差未知方案统计法。

当混凝土的生产条件不能满足上述（1）的规定，或在前一个检验期内的同一品种混凝土没有足够的数据用以确定检验批混凝土立方体抗压强度标准差时，对大批量连续生产的混凝土，样本容量应不少于 10 组混凝土试件，其强度应同时满足下列要求：

$$m_{fcu} \geqslant f_{cu,k} + \lambda_1 S_{fcu} \tag{3-12}$$

$$f_{cu,min} \geqslant \lambda_2 f_{cu,k} \tag{3-13}$$

式中，S_{fcu}——同一检验批混凝土样本立方体抗压强度的标准差(N/mm^2)，精确到 $0.01(N/mm^2)$；当 S_{fcu} 计算值小于 2.5 N/mm^2 时，应取 2.5 N/mm^2。S_{fcu} 应按下式计算：

$$S_{fcu} = \sqrt{\frac{\sum_{i=1}^{m} f_{cu,i}^2 - nm_{fcu}^2}{n-1}} \tag{3-14}$$

式中，$f_{cu,i}$——前一个检验期内同一品种、同一强度等级的第 i 组混凝土样本试件的立方体抗压强度值(N/mm^2)，精确到 $0.1(N/mm^2)$；

n——前一检验期内的样本容量；

λ_1, λ_2——合格判定系数，按表 3-28 选用。

表 3-28　混凝土强度的合格判定系数

试件组数	10～14	15～19	≥20
λ_1	1.15	1.05	0.95
λ_2	0.90	0.85	

（3）非统计法

对零星生产的预制构件的混凝土或现场搅拌的批量不大的混凝土，当用于评定的样本试件组数不足 10 组且不少于 3 组时，可采用非统计法评定，此时，验收批混凝土的强度必须同时满足下列两式的要求：

$$m_{fcu} \geqslant \lambda_3 f_{cu,k} \tag{3-15}$$

$$f_{cu,min} \geqslant \lambda_4 f_{cu,k} \tag{3-16}$$

式中，λ_3, λ_4——合格判定系数，按表 3-29 选用。

表 3-29　混凝土强度的合格判定系数

混凝土强度等级	<C60	≥C60
λ_3	1.15	1.10
λ_4	0.95	

（4）混凝土强度的合格性判断

当检验结果能满足前述三种混凝土强度评定的规定时,则该批混凝土强度判定为合格;当不能满足上述规定时,该批混凝土强度判定为不合格。

由不合格批混凝土制成的结构或构件,应进行鉴定。对不合格的混凝土可采用从结构或构件中钻取试件的方法或采用非破损检验方法,对其强度进行检测,检测结果作为是否对混凝土进行处理的依据。

3.3.7　混凝土质量缺陷处理

施工过程中发现混凝土结构缺陷时,应认真分析缺陷产生的原因,并及时报告建设(监理)单位,不得自行处理。混凝土结构缺陷信息、缺陷的修整方案等资料应及时归档。

对于混凝土结构严重缺陷,施工单位应制订专项修整方案,方案应经论证审批后再实施,不得擅自处理。对可能影响结构性能的严重缺陷,其修整方案应经原设计单位同意。

1. 混凝土质量缺陷类型和产生原因

（1）表面缺陷

常见的表面缺陷主要有蜂窝、麻面、孔洞、露筋、裂缝、缺棱掉角、缝隙和薄夹层等。

① 蜂窝。蜂窝是结构构件中有蜂窝形状的窟窿,骨料间有空隙存在。产生原因主要有混凝土配合比不当,浆少石子多;下料不当或下料过高,未设串筒造成石子砂浆离析;钢筋过密、石子粒径偏大卡在钢筋上使其产生间隙;搅拌不匀、浇筑方法不当;振捣不足或漏振,以及模板拼缝不严而产生严重漏浆等。

② 麻面。麻面是结构构件表面呈现的无数小凹点,形成粗糙面,但无露筋现象。这种现象是由于模板表面粗糙不光滑;模板湿润不够;拼缝不严密而局部漏浆;振捣时间不足、漏振,气泡未排出停在模板表面;混凝土过干等原因造成的。

③ 孔洞。孔洞是指混凝土结构内部存在较大尺寸的空隙,局部部位没有混凝土或蜂窝特别大,钢筋局部或全部裸露。这种现象主要是由于混凝土浇筑方法不当、钢筋布置太密或一次下料过多,下部无法振捣而形成。另外,有泥块等杂物掺入也会形成孔洞;混凝土受冻也可能产生孔洞。

④ 露筋。露筋是指混凝土结构内部的钢筋(主筋、箍筋等)裸露在混凝土构件表面。产生原因是混凝土保护层垫块移位、垫块太少或漏放,致使钢筋紧贴模板;钢筋过密,石子卡在钢筋上,使水泥砂浆不能充满钢筋周围;振捣棒撞击钢筋或踩踏钢筋致使钢筋移位造成露筋;保护层处漏振或混凝土振捣不密实;模板干燥而吸水过多产生黏结或脱模过早,造成掉角而露筋。

⑤ 裂缝。裂缝分表面裂缝和深度裂缝,后者一般为结构裂缝,应高度重视。产生的原因有结构设计承载能力不够;施工荷载过重太集中;施工缝设置不当;或大面积混凝土施工时气温发生突变等。

⑥ 缺棱掉角。缺棱掉角是指结构或构件边角处混凝土局部掉落,不规则,棱角有缺陷。产生的原因有低温施工过早拆除侧面非承重模板;拆模时边角受外力或重物撞击,或保护不好,棱角被碰掉;模板吸水膨胀黏结边角混凝土,拆模时棱角被模板粘掉。

⑦ 缝隙和薄夹层。缝隙和薄夹层是指混凝土内部存在水平或垂直的松散混凝土夹层。主要原因是混凝土内部存在处理不当的施工缝、温度缝和收缩缝;混凝土内有外来杂物而造成的夹层;接缝处混凝土未振捣密实。

（2）内部缺陷

混凝土内部缺陷主要有混凝土强度不足与保护性能不良。

① 混凝土强度不足。其原因是多方面的,主要有混凝土配合比设计、搅拌、现场浇捣和养护等四个方面。a. 配合比设计方面有时不能及时测定水泥的实际活性,影响了混凝土配合比设计的正确性;另外,套用混凝土配合比时选用不当及外加剂用量控制不准等,都有可能导致混凝土强度不足;b. 搅拌方面任意增加用水量,配合比称料不准,搅拌时颠倒加料顺序及搅拌时间过短等造成搅拌不均匀,导致混凝土强度降低;c. 现场浇捣方面主要是施工中振捣不实,以及发现混凝土有离析现象时,未能及时采取有效措施来纠正;d. 养护方面主要是不按规定的方法、时间对混凝土进行妥善的养护,以致造成混凝土强度降低。

② 保护性能不良。其产生原因主要是混凝土保护层严重不足,钢筋外露发生锈蚀,铁锈膨胀引起混凝土开裂。另外,过量使用氯盐外掺剂会造成钢筋锈蚀,使用海砂未按规范规定进行处理也会造成钢筋锈蚀,严重的可使混凝土脱落而露筋。

2. 混凝土质量缺陷的修整方法

（1）表面抹浆修补法

① 对数量不多的小蜂窝、麻面、露筋、孔洞、夹渣、疏松等混凝土结构外观一般缺陷,主要是保护钢筋和混凝土不受侵蚀,应凿除胶结不牢固部分的混凝土,须用钢丝刷或加压水清理表面,洒水湿润后应用 1∶2.5～1∶2 水泥砂浆抹平,并应封闭裂缝。抹浆初凝后要加强养护。

② 经检查确认对结构构件承载力无影响而又数量不多的细小裂缝,可将裂缝加以冲洗,用水泥浆抹补。裂缝较大较深时,应将裂缝附近的混凝土表面凿毛,或沿裂缝方向凿成深度为 15～20 mm、宽度为 100～200 mm 的 V 形凹槽,扫净并洒水湿润,先刷水泥浆一度,然后用 1∶2.5～1∶2 水泥砂浆分 2～3 层涂抹,总厚度控制在 10～20 mm,并压实抹光。

③ 连接部位缺陷、外形缺陷可与面层装饰施工一并处理。

（2）细石混凝土填补法

对于露筋、蜂窝、孔洞、夹渣、疏松等混凝土结构外观严重缺陷,应凿除胶结不牢固部分的混凝土至密实部位,清理表面,支设模板,洒水湿润,涂抹混凝土界面剂,应采用比原混凝土强度等级高一级的细石混凝土浇筑密实,养护时间不应少于 7 d。

（3）灌浆法

对于属严重缺陷,影响结构承载力和影响防水、防渗性能的裂缝,为保证结构的受力性能和使用功能,应根据裂缝的宽度、性质和施工条件等,采取水泥灌浆或化学灌浆的方法予以修补。

对于民用建筑的地下室、卫生间、屋面等接触水介质的构件,均应注浆封闭处理,注浆材料可采用环氧（能修补 0.2 mm 以上的干燥裂缝）、聚氨酯（能灌入 0.015 mm 以上的裂缝）、氰凝、丙凝(能灌入 0.01 mm 以上的裂缝)等;对于民用建筑不接触水介质的构件,可采用注浆封闭、聚合物砂浆粉刷或其他表面封闭材料进行封闭。

清水混凝土的外形和外表严重缺陷,宜在水泥砂浆或细石混凝土修补后用磨光机械磨平。

(4)其他处理方法

混凝土结构尺寸偏差一般缺陷,可采用装饰修整方法修整;结构尺寸偏差严重缺陷,应会同设计单位共同制定专项修整方案,结构修整后应重新检查验收。

3.3.8 大体积混凝土

1. 大体积混凝土概述

大体积混凝土是指混凝土结构物实体最小几何尺寸不小于 1 m 的大体量混凝土,或预计会因混凝土中胶凝材料水化引起温度变化和收缩而导致有害裂缝产生的混凝土。大体积混凝土具有结构截面尺寸厚大、水泥用量多、施工技术要求高、工程条件复杂等特点。大体积混凝土结构在工业建筑中多为设备基础,在高层建筑中多为厚大的桩基承台或基础底板等,整体性要求较高,往往不允许留施工缝,要求一次连续浇筑完毕。

大体积混凝土施工中,由于水泥水化热引起混凝土浇筑体内部温度剧烈变化,使混凝土浇筑体早期塑性收缩和混凝土硬化过程中的收缩增大,使混凝土浇筑体内部的温度收缩应力剧烈变化,而导致混凝土浇筑体或构件产生裂缝的现象经常发生。如何防止大体积混凝土施工中出现有害裂缝是大体积混凝土施工中的关键技术问题。大体积混凝土的施工除了满足普通混凝土的施工要求外,还应编制专项施工组织设计或施工技术方案,采取相应的施工措施控制混凝土施工阶段的温度和水化热,防止混凝土产生裂缝。

2. 大体积混凝土浇筑方案

为保证结构的整体性,混凝土应连续浇筑,要求每一处的混凝土在初凝前应被后续部分混凝土覆盖并捣实成整体。根据结构特点不同,可分为全面分层、分段分层、斜面分层等浇筑方案(图 3.68)。

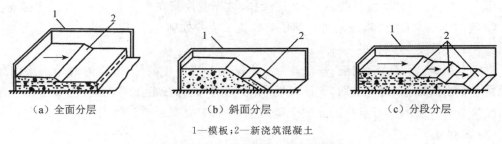

(a)全面分层   (b)斜面分层   (c)分段分层

1—模板;2—新浇筑混凝土

图 3.68 大体积混凝土浇筑方案图

(1)全面分层

全面分层也称整体分层,浇筑时,可将整个结构分为若干层进行浇筑,即第一层全部浇筑完毕后,再浇筑第二层,如此逐层连续浇筑,直到结束[图 3.63(a)]。为保证结构的整体性,要求每一层混凝土必须在前一层混凝土初凝前浇筑完毕。

整体分层连续浇筑施工的特点:一是混凝土一次需要量相对较少,便于振捣,易保证混凝土的浇筑质量;二是可利用混凝土层面散热,对降低大体积混凝土浇筑体的温升有利;三是可确保结构的整体性。

全面分层浇筑方案能够保证混凝土结构整体连续浇筑施工,不留施工缝,结构整体性强,应优先采用。对于实体厚度一般不超过 2 m,浇筑面积大、工程总量较大,且浇筑综合能力有限的混凝土工程,宜采用分段分层或斜面分层浇筑方案。

（2）斜面分层

当结构的长度超过厚度的 3 倍时,可采用斜面分层的浇筑方案[图 3.68(b)]。混凝土从浇筑层下端开始,逐渐上移。混凝土的振捣也要适应斜面分层浇筑工艺,一般在每个斜面层的上、下各布置一道振动器。上面的一道布置在混凝土卸料处,保证上部混凝土的捣实。下面一道振动器布置在近坡脚处,确保下部混凝土密实。振捣工作应从浇筑层斜面下端开始,逐渐上移,且振动器应与斜面垂直。

（3）分段分层

当结构平面面积较大时,全面分层已不适用,这时可采用分段分层浇筑方案。即将结构分为若干段,每段又分为若干层,先浇筑第一段各层,然后浇筑第二段各层,如此逐段逐层连续浇筑,直至结束[图 3.68(c)]。为保证结构的整体性,要求次段混凝土应在前段混凝土初凝前浇筑并与之捣实成整体。

3. 大体积混凝土浇筑工艺要求

（1）浇筑厚度

大体积混凝土的浇筑厚度应根据所用振捣器的作用深度及混凝土的和易性确定,整体连续浇筑时宜为 300～500 mm。浇筑层厚度一般不大于振捣棒作用部分长度的 1.25 倍,常用的插入式振捣棒作用有效长度大于 450 mm。

（2）间隔时间

大体积混凝土的任何一种浇筑方法,应缩短间歇时间,并在前一层混凝土初凝之前将后一层混凝土浇筑完毕,层间最长的间歇时间不应大于混凝土的初凝时间。混凝土的初凝时间应通过试验确定,在国际上是以贯入阻力法测定,以贯入阻力值为 3.5 MPa 时确定混凝土的初凝时间。当层间间隔时间超过混凝土的初凝时间时,层面应按施工缝处理。

（3）浇筑方向

混凝土浇筑宜从低处开始,沿长边方向自一端向另一端进行。当混凝土供应量有保证时,亦可多点同时浇筑。

（4）振捣工艺

混凝土宜采用二次振捣工艺,即在混凝土浇筑后即将凝固前,在适当的时间和位置给予二次振捣,以排除混凝土因泌水在粗骨料、水平钢筋下部生成的水分和孔隙,增加混凝土的密实度,减少内部微裂缝和改善混凝土强度,提高抗裂性。振捣时间长短应根据混凝土的流动性大小而定。

（5）温度控制

厚大钢筋混凝土结构由于体积大,水泥水化热聚积在内部不易散发,内部温度显著升高,外表散热快,形成较大内外温差,内部产生压应力,外表产生拉应力,如果内外温差过大(25 ℃以上),则混凝土表面将产生裂缝。当混凝土内部逐渐散热冷却,产生收缩,由于受到基底或已硬化混凝土的约束,不能自由收缩,而产生拉应力。温差越大,约束程度越高,结构长度越大,则拉应力越大。当拉应力超过混凝土的抗拉强度时即产生裂缝,裂缝从基底向上发展,甚至贯穿整个基础。若要防止混凝土早期产生温度裂缝,就必须降低混凝土的温度应力,控制混凝土的内外温差,使之不超过 25 ℃,以防止混凝土表面开裂。控制混凝土冷却过程中的总温差和降温速度,以防止基底开裂。

① 施工过程温度指标。施工过程中的温度指标宜符合下列规定:混凝土浇筑体在入模温度基础上的温升值不宜大于 50 ℃;混凝土浇筑体的里表温差(不含混凝土收缩的当量温度)不宜大于 25 ℃;混凝土浇筑体的降温速率不宜大于 2.0 ℃/d;混凝土浇筑体表面与大气温差不宜大于 20 ℃。

② 温度监测要求。大体积混凝土浇筑体里表温差、降温速率、环境温度及温度应变的监测,在混凝土浇筑后,每昼夜不应少于 4 次;入模温度的测量,每台班不少于 2 次。

大体积混凝土浇筑体内监测点的布置,应真实地反映出混凝土浇筑体内最高温升、里表温差、降温速率及环境温度,布置方式应符合《大体积混凝土施工标准》(GB 50496)的规定。

(6)泌水处理。大体积混凝土因为泵送混凝土的水灰比一般比较大,表面浮浆和泌水现象普遍存在,不及时清除,将会降低结构混凝土的质量,使混凝土强度降低,出现酥软、脱皮起砂等不良后果。为此在施工方案中应事先规定具体做法,以便及时清除混凝土表面积水。因此在进行大体积混凝土配合比设计时,应控制混凝土拌和物的泌水量小于 10 L/m³。施工过程中泌水处理可将大部分泌水排到集水坑,再采用潜水泵抽调,局部少量泌水可用海绵吸除处理。

4. 大体积混凝土养护

(1)养护的方法

大体积混凝土养护采用保湿法和保温法。保湿法,即在混凝土浇筑成型后,用蓄水、洒水或喷水养生;保温法是在混凝土成型后,覆盖塑料薄膜和保温材料养护或采用薄膜养生液养护。大体积混凝土应进行保温、保湿养护。

(2)养护的目的

保温养护是大体积混凝土施工的关键环节。保温养护的主要目的,一是通过减少混凝土表面的热扩散,从而降低大体积混凝土浇筑体的里外温差值,降低混凝土浇筑体的自约束应力;二是降低大体积混凝土浇筑体的降温速率,延长散热时间,充分发挥混凝土强度的潜力和材料的松弛特性,利用混凝土的抗拉强度,以提高混凝土承受外约束应力时的抗裂能力,达到防止或控制温度裂缝的目的。同时,在养护过程中保持良好温度和防风条件,使混凝土在适宜的温度和湿度环境下养护。

(3)养护的要求

① 大体积混凝土在每次混凝土浇筑完毕后,除应按普通混凝土进行常规养护外,尚应及时按温控技术措施的要求进行保温养护,并应符合下列规定:应专人负责保温养护工作,

并应按本规范的有关规定操作,同时应做好测试记录;保湿养护的持续时间不得少于 14 d,应经常检查塑料薄膜或养护剂涂层的完整情况,保持混凝土表面湿润;保温覆盖层的拆除应分层逐步进行,当混凝土的表面温度与环境最大温差小于 20 ℃时,可全部拆除。

② 在混凝土浇筑完毕初凝前,宜立即进行喷雾养护工作。实践证明,喷雾养护是一种行之有效的保湿措施,尤其在厚墙、转换层等大体积混凝土初凝前养护效果明显。

③ 塑料薄膜、麻袋、阻燃保温被等,可作为保温材料覆盖混凝土和模板,必要时,可搭设挡风保温棚或遮阳降温棚。在保温养护过程中,应对混凝土浇筑体的里表温差和降温速率进行现场监测,当实测结果不满足温控指标的要求时,应及时调整保温养护措施。

④ 高层建筑转换层的大体积混凝土施工,应加强养护,其侧模、底模的保温构造应在支模设计时确定。

⑤ 大体积混凝土结构若长时间暴露在自然环境中,易因收缩产生微裂缝,影响混凝土的外观质量。大体积混凝土拆模后,地下结构应及时回填土;地上结构应尽早进行装饰,不宜长期暴露在自然环境中。

思 考 题

1. 简述框架结构模板拆除的顺序。
2. 简述基础模板安装工艺流程。
3. 简述柱模板安装工艺流程。
4. 简述梁模板安装工艺流程。
5. 简述钢筋进场检验内容。
6. 简述直螺纹套筒连接施工工艺流程。
7. 简述独立基础钢筋绑扎工艺流程。
8. 简述柱钢筋绑扎的工艺流程。
9. 简述梁钢筋模外绑扎的工艺流程。
10. 简述板钢筋绑扎的工艺流程。
11. 混凝土实体质量检验内容有哪些?
12. 简述常见混凝土质量表面缺陷类型。

复 习 题

一、填空题

1. 钢筋混凝土结构工程由_____、_____和_____三部分组成。
2. 组合钢模板的部件主要由_____、_____、_____三大部分组成。
3. 钢筋代换方法有两种:_____代换和_____代换。
4. 钢筋的弯钩形式有三种,即_____、_____、_____。
5. 钢筋的连接方式有_____、_____、_____。

6. 弯起钢筋下料长度＝_____。

7. 拆模的顺序,当设计无规定时,可采取_____、_____、先拆非承重模板、后拆承重模板,并应从上而下进行拆除。

8. 钢筋进场时,应按国家现行相关标准的规定抽取试件做_____和_____检验,检验结果必须符合有关标准的规定。

9. 施工缝宜留设在结构_____且便于施工的部位。

10. 混凝土搅拌方法主要有_____和_____两种。工地施工一般均采用_____,因其搅拌混凝土质量均匀,大大减轻劳动力。

二、单选题

1. 柱模板的柱箍安装应自下而上进行,柱箍间距一般在( )。

A. 300～500 mm B. 400～500 mm

C. 400～600 mm D. 500～1 000 mm

2. 上层楼板正在浇筑混凝土时,下一层楼板的模板支柱不得拆除,再下一层楼板模板的支柱,仅可拆除一部分;跨度 4 m 及 4 m 以上的梁下均应保留支柱,其间距不大于( )。

A. 3 m B. 4 m C. 5 m D. 6 m

3. 对有抗震设防及设计有专门要求的结构构件,箍筋弯钩的弯折角度不应小于135°,弯折后平直部分长度不应小于箍筋直径的( )倍和75 mm 的较大值。

A. 5 B. 10 C. 15 D. 20

4. 每层柱第一个钢筋接头位置距楼地面高度不宜小于( )、柱高的1/6及柱截面长边(或直径)的较大值。

A. 300 mm B. 500 mm C. 800 mm D. 1 000 mm

5. 连续梁、板的上部钢筋接头位置宜设置在跨中 1/3 跨度范围内,下部钢筋接头位置宜设置在( )跨度范围内。

A. 跨中 1/3 B. 跨中 1/2 C. 梁端 1/3 D. 梁端 1/2

6. 混凝土自由倾落高度,浇筑柱、墙等竖向构件时,不应超过( )。如超过时,应采用串筒,溜管或振动溜管下落。

A. 1 m B. 2 m C. 3 m D. 5 m

7. 楼梯施工缝可留置在梯段板跨度( )的位置,一般取 3 步台阶。也有的将楼梯施工缝留置在平台梁上。

A. 端部 1/2 B. 端部 1/3

C. 中部 1/3 D. 中部 1/2

8. 在正常的施工条件下,每30～40 m 间距留出施工后浇带,带宽( ),后浇带内的钢筋应完好保存。

A. 300～500 mm B. 500～800 mm

C. 800～1 000 mm D. 1 000～1 200 mm

9. 混凝土浇筑前柱底部应先填以不大于( )厚,与混凝土配合比相同的水泥砂浆。

A. 30 mm B. 40 mm C. 50 mm D. 60 mm

10. 混凝土立方体抗压强度应以边长为 150 mm 的立方体试件在温度为（   ）、相对湿度为 90％以上的潮湿环境或水中的标准条件下经过 28 d 养护后试验确定。

A. （20±1）℃　　　　B. （20±2）℃　　　　C.（20±3）℃　　　　D. （20±5）℃

三、计算题

1. 某建筑物第一层楼共有 5 根 L-1 梁，梁的钢筋如下图所示，要求按图计算各钢筋下料长度并编制钢筋配料单。钢筋保护层厚度取 25 mm。

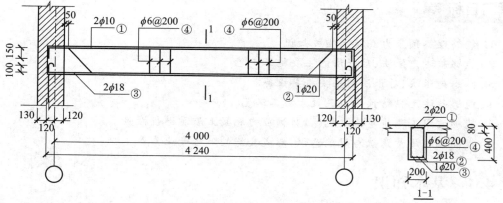

2. 已知 C20 混凝土的试验室配合比为：1∶2.55∶5.12，水灰比为 0.65，经测定砂的含水率为 3％，石子的含水率为 1％，每 1 m³ 混凝土的水泥用量 310 kg。

求：（1）施工配合比；

（2）每 1 m³ 混凝土的各原材料用量。

模块 4　预应力混凝土工程

学习目标

1. 能够理解预应力混凝土相关知识
2. 能够叙述先张法、后张法的主要施工工艺
3. 熟悉先张法、后张法的主要机具设备
4. 能够叙述无黏结预应力混凝土施工工艺
5. 能够运用工程质量验收规范，对预应力混凝土质量进行检验
6. 提高工程质量意识与规范意识，形成良好的工程专业素养

4.1　基本知识

我国预应力混凝土是从 20 世纪 50 年代开始推广应用，生产预应力混凝土屋架、吊车梁等工业厂房构件。几十年来，随着施工工艺的不断发展、高强混凝土、高强钢材的不断出现，预应力技术成功地运用在多层厂房、高层建筑、大型桥梁、大跨度薄壳结构、基础岩土工程、大跨度体育馆等技术难度较高的大型整体式或特种结构上。

4.1.1　预应力混凝土的概念

普通钢筋混凝土构件的刚度小、挠度大，要使混凝土不开裂，受拉钢筋的应力只能达到 30 MPa。对允许出现裂缝的构件，当裂缝宽度限制在 0.2～0.3 mm 时，受拉钢筋的应力也只能达到 200 MPa 左右。为了避免钢筋混凝土结构的裂缝过早出现，充分利用高强钢材，人们创造了对混凝土施加预应力的方法。

预应力混凝土即在结构(构件)受外力荷载作用前，在结构(构件)受拉区域，通过对预应力筋进行张拉后将其回弹力施加给混凝土，使受拉区混凝土受到一个预压应力，产生一定的压缩变形，从而使结构(构件)在使用阶段产生的拉应力首先抵消预压应力，从而推迟裂缝的出现和限制裂缝的开展，提高了结构(构件)的抗裂度和刚度。这种施加预压应力的混凝土，叫作预应力混凝土。

4.1.2　预应力混凝土的优缺点

1. 预应力混凝土的优点

与普通混凝土相比，预应力钢筋混凝土具有以下优点：

(1) 提高了混凝土的抗裂度和刚度

因为预应力的作用增加了混凝土的抗拉能力，可以使混凝土不致过早地出现裂纹，同时还可以按照构件的特点，使它在使用过程中不出现裂缝。同时由于预应力的作用，构件承受

荷载后,向下弯的程度减少,所以使混凝土的刚度提高。

(2) 增加构件的耐久性

预应力钢筋混凝土能避免构件结构出现裂缝,构件内的钢筋就不容易生锈,因而相应地延长了构件的使用年限。

(3) 减轻构件自重

由于结构刚度好,又采用了高强度钢筋,则同样的构件截面,同样的用钢量,便可以比普通的钢筋混凝土构件承受 1~2 倍以上的荷载。因此,在同等条件下与普通混凝土相比,减轻构件自重可达 20%~40%。

(4) 节约材料

由于受拉区钢筋要受到很大的拉应力,所以它必须使用高强度钢筋,从而相应地减少了钢筋的横截面积,节约了大量的钢材。如承载力相同,可比普通混凝土结构节约钢材 40%~50%、节约混凝土 20%~40%。

(5) 扩大了高、大、重型结构的预制装配化程度

预应力混凝土在建筑工程中得到了广泛的应用,到目前为止,预应力技术除用于单个构件,还发展到应用于预应力结构的阶段,如装配整体预应力板柱结构、无黏结预应力现浇平板结构、预应力薄板叠合板结构、大跨度部分预应力框架结构、无黏结预应力现浇结构、竖向预应力剪力墙结构等。

2. 预应力混凝土的缺点

预应力混凝土构件的生产工艺比普通钢筋混凝土构件复杂、技术要求高;需要有专门的张拉设备、灌浆机械、锚固装置等,以及专业的技术操作人员;同时施工工艺复杂、工人操作技术要求高;预应力混凝土结构的开工费用较大,对构件数量少的工程成本较高。

4.1.3　预应力混凝土的分类

预应力混凝土种类繁多,按照不同的分类标准,有不同的类别。

(1) 按施加预应力方式不同可分为:先张法预应力混凝土、后张法预应力混凝土。

(2) 按预应力的大小可分为:全预应力混凝土和部分预应力混凝土。

(3) 按预应力筋的黏结状态不同可分为:有黏结预应力混凝土和无黏结预应力混凝土。

(4) 按施工工艺不同可分为:预制预应力混凝土、现浇预应力混凝土和叠合预应力混凝土等。

4.1.4　预应力混凝土的材料

1. 预应力筋

预应力筋宜采用预应力钢丝、钢绞线和预应力螺纹钢筋(图 4.1)。预应力筋产品质量应符合现行国家标准《预应力混凝土用螺纹钢筋》(GB/T 20065)、《预应力混凝土用钢丝》(GB/T 5223)、《预应力混凝土用钢绞线》(GB/T 5224)等的规定。预应力筋的品种、级别、规格、数量必须符合设计要求。当预应力筋需要代换时,应进行专门计算,并应经原设计单位确认。

2. 混凝土

预应力混凝土一般要求混凝土强度等级不低于C30。当采用碳素钢丝、钢绞线、热处理

图 4.1 预应力筋

钢筋做预应力筋时，混凝土强度等级不低于 C40。目前，我国在重要的预应力结构中采用 C50～C80 的高强混凝土。

4.1.5 预应力混凝土的施工方法

目前，常见的预应力混凝土施工方法主要有先张法和后张法。

1. 先张法

先张法是指在台座或模板上先张拉预应力筋并用夹具临时固定，再浇筑混凝土，待混凝土达到一定强度后，放张预应力筋，通过预应力筋与混凝土的黏结力，使混凝土产生预压应力的施工方法。

先张法的主要施工过程为：通常是在浇筑混凝土前，在台座上或钢模上先张拉预应力筋，并用夹具将张拉完毕的预应力筋临时固定在台座的横梁上或钢模上，然后进行非预应力筋的绑扎，支设模板，浇筑混凝土，养护混凝土至规定强度（一般不低于混凝土设计强度标准值的 75%），保证预应力筋与混凝土之间有足够的黏结力时，放张或切断预应力筋，使预应力筋弹性回缩，依靠混凝土与预应力筋的黏结力，使混凝土在预应力筋的反弹力作用下，使构件受拉区的混凝土承受预压应力。图 4.2 为预应力混凝土构件先张法施工示意图。

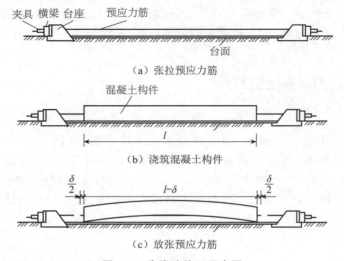

（a）张拉预应力筋

（b）浇筑混凝土构件

（c）放张预应力筋

图 4.2 先张法施工示意图

先张法的预应力主要是由预应力筋与混凝土之间的黏结力传递给混凝土。

先张法施工简单,靠黏结力自锚,不必耗费特制夹具,临时夹具可以重复使用,大批量生产时更经济,质量稳定。先张法以采用长的台座较为有利,最长有用到一百多米的,因此有时也称作长线法。

先张法适用于生产定型的中小型构件,如空心板、屋面板、吊车梁、檩条等。

2. 后张法

后张法是指在混凝土达到一定强度的构件或结构中,张拉预应力筋并用锚具永久固定,使混凝土产生预压应力的施工方法。

后张法主要施工过程为:施工时先制作构件,预留孔道,待构件混凝土强度达到设计规定的数值后,在孔道内穿入预应力筋进行张拉,并用锚具在构件端部将预应力筋锚固,最后进行孔道灌浆。图 4.3 为预应力混凝土后张法施工示意图。

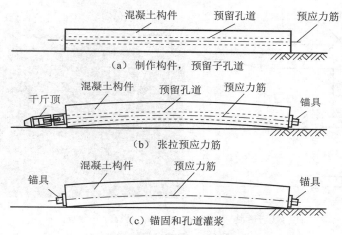

图 4.3　后张法施工示意图

后张法的张拉力主要是靠构件端部的锚具传递给混凝土,使混凝土产生预压应力。锚具作为预应力筋的组成部分,永远留置在构件中,不能重复使用。这样,不仅需要耗用钢材多,而且锚具加工要求高,费用昂贵,加上后张法工艺本身要预留孔道、穿筋、张拉、灌浆等因素,故施工工艺比较复杂,成本也比较高。

后张法适宜于在施工现场制作大型构件(如屋架等),以避免大型构件长途运输的麻烦。后张法除作为一种预加应力的工艺方法外,还可以作为一种预制构件的拼装手段。大型构件(如拼装式大跨度屋架)可以预制成小型块体,运至施工现场后,通过预加应力的手段拼装成整体;或各种构件安装就位后,通过预加应力手段,拼装成整体预应力结构。

4.2　先张法

4.2.1　先张法施工设备

先张法生产可采用台座法和机组流水法。台座法施工设备主要有台座、夹具和张拉设备。

1. 台座

台座法是构件在台座上生产，即预应力筋的张拉、固定、混凝土浇筑、养护和预应力筋的放松等工序均在台座上进行。采用机组流水法是利用钢模板作为固定预应力筋的承力架，构件连同模板通过固定的机组，按流水方式完成其生产过程。

台座是先张法施工张拉和临时固定预应力筋的支撑结构，它承受预应力筋的全部张拉力，是先张法的主要设备之一，因此要求台座具有足够的强度、刚度和稳定性。以免因台座的变形、倾覆和滑移而引起预应力的损失，以确保先张法生产构件的质量。台座按构造形式不同分为墩式台座和槽式台座两类，选用时应根据构件的种类、张拉吨位和施工条件而定。

（1）墩式台座

墩式台座由承力台墩、台面和横梁组成，目前常用现浇钢筋混凝土制成的由承力台墩与台面共同受力的台座，如图 4.4 所示。

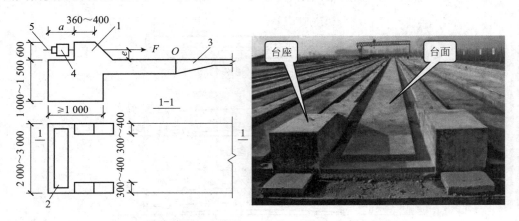

1—承力台墩；2—钢横梁；3—台面；4—锚具；5—预应力筋

图 4.4　墩式台座构造

墩式台座一般用于平卧生产的中小型构件，如屋架、空心板、平板等。台座的长度和宽度由场地大小、构件类型和产量而定。一般长度宜为 100～150 m，宽度宜为 2～4 m，这样既可利用钢丝长的特点，张拉一次可生产多根（块）构件，即可减少张拉及临时固定工作，又可以减少因钢丝滑动或台座横梁变形引起的预应力损失，故又称长线台座。

在台座的端部应留出张拉操作用地和通道，两侧要有构件运输和堆放的场地。台座稍有变形、滑移或倾角，均会引起较大的应力损失。台座设计时，应进行稳定性和强度验算。台座的承载力应根据构件张拉力的大小，可按台座每米宽的承载力为 200～500 kN 设计台座。

① 台墩。台墩一般由现浇钢筋混凝土做成。台墩应有合适的外伸部分，以增大力臂而减少台墩自重；台墩依靠自重和土压力平衡张拉力产生的倾覆力矩，依靠土的反力和摩阻力平衡张拉力产生的滑移；采用台墩与台面共同工作的做法，可以减小台墩的自重和埋深，减少投资、缩短台墩建造工期。台墩稳定性验算一般包括抗倾覆验算与抗滑移验算。当采用混凝土台面，并与台墩共同工作时，一般可不进行抗滑移验算，而应验算台面的承载能力。

② 横梁。台座的两端设置固定预应力钢丝的钢制横梁，一般用型钢制作，在设计横梁时，除考虑在张拉力的作用下有一定的强度外，应特别注意其变形，以减少预应力损失。台墩横梁的挠度不应大于 2 mm，且不得产生翘曲。预应力筋的定位板必须安装准确，其挠度不大

于 1 mm。

③台面。台面一般是在夯实的碎石垫层上浇筑一层厚度为 60～100 mm 的混凝土而成,是预应力混凝土构件成型的胎模。台面略高于地坪,表面应当平整光滑,以保证构件底面平整。为了防止台面开裂,台面伸缩缝可根据当地温差和经验设置,一般约为 10 m 设置一条,也可采用预应力混凝土滑动台面,不留施工缝。

(2) 槽式台座

槽式台座由端柱、传力柱、横梁、台面、砖墙等组成,既可承受张拉力,又可作蒸汽养护槽,适用于张拉吨位较大的大型构件,如吊车梁、屋架、薄腹梁等。

台座的长度一般为 45～76 m,宽度随构件外形及制作方式而定,一般不小于 1 m (图 4.5)。槽式台座一般与地面相平,以便运送混凝土和蒸汽养护,砖墙挡水和防水。端柱、传力柱的端面必须平整,对接接头必须紧密。

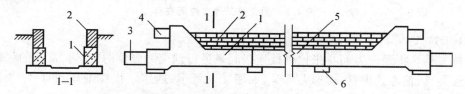

1—钢筋混凝土端柱;2—砖墙;3—下横梁;4—上横梁;5—传力柱;6—柱垫

图 4.5　槽式台座构造

槽式台座亦需进行强度和稳定性计算,端柱和传力柱的强度按钢筋混凝土结构偏心受压构件计算。槽式台座端柱抗倾覆力矩由端柱、横梁自重力及部分张拉力组成。

2. 夹具

夹具是预应力筋张拉和临时固定的锚固装置,可重复使用,用在先张法施工中。按其用途不同,可分为锚固夹具和张拉夹具。

(1) 锚固夹具

锚固夹具是将预应力筋临时固定在台座横梁上的工具。常用的锚固夹具有:钢质锥形锚固夹具、墩头锚固夹具、夹片式锚固夹具等。

钢质锥形锚固夹具是由中间开有锥形孔的套筒和刻有细齿的锥形齿板或锥销组成的 (图 4.6)。主要用来锚固直径为 3～5 mm 的单根预应力钢丝。

墩头锚固夹具是将钢丝端部冷墩或热墩形成粗头,通过承力板或梳筋板锚固(图 4.7)。主要适用于预应力钢丝固定端的锚固。

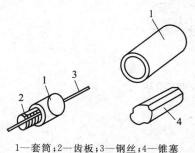

1—套筒;2—齿板;3—钢丝;4—锥塞

图 4.6　钢质锥形锚固夹具

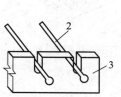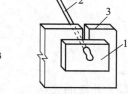

1—垫片;2—墩头钢丝;3—承力板

图 4.7　墩头锚固夹具

夹片式锚固夹具是由套筒和夹片组成(图 4.8)。其型号有 YJ12、YJ14,适用于先张法;用 YC-8 型千斤顶张拉时,适用于锚固直径为 12 mm、14 mm 的单根冷拉 HRB335、HRB400、RRB400 级钢筋。

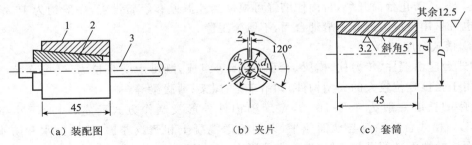

(a)装配图　　　　　(b)夹片　　　　　(c)套筒

1—套筒;2—夹片;3—预应力筋

图 4.8　圆套筒三片式锚固夹具

(2)张拉夹具

张拉夹具是将预应力筋与张拉机械连接起来进行预应力张拉的工具。常用的张拉夹具有月牙形夹具、偏心式夹具、楔形夹具等,如图 4.9 所示,适用于张拉钢丝和直径 16 mm 以下的钢筋。

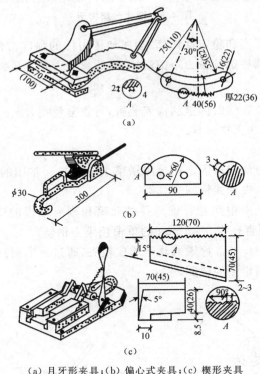

(a)月牙形夹具;(b)偏心式夹具;(c)楔形夹具

图 4.9　张拉夹具

(3)夹具的要求

①具有良好的自锁性能。即锥销、齿板、楔块打入后不会反弹而脱出的能力。

②具有良好的自锚性能。是预应力筋张拉中能可靠地锚固而不被从夹具中拉出的

能力。

③ 具有可靠的静载锚固性能。锚具的静载锚固性能应符合 I 类锚具的效率系数 $\eta_a \geqslant$ 0.95 的要求。

④ 具有良好的松锚性能。

⑤ 具有安全的重复使用性能。

⑥ 当预应力夹具组装件达到实际极限拉力时,全部零件不应出现肉眼可见的裂缝和破坏。

3. 张拉设备

张拉设备要求工作可靠,控制应力准确,能以稳定的速率加大拉力。先张法中常用的张拉设备有:YC-20 型穿心式千斤顶、电动螺杆张拉机、液压张拉机等。

张拉机械应装有测力仪表,以准确建立张拉力。张拉设备应由专人使用和保管,并定期维护与标定。

（1）穿心式千斤顶

穿心式千斤顶用于直径 12～20 mm 的单根钢筋、钢绞线或钢丝束的张拉。用 YC-20 型穿心式千斤顶(图 4.10)张拉时,高压油泵启动,从后油嘴进油,前油嘴回油,被偏心夹具夹紧的钢筋随液压缸的伸出而被拉伸。YC-20 型穿心式千斤顶的最大张拉力为 20 kN,最大行程为 200 mm。

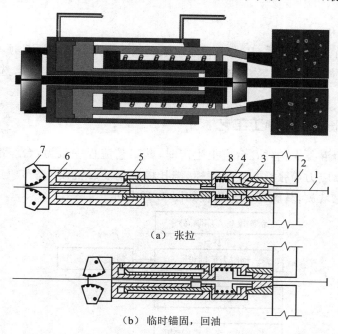

（a）张拉

（b）临时锚固,回油

1—钢筋;2—台座;3—穿心式夹具;4—弹性顶压头;5、6—油嘴;7—偏心式夹具;8—弹簧

图 4.10 YC-20 型穿心式千斤顶

（2）电动螺杆张拉机

电动螺杆张拉机由螺杆、电动机、变速箱、测力计及顶杆等组成(图 4.11)。可单根张拉预应力钢丝或钢筋。张拉时,顶杆支于台座横梁上,用张拉夹具夹紧钢筋后,开动电动机,由皮带、齿轮传动系统使螺杆作直线运动,从而张拉钢筋。这种张拉的特点是运行稳定,螺杆有自锁性能,故张拉机恒载性能好,速度快,张拉行程大。

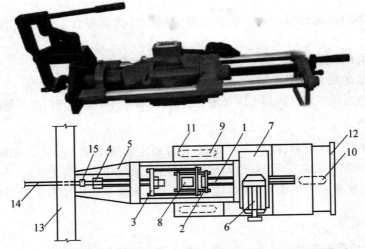

1—螺杆;2、3—拉力架;4—张拉夹具;5—顶杆;6—电动机;7—减速箱;
8—测力计;9、10—胶轮;11—底盘;12—手柄;13—横梁;14—钢筋;15—锚固夹具

图 4.11　电动螺杆张拉机

（3）液压张拉机

液压张拉机由液压千斤顶、压力表和液压泵组成。常用的液压千斤顶有拉杆式千斤顶、穿心式千斤顶、锥锚式千斤顶等,应根据预应力筋的张拉力和锚具类型来选择和确定液压千斤顶的类型。

4.2.2　先张法主要施工工艺

先张法预应力混凝土构件在台座上生产时,其工艺流程一般为:台座准备,刷隔离剂→预应力筋铺设→预应力筋张拉→安装侧模,绑扎横向钢筋→混凝土浇筑与养护→预应力筋放张→脱模、出槽、堆放,其施工工艺流程如图 4.12 所示。

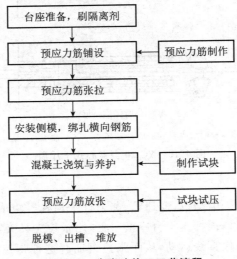

图 4.12　先张法施工工艺流程

1. 台座准备,刷隔离剂

预应力筋铺设前应先清理台座上的杂物,并刷好台面的隔离层,隔离剂应选用非油质类模板隔离剂,不得使预应力筋受污,以免影响预应力筋与混凝土的黏结。涂刷隔离剂是为了便于脱模,因此在施工过程中应采取对应措施防止雨水冲刷台面上的隔离剂。

2. 预应力筋铺设

预应力钢丝和钢绞线下料,应采用砂轮切割机,不得采用电弧切割。预应力钢丝采用镦头夹具时,应采用相应的镦头工艺。如果铺设过程中预应力筋遭受污染,应使用适宜的溶剂加以清洗干净。

3. 预应力筋张拉

预应力筋张拉应根据设计要求,采用合适的张拉方法、张拉顺序和张拉程序进行,并应有可靠的质量保证措施和安全技术措施。预应力筋张拉如图 4.13 所示。

图 4.13　预应力筋张拉

（1）张拉控制应力

预应力筋张拉控制应力是指在张拉预应力筋时所达到的规定应力,应按设计规定采用。张拉控制应力的数值直接影响预应力的效果,施工中预应力筋需要超张拉时,预应力筋的张拉力可比设计要求提高 3%～5%,但最大张拉控制应力应符合表 4-1 的规定。

表 4-1　最大张拉控制应力

钢筋种类	张拉控制应力	
	先张法	后张法
碳素钢丝、刻痕钢丝、钢绞线	$0.80f_{ptk}$	$0.75f_{ptk}$
热处理钢筋、冷拔低碳钢丝	$0.75f_{ptk}$	$0.70f_{ptk}$
冷拉钢筋	$0.95f_{pyk}$	$0.90f_{pyk}$

注:1. f_{ptk}——预应力筋极限抗拉强度标准值（N/mm²）。

　2. f_{pyk}——预应力筋屈服强度标准值（N/mm²）。

（2）张拉程序

预应力筋的张拉程序有两种:

第一种：$0 \rightarrow 1.03\sigma_{con}$。

第二种：$0 \rightarrow 1.05\sigma_{con} \xrightarrow{\text{持荷 2 min}} \sigma_{con}$。

其中，σ_{con} 为张拉控制应力，一般由设计而定。

第一种张拉程序中，超张拉 3% 是为了弥补预应力筋的松弛损失，这种张拉程序施工简便，一般采用较多。

第二种张拉程序中，超张拉 5% 并持荷 2 min，其目的是减少预应力筋的松弛损失。钢筋松弛的数值与控制应力和延续时间有关，控制应力高松弛也大，同时还随着时间的延续而增加，但在第 1 min 内完成损失总值的 50% 左右，24 h 内则完成 80%。上述程序中，超张拉 5%σ_{con}，并持荷 2 min 可以减少 50% 以上的松弛损失。

（3）张拉方法

预应力筋张拉方法有单根张拉和多根成组张拉。单根张拉生产效率低，对预应力筋过密或间距不够大时，张拉和锚固较困难，但单根张拉所用设备构造简单，应力均匀且容易保证；多根成组张拉效率高，但所用设备构造复杂，且需要较大的张拉力。在选用张拉方法时，应根据实际情况确定，一般预制厂常采用多根成组张拉方法，施工现场常采用单根张拉方法。

（4）张拉顺序

预应力筋的张拉顺序应符合设计要求，并应符合下列规定：张拉顺序应根据结构受力特点、施工方便及操作安全等因素确定；预应力筋张拉宜符合均匀、对称的原则；对现浇预应力混凝土楼盖，宜先张拉楼板、次梁的预应力筋，后张拉主梁的预应力筋；对预制屋架等平卧叠浇构件，应从上而下逐榀张拉。

4. 安装侧模，绑扎横向钢筋

预应力钢筋张拉完成后即可安装侧面模版，绑扎横向钢筋，其绑扎与普通钢筋的绑扎要求相同，要特别注意钢筋绑扎时不可踩踏预应力钢筋，以防预应力钢筋出现松弛。

5. 混凝土浇筑与养护

为了减少预应力损失，在设计配合比时应考虑减小混凝土的收缩和徐变。应采用低水灰比，控制水泥用量，采用良好的级配及振捣密实。振捣混凝土时，振动器不得碰撞预应力钢筋。混凝土未达到一定强度前也不允许碰撞和踩动预应力筋，以保证预应力筋与混凝土有良好的黏结力。混凝土浇筑必须一次完成，不允许留设施工缝。

预应力混凝土可采用自然养护和湿热养护。当采用湿热养护时应采取正确的养护措施，以减少由温差引起的预应力损失。在台座生产的构件采用湿热法养护时，由于温度升高后，预应力筋膨胀而台座长度并无变化，因而预应力筋的应力减少。在这种情况下混凝土逐渐硬结，则在混凝土硬化前预应力筋由于温度升高而引起的应力降低将无法恢复，形成温差应力损失。因此，为了减少温差引起的预应力损失，一般采用两次升温的措施：初次升温在混凝土尚未结硬时，初次升温的温度控制在 20 ℃ 以内；第二次升温在混凝土构件具备一定的强度（7.5～10 MPa）时，将温度升至养护温度进行养护。

用机组流水法钢模制作预应力构件，因湿热养护时钢模与预应筋同样伸缩，所以不存在因温差引起的预应力损失。

6. 预应力筋放张

（1）放张要求

放张预应力筋时，混凝土应达到设计要求的强度。如设计无要求时，应不得低于设计混凝土强度等级的 75%，同时不应低于 30 MPa。

放张预应力筋前应拆除构件的侧模，使放张时构件能自由压缩，以免模板损坏或造成构件开裂。对有横肋的构件（如大型屋面板），其横肋断面应有适宜的斜度，也可以采用活动模板以免放张时构件端肋开裂。

（2）放张顺序

预应力筋的放张顺序，应满足设计要求，如设计无要求时应满足下列规定：

① 宜采取缓慢放张工艺进行逐根或整体放张。

② 对轴心受预压构件（如压杆、桩等），所有预应力筋宜同时放张。

③ 对受弯或偏心受预压构件（如梁等），应先同时放张预压力较小区域的预应力筋，再同时放张预压力较大区域的预应力筋。

④ 当不能按上述规定放张时，应分阶段、对称、相互交错地放张，以防止在放张过程中构件发生翘曲、裂纹及预应力筋断裂等现象。

⑤ 放张后，预应力筋的切断顺序，宜从张拉端开始逐次切向另一端。

（3）放张方法

配筋不多的中小型构件，钢丝可用砂轮锯或切断机等方法放张。配筋多的钢筋混凝土构件，钢丝应同时放张。如逐根放张，最后几根钢丝将由于承受过大的拉力而突然断裂，且构件端部容易开裂。

对预应力筋为钢丝或细钢筋的板类构件，放张时可直接用钢丝钳或氧炔焰切割，并宜从生产线中间处切断，以减少回弹量，且有利于脱模；对每一块板，应从外向内对称放张，以免构件扭转两端开裂；消除应力钢丝、钢绞线不得用电弧切割，宜用砂轮锯或切断机切断。

对预应力筋数量较少的粗钢筋的构件，可采用氧炔焰在烘烤区轮换加热每根粗钢筋，使其同步升温，此时钢筋内力徐徐下降，外形慢慢伸长，待钢筋出现缩颈，即可切断，此法应采取隔热措施，防止烧伤构件端部混凝土。

对预应力筋配置较多的构件，不允许采用剪断或割断等方式突然放张，以避免最后放张的几根预应力筋产生过大的冲击而断裂，致使构件开裂。为此应采用千斤顶或在台座与横梁之间设置楔块（图 4.14）和砂箱（图 4.15），或在准备切割的一端预先浇筑一块混凝土块（作为切割时冲击力的缓冲体，使构件不受或少受冲击）进行缓慢放张。

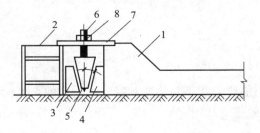

1—台座；2—横梁；3、4—钢块；5—楔块；
6—螺杆；7—承力板；8—螺母
图 4.14　楔块放张

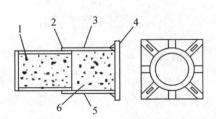

1—活塞；2—钢套箱；3—进砂口；
4—套箱底板；5—出砂口；6—砂
图 4.15　砂箱构造图

采用千斤顶逐根放张方法,应拟定合理的放张顺序并控制每一循环的放张力,以免构件在放张过程中受力不均;防止先放张的预应力筋引起后放张的预应力筋内力增大,而造成最后几根拉不动或拉断。在四横梁长线台座上,也可用台座式千斤顶推动拉力架逐步放大螺杆上的螺母,达到整体放张预应力筋的目的。

采用楔块放张方法,其放张装置宜用于张拉力不大的情况,一般以不大于 300 kN 为宜。采用楔块放张时,旋转螺母使螺杆向上运动,带动楔块向上移动,钢块间距变小,横梁向台座方向移动,从而同时放张预应力筋。

采用砂箱放张方法,在预应力筋张拉时,箱内砂被压实,承受横梁的反力,预应力筋放张时,将出砂口打开,砂慢慢流出,从而使整批预应力筋徐徐放张。箱中应采用干砂,并有一定级配,例如其细度通过 50 号及 30 号标准筛的砂,按 6∶4 的级配使用,这样既能保证砂子不易压碎造成流不出的现象,又可减少砂的空隙率,从而减少使用时砂的压缩值,减小预应力损失。此放张方法能控制放张速度,工作可靠、施工方便,可用于张拉力大于 1 000 kN 的情况。图 4.16 的砂箱是按 1 600 kN 设计的一个例子,它由钢制套箱及活塞(套箱内径比活塞外径大 2 mm)等组成,内装石英砂或铁砂。当张拉钢筋时,箱内砂被压实,承担着横梁的反力。放松钢筋时,将出砂口打开,使砂缓慢流出,从而达到缓慢放张的目的。

为了检查构件放张时钢丝与混凝土的黏结是否可靠,切断钢丝时应测定钢丝回缩情况。钢丝回缩值的简易测试方法是在板端贴玻璃片和在靠近板端的钢丝上贴胶带纸,用游标卡尺读数,其精度可达 0.1 mm。钢丝回缩值:对冷拔低碳钢丝不应大于 0.6 mm,对碳素钢不应大于 1.2 mm。如果最多只有 20% 的测试数据超过上述规定值的 20%,则检查结果是合格的。否则应加强构件端部区域分布钢筋、提高放张时混凝土强度等。

7. 脱模、出槽、堆放

预应力钢筋放张后,预应力构件即可脱模、出槽,并起吊、堆放。构件起吊时不得发生扭曲和损坏,堆放场地应平整、坚实,构件叠放时垫块要上下对准。

4.3　后张法

后张法不需要台座设备,大型构件可分块制作,运到现场拼装,利用预应力筋连成整体。因此,后张法灵活性大;但工序较多,锚具耗钢量较大。对于块体拼装构件,还应增加块体验收、拼装、立缝灌浆和连接板焊接等工序。

4.3.1　后张法施工设备

1. 锚具

锚具是后张法结构或构件中为保持预应力筋拉力并将其传递到混凝土上用的永久性锚固装置,锚具必须安全可靠、使用方便,有足够的强度和刚度。锚具应有出厂证明书,进场时应对锚具进行外观、硬度检验和锚固性能试验。

后张法所用锚具根据锚固钢筋种类或钢丝的数量,可分为单根粗钢筋锚具、钢筋束和钢绞线束锚具、钢丝束锚具三种类型。

（1）单根粗钢筋锚具

单根粗钢筋作为预应力筋时，张拉端采用螺丝端杆锚具，固定端采用帮条锚具或镦头锚具。

① 螺丝端杆锚具。由螺丝端杆、螺母及垫板组成（图 4.16），是单根预应力粗钢筋张拉端常用的锚具，适用于锚固直径不大于 36 mm 的热处理钢筋（冷拉 HRB335、HRB400、RRB400 级钢筋）。

螺丝端杆锚具的特点是将螺丝端杆与预应力筋对焊成一个整体，用张拉设备张拉螺丝杆，用螺母锚固预应力钢筋。螺丝端杆锚具的强度不得低于预应力钢筋的抗拉强度实测值。螺丝端杆可采用与预应力钢筋同级冷拉钢筋制作，也可采用冷拉或热处理 45 号钢制作。端杆的长度一般为 320 mm，当构件长度超过 30 m 时，一般采用 370 mm；其净截面积应大于或等于所对焊的预应力钢筋截面面积。对焊应在预应力钢筋冷拉前进行，以检验焊接质量。冷拉时螺母的位置应在螺丝端杆的端部，经冷拉后螺丝端杆不得发生塑性变形。

② 帮条锚具。由方形衬板和三根帮条焊接而成（图 4.17），是单根预应力粗钢筋固定端用锚具。帮条采用与预应力钢筋同级别的钢筋，衬板采用 HPB235 钢板。

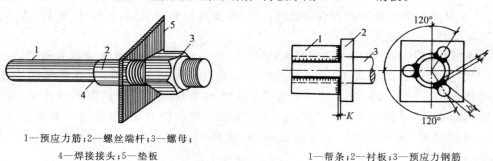

1—预应力筋；2—螺丝端杆；3—螺母；
4—焊接接头；5—垫板

图 4.16　螺丝端杆锚具

1—帮条；2—衬板；3—预应力钢筋

图 4.17　帮条锚具

帮条安装时，三根帮条应互成 120°，其与衬板相接触的截面应在一个垂直平面上，以免受力时产生扭曲。帮条的焊接可在预应力钢筋冷拉前或冷拉后进行，施焊方向应由里向外，引弧及熄弧均应在帮条上，严禁在预应力钢筋上引弧，且严禁将地线搭在预应力钢筋上。

③ 镦头锚具。镦头锚具是由镦头和垫板组成，一般直接在预应力筋端部热镦、冷镦或锻打成型。当预应力筋直径在 22 mm 以内时，端部镦头可用对焊机热镦；当钢筋直径较大时，可采用加热锻打成型。

（2）钢筋束和钢绞线束锚具

钢筋束、钢绞线束作为预应力筋时，使用的锚具有 JM 型、QM 型、XM 型、KT-Z 型等锚具。

① JM 型锚具。由锚环与夹片组成（图 4.18）。JM 型锚具的夹片属于分体组合型，组合起来的夹片形成一个整体截锥形楔块，可以锚固多根预应力筋，因此锚环是单孔的。锚固时，用穿心式千斤顶张拉钢筋后随即顶进夹片。JM 型锚具的特点是尺寸小、端部不需扩孔，锚下构造简单，但对吨位较大的锚固单元不能胜任，故 JM 型锚具主要用于 4～6 根 $\phi^s 12$ 和 $\phi^s 15$ 钢绞线束，也可兼做工具锚重复使用，但以使用专用工具锚为好。

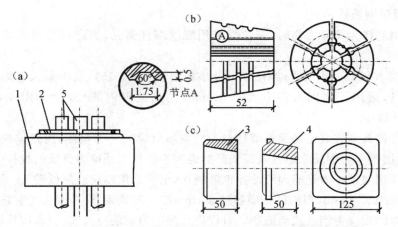

(a) JM12 型锚具；(b) JM12 型锚具的夹片；(c) JM12 型锚具的锚环

1—锚环；2—夹片；3—圆锚环；4—方锚环；5—预应力钢丝束

图 4.18　JM 型锚具

JM 型锚具根据所锚固的预应力筋的种类、强度及外形的不同，其尺寸、材料、齿形及硬度等有所差异，使用时应注意。

② XM 型锚具。由锚板和夹片组成，如图 4.19 所示。锚板尺寸由锚孔数确定，锚孔沿锚板圆周排列，中心线倾角 1：20，与锚板顶面垂直。夹片为 120°，均分斜开缝三片式。开缝沿轴向的偏转角与钢绞线的扭角相反。XM 型锚具既适用于锚固钢绞线束，又适用于锚固钢丝束，即可锚固单根预应力筋，又可锚固多根预应力筋；当适用于多根预应力筋时既可单根张拉，逐根锚固，又可成组张拉，成组锚固，即可用作工作锚，又可用作工具锚。

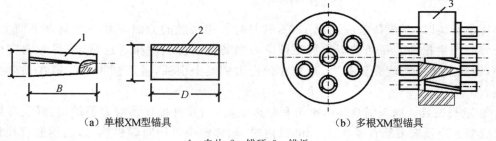

(a) 单根XM型锚具　　　　　　　　(b) 多根XM型锚具

1—夹片；2—锚环；3—锚板

图 4.19　XM 型锚具

XM 型锚具的特点是每根钢绞线都是分开锚固的，任何一根钢绞线的锚固失效（如钢绞线拉断、夹片碎裂等），不会引起整束锚固失效。

③ QM 型锚具。也是由锚板与夹片组成（图 4.20）。但与 XM 型锚具不同之处：锚孔是直的，锚板顶面是平的，夹片垂直开缝，备有配套喇叭形铸铁垫板与弹簧圈等。由于灌浆孔设在垫板上，锚板尺寸可稍小。

QM 型锚具适用于锚固 4～31 根 ϕ^s12 和 3～19 根 ϕ^s15 钢绞线束。QM 型锚具备配套自动工具锚，张拉和退出十分方便，张拉时要使用 QM 型锚具的配套限位器。

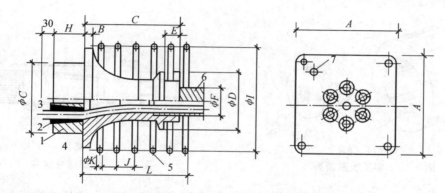

1—锚板；2—夹片；3—钢绞线；4—喇叭形垫板；5—弹簧圈；6—预留孔道用的波纹管；7—灌浆孔

图 4.20　QM 型锚具及配件

④ KT-Z 型锚具(可锻铸铁锥形锚具)。由锚环与锚塞组成(图 4.21)。适用于锚固 3～6 根直径 12 mm 的预应力钢筋束或钢绞线束。锚环和锚塞均用 KT37-12 或 KT35-10 可锻铸铁铸造成型。

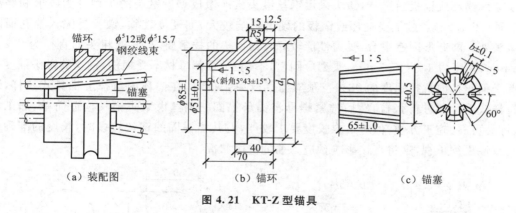

（a）装配图　　　　　　　　（b）锚环　　　　　　　　（c）锚塞

图 4.21　KT-Z 型锚具

（3）钢丝束锚具

钢丝束一般由几根到几十根直径为 3～5 mm 的碳素钢丝经编束制作而成,作为预应力筋时,采用的锚具主要有:钢质锥形锚具、锥形螺杆锚具、钢丝束镦头锚具、XM 型锚具和 QM 型锚具等。

① 钢质锥形锚具。又称弗氏锚具,由锚环和锚塞组成(图 4.22)。适用于锚固 6 根、12 根、18 根与 24 根 $\phi^s 5$ 钢丝束。锚环采用 45 号钢制作,锚塞采用 45 号钢或 T7、T8 碳素工具钢制作。锚环与锚塞的锥度应严格保证一致。锚环与锚塞配套时,锚环锚形孔与锚塞的大小头只允许同时出现正偏差或负偏差。钢质锥形锚具尺寸按钢丝数量确定。

② 锥形螺杆锚具。由锥形螺杆、套筒、螺帽、垫板组成(图 4.23)。适用于锚固 14～28 根 $\phi^s 15$ 钢丝束。使用时,先将钢丝束均匀整齐地紧贴在螺杆锥体部分,然后套上套筒,用拉杆式千斤顶使端杆锥通过钢丝挤压套筒,从而锚紧钢丝。由于锥形螺杆锚具不能自锚,必须事先加力顶压套筒才能锚固钢丝。

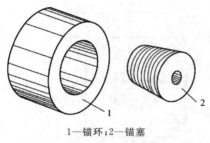

1—锚环；2—锚塞

图 4.22　钢质锥形锚具

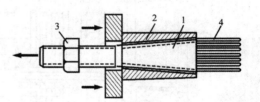

1—锥形螺杆；2—套筒；3—螺帽；4—预应力钢丝束

图 4.23　锥形螺杆锚具

③ 钢丝束镦头锚具。适用于锚固任意根数 ϕ^s15 钢丝束。镦头锚具的型式与规格，可根据需要自行设计。常用的镦头锚具为 A 型和 B 型(图 4.24)。A 型由锚环与螺母组成，用于张拉端；B 型为锚板，用于固定端；利用钢丝两端的镦头进行锚固。

锚环与锚板采用 45 号钢制作，螺母采用 30 号钢或 45 号钢制作。锚环与锚板上的孔数由钢丝根数而定，孔洞间距应力求准确，尤其要保证锚环内螺纹一面的孔距准确。钢丝镦头要在穿入锚环或锚板后进行，镦头采用钢丝镦头机冷镦成型。镦头的头型分为鼓形和蘑菇形两种(图 4.25)。鼓形受锚环或锚板的硬度影响较大，如硬度较软，镦头易陷入锚孔而断于镦头处。蘑菇形因有平台，受力性能较好。对镦头的技术要求为：镦粗头的直径为 7.0～7.5 mm，高度为 4.8～5.3 mm，头型应圆整，不偏歪，颈部母材不受损伤，钢丝的镦头强度不得低于钢丝标准抗拉强度的 98%。预应力钢丝束张拉时，在锚环内口拧上工具式拉杆，通过拉杆式千斤顶进行张拉，然后拧紧螺母将锚环锚固。钢丝束镦头锚具构造简单、加工容易、锚夹可靠、施工方便，但对下料长度要求较严，尤其当锚固的钢丝较多时，长度的准确性和一致性更须重视，这将直接影响预应力筋的受力状况。

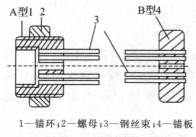

1—锚环；2—螺母；3—钢丝束；4—锚板

图 4.24　钢丝束镦头锚

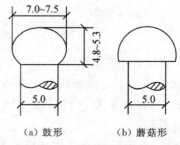

(a) 鼓形　　(b) 蘑菇形

图 4.25　镦头头型

(4) 锚具质量检验

预应力筋锚具、夹具和连接器，应有出厂合格证，进场时应按下列规定进行验收：

① 验收批。在同种材料和同一生产条件下，锚具、夹具应以不超过 2 000 套组为一个验收批；连接器应以不超过 500 套组为一个验收批。获得第三方独立认证的产品，其检验批的批量可扩大 1 倍。

② 外观检查。应从每批产品中抽取 2‰且不少于 10 套的锚具样品，其外形尺寸应符合产品质量保证书所示的尺寸范围，且表面不得有裂纹及锈蚀；当有下列情况之一时，应对本产品的外观逐套检查，合格者方可进入后续检验：a. 当有 1 个零件不符合产品质量保证书

所示的外形尺寸,应另取双倍数量的零件重做检查,仍有 1 件不合格的;b.当有 1 个零件表面有裂纹或夹片、锚孔锥面有锈蚀,对配套使用的锚垫板和螺旋筋可按上述方法进行外观检查,但允许表面有轻度锈蚀。

③ 硬度检查。对有硬度要求的锚具零件,应从每批产品中抽取 3‰且不少于 5 套的样品(多孔夹片式锚具的夹片,每套应抽取 6 片)进行检验,硬度值应符合产品质量保证书的规定;当有 1 个零件不符合时,应另取双倍数量的零件重做检验;在重做检验中如仍有 1 个零件不符合的,应对该批产品逐个检验,符合者方可进入后续检验。

④ 静载锚固性能试验。应在外观检查和硬度检验均合格的锚具中抽取样品,与相应规格和强度等级的预应力筋组装成 3 个预应力筋锚具组装件,进行静载锚固性能试验。

2. 张拉机械

后张法的张拉机械应根据锚具的形式进行选择,常用的张拉机械有:拉杆式千斤顶、穿心式千斤顶、锥锚式千斤顶等。

(1)拉杆式千斤顶

拉杆式千斤顶的构造及工作过程如图 4.26 所示。拉杆式千斤顶适用于以螺丝端杆锚具为张拉锚具的粗钢筋和配有镦头锚具的钢丝束。

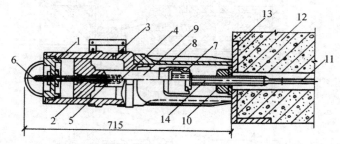

1—主缸;2—主缸活塞;3—主缸油嘴;4—副缸;5—副缸活塞;6—副缸油嘴;7—连接器;8—顶杆;
9—拉杆;10—螺帽;11—预应力筋;12—混凝土构件;13—预埋钢板;14—螺丝端杆

图 4.26　拉杆式千斤顶构及工作过程造示意图

拉杆式千斤顶张拉预应力筋时,首先使连接器与预应力筋的螺丝端杆相连接,顶杆支撑在构件端部的预埋钢板上。高压油由 3 进入主缸时,则推动主缸活塞向左移动,并带动拉杆和连接器以及螺丝端杆同时向左移动,对预应力筋进行张拉。达到张拉力时,拧紧预应力筋的螺帽,将预应力筋锚固在构件的端部。高压油再由 6 进入副缸,推动副缸使主缸活塞和拉杆向右移动,使其恢复初始位置。此时主缸的高压油流回高压泵中去,完成一次张拉过程。

(2)穿心式千斤顶

穿心式千斤顶适用性很强,适用于张拉 JM12 型、QM 型、XM 型的预应力钢丝束、钢筋束和钢绞线束。YC-60 型穿心式千斤顶(图 4.27)是目前我国预应力混凝土构件施工中应用最为广泛的张拉机械。YC-60 型穿心式千斤顶加装撑脚、张拉杆和连接器后,就可以张拉以螺丝端杆锚具为张拉锚具的单根粗钢筋,张拉以锥形螺杆锚具和 DM5A 型镦头锚具为张拉锚具的钢丝束。YC-60 型穿心式千斤顶增设顶压分束器,就可以张拉以 KT-Z 型锚具为张拉锚具的钢筋束和钢绞线束。

张拉时,高压油由张拉缸油嘴 A 进入张拉工作油室Ⅰ,活塞 2 顶住构件后油缸 1 左移;同时油嘴 B 开启,油室Ⅲ回油,完成张拉。关闭 A,高压油由 B 经 C 进入油室Ⅱ,活塞 3 右移,顶压夹片或锚塞,锚固钢筋。完成张拉顶压后,开启 A、B 继续进油,油缸 1 右移、恢复到初始位置;开启 B,弹簧 4 使活塞 3 恢复到初始位置。

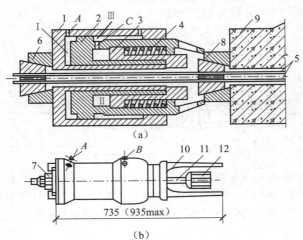

1—张拉油缸;2—顶压油缸(张拉活塞);3—顶压活塞;4—弹簧;5—预应力筋;6—工具式锚具;
7—螺帽;8—工作锚具;9—混凝土构件;10—顶杆;11—拉杆;12—连接器;Ⅰ—张拉工作油室;
Ⅱ—顶压工作油室;Ⅲ—张拉回程油室;A—张拉缸油嘴;B—顶压缸油嘴;C—油孔

图 4.27 YC-60 型穿心式千斤顶构造示意图

（3）锥锚式千斤顶

锥锚式千斤顶适用于张拉以 KT-Z 型锚具为张拉锚具的钢筋束和钢绞线束及以钢质锥形锚具为张拉锚具的钢丝束。

其张拉工作原理如图 4.28 所示。张拉时,楔块 10 锚固钢筋 1,高压油由油嘴 11 进入主缸,主缸带动钢筋左移,完成张拉。关闭 11,高压油由 12 进入副缸,副缸活塞及顶压头 2 右移,顶压锚塞,锚固钢筋。完成张拉顶压后,主缸、副缸回油,弹簧 7、8 使主缸、副缸恢复到初始位置,放松楔块 10,拆下千斤顶。

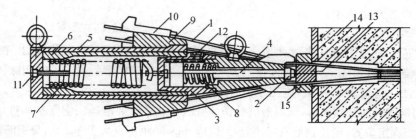

1—预应力筋；2—顶压头；3—副缸；4—副缸活塞；5—主缸；6—主缸活塞；7—主缸拉力弹簧；8—副缸压力弹簧；
9—锥形卡环；10—楔块；11—主缸油嘴；12—副缸油嘴；13—锚塞；14—构件；15—锚环

图 4.28　锥锚式千斤顶构造示意图

4.3.2　后张法主要施工工艺

后张法施工工艺流程如图 4.29 所示，其中最重要的施工工艺为：埋管预留孔道、预应力筋穿束、预应力筋张拉和孔道灌浆等四部分。

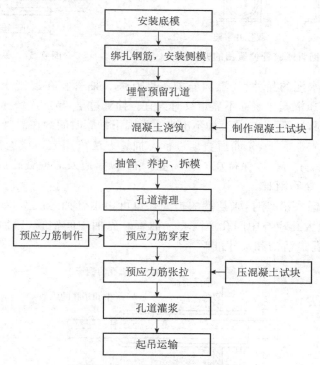

图 4.29　后张法施工工艺流程

1. 埋管预留孔道

埋管预留孔道即孔道留设。孔道留设是后张法构件制作中的关键工作。对孔道成型的基本要求是：孔道的尺寸与位置应正确，孔道应平顺，接头不漏浆，端部预埋钢板应垂直于孔道中心线等。孔道成型的质量，对孔道摩阻损失的影响较大，应严格把关。

预应力筋的孔道形状有直线、曲线和折线三种。预应力筋的孔道可采用钢管抽芯、胶管抽芯和预埋管等方法成型。

（1）钢管抽芯法

钢管抽芯一般用于留设直线孔道。预先将钢管埋设在模板内孔道位置处,在混凝土浇筑过程中和浇筑后,每隔一定时间慢慢转动钢管,待混凝土初凝后、终凝前抽出钢管,即形成孔道。为保证孔道留设的质量,施工中应注意以下几点:

① 所用钢管表面必须圆滑,预埋前应除锈、刷油,安放位置要准确。钢管在构件中用钢筋井字架(图 4.30)固定位置,定位钢筋直径不宜小于 10 mm,间距不宜大于 1.2 m,与钢筋骨架扎牢。

② 两根钢管接头处可用 0.5 mm 厚铁皮做成的套管连接(图 4.31),套管内表面要与钢管外表面紧密贴合,以防漏浆堵塞孔道。钢管一端钻 16 mm 的小孔,以备插入钢筋棒,转动钢管。抽管前每隔 10～15 min 应转管一次。如发现表面混凝土产生裂纹,应用铁抹子压实抹平。

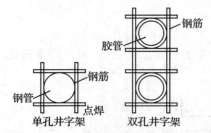

图 4.30　固定钢管或胶管位置用的井字架

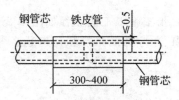

图 4.31　铁皮套管

③ 抽管时间与水泥的品种、气温和养护条件有关。抽管宜在混凝土初凝之后、终凝以前进行,以用手指按压混凝土表面不显指纹时为宜。抽管过早,易造成坍孔事故;抽管太迟,混凝土与钢管黏结牢固,抽管困难,甚至抽不出来。常温下抽管时间约在混凝土灌筑后 3～5 h。

④ 抽管顺序宜先上后下、先曲后直地进行。抽管方法可用人工或卷扬机。抽管时必须速度均匀、边抽边转,并与孔道保持在一直线上。抽管后,应及时检查孔道情况,并做好孔道清理工作,防止以后穿筋困难。

⑤ 采用钢丝束镦头锚具时,张拉端的扩大孔也可用钢管抽芯成型,如图 4.32 所示。留孔时应注意,端部扩大孔应与中间孔道同心。抽管时先抽中间钢管,后抽扩孔钢管,以免碰坏扩孔部分并保持孔道清洁和尺寸准确。

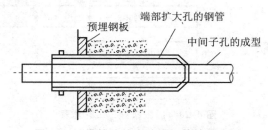

图 4.32　张拉端扩大孔用钢管抽芯成型

（2）胶管抽芯法

胶管抽芯法可用于直线、曲线或折线孔道。留孔用胶管采用夹布胶管或钢丝网橡皮管。夹布胶管质软,胶管安放位置正确后,必须在管内充气或充水,使其直径增大 3 mm 左右,然后浇筑混凝土,待混凝土初凝后,放出空气或水,管径缩小而与混凝土脱离,随即抽出胶管形成孔道。抽管顺序一般为先上后下、先曲后直。

采用钢丝网橡胶管时,其质地较硬,且有一定弹性,可不充气加压,抽管时在拉力作用下管径缩小即与混凝土脱开。胶管抽芯与钢管抽芯相比,弹性好且便于弯曲,且在混凝土浇筑后不需要转动,抽管时间比抽钢管略迟。

胶管抽芯如果用于折线形、曲线形孔道的成孔时,除需要留设灌浆孔、排气孔外,还应留设泌水孔,泌水孔要求留在曲线或折线孔道的顶部,方法同灌浆孔。

（3）预埋管法

预埋管法是将与孔道直径相同的金属管埋在构件中,无需抽出,可用于直线、曲线、折线的孔道。预埋管可采用金属波纹管、薄钢管或镀锌钢管,一般采用金属波纹管居多（图 4.33）。

图 4.33　金属波纹管

金属波纹管是用 0.3～0.5 mm 厚的钢带由专用制管机卷制而成的,其具有重量轻、刚度好、弯折方便、连接容易、与混凝土黏结良好等优点。可做成各种形状的预应力筋孔道,是现代后张预应力筋孔道成型用的理想材料。使用波纹管时应尽量避免反复弯曲,以防管壁开裂;同时应防止电焊火花烧伤管壁;装后应检查管壁有无破损,接头是否严密;可采用灌水试验,检查有无渗漏现象。

留设孔道时,还应按规范要求留设灌浆孔。灌浆孔可设在构件两端及跨中,其孔距不宜大于 12 m。

2. 预应力筋穿束

预应力筋穿入孔道简称为穿束,穿预应力筋即为预应力筋穿束（图 4.34）。

图 4.34　预应力筋穿束

（1）穿束顺序

穿束顺序有先穿束和后穿束两种。

先穿束是在浇筑混凝土之前穿束，此法按穿束与预埋螺旋管之间的配合又可以分为以下三种：① 先穿束后装管：即先将预应力筋穿入钢筋骨架内，后将螺旋管逐节从两端套入并连接；② 先装管后穿束：即先将螺旋管安装就位，后将预应力筋穿入；③ 二者组装放入：即在构件外侧的脚手架上将预应力筋与螺旋管组装后，从钢筋骨架顶部放入设计部位。

后穿束是在混凝土浇筑结束之后穿束，此穿束顺序不占工期，便于通孔器或高压水通过，穿束后立即可以张拉，易于防锈，但穿束时比较费力。

（2）穿束方法

穿束方法主要有人工穿束法、卷扬机穿束法、穿束机穿束法三种。

① 人工穿束法。利用起重设备将预应力筋吊起，工人站在脚手架上，将其逐步穿入孔内。

② 卷扬机穿束法。主要用于超长束、特重束、多波曲线束等的整束穿入，束的前端应装有穿束网套或特制的牵引头。

③ 穿束机穿束法。穿束机是一种专门用来穿束的设备，主要适用于大型桥梁与构筑物单根钢绞线的穿入。

根据一次穿入数量可分为整束穿法和单束穿法。对钢丝束一般采用整束穿法；对于钢绞线应优先采用整束穿法，也可以采用单束穿法。

3. 预应力筋张拉

预应力筋张拉是生产预应力构件的关键。张拉时结构的混凝土强度应符合设计要求，当设计无具体要求时不应低于设计强度等级的 75%。在预应力筋张拉中，主要解决好张拉方式、张拉顺序、张拉程序、张拉伸长值校核和注意事项等问题。预应力筋张拉如图 4.35 所示。

图 4.35　预应力筋张拉

（1）张拉应力控制

预应力筋的张拉控制应力值的规定见表 4-1。

（2）张拉方式

① 一端张拉方式。采用一端张拉，即张拉设备放置在预应力筋一端。适用于长度小于等于 30 m 的直线预应力筋与锚固损失影响长度 $L_f \geqslant L/2$（L 为预应力筋长度）的曲线预应力筋。

② 两端张拉方式。采用两端张拉,即张拉设备放置在预应力筋两端。适用于长度大于 30 m的直线预应力筋与锚固损失影响长度 $L_f<L/2$ 的曲线预应力筋。当张拉设备不足或由于张拉顺序安排关系,也可先在一端张拉完成后,再移至另一端张拉,补足张拉力后锚固。

③ 分批张拉方式。适用于配有多束预应力筋的构件或结构。在确定张拉力时,应考虑束间的弹性压缩损失影响,或将弹性压缩平均值统一增加到每根预应力筋的张拉力内。

④ 分段张拉方式。适用于多跨连续梁板分段施工时的逐段张拉。对大跨度多跨连续梁,在第一段混凝土浇筑与预应力筋张拉锚固后,第二段预应力筋利用锚头连接器接长,以形成通长的预应力筋。

⑤ 分阶段张拉方式。为了平衡各阶段的荷载,采取分阶段逐步施加预应力的方式。所加荷载不仅是外载(如楼层重量),也包括由内部体积变化(如弹性压缩、收缩与徐变)产生的荷载。这种张拉方式具有应力、挠度与反拱容易控制、节省材料等优点。

⑥ 补偿张拉方式。这是一种在早期预应力损失基本完成后,再进行张拉的方式。采用这种补偿张拉,可克服弹性压缩损失,减少钢材应力松弛损失,混凝土收缩徐变损失等,以达到预期的预应力效果。此法在水利工程与岩土锚杆中应用较多。

（3）张拉顺序

张拉顺序的安排应满足使混凝土不产生超应力、构件不扭转与侧弯、结构不变位等要求。对称张拉是一项重要原则,同时还应考虑到尽量减少张拉设备的移动次数。

图 4.36 所示为预应力混凝土屋架下弦杆与吊车梁的预应力筋张拉顺序。

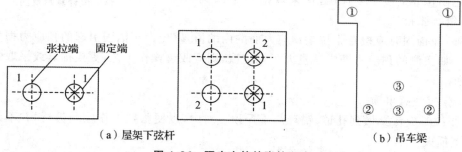

（a）屋架下弦杆　　　　　　　　（b）吊车梁

图 4.36　预应力筋的张拉顺序

（4）张拉程序

预应力筋的张拉操作程序,主要根据构件类型、张拉锚固体系,松弛损失取值等因素确定,后张法的张拉程序分为以下三种情况:

① 设计时松弛损失按一次张拉程序取值:$0 \rightarrow \sigma_{con} \rightarrow$ 锚固。

② 设计时松弛损失按超张拉程序取值:$0 \rightarrow 1.05\sigma_{con} \xrightarrow{\text{持荷 2 min}} \sigma_{con} \rightarrow$ 锚固。

③ 设计时松弛损失按超张拉程序,但采用锥销锚具或夹片锚具:$0 \rightarrow 1.03\sigma_{con} \rightarrow$ 锚固。

以上各种张拉程序,均可分级加载。对曲线束,一般以 $0.2\sigma_{con}$ 为起点,分二级加载 ($0.6\sigma_{con}$、$1.0\sigma_{con}$)或四级加载($0.4\sigma_{con}$、$0.6\sigma_{con}$、$0.8\sigma_{con}$ 和 $1.0\sigma_{con}$),每级加载均应量测伸长值。

（5）张拉伸长值校核

预应力筋张拉时,通过伸长值的校核,可以判断出孔道摩阻损失是否偏大,以及预应力筋是否局部张拉等,从而校核张拉力是否足够,以免油压表失灵造成预应力不足或过大而破断。因此,对张拉伸长值的校核,要引起重视。

预应力筋张拉伸长值的量测,应在建立初应力之后进行。其实际伸长值 ΔL 应等于:

$$\Delta L = \Delta L_1 + \Delta L_2 ABC \tag{4-1}$$

式中,ΔL_1——从初应力至最大张拉力之间的实测伸长值(mm);

ΔL_2——初应力下的推算伸长值(mm);

A——张拉过程中锚具楔紧引起的预应力筋内缩值(mm);

B——千斤顶体内预应力筋的张拉伸长值(mm);

C——张拉阶段混凝土构件的弹性压缩值(mm),对一般的后张法预应力构件 C 可忽略不计。

初应力以下的推算伸长值 ΔL_2,可根据弹性范围内张拉力与伸长值成正比的关系,用计算法或图解法确定。采用图解法时,预应力筋实际伸长值如图4.37所示,以伸长值为横坐标,张拉力为纵坐标,将各级张拉力的实测伸长值标在图上,绘成张拉力与伸长值关系线,然后延长此线与横坐标交于一点,即得推算伸长值 ΔL_2。此法以实测值为依据,比计算法准确。

根据规范的规定:实际伸长值与设计计算理论伸长值的相对允许偏差为 $\pm 6\%$。如实际伸长值比计算伸长值超出限值,应暂停张拉,在采取措施予以调整后,方可继续张拉。

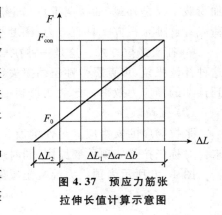

图 4.37 预应力筋张拉伸长值计算示意图

此外,在锚固时应检查张拉端预应力筋的内缩值,以免由于锚固引起的预应力损失超过设计值。如实测的预应力筋内缩量大于规定值,则应改善操作工艺,更换锚具或采取超张拉办法弥补。

(6)张拉注意事项

① 张拉时应认真做到孔道、锚环与千斤顶三对中,以便张拉工作顺利进行,并不致增加孔道摩擦损失。

② 采用锥锚式千斤顶张拉钢丝束时,先使千斤顶张拉缸进油,至压力表略有启动时暂停,检查每根钢丝的松紧并进行调整,然后再打紧楔块。

③ 工具锚的夹片,应注意保持清洁和良好的润滑状态。新的工具锚夹片第一次使用前,应在夹片背面涂上润滑脂,以后每使用5~10次,应将工具锚上的挡板连同夹片一同卸下,向锚板的锥形孔中重新涂上一层润滑剂,以防夹片在退楔时卡住。润滑剂可采用石墨、二硫化钼、石蜡或专用退锚灵等。

④ 多根钢绞线束夹片锚固体系如遇到个别钢绞线滑移,可更换夹片,用小型千斤顶单根张拉。

⑤ 每根构件张拉完毕后,应检查端部和其他部位是否有裂缝,并填写张拉记录表。

⑥ 预应力筋锚固后的外露长度不应小于30 mm。长期外露的锚具,可涂刷防锈油漆,或用混凝土封裹,以防腐蚀。

4. 孔道灌浆

预应力筋张拉后,孔道应及时灌浆。其目的是防止预应力筋锈蚀,增加结构的耐久性,同时亦使预应力筋与混凝土构件黏结成整体,提高结构的抗裂性和承载能力。此外,试验研究证明,在预应力筋张拉后立即灌浆,可减少预应力松弛损失 20%~30%。因此,对孔道灌浆的质量,必须重视。

（1）灌浆材料

灌浆所用的水泥浆,既应有足够强度和黏结力,又应有较好的流动性、较小的干缩性和泌水性。

① 灌浆用水泥浆的原材料除应符合国家现行有关标准的规定外,尚应符合下列规定:配制灌浆用水泥浆的水泥宜采用强度等级不低于 42.5 的普通硅酸盐水泥,拌和用水和外加剂中不应含有对预应力筋或水泥有害的成分。

② 灌浆用水泥浆的性能应符合下列规定:水灰比不应大于 0.45;采用普通灌浆工艺时稠度宜控制在 12~20 s,采用真空灌浆工艺时稠度宜控制在 18~25 s;自由泌水率宜为 0,且不应大于 1%,泌水应在 24 h 内全部被水泥浆吸收;自由膨胀率不应大于 10%。

为增加孔道灌浆的密实性,水泥浆中可掺入水泥用量 0.25% 的木质素磺酸钙或其他减水剂。对不掺外加剂的水泥浆,可采用二次灌浆法来提高灌浆的密实性。

③ 灌浆用水泥浆的制备及使用应符合下列规定:水泥浆宜采用高速搅拌机进行搅拌,搅拌时间不应超过 5 min;水泥浆使用前应经筛孔尺寸不大于 1.2 mm×1.2 mm 的筛网过滤;搅拌后不能在短时间内灌入孔道的水泥浆,应保持缓慢搅动;水泥浆拌和后至灌浆完毕的时间不宜超过 30 min。

（2）灌浆施工

灌浆前应用压力水冲洗和湿润孔道。灌浆顺序应先下后上,以免上层孔道漏浆把下层孔道堵塞。直线孔道灌浆,应从构件的一端到另一端;在曲线孔道中灌浆,应从孔道最低处开始向两端进行。用连接器连接的多跨连续预应力筋的孔道灌浆,应张拉完一跨随即灌注一跨,不得在各跨全部张拉完毕后,一次连续灌浆。

搅拌好的水泥浆必须通过过滤器,置于贮浆桶内,并不断搅拌,以防泌水沉淀。灌浆应连续进行,直至排气管排出的浆体稠度与注浆孔处相同且没有气泡出现后,再顺浆体流动方向将排气孔依次封闭;全部封闭后,宜继续加压 0.5~0.7 MPa,并稳压 1~2 min 后封闭灌浆口。当泌水较大时,宜进行二次灌浆或泌水孔重力补浆。二次灌浆时间要掌握恰当,一般在水泥浆泌水基本完成、初凝尚未开始时进行（夏季 30~45 min,冬季 1~2 h）。

当水泥浆强度达到 15 N/mm² 时,方能移动构件,水泥浆强度达到 100% 设计强度时,才允许吊装运输或安装。

预应力筋在工地现场安装锚固后即可封锚。封锚前,预应力筋外露部分应采用机械方法切割,也可以采用氧—乙炔焰切割,其外露长度不宜小于预应力筋直径的 1.5 倍,且不应小于 30 mm。锚固的封闭保护（即封锚）应符合设计要求,当设计无具体要求时应符合以下规定:

① 应采取防止锚具腐蚀和遭受机械损伤的有效措施。

② 凸出式锚固端锚具的保护层厚度不应小于 50 mm。

③ 外露预应力筋的保护层厚度:处于正常环境时,不应小于 20 mm,处于易受腐蚀的环境时,不应小于 50 mm。

4.4 无黏结预应力混凝土

4.4.1 概述

无黏结预应力是指预应力构件中的预应力筋与混凝土没有黏结力,预应力筋张拉力完全靠构件两端的锚具传递给构件。具体做法是:预应力筋表面刷涂料并包塑料布(管)后,将其铺设在支好的构件模板内,并浇筑混凝土,待混凝土达到规定强度后进行张拉锚固(图4.38),它属于后张法施工。

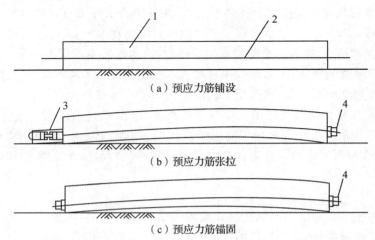

（a）预应力筋铺设

（b）预应力筋张拉

（c）预应力筋锚固

1—混凝土构件;2—无黏结预应力筋;3—张拉千斤顶;4—锚具

图4.38 无黏结预应力混凝土施工示意图

无黏结预应力具有不需要预留孔道、穿筋、灌浆等复杂工序,施工程序简单的优点,加快了施工速度,摩擦力小,预应力筋易弯成多跨曲线形状,特别适用于大跨度的单、双向连续多跨曲线配筋梁板结构和屋盖。

4.4.2 无黏结预应力混凝土施工工艺

无黏结预应力混凝土的主要施工工艺过程为:无黏结预应力筋制作→无黏结预应力筋铺设→混凝土浇筑及养护→无黏结预应力筋张拉→无黏结预应力筋锚头处理。

1. 无黏结预应力筋制作

（1）无黏结预应力筋的组成及要求

无黏结预应力筋主要由预应力钢筋、涂料层、外包层组成,如图4.39所示。

无黏结预应力筋所用钢材主要有消除应力的钢丝和钢绞线。钢丝和钢绞线不得有死弯,有死弯时必须切断,每根钢丝必须通长,严禁有接头。预应力筋下料时,宜采用砂轮锯或切断机切断,不得采用电弧切割。钢丝束的钢丝下料

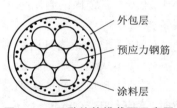

外包层

预应力钢筋

涂料层

图4.39 无黏结筋横截面示意图

应采用等长下料。钢绞线下料时,应在切口两侧用 20 号或 22 号钢丝预先绑扎牢固,以免切割后松散。

涂料层的作用是使预应力筋与混凝土隔离,减少张拉时的摩擦损失,防止预应力筋腐蚀等。常用的涂料主要有防腐沥青和防腐油脂,涂料成分及其配合比应经试验鉴定合格后才能使用。涂料性能应符合下列要求:涂料应有较好的化学稳定性、韧性;在(−20～70)℃温度范围内不开裂、不变脆、不流淌,能较好地黏附在钢筋上;涂料层应不透水,不吸湿,润滑性好,摩阻力小。

外包层主要由塑料带或高压聚乙烯塑料管制作。外包层应符合下列要求:外包层应具有在−20～70 ℃温度范围内不脆化,化学稳定性高的优点;具有足够的韧性,抗破损性强;防水性好且对周围材料无侵蚀作用。塑料使用前必须烘干或晒干,避免成型过程中由于气泡引起塑料表面开裂。

制作好的预应力筋可以直线或盘圆运输、堆放。存放地点应设有遮盖棚,以免日晒雨淋。装卸堆放时,应采用软钢绳绑扎并在吊点处垫上橡胶衬垫,避免塑料套管外包层遭到损坏。

(2) 无黏结预应力筋的制作成型工艺

① 涂包成型工艺。涂包成型工艺可以采用手工操作完成内涂刷防腐沥青或防腐油脂,外包塑料布。也可以在缠纸机上连续作业,完成编束、涂油、镦头、缠塑料布和切断等工序。

无黏结预应力筋制作时,钢丝放在放线盘上,穿过梳子板汇成钢丝束,通过油枪均匀涂油后穿入锚杯,用冷镦机冷镦锚头,带有锚杯的成束钢丝用牵引机向前牵引,同时开动装有塑料条的缠纸转盘,钢丝束一边前进一边进行缠绕塑料布条工作。当钢丝束达到需要长度后,进行切割,成为一完整的无黏结预应力筋。

② 挤压涂层工艺。挤压涂层工艺主要是把钢丝放在放线盘上,穿过梳子板汇成钢丝束,通过给油装置均匀涂油后,通过塑料机出机的机头出口处,塑料熔融物被挤成管状包裹在钢绞线上,经冷却水槽塑料套管硬化,即形成无黏结预应力筋。

此工艺与电线、电缆包裹塑料套管的工艺相似。此法涂包质量好,生产效率高,适用于大规模生产的单根钢绞线和 7 根钢丝束。

(3) 锚具

无黏结预应力构件中,预应力筋的张拉力主要是靠锚具传递给混凝土的。因此,无黏结预应力筋的锚具不仅受力比有黏结预应力筋的锚具大,而且承受的是重复荷载。因而无黏结预应力筋的锚具应有更高的要求,必须采用 I 类锚具。钢丝束作为无黏结预应力筋时可使用镦头锚具,钢绞线作为无黏结预应力筋时可使用 XM 型、JM 型锚具。

2. 无黏结预应力筋铺设

无黏结预应力筋铺放之前,应及时检查其规格尺寸和数量,逐根检查并确认其端部组装配件可靠无误后,方可在工程中使用。对护套轻微破损处,可采用外包防水聚乙烯胶带进行修补,每圈胶带搭接宽度不应小于胶带宽度的 1/2,缠绕层数不应少于 2 层,缠绕长度应超过破损长度 30 mm,严重破损的应予以报废。

(1) 预应力筋绑扎

无黏结预应力筋的铺设应按图纸规定进行,无黏结预应力筋可采用与普通钢筋相同的绑扎方法,即采用铁丝绑扎。

铺放双向配置的无黏结预应力筋时,应对每个纵横筋交叉点相应的两个标高进行比较,对各交叉点标高较低的无黏结顶应力筋应先进行铺放,标高较高的次之,宜避免两个方向的无黏结预应力筋相互穿插铺放;敷设的各种管线不应将无黏结预应力筋的竖向位置抬高或压低。

(2)控制预应力筋的位置

在控制预应力筋时,为了使其位置准确,不要单根配置,要成束或拧成钢绞线再敷设。在配置时,为严格竖向、环形、螺旋形的位置,还应设支架,以固定预应力筋的位置。

3. 混凝土浇筑及养护

无黏结预应力混凝土结构的混凝土强度等级,对于板不应低于 C30,对于梁及其他构件不应低于 C40。混凝土浇筑及养护时,除按普通混凝土有关的规定执行外,尚应遵守下列规定:无黏结预应力筋铺放、安装完毕后,应进行隐蔽工程验收,当确认合格后方可浇筑混凝土;混凝土浇筑时,严禁踏压撞碰无黏结预应力筋、支撑架以及端部预埋部件;张拉端、固定端混凝土必须振捣密实。

4. 无黏结预应力筋张拉

无黏结预应力筋张拉时,混凝土立方体抗压强度应符合设计要求,当设计无具体要求时,混凝土的强度不应低于混凝土强度等级的 75%。

(1)张拉顺序

无黏结预应力混凝土楼盖宜先张拉楼板,后张拉楼面梁;板中的无黏结预应力筋可依次张拉;梁中的无黏结预应力筋宜对称张拉。无黏结曲线预应力筋的长度超过 35 m 时,宜采用两端张拉;当无黏结预应力筋长度超过 70 m 时,宜采用分段张拉。如遇到摩擦损失较大,宜先松动一次再张拉。在梁板顶面或墙壁侧面的斜槽内张拉无黏结预应力筋时,宜采用变角张拉装置。

(2)张拉程序

无黏结预应力筋的张拉程序与一般后张法张拉程序相似,张拉程序一般采用 $0 \rightarrow 1.03\sigma_{con} \rightarrow$ 锚固。由于无黏结预应力筋一般为曲线配筋,故应采用两端同时张拉。根据铺设先后顺序,先铺设的先张拉,后铺设的后张拉。

当采用应力控制方法张拉时,应校核无黏结预应力筋的伸长值,当实际伸长值大于计算理论伸长值 10% 或小于计算理论伸长值 5% 时,应暂停张拉,查明原因并采取措施予以调整后,方可继续张拉。

5. 无黏结预应力筋锚头处理

无黏结预应力筋的锚固性能,主要取决于锚头端部的处理。无黏结筋的锚固区,必须有严格的密封防护措施,严防水蒸气进入,锈蚀预应力筋,因此在预应力筋全长上及锚具与连接套管的连接部位,外包材料均应连续、封闭且能防水。

无黏结预应力筋张拉完毕后,应及时对锚固区进行保护。当锚具采用凹进混凝土表面布置时,待预应力筋张拉锚固后,宜先切除外露无黏结预应力筋多余长度至规定的长度,即要求露出夹片锚具外长度不小于 30 mm,在夹片及无黏结预应力筋端头外露部分应涂专用防腐油脂或环氧树脂,并罩帽盖进行封闭,该防护帽与锚具应可靠连接;然后应采用后浇微膨胀混凝土或专用密封砂浆进行封闭。

采用钢丝束镦头锚具时，必须用油枪通过锚环的注油孔向套筒内注满防腐油脂，灌油后将外露锚具封闭好，避免长期与空气接触造成锈蚀。

采用无黏结钢绞线夹片式锚具时，张拉端头构造简单，无须另加设施。张拉端头钢绞线预留长度不小于 150 mm，多余割掉，然后在锚具及承压板表面涂以防水涂料，再进封闭。锚固区可以用后浇的钢筋混凝土圈梁封闭，将锚具外伸的钢绞线散开打弯，埋在圈梁内加强锚固。

4.5　预应力混凝土工程质量验收标准

4.5.1　概述

预应力分项工程是预应力筋、锚具、夹具、连接器等材料的进场检验、后张法预留管道设置或预应力筋布置、预应力筋张拉、放张、灌浆直至封锚保护等一系列技术工作和完成实体的总称。由于预应力施工工艺复杂，专业性较强，质量要求较高，故预应力分项工程所含检验项目较多，且规定较为具体。根据具体情况，预应力分项工程可与混凝土结构一同验收，也可单独验收。

4.5.2　一般规定

后张法预应力施工是一项专业性强、技术含量高、操作要求严的作业，故应由获得有关部门批准的预应力专项施工资质的施工单位承担。预应力混凝土结构施工前，专业施工单位应根据设计图纸，编制预应力施工方案。当设计图纸深度不具备施工条件时，预应力施工单位应予以完善，并经设计单位审核后实施。

预应力筋张拉机具设备及仪表，应定期维护和校验。张拉设备应配套标定，并配套使用。张拉设备的标定期限不应超过半年。当在使用过程中出现反常现象时或在千斤顶检修后，应重新标定。张拉设备标定时，千斤顶活塞的运行方向应与实际张拉工作状态一致；压力表的精度不应低于 1.5 级，标定张拉设备用的试验机或测力计精度不应低于 ±2%。

在浇筑混凝土之前，应进行预应力隐蔽工程验收，其内容包括：

(1) 预应力筋的品种、规格、数量、位置等。

(2) 成孔管道的规格、数量、位置、形状、连接以及灌浆孔、排气兼泌水孔等。

(3) 局部加强钢筋的牌号、规格、数量和位置。

(4) 预应力筋锚具和连接器及锚垫板的品种、规格、数量和位置。

4.5.3　施工质量标准及检验方法

预应力混凝土构件的施工质量标准及检验方法除满足普通混凝土结构模板、钢筋混凝土施工的相关质量标准要求外，还应满足下述规定：

1. 材料

预应力工程材料包括预应力筋、锚具、夹具、连接器、成孔管道等，其进场检查应符合下列规定：

① 应检查规格、外观、尺寸及其产品合格证、出厂检验报告和进场复验报告。

② 应按国家现行有关标准的规定抽样检验力学性能。

③ 当满足下列条件之一时，其检验批容量可扩大一倍：a. 获得认证的产品；b. 同一厂家、同一品种、同一规格的产品，连续三批均一次检验合格。

（1）主控项目

① 预应力筋进场时，应按国家现行标准的规定抽取试件做抗拉强度、伸长率检验，其检验结果应符合相应标准的规定。

检查数量：按进场的批次和产品的抽样检验方案确定。

检验方法：检查质量证明文件和抽样检验报告。

② 无黏结预应力钢绞线进场时，应进行防腐润滑脂量和护套厚度的检验，检验结果应符合现行行业标准《无黏结预应力钢绞线》(JG 161)的规定。

检查数量：按现行行业标准《无黏结预应力钢绞线》(JG 161)的规定确定。

检验方法：观察，检查质量证明文件和抽样检验报告。

③ 预应力筋用锚具应和锚垫板、局部加强钢筋配套使用，锚具、夹具和连接器进场时，应按现行行业标准《预应力筋用锚具、夹具和连接器应用技术规程》(JGJ 85)的相关规定对其性能进行检验，检验结果应符合该标准的规定。

锚具、夹具和连接器用量不足检验批规定数量的 50%，且供货方提供有效的检验报告时，可不做静载锚固性能检验。

检查数量：按现行行业标准《预应力筋用锚具、夹具和连接器应用技术规程》(JGJ 85)的规定确定。

检验方法：检查质量证明文件、锚固区传力性能试验报告和抽样检验报告。

④ 孔道灌浆用水泥应采用硅酸盐水泥或普通硅酸盐水泥，水泥、外加剂的质量应符合现行国家标准《通用硅酸盐水泥》(GB 175)、《混凝土外加剂》(GB 8076)、《混凝土外加剂应用技术规范》(GB 50119)的规定。成品灌浆材料的质量应符合现行国家标准《水泥基灌浆材料应用技术规范》(GB/T 50448)的规定。

检查数量：按进场批次和产品的抽样检验方案确定。

检验方法：检查质量证明文件和抽样检验报告。

（2）一般项目

① 预应力筋进场时，应进行外观检查，其外观质量应符合下列规定：

a. 有黏结预应力筋的表面不应有裂纹、小刺、机械损伤、氧化铁皮和油污等，展开后应平顺、不应有弯折；

b. 无黏结预应力钢绞线护套应光滑、无裂缝，无明显褶皱；轻微破损处应外包防水塑料胶带修补，严重破损者不得使用。

检查数量：全数检查。

检验方法：观察。

② 预应力筋用锚具、夹具和连接器进场时，应进行外观检查，其表面应无污物、锈蚀、机械损伤和裂纹。

检查数量：全数检查。

检验方法:观察。

③ 预应力成孔管道进场时,应进行管道外观质量检查、径向刚度和抗渗性能检验,其检验结果应符合下列规定:

a. 金属管道外观应清洁,内外表面应无锈蚀、油污、附着物、孔洞;金属波纹管不应有不规则褶皱,咬口应无开裂、脱扣;钢管焊缝应连续;

b. 塑料波纹管的外观光滑、色泽均匀,内外壁不应有气泡、裂口、硬块、附着物、孔洞及影响使用的划伤;

c. 径向刚度和抗渗性能应符合现行行业标准《预应力混凝土桥梁用塑料波纹管》(JT/T 529)或《预应力混凝土用金属波纹管》(JG 225)的规定。

检查数量:外观应全数检查;径向刚度和抗渗性能的检查数量应按进场的批次和产品的抽样检验方案确定。

检验方法:观察,检查质量证明文件和抽样检验报告。

2. 预应力筋的制作与安装

(1)主控项目

① 预应力筋安装时,其品种、规格、级别、数量必须符合设计要求。

检查数量:全数检查。

检验方法:观察,尺量。

② 预应力筋的安装位置应符合设计要求。

检查数量:全数检查。

检验方法:观察,尺量。

(2)一般项目

① 预应力筋端部锚具的制作质量应符合下列规定:

a. 钢绞线挤压锚具挤压完成后,预应力筋外端露出挤压套筒的长度不应小于 1 mm;

b. 钢绞线压花锚具的梨形头尺寸和直线锚固段长度不应小于设计值;

c. 钢丝镦头不应出现横向裂纹,墩头的强度不得低于钢丝强度标准值的98%。

检查数量:对挤压锚,每工作班抽查 5%,且不应少于 5 件;对压花锚,每工作班抽查 3 件;对钢丝镦头强度,每批钢丝检查 6 个镦头试件。

检验方法:观察,尺量,检查镦头强度试验报告。

② 预应力筋或成孔管道的安装质量应符合下列规定:

a. 成孔管道的连接应密封;

b. 预应力筋或成孔管道应平顺,并应与定位支撑钢筋绑扎牢固;

c. 当后张有黏结预应力筋曲线孔道波峰和波谷的高差大于 300 mm,且采用普通灌浆工艺时,应在孔道波峰设置排气孔;

d. 锚垫板的承压面应与预应力筋或孔道曲线末端垂直,预应力筋或孔道曲线末端直线长度应符合表 4-2 的规定。

表 4-2 预应力筋曲线起始点与张拉锚固点之间直线段最小长度

预应力筋张拉控制力 N/kN	N≤1 500	1 500<N≤6 000	N>6 000
直线段最小长度/mm	400	500	600

检查数量:第 a、b、c 点应全数检查,第 d 点应抽查预应力束总数的 10%,且不少于 5 束。

检验方法:观察,尺量。

③ 预应力筋或成孔管道定位控制点的竖向位置偏差应符合表 4-3 的规定,其合格点率达到 90% 及以上,且不得有超过表中数值的 1.5 倍的尺寸偏差。

表 4-3 预应力筋或成孔管道定位控制点的竖向位置允许偏差

构件截面高(厚)度/mm	$h \leqslant 300$	$300 < h \leqslant 1\,500$	$h > 1\,500$
允许偏差/mm	±5	±10	±15

检查数量:在同一检验批内,应抽查各类型构件总数的 10%,且不少于 3 个构件,每个构件不应少于 5 处。

检验方法:尺量。

3. 张拉和放张

(1)主控项目

① 预应力筋张拉或放张前,应对构件混凝土强度进行检验。同条件养护的混凝土立方体试件抗压强度应符合设计要求,当设计无具体要求时应符合下列规定:

a. 应达到配套锚固产品技术要求的混凝土最低强度且不应低于设计混凝土强度等级值的 75%;

b. 对采用消除应力钢丝或钢绞线作为预应力筋的先张法构件,不应低于 30 MPa。

检查数量:全数检查。

检验方法:检查同条件养护试件抗压强度试验报告。

② 对后张法预应力结构构件,钢绞线出现断裂或滑脱的数量不应超过同一截面钢绞线总根数的 3%,且每根断裂的钢绞线断丝不得超过一丝;对于多跨双向连续板,其同一截面应按每跨计算。

检查数量:全数检查。

检验方法:观察,检查张拉记录。

③ 先张法预应力筋张拉锚固后,实际建立的预应力值与工程设计规定检验值的相对允许偏差为 ±5%。

检查数量:每工作班抽查预应力筋总数的 1%,且不少于 3 根。

检验方法:检查预应力筋应力检测记录。

(2)一般项目

① 预应力筋张拉质量应符合下列规定:

a. 采用应力控制方法张拉时,张拉力下预应力筋的实测伸长值与计算伸长值的相对允许偏差为 ±6%;

b. 最大张拉应力应符合现行国家标准《混凝土结构工程施工规范》(GB 50666)的规定。

检查数量:全数检查。

检验方法:观察,检查张拉记录。

② 先张法预应力构件,应检查预应力筋张拉后的位置偏差,张拉后预应力筋的位置与设计位置的偏差不应大于 5 mm,且不应大于构件截面短边边长的 4%。

检查数量:每工作班抽查预应力筋总数的 3%,且不少于 3 束。

检验方法:尺量。

③ 锚固阶段张拉端预应力筋的内缩量应符合设计要求;当设计无具体要求时,应符合表 4-4 的规定。

表 4-4　张拉端预应力筋的内缩量限值

锚具类别		内缩量限值/mm
支承式锚具 (镦头锚具等)	螺帽缝隙	1
	每块后加垫板的缝隙	1
锥塞式锚具		5
夹片式锚具	有顶压	5
	无顶压	6～8

检查数量:每工作班抽查预应力筋总数的 3%,且不少于 3 束。

检验方法:尺量。

4. 灌浆及封锚

(1)主控项目

① 预留孔道灌浆后,孔道内水泥浆应饱满、密实。

检查数量:全数检查。

检验方法:观察,检查灌浆记录。

② 灌浆用水泥浆的性能应符合下列规定:

a. 3 h 自由泌水率宜为 0,且不应大于 1%,泌水应在 24 h 内全部被水泥浆吸收;

b. 水泥浆中氯离子含量不应超过水泥重量的 0.06%;

c. 当采用普通灌浆工艺时,24 h 自由膨胀率不应大于 6%;当采用真空灌浆工艺时,24 h 自由膨胀率不应大于 3%。

检查数量:同一配合比检查一次。

检验方法:检查水泥浆性能试验报告。

③ 现场留置的灌浆用水泥浆试件的抗压强度不应低于 30 MPa。

试件抗压强度检验应符合下列规定:

a. 每组应留取 6 个边长为 70.7 mm 的立方体试件,并应标准养护 28 d;

b. 试件抗压强度应取 6 个试件的平均值;

c. 当一组试件中抗压强度最大值或最小值与平均值相差超过 20%时,应取中间 4 个试件强度的平均值。

检查数量:每工作班留置一组。

检验方法:检查试件强度试验报告。

④ 锚具的封闭保护措施应符合设计要求。当设计无具体要求时,外露锚具和预应力筋的混凝土保护层厚度不应小于:一类环境时 20 mm,二 a、二 b 类环境时 50 mm,三 a、三 b 类环境时 80 mm。

检查数量:在同一检验批内,抽查预应力筋总数的 5%,且不少于 5 处。

检验方法:观察,尺量。

（2）一般项目

后张法预应力筋锚固后,锚具外预应力筋的外露长度不应小于其直径的 1.5 倍,且不宜小于 30 mm。

检查数量:在同一检验批内,抽查预应力筋总数的 3‰,且不少于 5 束。

检验方法:观察,尺量。

思 考 题

1. 简述先张法采用台座法生产时的施工工艺流程。

2. 简述先张法中预应力筋张拉的程序及超张拉的目的。

3. 简述后张法的最主要施工工艺。

4. 简述锚固夹具与锚具有哪些异同点。

5. 简述无黏结预应力混凝土施工工艺流程。

练 习 题

一、填空题

1. 常见的预应力混凝土施工方法主要有_____和_____。

2. 先张法的预应力主要是由预应力筋与混凝土之间的_____传递给混凝土。

3. 后张法的张拉力主要是靠构件端部的_____传递给混凝土,使混凝土产生预压应力。

4. 台座法施工设备主要有:_____、_____和_____。

5. 夹具是预应力筋_____和_____的锚固装置,可重复使用,用在先张法施工中。按其用途不同,可分为_____夹具和_____夹具。

6. _____是后张法结构或构件中为保持预应力筋拉力并将其传递到混凝土上用的永久性锚固装置。

7. 后张法所用锚具根据锚固钢筋种类或钢丝的数量,可分为_____、_____、_____三种类型。

8. 后张法常用的张拉机械有:_____、_____、_____以及供油用的高压油泵。

9. 预应力筋的孔道形状有_____、_____和_____三种。预应力筋的孔道可采用_____、_____和_____方法成型。

10. 胶管抽芯法的抽管顺序一般为_____、_____。

二、单选题

1. 对于预应力混凝土,一般要求其混凝土强度等级不低于(　　　)。

A. C20　　　　　　　B. C30　　　　　　　C. C60　　　　　　　D. C80

2.先张法第二种张拉程序中,超张拉 5% 并持荷 2 min,其目的是(　　)预应力筋的松弛损失。

A. 增加　　　　　B. 弥补　　　　　C. 减少　　　　　D. 强化

3.先张法施工中预应力筋需要超张拉时,预应力筋的张拉力可比设计要求提高(　　)。

A.1%～3%　　　B.1%～5%　　　C.3%～5%　　　D.5%～10%

4.先张法放张预应力筋时,混凝土强度如果设计无要求,应不得低于设计混凝土强度等级的(　　),同时不应低于 30 MPa。

A.50%　　　　　B.75%　　　　　C.90%　　　　　D.100%

5.先张法预应力筋张拉宜符合均匀、对称的原则;对现浇预应力混凝土楼盖,宜先张拉_____的预应力筋,后张拉_____的预应力筋。(　　)

A. 主梁,次梁,楼板　B. 主梁,楼板,次梁　C. 楼板,主梁,次梁　D. 楼板,次梁,主梁

6.采用后张法施工,预应力筋张拉时,结构混凝土强度应符合设计要求,当设计无具体要求时,不应低于设计强度等级的(　　)。

A.50%　　　　　B.75%　　　　　C.90%　　　　　D.100%

7.后张法的预应力筋锚固后,其外露长度不宜小于预应力筋直径的 1.5 倍,且不应小于(　　)。

A. 10 mm　　　　B. 20 mm　　　　C. 30 mm　　　　D. 50 mm

8.后张法的锚具应有出厂证明书,进场时应对锚具进行外观、硬度检验和(　　)试验。

A. 力学性能　　　B. 化学性能　　　C. 物理性能　　　D. 锚固性能

9.孔道灌浆顺序应(　　),以免上层孔道漏浆把下层孔道堵塞。

A. 先左后右　　　B. 先右后左　　　C. 先上后下　　　D. 先下后上

10.当采用应力控制方法张拉时,应校核无黏结预应力筋的伸长值,当实际伸长值大于计算理论伸长值(　　)时,应暂停张拉。

A.3%　　　　　　B.5%　　　　　　C.10%　　　　　D.15%

模块 5　结构安装工程

学习目标

1. 能够叙述起重设备的类型,了解其选择方法
2. 能够叙述预制装配式单层工业厂房结构构件吊装方法
3. 熟悉结构安装工程的施工质量验收标准与安全技术要求
4. 能够叙述钢结构网架安装方法
5. 提高工程质量意识与规范意识,形成良好的工程专业素养

5.1　结构安装施工设备

结构安装工程是指用起重设备将预制构件安装到设计位置的整个施工过程,是装配式结构施工的主导工程(图 5.1)。装配式结构的建筑物,是将预制的单个构件,用起重设备在施工现场按照设计图纸要求,起吊安装成建筑物。

图 5.1　结构安装

结构安装施工设备主要包括索具设备和起重设备。

5.1.1　索具设备

1. 钢丝绳

钢丝绳是结构吊装的常用绳索,具有强度高、韧性好、耐磨性好等优点,且磨损后外表产生毛刺易发现,便于事故预防。

(1)钢丝绳的构造与种类

结构吊装常用的钢丝绳由 6 根钢丝股围绕 1 根绳芯捻成(图 5.2)。每根钢丝股又由多

根高强钢丝捻成。

按其生产时捻制方向分为顺捻绳和反捻绳。反捻绳是指每股钢丝的搓捻方向与钢丝股的搓捻方向相反,如图 5.3(a)。这种钢丝绳较硬,强度较高,不易松散,吊重时不会扭结旋转,多用于吊装工作中。顺捻绳是指每股钢丝的搓捻方向与钢丝股的搓捻方向相同,如图 5.3(b)。这种钢丝绳柔性好,表面较平整,不易磨损,但容易松散和扭结卷曲,吊重物时,易使重物旋转,一般多用于拖拉或牵引装置。

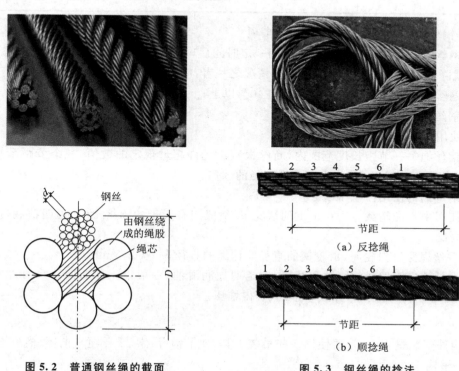

图 5.2 普通钢丝绳的截面   图 5.3 钢丝绳的捻法

在结构安装工程中常用的钢丝绳有以下几种:

① 6×19+1:即由 6 根钢丝股(每股 19 根钢丝)加 1 根绳芯组成,此种钢丝绳较粗,硬而耐磨,但不易弯曲,一般用作缆风绳。

② 6×37+1:即由 6 根钢丝股(每股 37 根钢丝)加 1 根绳芯组成,此种钢丝绳比较柔软,一般用作起重吊索。

③ 6×61+1:即由 6 根钢丝股(每股 61 根钢丝)加 1 根绳芯组成,此种钢丝绳质地软,用于重型起重机械。

(2)钢丝绳的允许拉力

钢丝绳的允许拉力应满足下式要求:

$$S \leqslant \frac{\alpha P}{K} \qquad (5-1)$$

式中,S——钢丝绳允许拉力(kN);

α——钢丝绳破断拉力换算系数,6×19 的为 $\alpha=0.85$,6×37 的为 $\alpha=0.82$,6×61 的为 $\alpha=0.80$;

P——钢丝绳的钢丝破断拉力总和(kN);

K——钢丝绳安全系数,按表 5-1 取用。

表 5-1　钢丝绳安全系数 K

用途	做缆风绳	用于手动起重设备	用于机动起重设备	做吊索,无弯曲时	做捆绑吊索	用于载人的升降机
安全系数	3.5	4.5	5～6	6～7	8～10	14

(3)钢丝绳的安全检查和使用注意事项

① 钢丝绳的安全检查。钢丝绳使用一定时间后,就会产生断丝、腐蚀和磨损现象,其承载能力就降低了。钢丝绳经检查有下列情况之一者,应予以报废:

a. 钢丝绳磨损或锈蚀范围达直径的 40% 以上;

b. 钢丝绳整股破断;

c. 使用时断丝数目增加得很快;

d. 钢丝绳每一节距长度范围内,断丝根数不允许超过规定的数值,一个节距系指某一股钢丝搓绕绳一周的长度,约为钢丝绳直径的 8 倍。

② 钢丝绳的使用注意事项。

a. 使用中不准超载。当在吊重的情况下,绳股间有大量的油挤出时,说明荷载过大,必须立即检查;

b. 钢丝绳穿过滑轮时,滑轮槽的直径应比绳的直径大 1～2.5 mm。

c. 为了减少钢丝绳的腐蚀和磨损,应定期加润滑油(一般以工作时间 4 个月左右加一次)。存放时,应保持干燥,并成卷排列,不得堆压。

2. 吊具

在构件安装过程中,常要使用一些吊装工具,如吊钩、吊索(千斤绳)、卡环、横吊梁等。

(1)吊钩

吊钩是用整块优质碳素钢锻造而成的,一般有单钩和双钩两种。吊钩的表面应当光滑,不得有剥裂、刻痕、裂缝等缺陷。吊装时吊钩不得直接钩在构件的吊环中。

(2)吊索

吊索主要用于绑扎和起吊构件,一般用 6×61 和 6×37 钢丝绳制成,分环状吊索和开式吊索两种(图 5.4),环状吊索又称万能用索,开式吊索又称轻便吊索或 8 股头吊索。在结构吊装中吊索的拉力应符合允许拉力的要求。

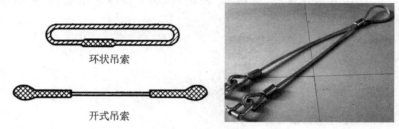

环状吊索

开式吊索

图 5.4　吊索

（3）卡环

卡环主要用于吊索间或吊索与构件间的连接，它由弯环和销子两部分组成，按销子和弯环的连接方式分为螺栓式卡环和活络卡环，如图 5.5 所示。活络卡环的销子端头和弯环孔眼无螺纹，可直接抽出，常用于柱子吊装。

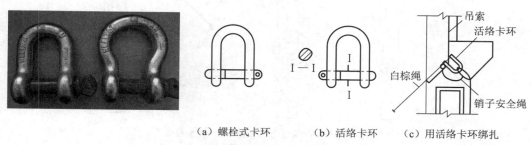

（a）螺栓式卡环　　　（b）活络卡环　　　（c）用活络卡环绑扎

图 5.5　卡环及其使用示意图

（4）横吊梁

当吊装水平长度大的构件时，为使构件的轴向压力不致过大，吊索与水平面的夹角应不小于 45°。但是吊索要占用较大的空间高度，增加了对起重设备起重高度的要求，降低了起重设备的使用价值。为了提高机械的利用程度，必须缩小吊索与水平面的夹角，因此而加大的轴向压力，由一金属支杆来代替构件承受，这一金属支杆就是所谓的横吊梁。横吊梁的作用：一是减少吊索高度；二是减少吊索对构件的横向压力。

横吊梁又称铁扁担。常用钢板、钢管、型钢等制作横吊梁，用直吊法吊装柱子时，使用钢板横吊梁可以使柱子保持垂直。屋架吊装时可用钢管或型钢横吊梁降低索具高度，使索具夹角满足要求，如图 5.6 所示。

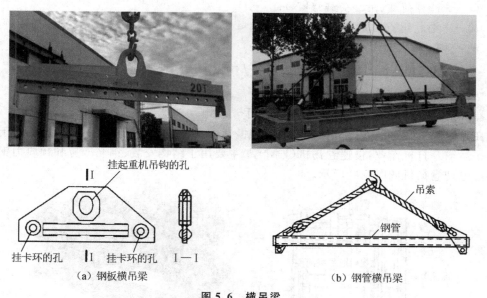

（a）钢板横吊梁　　　　　　　　　　（b）钢管横吊梁

图 5.6　横吊梁

3. 滑轮组

滑轮组一般由一定数量的定滑轮、动滑轮及绳索组成，如图 5.7 所示。

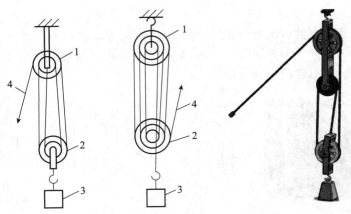

1—定滑轮；2—动滑轮；3—重物；4—跑头拉力

图 5.7　滑轮组

　　滑轮组既省力又可根据需要改变力的方向，是起重设备不可缺少的组成部件。利用滑轮组能用较小吨位的卷扬机起吊较大重量的构件。滑轮组引出线的跑头拉力是滑轮组省力程度的指标，跑头拉力取决于滑轮组的工作线数和滑轮轴承的摩阻力。工作线数是指滑轮组中共同负担构件重力的绳索根数，工作线数可通过以动滑轮组合体为隔离体来分析确定。滑轮组的跑头拉力 S，可按下式计算：

$$S_p = KQ \tag{5-2}$$

$$K = \frac{f^n(f-1)}{f^n-1} \tag{5-3}$$

式中，S_p——滑轮组引出绳的跑头拉力（kN）；

　　Q——计算荷载（吊装荷载）（kN）；

　　K——滑轮组省力系数；

　　n——工作线数；

　　f——单个滑轮阻力系数，青铜轴套轴承 $f=1.04$，滚珠轴承 $f=1.02$，无轴套轴承 $f=1.06$。

4. 卷扬机

　　卷扬机是一种起重、拉伸机械。一般有手动和电动两类。

　　在建筑施工中电动卷扬机又分为快速和慢速两种。快速卷扬机（JJK 型）主要用于垂直和水平运输及打桩作业，慢速卷扬机（JJM 型）主要用于结构安装、钢筋冷拉和预应力钢筋张拉等。电动卷扬机如图 5.8 所示。

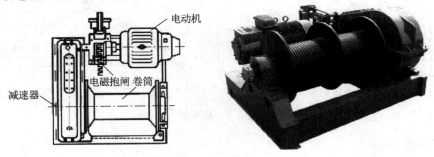

电动机

电磁抱闸　卷筒

减速器

图 5.8　电动卷扬机

卷扬机在使用时必须做可靠的锚固,以防止在工作时产生滑移或倾覆。根据牵引力的大小,卷扬机的固定方法有四种:螺栓固定法、横木固定法、立桩固定法、压重固定法(图5.9)。

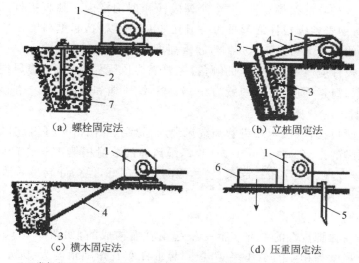

（a）螺栓固定法　　　　　　　　　　（b）立桩固定法

（c）横木固定法　　　　　　　　　　（d）压重固定法

1—卷扬机;2—地脚螺栓;3—横木;4—拉索;5—木桩;6—压重;7—压板

图5.9　卷扬机的固定方法

5.1.2　起重机械

结构安装工程所用的起重机械主要有:桅杆式起重机、自行式起重机和塔式起重机。

1. 桅杆式起重机

桅杆式起重机又称拔杆(图5.10),是简易的起重设备,工程中常用的有独脚拔杆、人字拔杆、悬臂拔杆和牵缆式拔杆等。这类起重机构造简单,装拆方便,起重量大,受地形限制小;特别是大型构件吊装缺少大型起重机械时,这类起重设备更显示了它的优越性。但这类起重机需设较多的缆风绳,移动较困难,灵活性也较差。所以,桅杆式起重机一般多用于缺乏其他起重机械或安装工程量比较集中,构件又较重、场地狭窄的吊装作业。一般情况下用电源作动力,无电源时,可用人工绞盘。

图5.10　桅杆式起重机(牵缆式)

（1）独脚拔杆

独脚拔杆由拔杆、滑轮组、卷扬机、缆风绳和锚碇等组成，如图 5.11(a)所示。

独脚拔杆按材料分木独脚拔杆、钢管独脚拔杆和型钢格构式独脚拔杆三种。木独脚拔杆现已很少使用；钢管独脚拔杆的起重力一般在 300 kN 以内，起重高度在 30 m 以内；型钢格构式独脚拔杆的起重力可达 1 000 kN，起重高度可达 60 m。

独脚拔杆的拔杆应有不大于 10°的倾角，主要靠缆风绳保持稳定；缆风绳的数量应根据起重量、起重高度、绳索强度而定，一般为 6～12 根，缆风绳和地面夹角一般为 30°～45°。

（2）人字拔杆

人字拔杆由两根拔杆（圆木或钢管）、缆风绳、滑轮组、导向滑车等组成，如图 5.11(b)所示。拔杆下端两脚的距离为高度的 1/3～1/2，缆风绳的数量根据拔杆的起重量和起重高度决定，一般不少于 5 根。人字拔杆起重量大，侧向稳定性好，但构件起吊后活动范围小，常用于吊装重型柱等构件。

（3）悬臂拔杆

悬臂拔杆是在独脚拔杆的中部装上一根起重臂而构成的，如图 5.11(c)所示。其特点是有较大的起重高度和相应的工作幅度，悬臂起重杆左右摆动角度大、起重量小，适用于轻型构件的安装。

（4）牵缆式拔杆起重机

牵缆式拔杆起重机是在独脚拔杆下端装上一根可以回转和起伏的起重臂而构成的，且下部设有专门行走装置，如图 5.11(d)所示。牵缆式拔杆起重机的缆风绳不少于 6 根，起重臂可上下起伏，机身可做 360°回转，起重量可达 600 kN，起重高度可达 80 m，适用于构件多且较集中的结构安装工程。

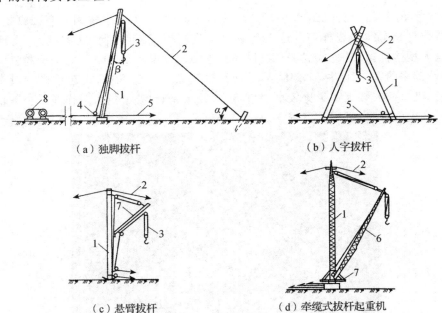

（a）独脚拔杆　　　　　　　　　　　（b）人字拔杆

（c）悬臂拔杆　　　　　　　　　（d）牵缆式拔杆起重机

1—拔杆；2—缆风绳；3—起重滑轮组；4—导向装置；5—拉索；6—起重臂；7—回转盘；8—卷扬机

图 5.11　桅杆式起重机

2. 自行式起重机

自行式起重机包括履带式起重机、汽车式起重机和轮胎式起重机等。

（1）履带式起重机

履带式起重机是在行走的履带底盘上装有起重装置的起重机械，主要由行走装置、回转机构、机身及起重臂等部分组成（图 5.12），是一种自行式、全回转的起重机械，具有操作灵活，使用方便，在一般平整坚实的场地上可以载荷行驶和作业的特点。但履带式起重机稳定性较差，不应超负荷吊装，行驶速度慢且对路面易造成损坏，在工地之间迁移需要采用平板车拖运。目前，国内常用的履带式起重机有 W 系列和 QU 系列及一些进口机型。

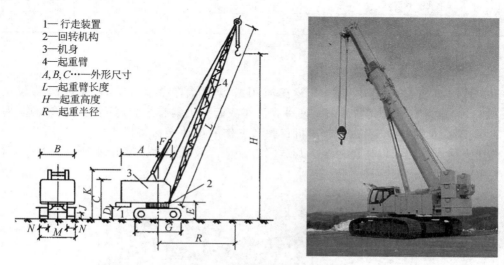

1— 行走装置
2— 回转机构
3— 机身
4— 起重臂
$A,B,C\cdots$—外形尺寸
L—起重臂长度
H—起重高度
R—起重半径

图 5.12　履带式起重机

履带式起重机的技术性能包括三个主要参数：起重量 Q、起重半径 R、起重高度 H。起重半径 R 是指起重机回转中心至吊钩的水平距离，起重高度 H 是指起重吊钩至地面的垂直距离。起重量 Q、起重半径 R、起重高度 H 这三个参数之间存在相互制约的关系，其数值变化取决于起重臂的长度及其仰角的大小。当臂长不变时，起重机仰角增大，起重量 Q 和起重高度 H 增大，起重半径 R 减小；当起重机仰角不变时，随着起重臂长度的增加，起重半径 R 和起重高度 H 增加，起重量 Q 减小。

起重半径 R、起重高度 H 与起重臂长度 L 及其仰角 α 间的几何关系如下：

$$R = F + L\cos\alpha \tag{5-4}$$

$$H = E + L\sin\alpha - d_0 \tag{5-5}$$

式中，d_0——吊钩中心至起重臂顶端定滑轮中心最小距离（m）；

E——起重臂下铰中心距地面高度（m）；

F——起重臂下铰中心距回转中心距离（m）。

履带式起重机的技术性能可查起重机手册中的起重机性能表或起重机性能曲线。表 5-2 为 W_1-50、W_1-100、W_1-200 型起重机技术性能。

表 5-2　履带式起重机技术性能

参数		单位	型号							
			W₁-50			W₁-100		W₁-200		
起重臂长度		m	10	18	18(带鸟嘴)	13	23	15	30	40
最大起重半径		m	10.0	17.0	10.0	12.5	17.0	15.5	22.5	30.0
最小起重半径		m	3.7	4.5	6.0	4.23	6.5	4.5	8.0	10.0
起重量	最小起重半径时	kN	100	75	20	150	80	500	200	80
	最大起重半径时	kN	26	10	10	35	17	82	43	15
起重高度	最小起重半径时	m	9.2	17.2	17.2	11.0	19.0	12.0	26.8	36.0
	最大起重半径时	m	3.7	7.6	14.0	5.8	16.0	3.0	9.0	25.0

注:表中数据所对应的起重臂仰角为 $\alpha_{min}=30°$,$\alpha_{max}=77°$。

（2）汽车式起重机

汽车式起重机是将起重机构安装在通用或专用汽车底盘上的一种全回转起重机（图 5.13），起重臂有桁架式和伸缩式两种。汽车式起重机具有行驶速度快、转移迅速、对路面破坏小、不能负荷行驶等特点；起重机行驶和工作的场地应保持平坦坚实，且吊装作业时必须使用支腿支撑地面以保持稳定。其适用于流动性大或经常改变作业地点的吊装，常用于一般单层工业厂房的结构吊装。

图 5.13　汽车式起重机

目前，工程中常用的汽车式起重机型号有 QY8、QY12、QY16、QY32、QY40、QY65 等，部分型号汽车式起重机的技术性能见表 5-3。

表 5-3　汽车式起重机的技术性能

参数	单位	型号									
		QY8			QY16			QY32			
起重臂长度	m	6.95	8.50	10.15	11.7	8.8	14.4	20.0	9.5	16.5	30
最小起重半径	m	3.2	3.4	4.2	4.9	3.8	5.0	7.4	3.5	4.0	7.2
最大起重半径	m	5.5	7.5	9.0	10.5	7.4	12	14	9.0	14.0	26.0

参数		单位	型号									
			QY8			QY16			QY32			
起重量	最小起重半径时	kN	80	67	42	32	160	80	40	320	220	80
	最大起重半径时	kN	26	15	10	8	40	10	5	70	26	6
起重高度	最小起重半径时	m	7.5	9.2	10.6	12.0	8.4	14.1	19	9.4	16.45	29.43
	最大起重半径时	m	4.6	4.2	4.8	5.2	4.0	7.4	14.2	3.8	9.25	15.3

（3）轮胎式起重机

轮胎式起重机是一种装在专用轮胎式行走底盘上的一种全回转起重机（图 5.14），其上部构造和履带式起重机基本相同，吊装作业时则与汽车式起重机相同。轮胎式起重机具有横向稳定性好，转弯半径小，在平坦地面上进行小起重量作业时可负荷行走等特点，适用于作业地点相对固定而作业量较大的情况，但不适合在松软泥泞的建筑场地上作业。常用的轮胎式起重机有 QLY16 型和 QLY25 型两种，可用于一般单层工业厂房的结构吊装。

图 5.14 轮胎式起重机

3. 塔式起重机

塔式起重机的种类繁多，按其有无行走机构可分为固定式和移动式两种；按其回转形式可分为上回转和下回转两种；按其变幅方式可分为水平臂架移动小车变幅和起重臂变幅两种；按起重能力可分为轻型塔式起重机（起重量为 5～30 kN）、中型塔式起重机（起重量为 30～150 kN）、重型塔式起重机（起重量为 200～400 kN）。

塔式起重机具有适用范围广、回转半径大、起升高度较高、效率高、操作简便等特点。目前，在我国高层工业与民用建筑工程中已经得到广泛使用。常用的塔式起重机主要有轨道式、爬升式和附着式三种。

（1）轨道式塔式起重机

轨道式塔式起重机常用的有 QT_1-6 型（图 5.15）、

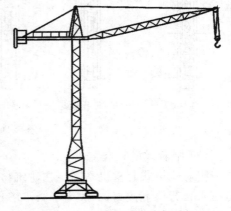

图 5.15 QT_1-6 型塔式起重机

QT-60/80 型、QT-15 型、QT-20 型、TD-25 型等。

QT$_1$-6 型塔式起重机是一种中型塔顶旋转式塔式起重机,由底座、塔身、起重臂、塔顶及平衡重等组成。塔顶有齿式回转机构,塔顶通过它围绕塔身回转360°。起重量为 20~60 kN。起重半径为 8.5~20 m,轨距 3.8 m,可负荷行走,其适用于一般工业与民用建筑的结构吊装、工程材料运输等工作。

QT-60/80 型塔式起重机,额定起重力矩为 600~800 kN·m,适用于工业厂房与较高的民用建筑结构吊装。

QT-15 型塔式起重机,起重量为 50~150 kN,工作幅度为 8.25 m,适用于一般工业与民用建筑结构吊装。

Q-20 型塔式起重机,工作幅度为 9~30 m,当工作幅度为 9 m 时,主钩最大起重量为 200 kN,适用于多层工业与民用建筑结构吊装。

TD-25 型是轨道式下旋转轻型塔式起重机,额定起重力矩为 250 kN·m,适用于跨度在 15 m 以内的工业厂房及 5~6 层民用建筑结构吊装。

(2)爬升式塔式起重机

爬升式塔式起重机是安装在建筑物内部框架或电梯间的结构上,借助套架和爬升机构自行爬升的起重机。其特点是机身小,自重轻,构造简单,不占用场地,适用于框架结构、剪力墙结构等高层建筑施工,尤其适用于现场空间狭窄的高层建筑施工。常用型号有 QT$_5$-4/40 型、QT$_3$-4 型等。

爬升式塔式起重机一般每隔 1~2 层楼爬升一次,其爬升过程为:固定下支座→提升套架、固定→松开底座与结构的连接螺栓→提升塔身→固定下支座,如图 5.16 所示。

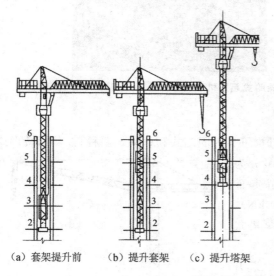

(a)套架提升前　　(b)提升套架　　(c)提升塔架

图 5.16　爬升式塔式起重机

(3)附着式塔式起重机

附着式塔式起重机是固定在建筑物附近混凝土基础上的起重机械,它可借助顶升系统将塔身自行向上接高,一般为了减小塔身的计算长度,通常每隔 20 m 左右将塔身与建筑物用锚固装置进行连接固定,如图 5.17 所示。

图 5.17　附着式起重机

　　附着式塔式起重机是一种多种用途的起重机,当建筑物较低时,可做轨道式起重机使用,但起升高度大于 36 m 时,不得负荷行走;也可以用作爬升式塔式起重机使用。常用的附着式塔式起重机的型号有 QT$_4$-10 型、ZT-100 型、ZT-120 型、QT$_1$-4 型等。QT$_4$-10 型附着式塔式起重机最大起重力矩可达 1 600 kN·m,回转半径 3～30 m。

　　附着式塔式起重机的顶升系统主要由顶升套架、引进轨道及小车、液压顶升机组等三部分组成,其顶升过程如下(图 5.18):

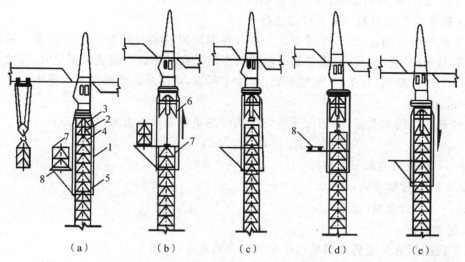

(a)准备状态;(b)顶升塔顶;(c)推入塔身标准节;(d)安装塔身标准节;(e)塔顶与塔身连成整体
1—顶升套架;2—液压千斤顶;3—承座;4—顶升横梁;5—定位销;6—过渡节;7—标准节;8—摆渡小车

图 5.18　附着式塔式起重机顶升过程

① 吊运一节标准节到摆渡小车上，并将过渡节与塔身标准节相连的螺栓松开，准备顶升。

② 启动液压千斤顶，将上部结构包括顶升套架提升到超过一个标准节的高度，然后用定位销将套架与塔身固定。

③ 回缩液压千斤顶，形成引进空间，将装有标准节的摆渡小车开到引进空间内。

④ 利用液压千斤顶稍微提起待接的标准节，退出摆渡小车；然后将待接的标准节平稳地落在下面的塔身上，并用螺栓连接。

⑤ 拔出定位销，下降过渡节，使之与已接高的塔身连成整体。

5.2 单层工业厂房结构安装

5.2.1 起重机的选择与布置

1. 起重机的选择

起重机的选择包括：选择起重机的类型、型号和数量。起重机的选择要根据施工现场的条件和现有起重设备条件，以及结构吊装方法确定。

（1）起重机类型选择的原则

① 对于中小型厂房结构采用自行式起重机安装比较合理。

② 当厂房结构高度和长度较大时，可选用塔式起重机安装屋盖结构。

③ 在缺乏自行式起重机的地方，可采用桅杆式起重机安装。

④ 大跨度的重型工业厂房，应结合设备安装来选择起重机类型。

⑤ 当一台起重机无法吊装时，可选用两台起重机抬吊。

（2）起重机型号和起重臂长度的选择

起重机的类型确定之后，还需要进一步选择起重机的型号及起重臂的长度。起重机的型号应根据吊装构件的尺寸、重量及吊装位置而定。在具体选用起重机型号时，应使所选起重机的三个工作参数：起重量、起重高度、起重半径 R，均应满足结构吊装的要求。

① 起重量。

选择起重机的起重量，必须大于所安装构件的重量与索具重量之和，即：

$$Q \geqslant Q_1 + Q_2 \tag{5-6}$$

式中，Q——起重机的起重量（t）；

$\quad Q_1$——构件重量（t）；

$\quad Q_2$——吊索重量（t）。

② 起重高度。

起重机的起重高度必须满足构件安装高度的要求，如图 5.19 所示。

$$H \geqslant h_1 + h_2 + h_3 + h_4 \tag{5-7}$$

式中，H——起重机的起重高度（m）；

$\quad h_1$——安装支座顶面高度（m），从停机面算起；

$\quad h_2$——安装空隙，视具体情况而定，不小于 0.3 m；

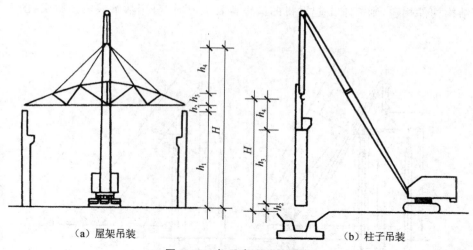

（a）屋架吊装　　　　　　　　　（b）柱子吊装

图 5.19　起重高度计算简图

h_3——绑扎点至构件吊起底面的距离（m）；

h_4——索具高度，自绑扎点至吊钩中心的
　　　距离（m）。

③ 起重半径。

当起重机可以不受限制地开到所吊构件附近去吊装构件时，可不验算起重半径。当起重机受限制不能靠近安装位置去吊装构件时，则应验算。当起重机的起重半径为一定值时，起重量和起重半径是否满足吊装构件的要求，一般根据所需的起重量、起重高度值、选择起重机型号，再按下式进行计算，如图 5.20 所示。

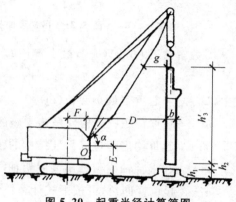

图 5.20　起重半径计算简图

吊装柱时起重机的起重半径 R 计算方法为：

$$R_{min} = F + D + 0.5b \qquad (5-8)$$

式中，F——起重机枢轴中心距回转中心距离（m）；

　　b——构件宽度（m）；

　　D——起重机枢轴中心距所吊构件边缘距离（m）。

可按下式计算：

$$D = g + (h_1 + h_2 + h'_3 - E)\cot\alpha \qquad (5-9)$$

式中，g——构件上口边缘与起重臂的水平间隙，不小于 0.5 m；

　　E——吊杆枢轴心距地面高度（m）；

　　α——起重臂的倾角；

　　h_1、h_2——含义同前；

　　h'_3——所吊构件的高度（m）。

④ 最小起重臂长度的确定。

当起重机的起重臂需要跨过已安装好的结构构件去吊装构件时，为了避免起重臂与已

安装的结构构件相碰,则需求出起重机的最小臂长。此时,可用数解法或图解法(图 5.21)。

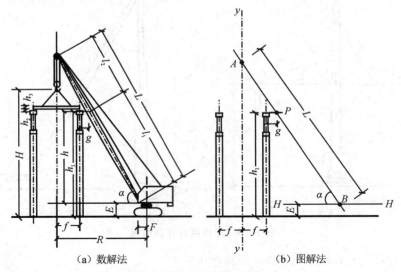

（a）数解法　　　　（b）图解法

图 5.21　吊装屋面板时起重机最小臂长计算简图

a. 数解法[图 5.21(a)],最小臂长 $L_{\min}$ 可按下式计算:

$$L_{\min} \geqslant l_1 + l_2 = h/\sin \alpha + (f+g)/\cos \alpha \tag{5-10}$$

式中,$L_{\min}$——起重臂最小臂长(m);

　　　h——起重臂底铰至构件吊装支座的高度(m),$h = h_1 - E$;

　　　f——起重钩需跨过已吊装结构的距离(m);

　　　g——起重臂轴线与已吊装屋架轴线间的水平距离,至少取 1 m;

　　　α——起重臂仰角,可按下式计算:

$$\alpha = \tan^{-1} 3\sqrt{\frac{h}{f+g}} \tag{5-11}$$

b. 图解法[图 5.21(b)],可按以下步骤求最小臂长:

第一步:选定合适的比例,绘制厂房一个节间的纵剖面图;绘制起重机吊装屋面板时吊钩位置处的垂线 Y-Y;根据初步选定的起重机的 E 值绘出水平线 H-H;

第二步:在所绘的纵剖面图上,自屋架顶面中心向起重机方向水平量出一距离 g,g 至少取 1 m,定出点 P;

第三步:根据起重臂的仰角 α,过 P 点作一直线,使该直线与 H—H 的夹角等于 α,交 Y-Y、H-H 于 A、B 两点;

第四步:AB 的实际长度即为所需起重臂的最小长度。

2. 起重机的开行路线及停机位置

起重机的开行路线和停机位置与起重机的性能、构件尺寸及重量、构件的平面布置、构件的供应方式、吊装方法等许多因素有关。

(1)柱子吊装时,应视跨度大小、柱的尺寸、重量及起重机性能,可沿跨中开行或跨边开行,如图 5.22 所示。

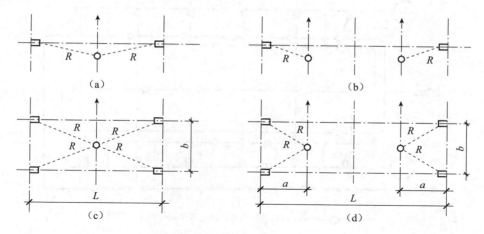

(a)、(c) 跨中开行;(b)、(d) 跨边开行

图 5.22　起重机吊装柱时的开行路线及停机位置

① 当起重半径 $R \geqslant L/2$(L 为厂房跨度)时,起重机在跨中开行,每个停机点吊装两根柱子,如图 5.22(a)所示。

② 当起重半径 $R \geqslant \sqrt{(L/2)^2 + (b/2)^2}$($b$ 为柱距)时,起重机跨中开行,每个停机点吊装四根柱子,如图 5.22(c)所示。

③ 当 $R < L/2$ 时,起重机沿跨边开行,每个停机点吊装一根柱子,如图 5.22(b)所示。

④ 当 $R \geqslant \sqrt{a^2 + (b/2)^2}$($a$ 为开行路线到跨边距离)时,起重机在跨内靠边开行,每个停机点可吊装两根柱子,如图 5.22(d)所示。

(2) 当吊装屋架、屋面板等屋面构件时,起重机大多沿跨中开行。

如图 5.23 所示是单跨厂房采用分件吊装法时,起重机开行路线及停机位置图。起重机从 A 轴线进场,沿跨外开行吊装 A 列柱,再沿 B 轴线跨内开行吊装 B 轴列柱,然后转到 A 轴线跨内扶直屋架并将其就位,再转到 B 轴线跨内吊装 B 列吊车梁、连系梁,随后转到 A 轴线跨内吊装 A 列吊车梁、连系梁,最后转到跨中吊装屋盖系统。

当单层厂房面积大或具有多跨结构时,为加快进度,可将建筑物划分为若干段,选用多台起重机同时作业。每台起重机可以独立作业,完成一个区段的全部吊装工作,也可以选用不同性能的起重机协同作业,有的专门吊柱,有的专门吊屋盖系统结构,组织大流水施工。

3. 构件的平面布置

单层工业厂房构件的平面布置是吊装工程中一项很重要的工作,构件布置合理,可以免除构件在场地的二次搬运,充分发挥起重机效率;布置得不合理,将会给以后的吊装工作带来许多麻烦。构件的平面布置应遵循以下原则:① 每跨构件尽可能布置在本跨内,如确有困难也可布置在跨外而便于吊装的地方;② 构件布置方式应满足吊装工艺要求,尽可能布置在起重机的起重半径内,尽量减少起重机在吊装时的跑车、回转及起重臂的起伏次数;

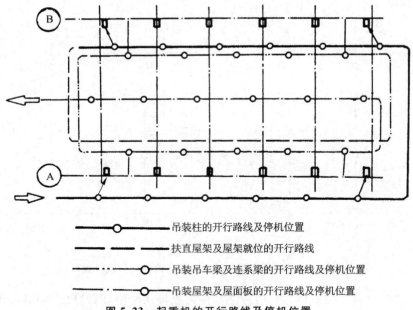

吊装柱的开行路线及停机位置

扶直屋架及屋架就位的开行路线

吊装吊车梁及连系梁的开行路线及停机位置

吊装屋架及屋面板的开行路线及停机位置

图 5.23　起重机的开行路线及停机位置

③ 按"重近轻远"的原则,首先考虑重型构件的布置;④ 构件的布置应便于支模、扎筋及混凝土的浇筑;若为预应力构件,要考虑有足够的抽管、穿筋和张拉的操作场地等;⑤ 所有构件均应布置在坚实的地基上,以免构件变形;⑥ 构件的布置应考虑起重机的开行与回转,保证路线畅通,起重机回转时不与构件相碰;⑦ 构件的平面布置分预制阶段构件的平面布置和安装阶段构件的平面布置。布置时要对两种情况综合加以考虑,做到相互协调,有利于吊装。

（1）预制阶段构件的平面布置

目前,在现场预制的构件主要有柱子、屋架、吊车梁等,其他构件均在预制构件厂或场外制作,运到工地现场吊装。

① 柱子的布置。柱的预制布置有斜向布置和纵向布置。

a.柱子斜向布置。柱子采用旋转法起吊,可按三点共弧斜向布置,其预制位置可采用图 5.24 所示布置方法。

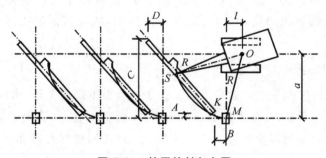

图 5.24　柱子的斜向布置

　　若受场地限制或柱子过长,难以做到三点共弧时,可采用两点共弧布置。两点共弧的方法有两种:一种是杯口中心与柱脚中心两点共弧,吊点放在起重半径 R 之外,如图 5.25 所示。吊装时,先用较大的起重半径 R' 吊起柱子,并升起重臂,当起重半径变成 R 后,停止升臂,随之用旋转法安装柱子。另一种方法是吊点与杯口中心两点共弧,柱脚放在起重半径 R 之外,安装时可采用滑行法,如图 5.26 所示。

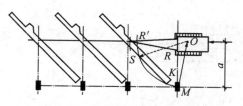

图 5.25　柱脚与柱基两点共弧

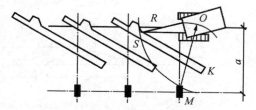

图 5.26　吊点与柱基两点共弧

　　b. 柱子纵向布置。对于一些较轻的柱子,起重机能力有富余,考虑到节约场地,方便构件制作,可顺柱列纵向布置,如图 5.27 所示。柱子纵向布置,绑扎点与杯口中心两点共弧。

　　若柱子长度大于 12 m,柱子纵向布置宜排成两行,如图 5.27(a)所示;

　　若柱子长度小于 12 m,则可叠浇排成一行,如图 5.27(b)所示。

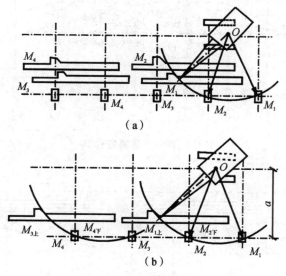

图 5.27　柱子纵向布置

　　② 屋架的布置。屋架宜安排在厂房跨内平卧叠浇预制,每叠 3～4 榀,布置方式有三种:斜向布置、正反斜向布置和正反纵向布置等,如图 5.28 所示。

　　③ 吊车梁的布置。当吊车梁安排在现场预制时,可靠近柱基顺纵轴线或略作倾斜布置,也可插在柱子的空当中预制,或在场外集中预制等。

　　(2) 安装阶段构件的平面布置

　　安装阶段构件的平面布置一般是指柱子已经吊装完毕,其他构件的就位布置,如屋架的扶直就位,吊车梁、连系梁和屋面板的运输就位等。

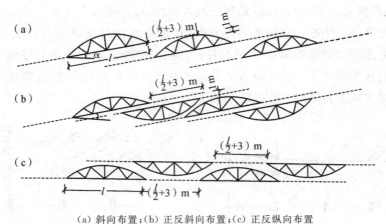

（a）斜向布置；（b）正反斜向布置；（c）正反纵向布置

图 5.28　屋架预制的几种布置方法

① 屋架的扶直就位。屋架的就位方式有两种：一是靠柱边斜向就位（图 5.29）；二是靠柱边成组纵向就位（图 5.30）。

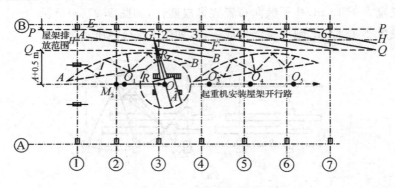

图 5.29　屋架斜向就位

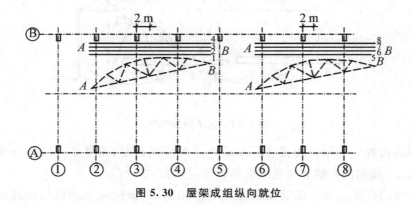

图 5.30　屋架成组纵向就位

② 吊车梁、连系梁及屋面板的运输、就位堆放。单层工业厂房除了柱和屋架一般在施工现场制作外，其他构件如吊车梁、连系梁、屋面板等均可在预制厂或附近的露天预制场制作，然后运至施工现场进行吊装。

构件运输至现场后,应根据施工组织设计所规定的位置,按编号及构件吊装顺序进行排放或集中堆放。

吊车梁、连系梁的就位位置,一般在其吊装位置的柱列附近,跨内跨外均可。屋面板可布置在跨内或跨外。

5.2.2　结构吊装方法

单层厂房的结构安装方法主要有分件吊装法和综合吊装法两种。

1. 分件吊装法

分件吊装法是指起重机在车间内每开行一次仅吊装一种或两种构件,通常分三次开行。

第一次开行——安装全部柱子,并对柱子进行校正和最后固定;

第二次开行——安装全部吊车梁、连系梁以及柱间支撑;

第三次开行——分节间安装屋架、天窗架、屋面板及屋面支撑等。

分件吊装法的优点是每次吊装同类构件,不需经常更换索具,操作程序基本相同,所以安装速度快,并且有充分时间校正。构件可分批进场,供应单一,平面布置比较容易,现场不致拥挤。缺点是不能为后续工程及早提供工作面,起重机开行路线长,装配式钢筋混凝土单层工业厂房多采用分件吊装法。

图 5.31 所示为分件吊装法吊装时构件的吊装顺序。

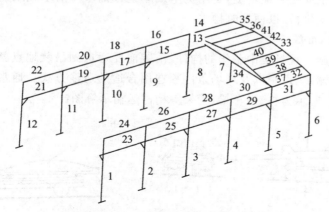

图 5.31　分件吊装时的构件吊装顺序

图中数字表示构件吊装顺序,其中:1~12—柱;13~32—单数是吊车梁,双数是连系梁,33、34—屋架;35~42—屋面板。

2. 综合吊装法

综合吊装法是指起重机在车间内的一次开行中,分节间安装所有类型的构件。具体做法是先吊装 4~6 根柱子,立即加以校正和最后固定,接着吊装吊车梁、连系梁、屋架、屋面板等构件。吊装完一个节间所有构件后,转入吊装下一个节间(图 5.32)。

综合吊装法的优点是开行路线短,起重机停机点少,可为后期工程及早提供工作面,使各工种能交叉平行流水作业。其缺点是一种机械同时吊装多类型构件,现场拥挤,校正困难。

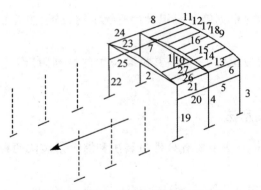

图 5.32 综合吊装法的构件吊装顺序

5.2.3 结构构件吊装

1. 吊装前的准备工作

准备工作的内容包括场地清理、道路铺设、构件运输与堆放、构件检查与清理、构件弹线与编号、基础准备以及吊装机具的准备等。

（1）场地清理与道路铺设

起重机进场之前，按照现场平面布置图，标出起重机的开行路线，清理道路上的杂物，进行平整压实。回填土或松软地基上，要用枕木或厚钢板铺垫。雨季施工，要做好排水工作，准备一定数量的抽水机械，以便及时排水。

（2）构件运输与堆放

在工厂制作或施工现场集中制作的构件，吊装前要运送到吊装地点就位。根据构件的重量、外型尺寸、运输量、运距以及现场条件等选用合适的运输方式。通常采用载重汽车和平板拖车。图 5.33 所示为柱、吊车梁、屋架等构件运输示意图。

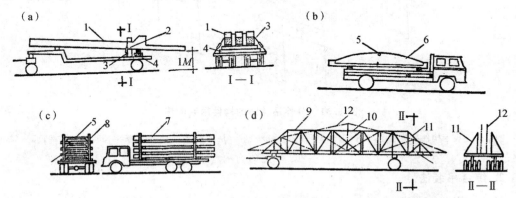

（a）用拖车运输柱；（b）用汽车运输鱼腹式吊车梁；（c）用汽车运输吊车梁；（d）用钢拖运屋架

1—柱子；2—钢丝绳；3—倒链；4—垫木；5—铁丝；6—鱼腹式吊车梁；

7—吊车梁；8—侧向支架；9～11—钢托架；12—三角形屋架

图 5.33 柱、吊车梁、屋架运输示意图

构件运输应符合下列规定：① 运输时的混凝土强度，当设计无具体规定时，不应小于设计的混凝土强度标准值的 75%；对于屋架、薄腹梁等构件不应小于设计的混凝土强度标准值的 100%;② 构件支承的位置和方法,应根据其受力情况确定,不得引起混凝土的超应力或损伤构件;③ 构件装运时应绑扎牢固,防止移动或倾倒。对构件边部或与链索接触处的混凝土,应采用衬垫加以保护;④ 运输细长构件时,行车应平稳,并可根据需要对构件设置临时水平支撑。

构件堆放应符合下列规定:① 堆放构件的场地应平整坚实,并具有排水措施,堆放构件时应使构件与地面之间有一定空隙;② 应根据构件的刚度及受力情况,确定构件平放或立放,并应保持其稳定;③ 重叠堆放的构件,吊环应向上,标志应向外。其堆垛高度应根据构件与垫木的承载能力及堆垛的稳定性确定;各层垫木的位置应在一条垂直线上;④ 构件的堆放应按平面布置图所示位置堆放,避免二次搬运。

(3) 构件检查与清理

为保证施工质量,在结构吊装前,应对所有构件作全面检查和清理。

① 检查构件的强度。构件吊装时混凝土强度不低于设计混凝土标准值的 75%,对一些大跨度构件,如屋架则应达到 100%。

② 检查构件的外形尺寸、预埋件的位置及大小。

③ 检查构件的表面。有无损伤、缺陷、变形、裂缝等。预埋件如有污物,应加以清除,以免影响构件的拼装和焊接。

④ 检查吊环的位置、吊环有无变形损伤、吊环孔洞能否穿过钢丝索和卡环。

(4) 构件弹线与编号

构件经质量检查及清理后,在每个合格的构件上弹出安装的定位墨线和校正所用墨线,作为构件安装、对位、校正的依据,具体做法如下:

① 柱子:在柱身三面弹出安装中心线(图 5.34),所弹中心线的位置与柱基杯口面上的安装中心线相吻合。此外,在柱顶与牛腿面上还要弹出安装屋架及吊车梁的定位线。

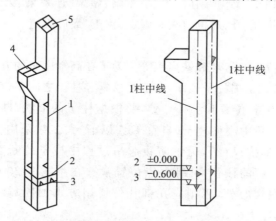

1—柱中心线;2—地基标高线;3—基础顶面线;4—吊车梁对位线;5—柱顶中心线

图 5.34　柱子弹线图

② 屋架:屋架上弦顶面应弹出几何中心线,并从跨中向两端分别弹出天窗架、屋面板或檩条的安装定位线,在屋架两端弹出安装中心线。

③ 梁:在两端及顶面弹出安装中心线。

④ 编号:应按图纸将构件进行编号。

（5）杯形基础的准备

杯形基础的准备工作主要是在柱吊装前对杯底抄平和在杯口顶面弹线。

杯底的抄平是对杯底标高的检查和调整，以保证吊装后牛腿面标高的准确。杯底标高在制作时一般比设计要求低 50 mm，以便柱子长度有误差时能抄平调整。测量杯底标高，先在杯口内弹出比杯口顶面设计标高低 100 mm 的水平线，随后用尺对杯底标高进行测量，小柱测中间一点，大柱测四个角点，得出杯底实际标高。牛腿面设计标高与杯底实际标高的差值，就是柱子牛腿面到杯底的应有长度，与实际量得的长度相比，得到制作误差，再结合柱底平面的平整度，用水泥砂浆或细石混凝土将杯底抹平，垫至所需标高。例如：实测杯底标高为 -1.05 m，柱牛腿面设计标高为 $+8.10$ m，实测柱底至牛腿面的实际长度为 9.10 m，则杯底标高的调整值（抄平厚度）为：$\Delta h = (8.10 + 1.05) - 9.10 = +0.05$ m。

基础顶面弹线要根据厂房的定位轴线测出，并与柱的安装中心线相对应。一般在基础顶面弹十字交叉的安装中心线，并画上红三角（图 5.35）。

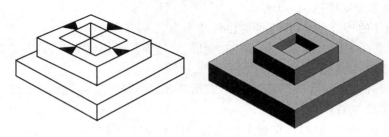

图 5.35 基础的准线

2. 柱的吊装

单层工业厂房结构的主要构件有柱子、吊车梁、屋架、连系梁、天窗架、屋面板等。其吊装施工主要步骤有：绑扎、吊升、对位与临时固定、校正、最后固定。

（1）柱子的绑扎

绑扎柱子的吊具有吊索、卡环和铁扁担等。为了在高空中脱钩方便，应尽量用活络式卡环。为了避免起吊时吊索磨损柱子表面，一般在吊索和柱子之间垫以麻袋等物。

柱子的绑扎方法、绑扎位置和绑扎点数，要根据柱子的形状、断面、长度、配筋和起重机性能等因素确定。一般中小型柱子（自重 13 t 以下）大多数采用一点绑扎，重型柱子或配筋少而细长的柱子（如抗风柱），为了防止起吊过程中柱子的断裂，常采用两点绑扎甚至三点绑扎。对于有牛腿的柱子，其绑扎点位置常选在牛腿下 200 mm 处。工字形截面和双肢柱的绑扎点选在实心处，否则应在绑扎位置用方木加固翼缘，防止翼缘在起吊时损坏。

根据起吊后柱身是否垂直以及绑扎点的数量，柱子绑扎的方法有如下四种（图 5.36）：

① 一点斜吊绑扎法[图 5.36(a)]。这种方法不需要翻动柱子，但柱子平放起吊时抗弯强度要符合要求。柱吊起后呈倾斜状态，由于吊索歪在柱的一边，起重钩低于柱顶，因此起重臂可以短些。

② 一点直吊绑扎法[图 5.36(b)]。当柱子的宽度方向抗弯不足时，可在吊装前，先将柱子翻身后再起吊。起吊后，铁扁担跨在柱顶上，柱身呈直立状态，便于插入杯口。但由于铁

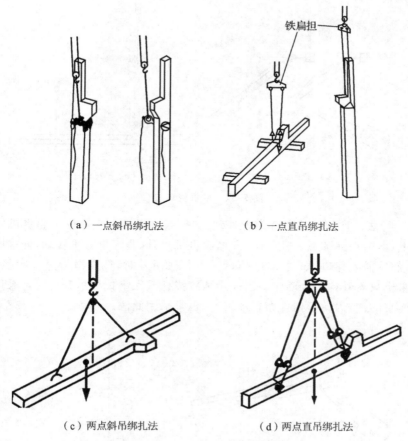

（a）一点斜吊绑扎法　　　　　　（b）一点直吊绑扎法

（c）两点斜吊绑扎法　　　　　　（d）两点直吊绑扎法

图 5.36 柱子绑扎方法

扁担高于柱顶,需要较大的起吊高度。

③ 两点斜吊绑扎法[图 5.36(c)]。当柱身较长,一点绑扎时柱的抗弯能力不足时可采用两点绑扎起吊,此种绑扎法特点是:柱子的重心与柱子上方的吊钩在竖直方向不重合,从而在起吊时引起柱子的倾斜。

④ 两点直吊绑扎法[图 5.36(d)]。此种绑扎法特点是:柱子的重心与柱子上方的吊钩在竖直方向重合,在起吊时柱子保持水平平衡状态。

（2）柱子的吊升

柱子的吊升方法,根据柱子重量、长度、起重机性能和现场施工条件而定。根据柱子吊升过程中的运动特点以及起重机的数量,可分为单机旋转法、单机滑行法、双机抬吊旋转法、双机抬吊滑行法。

① 单机旋转法。如图 5.37 所示,柱的绑扎点、柱脚、杯基中心三者宜位于起重机的同一工作幅度的圆弧上,即三点共弧。起吊时,起重臂边升钩,边回转,柱顶随起重钩的运动,也边升起边回转,绕柱脚旋转起吊。当柱子呈直立状态后,起重机将柱吊离地面插入杯口。旋转法吊升柱受振动小,生产效率高,但对起重机的机动性要求高。当采用履带式、汽车式、轮胎式等起重机时,宜采用此法。

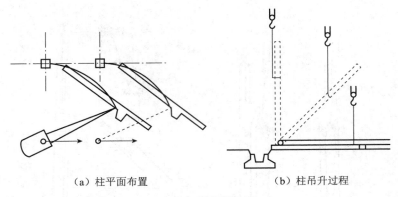

（a）柱平面布置　　　　　　　　（b）柱吊升过程

图 5.37　单机旋转法

② 单机滑行法。柱的绑扎点宜靠近基础,绑扎点与杯口中心均位于起重机的同一起重半径的圆弧上,即两点共圆弧。柱子吊升时,起重机只升钩,起重臂不转动,使柱脚沿地面滑行逐渐直立,然后插入杯口,如图 5.38 所示。滑行法吊升时,柱在滑行过程中受振动,但起吊过程中起重机只需升钩一个动作。当采用独脚拔杆或人字拔杆吊升柱时常采用此法。另外对一些长而重的柱,为便于构件布置和吊升,也常采用此法。

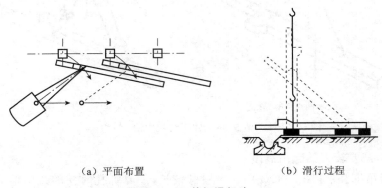

（a）平面布置　　　　　　　　（b）滑行过程

图 5.38　单机滑行法

③ 双机抬吊旋转法。对于重型柱子,一台起重机吊不起来,可采用两台起重机抬吊。采用旋转法双机抬吊时,应两点绑扎,一台起重机抬上吊点,另一台起重机抬下吊点。当双机将柱子抬至离地面一定距离(为下吊点到柱脚距离＋300 mm)时,上吊点的起重机将柱上部逐渐提升,下吊点不需再提升,使柱子呈直立状态后旋转起重臂使柱脚插入杯口,如图 5.39 所示。

④ 双机抬吊滑行法。柱为一点绑扎,且绑扎点靠近基础。起重机在柱基础的两侧,两台起重机在柱的同一绑扎点吊升抬吊,使柱脚沿地面向基础滑行,呈直立状态后,将柱脚插入基础杯口内,如图 5.40 所示。

（3）对位和临时固定

柱子对位时,一般柱脚插入杯口后应悬离杯底 30～50 mm 处。对位时用八只木楔或钢楔从柱的四边放入杯口,并用撬棍撬动柱脚,使柱的安装中心线对准杯口上的安装中心线,并使柱子基本保持垂直。柱对位后,应先把楔块略打紧,再放松吊钩,检查柱沉至杯底的对

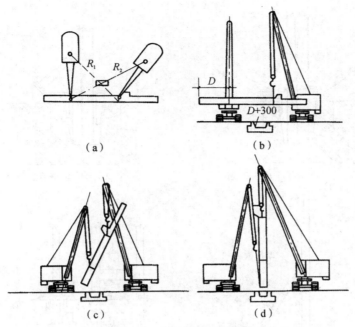

图 5.39　双机抬吊旋转法

中情况，若符合要求，应将楔块打紧，将柱临时固定。

吊装重型柱或细长柱时，除按上述方法进行临时固定外，必要时应增设缆风绳拉锚。

（4）校正和最后固定

柱子的校正包括平面位置、垂直度和标高的校正。标高的校正已经在柱基础杯底抄平时完成，平面位置校正一般在临时固定时已校正好。垂直度校正则应在柱子临时固定后进行。垂直度偏差检查是用两台经纬仪从柱相邻两面观察柱的安装中心线是否垂直（图 5.41）。

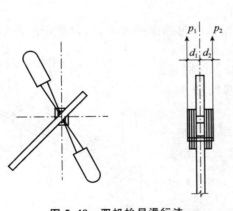

图 5.40　双机抬吊滑行法

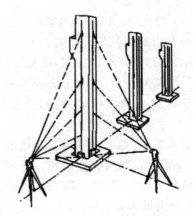

图 5.41　柱子垂直度检查

若超过允许偏差值，可采用钢管撑杆校正法、千斤顶校正法等进行校正，如图 5.42 所示。

柱子的最后固定，是在柱子与杯口的空隙用细石混凝土浇灌密实。所用的细石混凝土

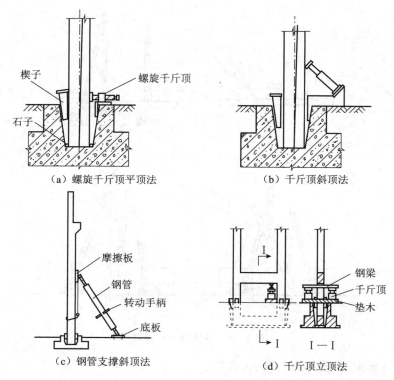

图 5.42 柱垂直度的校正方法

强度应比柱子混凝土强度提高一级,分两次浇筑。第一次浇至楔块底面,待混凝土强度达到 25％时拔去楔块,再浇第二次混凝土,直到灌满杯口为止,并进行养护。

3. 吊车梁的吊装

吊车梁的吊装应在柱子杯口第二次浇灌混凝土强度达到设计强度的 75％时方可进行。其吊装施工主要步骤如下:

(1)绑扎、吊升、对位与临时固定

吊车梁的绑扎应采用两点绑扎,对称起吊,吊钩应对称梁的重心,以便使梁起吊后保持水平,梁的两端用溜绳控制,以免在吊升过程中碰撞柱子。

吊车梁对位后(图 5.43),不宜用撬棍在纵轴方向撬动,因为柱在此方向刚度较差,过分撬动会使柱身弯曲产生偏差。

吊车梁对位后,由于梁本身稳定性较好,仅用垫铁垫平即可,不需采取临时固定措施。但当梁的高宽比大于 4 时,宜用铁丝将吊车梁临时绑在柱上。

(2)校正和最后固定

吊车梁校正主要是平面位置、垂直度和标高的校正。吊车梁的标高取决于柱牛腿标高,在柱吊装前已经调整。如仍存在偏差,可待安装吊车轨道时进行调整。

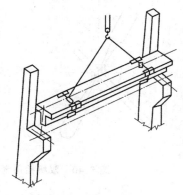

图 5.43 吊车梁对位

　　吊车梁的校正工作一般在屋面构件安装校正并最后固定后进行。因为在安装屋架、支撑等构件时,可能引起柱子偏差影响吊车梁的准确位置。但对重量大的吊车梁,脱钩后撬动比较困难,应采取边吊边校正的方法。

　　吊车梁垂直度校正一般采用吊线锤的方法检查,如存在偏差,在梁的支座处垫上薄钢板调整。

　　吊车梁的平面位置的校正常采用通线法和平移轴线法。

　　① 通线法(图5.44)。根据柱的定位轴线,在车间两端地面用木桩定出吊车梁定位轴线位置,并设置经纬仪。先用经纬仪将车间两端的四根吊车梁位置校正准确,用钢尺检查两列吊车梁之间的跨距是否符合要求,再根据校正好的端部吊车梁沿其轴线拉上钢丝通线,逐根拔正。

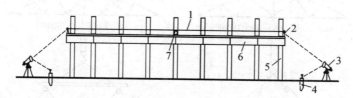

1—通线;2—支架;3—经纬仪;4—木桩;5—柱;6—吊车梁;7—圆钢

图5.44　通线法校正吊车梁

　　② 平移轴线法(图5.45)。在柱列边设置经纬仪,逐根将杯口中柱的吊装准线投影到吊车梁顶面处的柱身上,并作出标志。若标志线到柱定位轴线的距离为 a,则标志线距吊车梁定位轴线应为 $\lambda-a$(一般 $\lambda=750$ mm),据此逐根拔正吊车梁安装中心线。

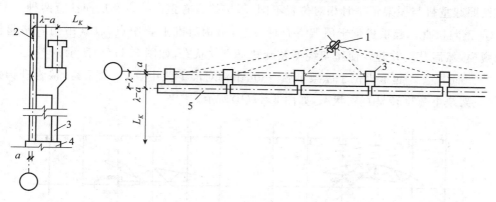

1—经纬仪;2—标志线;3—柱;4—柱基础;5—吊车梁

图5.45　平移轴线法校正吊车梁

　　吊车梁的最后固定是将吊车梁用钢板与柱侧面、吊车梁顶面预埋铁件焊牢,并在接头处、吊车梁与柱的空隙处支模浇筑细石混凝土。

　　4. 屋架的吊装

　　钢筋混凝土预应力屋架一般在施工现场平卧叠浇生产,吊装前应将屋架扶直、就位。屋架吊装施工主要步骤有绑扎、扶直与就位、吊升、对位与临时固定、校正、最后固定等。

（1）绑扎

屋架的绑扎点应选在屋架上弦节点处，左右对称于屋架的重心。一般屋架跨度小于18 m采用时两点绑扎；大于18 m时采用四点绑扎；大于30 m时，应考虑使用铁扁担，以减小绑扎高度；对刚性较差的组合屋架，因下弦不能承受压力，也采用铁扁担四点绑扎。屋架绑扎时吊索与水平面夹角不宜小于45°，否则应采用铁扁担，以减小屋架的起重高度或减少屋架所承受的压力。屋架的绑扎方法如图5.46所示。

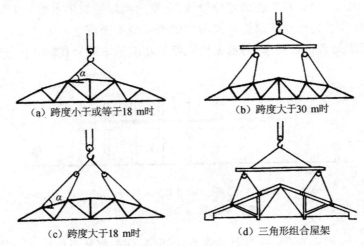

（a）跨度小于或等于18 m时　　　　　（b）跨度大于30 m时

（c）跨度大于18 m时　　　　　（d）三角形组合屋架

图5.46　屋架绑扎方法

（2）屋架的扶直与就位

按照起重机与屋架预制时相对位置不同，屋架扶直有正向扶直和反向扶直两种。

①正向扶直。起重机位于屋架下弦杆一边，吊钩对准上弦中点，收紧吊钩后略起臂使屋架脱模，然后升钩并起臂使屋架绕下弦旋转呈直立状态，如图5.47（a）所示。

②反向扶直。起重机位于屋架上弦一边，吊钩对准上弦中点，收紧吊钩，接着升钩并降臂，使屋架绕下弦旋转呈直立状态，如图5.47（b）所示。

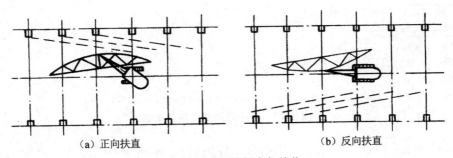

（a）正向扶直　　　　　　　　　　（b）反向扶直

图5.47　屋架的扶直与就位

正向扶直与反向扶直不同之处在于前者升臂，后者降臂。升臂比降臂易于操作且比较安全，故应尽可能采用正向扶直。

钢筋混凝土屋架的侧向刚度差，扶直时由于自重作用使屋架产生平面弯曲，部分杆件将改变应力情况,特别是下弦杆极易扭曲造成屋架损伤。因此吊前应进行吊装应力验算,如果截面强度不够,应采取必要的加固措施。

屋架扶直后应按规定位置就位。屋架的就位位置与起重机性能和安装方法有关。当屋架就位位置与屋架的预制位置在起重机开行路线同一侧时,称同侧就位[图 5.47(a)]。当屋架就位位置与屋架预制位置分别在起重机开行路线各一侧时,叫异侧就位[图 5.47(b)]。

(3)屋架的吊升、对位与临时固定

屋架起吊后离地面约 300 mm 处转至吊装位置下方,再将其吊升超过柱顶约 300 mm,然后缓缓下落在柱顶上,力求对准安装准线。

屋架对位后,先进行临时固定,然后再使起重机脱钩。

第一榀屋架的临时固定,可用四根缆风绳从两边拉牢,因为它是单片结构,侧向稳定性差。紧接着是第二榀屋架的支撑,如图 5.48 所示。

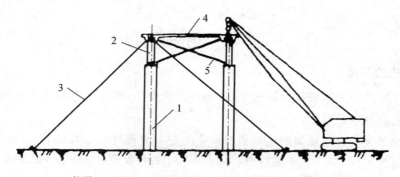

1—柱子;2—屋架;3—缆风绳;4—工具式支撑;5—屋架垂直支撑

图 5.48　屋架的临时固定

第二榀屋架以及以后各榀屋架可用工具式支撑临时固定到前一榀屋架上,工具式支撑构造如图 5.49 所示。

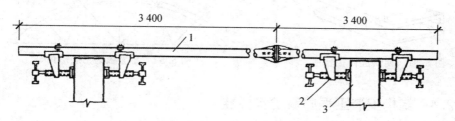

1—钢管;2—撑脚;3—屋架上弦

图 5.49　工具式支撑构造图

(4)校正、最后固定

屋架校正主要是进行垂直度校正(图 5.50)。其校正方法是用经纬仪或垂球检查屋架垂直度。施工规范规定屋架上弦中部与通过两支座中心的垂直面偏差不得大于 $h/250$(h 为屋架高度)。如超过偏差允许值,应用工具式支撑加以纠正,并在屋架端部支承面垫入薄钢片。校正无误后,立即用电焊焊牢作为最后固定。

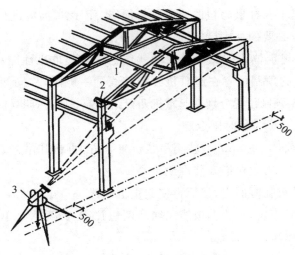

1—工具式支撑;2—卡尺;3—经纬仪

图 5.50 屋架校正

5. 屋面板的吊装

屋面板可逐块吊装或多块叠吊吊装,常采用多块叠吊,可以大大加快吊装速度,图 5.51 是两块屋面板叠吊的示意图。

屋面板的吊装最好按屋架跨度从檐口向中间左右对称进行安装(图 5.52),以使屋架受力均匀。屋面板对位后,应立即进行电焊固定,每块屋面板至少焊三点,使屋面板与屋架连成整体,保证结构的整体性和施工阶段的安全性。

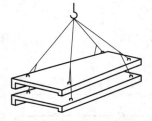

图 5.51 两块屋面板叠吊

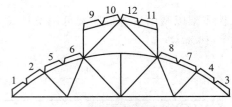

图 5.52 屋面板的吊装顺序

5.2.4 结构安装工程质量验收标准

(1)当混凝土强度达到设计强度 75% 以上时,预应力构件(屋架)孔道灌浆的强度达到 15 MPa 以上时,方可进行构件吊装。

(2)安装构件前,应对构件进行弹线和编号,并对结构及预制件进行平面位置、标高、垂直度等校正工作。

(3)在吊装装配式框架结构时,只有当接头和接缝的混凝土强度大于 10 MPa 时,才能吊装上一层结构构件。

(4)构件在吊装就位后,应进行临时固定,保证构件的稳定。

(5)构件的安装,力求准确,保证构件的偏差在允许范围内,见表 5-4。

表 5-4　构件安装时的允许偏差

序号	项目			允许偏差/mm
1	杯形基础	中心线对轴线位移		10
		杯底标高		−10
2	柱	中心线对轴线的位移		5
		上下柱连接中心线位移		3
		垂直度	≤5 m	5
			>5 m	10
			≥10 m 且多节	高度的 1‰
		牛腿顶面和柱顶标高	≤5 m	−5
			>5 m	−8
3	梁或吊车梁	中心线对轴线位移		5
		梁顶标高		−5
4	屋架	下弦中心线对轴线位移		5
		垂直度	桁架	屋架高的 1/250
			薄腹梁	5
5	天窗架	构件中心线对定位轴线位移		5
		垂直度(天窗架高)		1/300
6	板	相邻两板板底平整	抹灰	5
			不抹灰	3
7	墙板	中心线对轴线位移		3
		垂直度		3
		每层山墙倾斜度		2
		整个高度垂直度		10

5.3　钢网架结构安装

5.3.1　钢网架结构概述

钢网架结构是由多根杆件按照一定的网格形式通过节点连接而成的空间结构(图 5.53)。具有空间受力、重量轻、刚度大、抗震性能好、平面布置灵活等优点;缺点是交汇于节点上的杆件数量较多,制作安装较平面结构复杂。

钢网架技术以其跨度大、减少立柱、自重轻等特点已广泛应用于大型屋面、楼面等。大量用于体育馆、影剧院、展览厅、候车厅、体育场看台雨篷、飞机库等大跨度结构的屋盖。如上海体育馆于 1975 年建成使用,主馆呈圆形,高 33 m,屋顶网架跨度直径 110 m。采用平板

图 5.53　钢网架结构

型三层网架结构,网格尺寸为跨度的$\frac{1}{8}$。

网架结构主要组件有杆件和节点。网架结构的杆件主要采用圆钢管,常用的钢管规格有:$\phi48\times3.5,\phi60\times3.5,\phi75.5\times3.75,\phi88.5\times4,\phi114\times4,\phi133\times6,\phi140\times4.5,\phi159\times10,\phi180\times14$(说明:第一个数字代表钢管直径。第二个数字代表钢管厚。单位为 mm)等。网架结构的节点形式较多,有焊接钢板节点、焊接空心球节点、螺栓球节点和焊接钢管球节点等(图 5.54)。

图 5.54　钢网架球节点

5.3.2　钢网架结构安装施工

钢网架结构的安装方法很多,主要有高空散装法、分条或分块安装法、高空滑移法、整体吊装法、整体提升法、整体顶升法等。

① 高空散装法。是指小拼单元或散件(单根杆件和单个节点)直接在设计位置进行总拼的方法(图 5.55)。高空散装法适用于非焊接连接的各种类型网架安装。

② 分条(分块)安装法。是把网架分成条状或块状单元,在地面拼装后,分别吊装就位拼成整体的安装方法(图 5.56)。由于条块单元是在地面拼装,因而在高空作业量较高,空散装法大为减少,拼装支架也减少很多,故较为经济。此法适用于网架分割后的条块单元刚

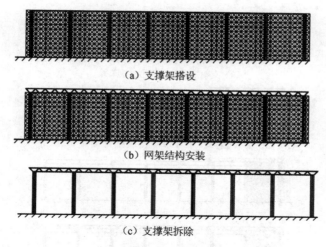

（a）支撑架搭设

（b）网架结构安装

（c）支撑架拆除

图 5.55　高空散装法

度较大的各类中小型网架。

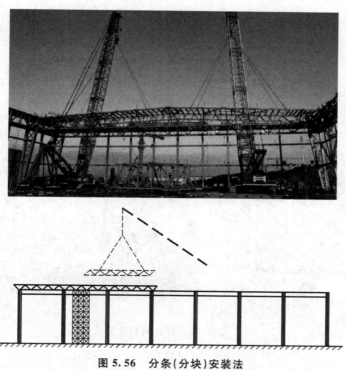

图 5.56　分条（分块）安装法

③ 高空滑移法。是指分条的网架单元在事先设置的滑轨上由一端滑移到另一端，就位后拼接成整体的安装方法（图 5.57）。分条的网架单元可以在地面拼装，然后用起重机吊至支架上。此法适用于正放四角锥、正放抽空四角锥、两向正交正放四角锥等网架。

④ 整体吊装法。是将网架在地面总拼成整体后，用起重设备将其吊装到设计位置的方法（图 5.58）。此法适用于各种网架，更适用于焊接连接网架。其缺点是需要很大的起重能力。

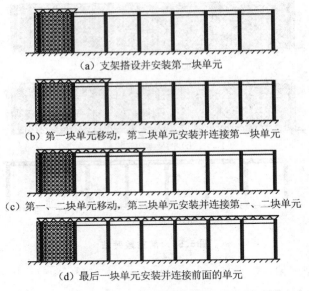

（a）支架搭设并安装第一块单元

（b）第一块单元移动，第二块单元安装并连接第一块单元

（c）第一、二块单元移动，第三块单元安装并连接第一、二块单元

（d）最后一块单元安装并连接前面的单元

图 5.57 高空滑移法

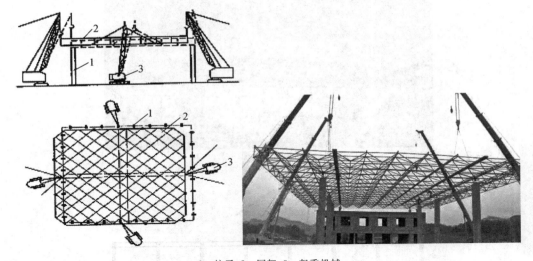

1—柱子；2—网架；3—起重机械

图 5.58 整体吊装法

⑤ 整体提升法。是在地面将网架拼装成整体,利用提升设备垂直地将其网架整体提升到设计标高并安装固定的方法(图 5.59)。此法适用于周边支撑及多点支撑网架。

⑥ 整体顶升法。将网架在地面就位拼装成整体,用起重设备垂直地将网架整体顶升至设计标高并安装固定的方法(图 5.60)。利用原有结构柱作为顶升支架,将大吨位千斤顶直接设在网架支座下面,进行网架整体顶升,在顶升过程中只能垂直顶升,不能或不允许平移或转动。此法适用于周边支承点较少的多点支撑大跨度网架。

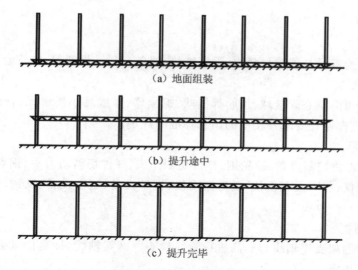

（a）地面组装

（b）提升途中

（c）提升完毕

图 5.59　整体提升法

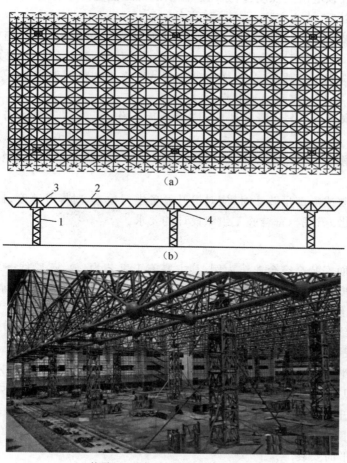

（a）

（b）

1—柱子；2—网架；3—支撑卡件；4—千斤顶

图 5.60　整体顶升法

1. 施工准备

（1）材料

钢网架安装的钢材与连接材料，高强度螺栓、焊条、焊丝、焊剂等，应符合设计的要求，并应有出厂合格证。

钢网架安装用的空心焊接球、加肋焊接球、螺栓球、半成品小拼单元、杆件，以及橡胶支座等半成品，应符合设计要求及相应的国家标准的规定。

（2）主要机具

电焊机、氧-乙炔切割设备、砂轮锯、杆件切割车床、杆件切割动力头、钢卷尺、钢板尺、卡尺、水准仪、经纬仪、超声波探伤仪、磁粉探伤仪、提升设备、起重设备、铁锤、钢丝刷、液压千斤顶、倒链等。

（3）作业条件

安装前应对网架支座轴线与标高进行验线检查。网架轴线、标高位置必须符合设计要求和有关标准的规定。

安装前应对柱顶混凝土强度进行检查，柱顶混凝土强度必须符合设计要求和国家现行有关标准的规定以后，才能安装。

采用高空散装法时，应搭设满堂红脚手架，并放线布置好各支点位置与标高。采用螺栓球高空散装法时，应设计布置好临时支点，临时支点的位置、数量应经过验算确定。高空散装的临时支点应选用千斤顶为宜，这样临时支点可以逐步调整网架高度。当安装结束拆卸临时支架时，可以在各支点间同步下降，分段卸荷。

采用条块安装法、工作台滑移法时，应对地面工作台、滑移设备进行检查，并进行试滑行。

采用高空滑移法时，应对滑移轨道滑轮进行检查，滑移水平坡度应符合施工设计的要求。

采用整体吊装或局部吊装法时，应对提升设备进行检查、对提升速度、提升吊点、高空合龙与调整等工作做好试验，符合施工组织设计的要求。

2. 施工工艺

以焊接球地面安装高空合龙法为例，其主要施工工艺为：放线、验线→安装平面网格→安装主体网格→安装上弦网格→网架整体吊装（提升）→网架高空合龙→网架验收。

（1）放线、验线

对于柱顶放线与验线，要求标出轴线与标高，检查柱顶位移，网架安装单位对提供的网架支承点位置、尺寸、标高经复验无误后才能正式安装。

网架地面安装环境应找平放样，网架球各支点应放线，标明位置与球号。网架球各支点砌砖墩，墩材可以是钢管支承点，也可以是砖墩上加一小截圆管作为网架下弦球支座。

对各支点标出标高，如网架有起拱要求时，应在各支承点上反映出来，用不同高度的支承钢管来完成对网架的起拱要求。

（2）钢网架平面安装

放球：将已验收的焊接球，按规格、编号放入安装节点内，同时应将球调整好受力方向与位置。

放置杆件:将备好的杆件,按规定的规格布置钢管杆件。放置杆件前,应检查杆件的规格、尺寸,以及坡口、焊缝间隙,将杆件放置在两个球之间,调整间隙并点固。

平面网架的拼装应从中心线开始,逐步向四周展开,先组成封闭四方网格,控制好尺寸后,再拼四周网格,不断扩大。注意应控制累积误差,一般网格以负公差为宜。

平面网架焊接,焊接前应编制好焊接工艺和焊接顺序,防止平面网架变形。平面网架焊接应按焊接工艺规定,从钢管下侧中心线左边 20～30 mm 处引弧,向右焊接,逐步完成仰焊、主焊、爬坡焊、平焊等焊接位置。球管焊接应采用斜锯齿形运条手法进行焊接,防止咬肉。焊接运条到圆管上侧中心线后,继续向前焊 20～30 mm 收弧。

焊接完成半圆后,重新从钢管下侧中心线右边 20～30 mm 处反向起弧,向左焊接,与上述工艺相同,到顶部中心线后继续向前焊接,填满弧坑,焊缝搭接平稳,以保证焊缝质量。

（3）网架主体组装

检查验收平面网架尺寸、轴线偏移情况,检查无误后,继续组装主体网架。将一球四杆的小拼单元(一球为上弦球,四杆为网架斜腹杆)吊入平面网架上方。小拼单元就位后,应检查网格尺寸、矢高以及小拼单元的斜杆角度,对位置不正、角度不正的应先矫正,矫正合格后才准以安装。

安装时发现小拼单元杆件长度、角度不一致时,应将过长杆件用切割机割去,然后重开坡口,重新就位检查。

如果是需用衬管的网架,应在球上点焊好焊接衬管。但小拼单元暂勿与平面网架点焊,还需与上弦杆配合后才能定位焊接。

（4）安装上弦网格

放入上弦平面网架的纵向杆件,检查上弦球纵向位置、尺寸是否正确;放入上弦平面网架的横向杆件,检查上弦球横向位置、尺寸是否正确。

通过对立体小拼单元斜腹杆的适量调整,使上弦的纵向与横向杆件与焊接球正确就位。对斜腹杆的调整方法是:既可以切割过长杆件,也可以用倒链拉开斜杆的角度,使杆件正确就位,保证上弦网格的正确尺寸。

调整各部间隙,各部间隙基本合格后,再点焊上弦杆件。上弦杆件点固后,再点焊下弦球与斜杆的焊缝,使之连接牢固。逐步检查网格尺寸,逐步向前推进。网架腹杆与网架上弦杆的安装应相互配合着进行。

网架地面安装结束后,应按安装网架的条或块的整体尺寸进行验收。吊装的网架必须待焊接工序完毕,焊缝外观质量、焊缝超声波探伤报告合格后,才能起吊(提升)。

（5）网架整体吊装(提升)

钢网架整体吊装前的验收、焊缝的验收、高空支座的验收,各项验收符合设计要求后,才能吊装。钢网架整体吊装前应选择好吊点,吊绳应系在下弦节点上,不准吊在上弦球节点上。如果网架吊装过程中刚度不够,还应对被吊网架进行加固。一般的加固措施是加几道脚手架钢管进行临时加固,但应考虑这样会增加吊装重量,增加荷载。

制订吊装(提升)方案,调试吊装(提升)设备。对吊装设备如把杆、缆风卷扬机进行检查,对液压油路进行检查,保证吊装(提升)能平稳、连续,各吊点同步。

正式吊装前应对网架进行试提。试提过程是将卷扬机启动,调整各吊点同时逐步离地。试提一般离地 200～300 mm。各支点全部撤除后暂时不动,观察网架各部分受力情况。如有变形可以及时加固,同时还应仔细检查网架吊装上方是否有碰或挂的杂物或临时脚手架,如有应及时排除。同时还应观察吊装设备的承载能力,应尽量保持各吊点同步,防止倾斜。

当检查妥当后,应该连续起吊,在保持网架平正不倾斜的前提下,应该连续不断地逐步起吊(提升)。网架起吊即将到位时,应逐步降低起吊(提升)速度,防止吊装过位。争取当天完成到位,防止大风天气影响。

（6）网架高空合龙

网架高空就位后,应调整网架与支座的距离,为此应在网架上方安装几组倒链供横向调整使用。检查网架整体标高,防止高低不匀,如实在难以排除,可由一边标高先行就位,调整横向倒链,使标高合格一端先行就位。标高与水平距离先合格一端,插入钢管连接,连接杆件可以随时修正尺寸,重开坡口。但是修正杆件长度不能太大,应尽量保持原有尺寸。调整办法是一边拉紧倒链,另一边放松倒链,使之距离逐步合适。

已调整的一侧杆件应逐步全部点固后,放松另一侧倒链,继续微调另一侧网架的标高。可以少量地起吊或者下降,控制标高。注意此时的调整起吊或下降应该是少量、逐步地进行,不能连续。边调整,边观察已就位点固一侧网架的情况,防止开焊。网架另一侧标高调整后,用倒链拉紧距离,初步检查就位情况,基本正确后,插入塞杆,点固。

网架四周杆件的插入点固,注意此时点焊塞杆,应有一定斜度,使网架中心略高于支座处。因此时网架受中心起吊的影响,一旦卸荷后会略有下降,为防变形,故应提前提高 3～5 mm 的余量。

网架四周杆件合龙点固后,检查网架各部尺寸,并按顺序、按焊接工艺规定进行焊接。

（7）网架验收

网架验收分两步进行,第一步是网架仍在吊装状态的验收;第二步是网架独立荷载,吊装卸荷后的验收。

检查网架焊缝外观质量,检查网架支座的焊缝质量,其焊接质量应达到设计要求与规范标准的规定。四边塞杆(即合龙时的焊接管)在焊接 24 h 后,可做超声波探伤检测。

网架吊装部分的卸荷应该缓慢、同步进行,防止网架局部变形。钢网架吊装设备卸荷后,观察网架的变形情况。将合龙用的各种倒链分头拆除,恢复钢网架自然状态。检查网架各支座受力情况、网架的拱度或起拱度、网架的整体尺寸。

3. 成品保护

（1）钢网架安装后,在拆卸架子时应注意同步、逐步地拆卸,防止应力集中,使网架产生局部变形,或使局部网格变形。

（2）钢网架安装结束后,应及时涂刷防锈漆。螺栓球网架安装后,应检查螺栓球上的孔洞是否封闭,应用腻子将孔洞和筒套的间隙填平后刷漆,防止水分渗入,使球、杆的丝扣锈蚀。

（3）钢网架安装完毕后,应对成品网架加以保护,勿在网架上方集中堆放物件。如有屋面板、檩条需要安装时,也应在不超载情况下分散堆放。

（4）钢网架安装后,如需用吊车吊装檩条或屋面板时,应该轻拿轻放,严禁撞击网架使网架变形。

5.3.3 钢网架结构安装工程质量验收标准

1. 钢网架结构安装基本规定

钢网架结构安装应符合以下规定：

（1）安装的测量校正、高强度螺栓安装、负温下施工及焊接工艺等，应在安装前进行工艺试验或评定，制定相应的施工工艺或方案。

（2）安装偏差的检测应在结构形成空间刚度单元并连接固定后进行。

（3）安装时，必须控制施工荷载和冰雪荷载等严禁超过梁、桁架、楼板、屋面板、平台铺板等的承载能力。

（4）钢网架及支座定位轴线和标高的允许偏差应符合表 5-5 的规定。

检查数量：按支座数抽查 10％，且不应少于 3 处。

检验方法：用经纬仪和钢尺实测。

表 5-5 定位轴线、基础上支座的定位轴线和标高的允许偏差

项目	允许偏差	图例
结构定位轴线	$l/20\,000$，且不大于 3.0 mm	
基础上支座的定位轴线	1.0 mm	
基础上的支座底标高	±3.0 mm	

（5）支承面顶板、支座锚栓

支承面顶板的位置、顶面标高、顶面水平度以及支座锚栓位置的允许偏差应符合表 5-6 的规定。

表 5-6 支承面顶板、支座锚栓位置的允许偏差

项目		允许偏差/mm
支承面顶板	位置	15.0
	顶面标高	0 −3.0
	顶面水平度	$l/1\,000$
支座锚栓	中心偏移	±5.0

说明：l 为顶板的长度。

检查数量：按支座数抽查 10％，且不应少于 4 处。

检验方法：用经纬仪、水准仪、水平尺和钢尺实测。

（6）支座支承垫块

支座支承垫块的种类、规格、摆放位置和朝向，应满足设计要求并符合国家现行有关标准的规定。橡胶垫块和刚性垫块之间或不同类型刚性垫块之间不得互换使用。

检查数量：按支座数抽查 10％，且不应少于 4 处。

检验方法：观察和用钢尺实测。

（7）地脚螺栓（锚栓）

地脚螺栓（锚栓）尺寸的偏差应符合表 5-7 的规定。支座锚栓螺纹应受到保护。

检查数量：按支座数抽查 10％，且不应少于 3 处。

检验方法：用钢尺现场实测。

表 5-7　地脚螺栓（锚栓）尺寸的允许偏差

螺栓（锚栓）直径	允许偏差/mm	
	螺栓（锚栓）外露长度	螺栓（锚栓）螺纹长度
$d \leqslant 30$	0 $+1.2d$	0 $+1.2d$
$d > 30$	0 $+1.0d$	0 $+1.0d$

2. 钢网架结构安装工程质量验收标准

钢网架结构安装工程施工质量验收按照主控项目和一般项目执行。

（1）主控项目

钢网架结构安装总拼完成后及屋面工程完成后，应分别测量其挠度值，且所测的挠度值不应超过相应荷载条件下挠度计算值的 1.15 倍。

数量检查：跨度 24 m 及以下钢网架，测量下弦中央一点；跨度 24 m 以上的，测量下弦中央一点及各向下弦跨度的四等分点。

检验方法：用钢尺、水准仪或全站仪实测。

（2）一般项目

① 螺栓球节点网架总拼完成后，高强度螺栓与球节点应紧固连接，连接处不应出现间隙、松动等未拧紧现象。

检查数量：按节点数抽查 5％，且不应少于 3 个。

检验方法：用普通扳手、塞尺及观察检查。

② 小拼单元的允许偏差应符合表 5-8 规定。

表 5-8　小拼单元的允许偏差

项目		允许偏差/mm
节点中心偏移	$D \leqslant 500$	2.0
	$D > 500$	3.0

项目		允许偏差/mm
杆件中心与节点中心的偏移	$d(b) \leqslant 200$	2.0
	$d(b) > 200$	3.0
杆件轴线的弯曲矢高	—	$l_1/1\,000$，且不大于 5.0
网格尺寸	$l \leqslant 5\,000$	±2.0
	$l > 5\,000$	±3.0
锥体(桁架)高度	$h \leqslant 5\,000$	±2.0
	$h > 5\,000$	±3.0
对角线尺寸	$A \leqslant 7\,000$	±3.0
	$A > 7\,000$	±4.0
平面桁架节点处杆件轴线错位	$d(b) \leqslant 200$	2.0
	$d(b) > 200$	3.0

说明：D 为节点直径，d 为杆件直径，b 为杆件截面边长，l_1 为杆件长度，l 为网格尺寸，h 为锥体(桁架)高度，A 为网格对角线尺寸。

检查数量：按单元数抽查 5%，且不应少于 3 个。

检验方法：用钢尺和辅助量具实测。

③ 分条或分块单元拼装长度的允许偏差应符合表 5-9 的规定。

检查数量：全数检查。

检验方法：用钢尺和辅助量具实测。

表 5-9 分条或分块单元拼装长度的允许偏差

项目	允许偏差/mm
分条、分块单元长度≤20 m	±10.0
分条、分块单元长度>20 m	±20.0

④ 钢网架结构安装完成后的允许偏差应符合表 5-10 的规定。

检查数量：全数检查。

检验方法：用钢尺、水准仪或全站仪实测。

表 5-10 钢网架结构安装的允许偏差

项目	允许偏差
纵向、横向长度	$\pm l/2\,000$，且不超过 ±40.0 mm
支座中心偏移	$l/3\,000$，且不大于 30.0 mm
周边支承网架相邻支座高差	$l_1/400$，且不大于 15.0 mm
多点支承网架相邻支座高差	$l_1/800$，且不大于 30.0 mm
支座最大高差	30.0 mm

说明：l 为纵向或横向长度，l_1 为相邻支座距离。

⑤ 钢网架结构安装完成后，其节点及杆件表面应干净，不应有明显的疤痕、泥沙和污垢。螺栓球节点应将所有接缝用油腻子填嵌严密，并应将多余螺孔密封。

检查数量：按节点及杆件数抽查 5%，且不应少于 3 个节点。

检验方法：观察检查。

思考题

1. 什么是分件吊装法？三次开行的主要工作内容是什么？
2. 什么是综合吊装法？吊装过程主要步骤有哪些？
3. 简述结构构件吊装前的准备工作包括哪些？
4. 简述单层工业厂房柱子吊装的主要步骤。
5. 简述钢网架结构安装方法以及适用范围。

练习题

一、填空题

1. 结构安装施工设备主要包括_____设备和_____设备。

2. 横吊梁的作用：一是减少_____；二是减少_____。

3. 屋架宜安排在厂房跨内平卧叠浇预制，每叠 3~4 榀，布置方式有三种：斜向布置、_____布置和_____布置等。

4. 单层厂房的结构安装方法主要有_____和_____两种。

5. 构件经质量检查及清理后，在每个合格的构件上弹出安装的定位墨线和校正所用墨线，作为构件_____、_____、_____的依据。

6. 杯形基础的准备工作主要是在柱吊装前对_____和在杯口_____。

7. 柱子的校正包括_____、_____和_____的校正。

8. 柱子最后固定是在柱子与杯口的空隙用_____浇灌密实，分_____浇筑。

9. 吊车梁的平面位置的校正常用_____和_____。

10. 屋架校正主要是进行_____校正。其校正方法是用_____检查屋架垂直度。

二、单选题

1. 当吊装水平长度大的构件时，为使构件的轴向压力不致过大，吊索与水平面的夹角应（　　）。

A. 不小于 45°　　　　B. 不大于 45°　　　　C. 不小于 60°　　　　D. 不大于 60°

2. 运输时构件的混凝土强度，当设计无具体规定时，对于屋架、薄腹梁等构件不应小于设计的混凝土强度标准值的（　　）。

A. 70%　　　　B. 75%　　　　C. 95%　　　　D. 100%

3. 实测杯底标高−1.05 m，柱牛腿面设计标高＋8.10 m，实测柱底至牛腿面的实际长度为 9.10 m，则杯底标高的调整值（抄平厚度）Δh＝（　　）。

A. −0.05 m　　　　B. ＋0.05 m　　　　C. −1.00 m　　　　D. ＋1.00 m

4. 屋架的绑扎点应选在屋架上弦节点处,左右对称于屋架的重心。一般屋架跨度大于 18 m 时采用(　　)。

A. 一点绑扎　　　　B. 两点绑扎　　　　C. 四点绑扎　　　　D. 六点绑扎

5. 屋架起吊后离地面转至吊装位置下方,再将其吊升超过柱顶约(　　),然后缓缓下落在柱顶上,力求对准安装准线。

A. 100 mm　　　　B. 200 mm　　　　C. 300 mm　　　　D. 500 mm

模块 6　砌筑工程

学习目标

1. 能够熟悉脚手架、垂直运输设备的类型与基本构造
2. 能够熟悉常见的砌体砌筑材料
3. 能够叙述砖砌体、石砌体、砌块砌体的施工工艺流程
4. 能够运用工程相关规范或标准，对砌体工程进行质量检验
5. 提高工程质量意识与规范意识，形成良好的工程专业素养

砌筑工程是指利用砌筑砂浆对砖、石和各类砌块进行砌筑施工。砖、石砌体在我国有着悠久的历史，其优点是取材方便、技术成熟、施工简单、造价较低，目前在中小城市、农村的建设工程中仍然在采用。其缺点是自重大、劳动强度高、生产效率低，且烧砖多占用农田，消耗土地资源较多，难以适应现代建筑工业化的需要，是墙体材料改革的重点。特别是墙体砌筑材料已经禁止采用黏土烧结砖，提倡推广使用砌块砌体。

砌筑工程是一个综合的施工过程，它包括脚手架及垂直运输设备的搭设、材料的准备与运输、砌体砌筑等。

6.1　砌筑用脚手架

砌筑用脚手架是在施工现场为安全防护、砌筑材料堆放、工人操作和楼层水平运输而搭设的临时设施。在建筑施工工地，常见的垂直运输设备有井架、塔式起重机、施工电梯、龙门架等。脚手架和垂直运输设备是建筑施工中必不可少的施工机械设备。

脚手架的类型很多，按其所用材料分为木脚手架、竹脚手架和金属脚手架；按其用途可分为结构脚手架、装修脚手架、支撑脚手架；按其结构形式分为扣件式钢管脚手架、碗扣式钢管脚手架、门式脚手架、附着式升降脚手架、悬挑式脚手架、悬吊式脚手架等；按其搭设位置分为外脚手架和里脚手架两大类。

对脚手架的基本要求是：其宽度应满足工人操作、材料堆放及运输的要求，脚手架的宽度一般为 1.5~2.0 m；能够满足强度、刚度和稳定性的要求；结构简单，装拆方便，并能多次周转使用。

6.1.1　外脚手架

外脚手架是指搭设在外墙外面的脚手架。其主要结构形式有扣件式钢管脚手架、碗扣式钢管脚手架、门式脚手架、附着式升降脚手架、悬挑式脚手架、悬吊式脚手架等。

1. 扣件式钢管脚手架

扣件式钢管脚手架是目前广泛应用的一种多立杆式脚手架,其不仅可用作外脚手架,还可用作里脚手架、满堂脚手架和支模架等。虽然一次性投资大,但周转次数多,摊销低,拆装方便,架设高度大,能适应建筑物平面、立面的变化。

(1) 扣件式钢管脚手架主要组成部件

扣件式钢管脚手架由钢管、扣件、连墙件、脚手板和底座等组成(图 6.1),是目前最为常用的一种脚手架。

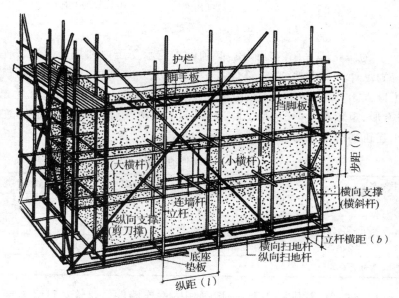

图 6.1　扣件式钢管脚手架

① 钢管。钢管一般采用外径 48 mm、壁厚 3.5 mm 的焊接钢管,也有采用外径为 51 mm、壁厚 3~4 mm 的焊接钢管。钢管用于立杆、大横杆(纵向水平杆)、小横杆(横向水平杆)、剪刀撑、斜撑和抛撑等。用于小横杆的钢管长度为 1.8~2.2 m,用作其他杆件的钢管长度为 4.0~6.5 m。

立杆是传递脚手架结构自重、施工荷载、风荷载的主要受力杆件,立杆上下应垂直,搭设到建筑顶端时,双排脚手架的里排立杆要求低于檐口 0.4~0.5 m,外排立杆要求高出檐口 (平屋顶高 1.0~1.2 m;坡屋顶不小于 1.5 m),最后一根立杆顶端应齐平。

大横杆是承受并传递施工荷载给立杆的主要受力构件,其搭设在立杆的内侧,沿纵向平放。大横杆进行接长时,接头置于立杆处,接头位置应上下、里外错开 1 倍的立杆纵距。

小横杆垂直于墙面,扣紧在立杆上,小横杆应置于大横杆下。小横杆也是承受并传递施工荷载给立杆的主要受力构件。

剪刀撑设置在脚手架外侧,是与地面成 45°~60°角的交叉杆件,从下至上与脚手架其他杆件同步搭设。脚手架端头、转角和中间每隔 10 m 净距设置一道剪刀撑,宽度为 4 倍立杆纵距。

抛撑设置在脚手架周围横向撑住架子,与地面约成 60°夹角。

斜撑与抛撑都是为了保证脚手架的整体刚度和稳定性,提高脚手架的承载力而设置的。

② 扣件。扣件是杆件之间的连接件。常用扣件的形式有三种:直角扣件、回转扣件、对

接扣件(图 6.2)。直角扣件用于两根互相垂直相交钢管的连接;回转扣件用于两根任意角度相交钢管的连接;对接扣件用于两根对接钢管的连接。

回转扣件   直角扣件   对接扣件

图 6.2　扣件的形式

③ 连墙件。为防止脚手架内外倾覆,必须设置能承受压力和拉力的连墙件。连墙件数量的设置除应满足计算要求外,尚应符合表 6-1 的规定。连墙件宜靠近主节点设置,偏离主节点的距离不应大于 300 mm;应从底层第一步纵向水平杆处开始设置;宜优先采用菱形布置,也可采用方形、矩形布置;一字型、开口型脚手架的两端必须设置连墙件,连墙件的垂直距离不应大于建筑物的层高,并不应大于 4 m(两步)。

表 6-1　连墙件的布置

脚手架高度/m		竖向间距	水平间距	每根连墙件覆盖面积/m²
双排	≤50	$3h$	$3L_a$	≤40
	>50	$2h$	$3L_a$	≤27
单排	≤24	$3h$	$3L_a$	≤40
说明:h 为步距,L_a 为立杆纵距。				

高度 24 m 以下的单、双排脚手架,一般采用刚性连墙件与建筑物可靠连接,如图 6.3 所示。当采用柔性连墙件(如钢丝或钢筋)拉结时,必须配合顶撑(顶到建筑物墙面的横向水平杆)使用,如图 6.4 所示。高度 24 m 以上的双排脚手架均应采用刚性连墙件连接。

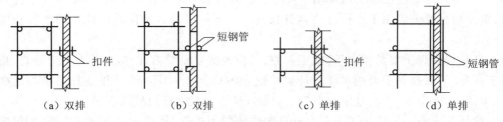

(a)双排   (b)双排   (c)单排   (d)单排

图 6.3　刚性连墙件

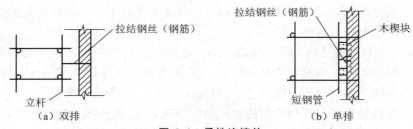

(a)双排   (b)单排

图 6.4　柔性连墙件

④ 脚手板。脚手板根据材料不同可分为薄钢脚手板、木脚手板和竹脚手板等,脚手板的材质应符合规定,且脚手板不得有超过允许的变形和缺陷。当脚手板长度小于 2 m 时,可采用两点支承,但应将两端固定,以防倾翻。脚手架宜采用对接平铺,其外伸长度 a 取 130～300 mm[图 6.5(a)];当采用搭接铺设时,其搭接长度 $2a$ 应大于 200 mm[图 6.5(b)]。

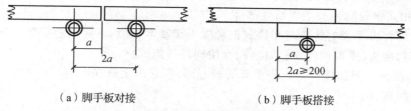

（a）脚手板对接　　　　　（b）脚手板搭接

图 6.5　脚手板对接搭接尺寸

⑤ 底座。底座用于承受脚手架立柱传递下来的荷载,一般采用厚 8 mm、边长 150～200 mm 的钢板作底板,上焊 150～200 mm 高的钢管。底座有内插式和外套式两种(图 6.6),内插式的外径 D_1 比立杆的内径小 2 mm,外套式的内径 D_2 比立杆外径大 2 mm。

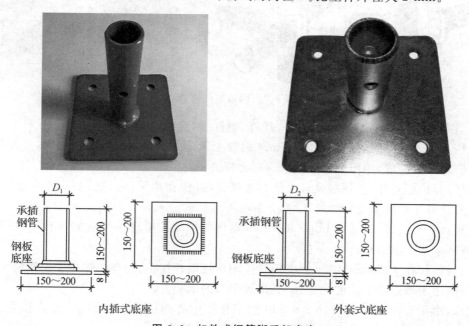

内插式底座　　　　　　　　　　　外套式底座

图 6.6　扣件式钢管脚手架底座

（2）扣件式钢管脚手架的搭设与拆除

脚手架的搭设要求钢管的规格相同,地基平整夯实,对高层建筑物脚手架的基础要进行验算,脚手架地基四周排水畅通,立杆底端要设底座或垫木。脚手架搭设主要工艺流程为:场地平整、夯实→基础承载力验算、材料配备→定位设置通长脚手板、底座→纵向扫地杆→立杆→横向扫地杆→小横杆→大横杆(搁栅)→剪刀撑→连墙件→铺脚手板→扎防护栏杆→扎安全网。

扣件式钢管脚手架的拆除应按由上而下、后搭设先拆、先搭设后拆的顺序进行。严禁上下同时拆除,以及先将整层连墙件或数层连墙件拆除后再拆其余杆件。

如果采用分段拆除,其高差不应大于 2 步架。当拆除至最后一节立杆时,应先搭设临时抛撑加固后,再拆除连墙件。拆除下的材料应及时分类集中运至地面,严禁抛扔。

2. 碗扣式钢管脚手架

碗扣式钢管脚手架是一种多功能的工具式脚手架,也是多立杆式脚手架形式之一。其杆件节点处采用碗扣连接,由于碗扣是固定在钢管上,构件全部轴向连接,力学性能好,组成脚手架整体性好,不存在扣件丢失问题。可以搭设各种形式的脚手架,还可以用作模板的支撑。

（1）碗扣式钢管脚手架主要组成部件

碗扣式钢管脚手架的构造与扣件式钢管脚手架基本相似,不同之处主要在于碗扣接头。其主要由碗扣接头、主要构件、辅助构件、专用构件等组成。

① 碗扣接头。碗扣接头是该脚手架的核心部件,它由上碗扣、下碗扣、横杆接头和上碗扣限位销等组成(图 6.7)。

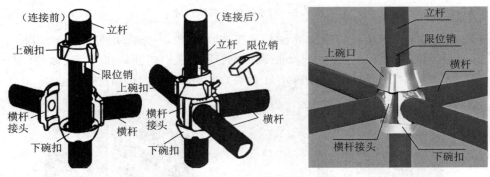

图 6.7　碗扣接头构造

② 主要构件。主要构件包括立杆、顶杆、横杆、单横杆、斜杆、底座等。

立杆:由一定长度 $\phi48$ mm×3.5 mm 钢管上每隔 600 mm 安装碗扣接头,并在其顶端焊接立杆焊接管制成,用作脚手架的垂直承力杆。

顶杆:即顶部立杆,在顶端设有立杆的连接管,以便在顶端插入托撑,用作支撑架(柱)、物料提升架等顶端的垂直承力杆。

横杆:由一定长度的 $\phi48$ mm×3.5 mm 钢管两端焊接横杆接头制成,用于立杆横向连接管,或框架水平承力杆。

单横杆:仅在 $\phi48$ mm×3.5 mm 钢管一端焊接横杆接头,用作单排脚手架横向水平杆。

斜杆:用于增强脚手架的稳定性,提高脚手架的承载力。

底座:由 150 mm×150 mm×8 mm 的钢板在中心焊接连接杆制成,安装在立杆的底部,用作防止立杆下沉并将上部荷载分散传递给地基的构件。

③ 辅助构件。辅助构件主要包括间横杆、架梯、连墙撑、脚手板等,用于作业面及附壁拉结等的杆部件。

间横杆:为满足普通钢或木脚手板的需要而专设的杆件,可搭设于主架横杆之间的任意部位,用以减小支承间距和支撑挑头脚手板。

架梯:由钢踏步板焊在槽钢上制成,两端带有挂钩,可牢固地挂在横杆上,用于作业人员上下脚手架的通道。

连墙撑:该构件为脚手架与墙体结构间的连接件,用以加强脚手架抵抗风载及其他永久性水平荷载的能力,提高其稳定性,防止倒塌。

④ 专用构件。专用构件用作专门用途的杆部件,如悬挑架、提升滑轮等。

　　悬挑架：由挑杆和撑杆用碗扣接头固定在楼层内支承架上构成。用于其上搭设悬挑脚手架，可直接从楼内挑出，不需在墙体结构中设预埋件。

　　提升滑轮：用于提升小物料而设计的杆部件，由吊柱、吊架和滑轮等组成。吊柱可插入宽挑梁的垂直杆中固定，与宽挑梁配套使用。

　　（2）碗扣式钢管脚手架的搭设与拆除

　　其搭设主要工艺流程：安放立杆底座或立杆可调底座→竖立杆、安放扫地杆→安装底层（第一步）横杆→安装斜杆→接头锁紧→铺放脚手板→安装上层立杆→立杆连接销→安装横杆→设置连墙件→设置人行梯→设置剪刀撑→挂安全网。碗扣式脚手架如图 6.8 所示。

图 6.8　碗扣式脚手架搭设

碗扣式脚手架搭设要求如下：

　　① 底座和垫板应准确地放置在定位线上；垫板宜采用长度不少于 2 跨，厚度不小于 50 mm 的木垫板；底座的轴心线应与地面垂直。

　　② 脚手架搭设应按立杆、横杆、斜杆、连墙件的顺序逐层搭设，每次上升高度不大于 3 m。底层水平框架的纵向直线度应小于等于 $L/200$；横杆间水平度应小于等于 $L/400$。

　　③ 脚手架的搭设应分阶段进行，第一阶段的摺底高度一般为 6 m，搭设后必须经检查验收后方可正式投入使用。

　　④ 脚手架的搭设应与建筑物的施工同步上升，每次搭设高度必须高于即将施工楼层 1.5 m。

　　⑤ 脚手架全高的垂直度应小于 $L/500$；最大允许偏差应小于 100 mm。

　　⑥ 脚手架内外侧加挑梁时，挑梁范围内只允许承受人行荷载，严禁堆放物料。

　　⑦ 连墙件必须随架子高度上升，及时在规定位置处设置，严禁任意拆除。

　　⑧ 作业层设置应符合下列要求：必须满铺脚手板，外侧应设挡脚板及护身栏杆；护身栏杆可用横杆在立杆的 0.6 m 和 1.2 m 的碗扣接头处搭设两道；作业层下的水平安全网应按《安全技术规范》规定设置。

　　⑨ 采用钢管扣件作加固件、连墙件、斜撑时应符合《建筑施工扣件式钢管脚手架安全技术规范》（JGJ 130）的有关规定。

　　⑩ 脚手架搭设到顶时，应组织技术、安全、施工人员对整个架体结构进行全面的检查和验收，及时解决存在的结构缺陷。

　　碗扣式脚手架拆除安全规定如下：

① 应全面检查脚手架的连接、支撑体系等是否符合构造要求,经技术管理程序批准后方可实施拆除作业。

② 脚手架拆除前现场工程技术人员应对在岗操作工人进行有针对性的安全技术交底。

③ 脚手架拆除时必须划出安全区,设置警戒标志,派专人看管。

④ 拆除前应清理脚手架上的器具及多余的材料和杂物。

⑤ 拆除作业应从顶层开始,逐层向下进行,严禁上下层同时拆除。

⑥ 连墙件必须在拆到该层时方可拆除,严禁提前拆除。

⑦ 拆除的构配件应成捆用起重设备吊运或人工传递到地面,严禁抛掷。

⑧ 脚手架采取分段、分立面拆除时,必须事先确定分界处的技术处理方案。

⑨ 拆除的构配件应分类堆放,以便于运输、维护和保管。

3. 门式钢管脚手架

门式钢管脚手架是 20 世纪 80 年代初由国外引进的一种多功能型脚手架,它由门架及配件组成。门式钢管脚手架结构设计合理、受力性能好、承载能力高、装拆方便、安全可靠,是目前国际上应用较为广泛的一种脚手架。

(1) 门式钢管脚手架主要组成部件

门式脚手架由门架、剪刀撑(交叉拉杆)、水平梁架(平行架)、挂扣式脚手板、连接棒和锁臂等构成基本单元(图 6.9)。将基本单元相互连接起来并增设梯形架、栏杆等部件即构成整片脚手架。门式脚手架的组成部件如图 6.10 所示。

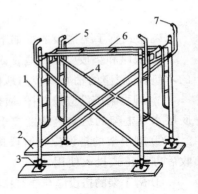

1—门架;2—平板;3—螺旋基脚;4—剪刀撑;5—连接棒;6—水平梁架;7—锁臂

图 6.9　门式脚手架的基本单元

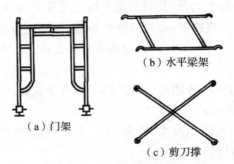

(a)门架　　(b)水平梁架　　(c)剪刀撑

图 6.10　门式脚手架主要部件

（2）门式钢管脚手架的搭设与拆除

门式脚手架的搭设工艺流程：铺放垫木（垫板）→拉线放底座→自一端立门架，并随即装剪刀撑→装水平梁架（或脚手板）→装梯子→装通长大横杆→装连墙件→装连接棒→装上一步门架→装锁臂→重复以上步骤，逐层向上安装→装长剪刀撑→装设顶部栏杆。

拆除脚手架时，应自上而下进行，各部件拆除的顺序与安装顺序相反，不允许将拆除的部件从高空抛下，而应将拆下的部件收集分类后，用垂直吊运机具运至地面，集中堆放保管。

4. 附着升降式脚手架

附着升降式脚手架，是指仅需搭设一定高度并附着于工程结构上，依靠自身的升降设备和装置，随工程结构施工逐层爬升，并能实现下降作业的外脚手架。这种脚手架适用于现浇钢筋混凝土结构的高层建筑。

附着升降脚手架按爬升构造方式分为：导轨式、主套架式、悬挑式、吊拉式（互爬式）等。其中主套架式、吊拉式采用分段升降方式；悬挑式、轨道式既可采用分段升降，亦可采用整体升降。无论采用哪一种附着升降式脚手架，其技术关键是：与建筑物有牢固的固定措施，升降过程均有可靠的防倾覆措施，设有安全防坠落装置和措施，具有升降过程中的同步控制措施。

附着升降脚手架主要由架体结构、附着支撑、升降装置、安全装置等组成（图6.11）。架体结构主要是指脚手架架体；附着支撑包括附墙支座、穿墙螺栓、上吊点、下吊点等；升降装置包括导轨、导向装置、电动葫芦或电动提升机等；安全装置包括限位锁定装置、防坠即停装置、防坠器、防护栏杆、密目安全网等。

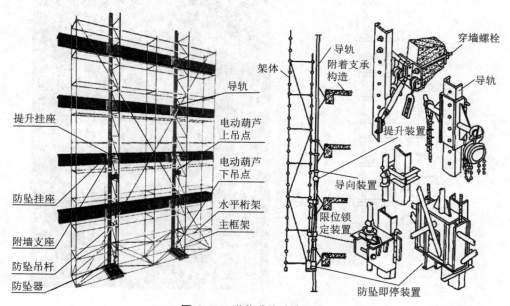

图 6.11 附着升降式脚手架

5. 悬挑式脚手架

悬挑式脚手架是利用建筑结构边缘向外伸出的悬挑结构来支撑外脚手架，将脚手架的荷载全部传递给建筑结构。悬挑脚手架的关键是悬挑支撑结构必须有足够的强度、刚度和稳定性，并能将脚手架的荷载传递给建筑结构。架体可用扣件式钢管脚手架、碗扣式钢管脚手架等搭设。一般为双排脚手架,架体高度可依据施工要求、结构承载力和塔吊的提升能力确定,最高可搭设至 12 步架,约 20 m 高,可同时进行 2～3 层作业。悬挑式脚手架主要用于外脚手架,可分为斜拉式悬挑外脚手架和下撑式悬挑外脚手架,如图 6.12 所示。

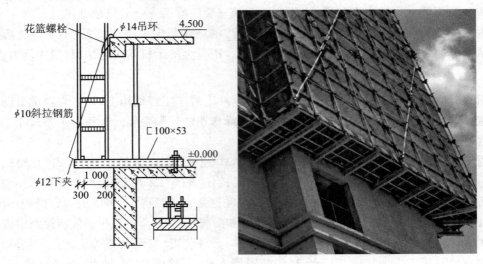

（a）斜拉式悬挑外脚手架

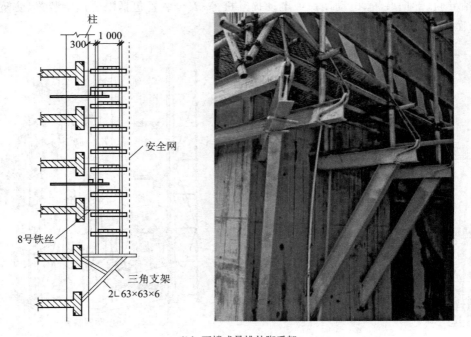

（b）下撑式悬挑外脚手架

图 6.12　悬挑式脚手架

6.1.2　里脚手架

里脚手架是指搭设于建筑物内部的脚手架。常用于楼层内墙砌砖、粉刷等工程施工。由于使用过程中不断转移施工地点,装拆较频繁,故其结构形式和尺寸应力求轻便灵活和装拆方便。

里脚手架常见结构形式主要有折叠式里脚手架、支柱式里脚手架和门架式里脚手架。

1. 折叠式里脚手架

折叠式里脚手架适用于民用建筑的内墙砌筑和内粉刷,也可用于砖围墙、砖平房的外墙砌筑和粉刷。根据材料不同,分为角钢、钢管和钢筋折叠式里脚手架。角钢折叠式里脚手架(图 6.13)的架设间距,砌墙时不超过 2 m,粉刷时不超过 2.5 m。可以搭设两步脚手架,第一步高约 1 m,第二步高约 1.65 m。钢管和钢筋折叠式里脚手架的架设间距,砌墙时不超过 1.8 m,粉刷时不超过 2.2 m。

2. 支柱式里脚手架

支柱式里脚手架由若干个支柱和横杆组成。适用于砌墙和内粉刷。其搭设间距,砌墙时不超过 2 m,粉刷时不超过 2.5 m。支柱式里脚手架的支柱有套管式和承插式两种形式。图 6.14 所示为套管式支柱,它是将插管插入立管中,以销孔间距调节高度,在插管顶端的凹形支托内搁置方木横杆,横杆上铺设脚手板。架设高度为 1.50～2.10 m。

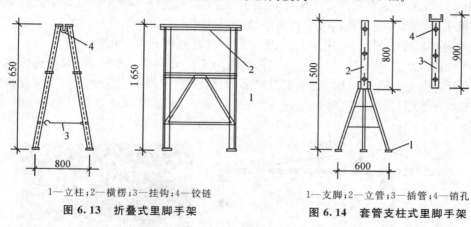

1—立柱;2—横楞;3—挂钩;4—铰链
图 6.13　折叠式里脚手架

1—支脚;2—立管;3—插管;4—销孔
图 6.14　套管支柱式里脚手架

3. 门架式里脚手架

门架式里脚手架由两片 A 形支架与门架组成(图 6.15)。适用于砌墙和粉刷。支架间距,砌墙时不超过 2.2 m,粉刷时不超过 2.5 m。按照支架与门架的不同结合方式,分为套管式和承插式两种。A 形支架有立管和套管两部分,立管常用 $\phi50$ mm×3 mm 钢管,支脚

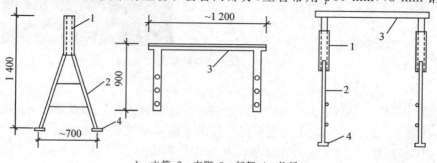

1—立管;2—支脚;3—门架;4—垫板
图 6.15　门架式里脚手架

可用钢管、钢筋或角钢焊成。套管式的支架立管较长,由立管与门架上的销孔调节架子高度。承插式的支架立管较短,采用双承插管,在改变架设高度时,支架可不再挪动。

6.2 垂直运输设备

建筑工程施工中的各种材料、工具均需要运到各楼层的施工操作层才能完成施工,毫无疑问,建筑施工中的垂直运输量较大。目前,常用的垂直运输机械有塔式起重机、施工电梯、井架、龙门架等。

6.2.1 塔式起重机

塔式起重机是一种具有竖直塔身的全回转臂式起重机,适用于多层和高层建筑的结构施工。塔式起重机按起重能力大小可分为轻型塔式起重机、中型塔式起重机和重型塔式起重机。轻型塔式起重机,一般用于六层以下民用建筑,起重量为 5～30 kN;中型塔式起重机,适用于一般工业建筑和高层民用建筑施工,起重量为 30～150 kN;重型塔式起重机,一般用于重工业厂房的施工和高炉等设备的吊装,起重量为 200～400 kN。

塔式起重机性能优越,使用范围广,常见的塔式起重机有以下几种:

(1)轨道式塔式起重机(图 6.16)。它是应用广泛的一种起重机,可沿轨道行走,作业面大,覆盖范围为长方形空间,适用于条状的板式建筑;其塔身受力状况较好,造价低,拆装快,转移方便;无需与建筑物拉结,但占用施工场地较多,且轨道基础工作量大,基础造价较高。

图 6.16 轨道式塔式起重机

(2)附着式塔式起重机(图 6.17)。它是固定在建筑物近旁的钢筋混凝土基础上,借助于锚固支杆附着在建筑物结构上的起重机。其塔身随着建筑施工进度而自行向上接高,安装方便;占用场地极小,特别适合在狭窄工地施工。但塔身固定,服务空间受限,装拆占场地大。

(3)爬升式塔式起重机。它是一种安装在建筑物内部(电梯井或特设开间)结构上,借

图 6.17 附着式塔式起重机

助套架托梁和爬升系统或上、下爬升框架和爬升系统自身爬升的起重机械。一般每隔 1～2 层楼爬升一次，这种起重机主要用于高层建筑施工。

6.2.2 施工电梯

目前在高层建筑施工中的建筑施工电梯，其主要由底笼(外笼)、驱动机构、安全装置、附墙架、起重装置等构配成。

吊笼装在井架的外侧，沿齿条式轨道升降，可载重货物 1.0～2.0 t，也可载人 12～24 人。其高度随着建筑物主体结构的施工而接高，可达 220 m，如图 6.18 所示。

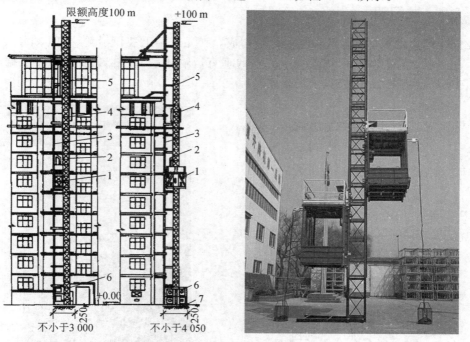

1—吊笼；2—小吊杆；3—架设安装杆；4—平衡箱；5—导轨架；6—底笼；7—混凝土基础

图 6.18 建筑施工电梯

6.2.3 井架

井架是砌体工程中最常用的垂直运输设施,可用型钢或钢管加工成定型产品,也可用脚手架部件搭设,井架内设有吊盘或料斗。一般井架为单孔,也可构成双孔或三孔,以满足同时运输多种材料的需要。如图 6.19 所示为角钢井架。根据有关规定,井架不得用于 25 m 及以上的建设工程。

图 6.19 建筑施工井架

6.2.4 龙门架

龙门架是由两根立柱及天轮梁(横梁)构成。在龙门架上装设滑轮、导轨、吊盘、安全装置以及起重索、缆风绳等,即构成一个完整的垂直运输体系,如图 6.20 所示。根据有关规定,龙门架不得用于 25 m 及以上的建设工程。

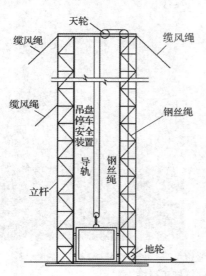

图 6.20 龙门架

普通龙门架的架设高度为 20～30 m,适用于多层建筑的施工。近年来,为适应高层建筑施工的需要,采取附着式龙门架的架设高度可达 80～100 m,门架的垂直运输能力一般在 0.6～1.2 t。

6.3　常用砌筑材料

砌体工程是利用砌筑砂浆对砖、石和砌块进行砌筑施工。砌筑工程所用的材料主要是砖、石或砌块以及砌筑砂浆。

6.3.1　砌筑砂浆

1. 砂浆的种类

砌筑砂浆常见的有水泥砂浆、混合砂浆和石灰砂浆。

(1) 水泥砂浆

水泥砂浆是由水泥、砂和水拌和而成的。其具有较高的强度和耐久性,但和易性差,多用于高强度和潮湿环境的砌体工程。

(2) 混合砂浆

混合砂浆是在水泥砂浆中掺入一定数量的石灰膏或黏土膏拌制而成的。其具有一定的强度和耐久性,且和易性和保水性好,常用于地面以上强度要求较高的砌体工程。

(3) 石灰砂浆

石灰砂浆是由石灰、砂和水拌和而成的。其强度低、耐久性差,常用于强度要求低、干燥环境中的简易或临时建筑的砌体工程。

2. 砂浆的等级

砌筑所用砂浆的强度等级有 M2.5、M5、M7.5、M10 和 M15 等 5 种。

3. 砂浆的选择

(1) 应根据设计要求选择砂浆种类及确定砂浆等级。

(2) 水泥砂浆可用于砌筑潮湿环境和强度要求较高的砌体,对于一般基础可采用水泥砂浆。

(3) 混合砂浆和石灰砂浆宜用于干燥环境中的砌筑以及强度要求不高的砌体,不宜用于潮湿环境的砌体及基础。

石灰属气硬性胶凝材料,在潮湿环境中,石灰膏不但难以结硬,而且会出现溶解流散现象。

4. 材料要求

(1) 水泥的品种、强度等级应根据设计要求进行选择。水泥必须具有出厂检验证明书,出厂日期不得超过 3 个月。不同品种的水泥不得混合使用。水泥进场使用前,应分批对其强度、安定性进行复验。检验批应以同一生产厂家、同一编号为一批。

(2) 砂宜用中砂,其中毛石砌体宜用粗砂。砂的含泥量一般不应超过 5%;M5 以下的水泥混合砂浆,砂的含泥量不应超过 10%。

(3) 凡在砂浆中掺入有机塑化剂、早强剂、缓凝剂、防冻剂等,应经检验和试配符合要求后,方可使用。

（4）砂浆用砂的含泥量应满足下列要求：对水泥砂浆和强度等级不小于 M5 的水泥混合砂浆,不应超过 5％；对强度等级小于 M5 的水泥混合砂浆,不应超过 10％；人工砂、山砂及特细砂,应经试配能满足砌筑砂浆的技术条件要求。

5. 砂浆拌制要求

（1）拌制砂浆用水,水质应符合国家现行标准《混凝土拌和用水标准》（JGJ 63）的规定。

（2）砂浆现场拌制时,各组分材料应采用质量计量。

（3）砌筑砂浆应采用机械搅拌,自投料完算起,搅拌时间应符合下列规定：① 水泥砂浆和水泥混合砂浆不得少于 2 min；② 水泥粉煤灰砂浆和掺用外加剂的砂浆不得少于 3 min；③ 掺用有机塑化剂的砂浆,应为 3～5 min。

（4）砂浆要随拌随用,搅拌后应有良好的保水性和可塑性,如出现泌水现象,砌筑前应进行二次拌和。水泥砂浆和混合砂浆必须分别在拌成后 3 h 和 4 h 内用完,如施工期间的最高气温超过 30 ℃,必须在拌成后 2 h 和 3 h 用完。

6.3.2 砌筑用砖

砌筑用砖可以采用烧结普通砖、烧结多孔砖（承重）、烧结空心砖（非承重）、蒸压灰砂砖、蒸压灰砂空心砖、粉煤灰砖、煤渣砖等。

1. 烧结砖

（1）烧结普通砖是指由黏土、煤矸石、页岩或粉煤灰为主要原料,经过烧结而成的实心砖或孔洞率不大于 15％,且外形尺寸符合一定要求的砖。标准砖的规格为 240 mm×115 mm×53 mm。

烧结普通砖按主要原料分为烧结黏土砖、烧结页岩砖、烧结煤矸石砖和烧结粉煤灰砖。烧结普通砖的强度等级包括 MU10、MU15、MU20、MU25、MU30 五个强度等级。

（2）烧结多孔砖是以黏土、煤矸石、页岩、粉煤灰为主要原料,经过焙烧而成的承重多孔砖,孔洞率不小于 25％,孔洞小而多。砖的规格有：240 mm×115 mm×90 mm（KP1 型）、240 mm×115 mm×180 mm（KP2 型）、190 mm×190 mm×190 mm（KM1 型）三种,其中 KP1 型砖应用广泛。

烧结多孔砖按主要原料分为黏土多孔砖、页岩多孔砖、煤矸石多孔砖、粉煤灰多孔砖。烧结多孔砖的强度等级包括 MU10、MU15、MU20、MU25、MU30 五个强度等级。

（3）烧结空心砖是以黏土、页岩、煤矸石为主要原料,经焙烧而成的非承重空心砖,其孔隙率不小于 35％,孔洞大而少。砖的长度为 240 mm、290 mm；宽度为 190 mm、180 mm、140 mm；高度为 115 mm、90 mm；壁厚大于 10 mm,肋厚大于 7 mm。

烧结空心砖强度等级包括 MU2、MU3、MU5 三个强度等级。

2. 蒸压灰砂砖

（1）蒸压灰砂砖是以石灰和砂为主要原料,掺适量的颜料和外加剂,经坯料制备、压制成型、蒸压养护而成的实心砖。蒸压灰砂砖根据抗压强度和抗折强度分为 MU10、MU15、MU20、MU25 四个强度等级。

（2）蒸压灰砂空心砖是以石灰、砂为主要原料,经坯料制备、压制成型、蒸压养护制成的空心砖,其孔洞率大于 15%。蒸压灰砂空心砖根据抗压强度分为 MU7.5、MU10、MU15、MU20、MU25 五个强度等级。

蒸压灰砂砖的规格尺寸为 240 mm×115 mm×53 mm。MU15 以上砖可以用于基础及其他建筑部位,但不得用于长期受热(200 ℃以上)、受急冷、急热和有酸性介质侵蚀的建筑部位。

3. 粉煤灰砖

粉煤灰砖是以粉煤灰、石灰或水泥为主要原料,掺加适量石膏、外加剂、颜料和骨料,经坯料制备、压制成型、高压或常压蒸气养护而成的实心砖。粉煤灰砖根据抗压强度和抗折强度分为 MU7.5、MU10、MU15、MU20 四个强度等级。

砖的规格尺寸为 240 mm×115 mm×53 mm。粉煤灰砖不得用于长期受热(200 ℃以上)、受急冷、急热和有酸性介质侵蚀的建筑部位。

4. 煤渣砖

煤渣砖是以煤渣为主要原料,掺入适量石灰和石膏,经混合、压制成型、蒸养或蒸压而成的实心砖。煤渣砖根据抗压强度和抗折强度分为 MU7.5、MU10、MU15、MU20 四个强度等级。

煤渣砖不得用于长期受热(200 ℃以上)、受急冷、急热和有酸性介质侵蚀的建筑部位。用于基础或用于易受冻融和干湿交替作用的建筑部位必须使用 MU15 及其以上的砖。

5. 砖的使用要求

(1) 用于砌筑清水墙、柱表面的砖,应边角整齐,色泽均匀。

(2) 因多孔砖在冻胀作用下,耐久性能差,故在有冻胀环境、地面以下或防潮层以下的砌体,不宜采用多孔砖。

(3) 为了提高砂浆与砖的黏结力,提高砌体的抗压强度,有利于砖的砌筑,在砖砌体砌筑时应提前 1～2 d 浇水湿润。

6.3.3　砌筑用石

1. 石的分类

砌筑用石分为料石和毛石两类。毛石是未经加工的厚度不小于 150 mm、体积不小于 0.01 m³ 的石料,分为乱毛石和平毛石。乱毛石是指形状不规则的石块;平毛石是指形状不规则,但有两个平面大致平行的石块。

料石是经过人工加工的,外观规矩,尺寸均大于等于 200 mm,按其加工面的平整程度可分为细料石、粗料石和毛料石三种。料石各面的加工要求应符合表 6-2 的规定。料石加工的允许偏差应符合表 6-3 的规定。料石的宽度、厚度均不宜小于 200 mm,长度不宜大于厚度的 4 倍。石材的强度等级有 MU100、MU80、MU60、MU50、MU40、MU30、MU20、MU15 和 MU10。

表 6-2　料石各面的加工要求

料石种类	外露面及相接周边的表面凹入深度	叠砌面和接砌面的表面凹入深度
细料石	不大于 2 mm	不大于 10 mm
粗料石	不大于 20 mm	不大于 20 mm
毛料石	稍加修整	不大于 25 mm

注:相接周边的表面是指叠砌面、接砌面与外露面相接处 20～30 mm 范围内的部分。

表 6-3　料石加工允许偏差

料石种类	加工允许偏差/mm	
	宽度、厚度	长度
细料石	±3	±5
粗料石	±5	±7
毛料石	±10	±15

2. 石的等级

根据石料的抗压强度值,将石料分为 MU10、MU15、MU20、MU30、MU40、MU50、MU60、MU80、MU100 共九个强度等级。

3. 石材抗冻性

石材的一个重要指标是抗冻性,一般用冻融循环次数表示,在规定的冻融循环数(15 次、20 次、50 次)时,无贯通裂缝,重量损失不超过 5%,强度减小不大于 25%,则抗冻性合格。

4. 材料要求

(1) 石砌体采用的石材应质地坚实,无风化剥落和裂纹。用于清水墙、柱表面的石材,尚应色泽均匀。

(2) 石材表面的泥垢、水锈等杂质,砌筑前应清除干净。

6.3.4　砌筑砌块

1. 砌块的种类

砌块按形状来分有实心砌块和空心砌块两种;

按制作原料可分为粉煤灰、加气混凝土、混凝土、硅酸盐、石膏砌块等数种;

按规格来分有小型砌块、中型砌块和大型砌块,砌块高度在 115～380 mm 之间的称小型砌块,高度在 380～980 mm 之间的称中型砌块,高度大于 980 mm 的称大型砌块。

(1) 混凝土小型空心砌块

混凝土小型空心砌块是以水泥、砂、石等普通混凝土材料为原料,加水搅拌振动加压或冲压成形和养护制成的混凝土砌块,空心率为 25%～50%,主要规格尺寸为 390 mm×190 mm×190 mm[图 6.21(a)]。具有强度高、自重轻、耐火、耐久性好,外形尺寸规整、有良好的保温隔热性能,施工快、建筑造价与维护费用较低等优点。

(2) 轻骨料混凝土小型空心砌块

轻骨料混凝土小型空心砌块是以浮石、火山渣、煤渣、自然煤矸石、陶粒为粗骨料制成的混凝土空心砌块。孔洞的排数有单排孔、双排孔、三排孔、四排孔等。外墙砌块常用主要规格为 290 mm×290 mm×190 mm、390 mm×190 mm×190 mm;内墙砌块常用主要规格为 90 mm×190 mm×190 mm、390 mm×190 mm×90 mm。具有轻质高强、保温隔热、抗震性能好等优良性能。

(3) 蒸压加气混凝土砌块

蒸压加气混凝土砌块是以水泥、石灰、矿渣、砂、粉煤灰、铝粉等为原料,经磨细、计量配料、搅拌浇注、发气膨胀、静停切割、蒸压养护、成品加工、包装等工序制造而成的多孔实心混

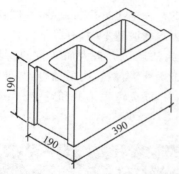

（a）混凝土空心砌块

（b）加气混凝土码块　　　　　（c）粉煤灰砌块

图 6.21　砌块

凝土砌块。具有质轻、保温、防水、可锯、能刨、加工方便等优点。一般用作内外墙的建筑砌块，或用作框架填充墙的墙体和刚性屋面的保温层。

（4）粉煤灰砌块

粉煤灰砌块是以粉煤灰、石灰、石膏和煤渣、硬矿渣等骨料为原料，按一定比例加水搅拌、振动成形，再经蒸汽养护而制成的密实砌块。其主要规格尺寸为 880 mm×380 mm×240 mm 和 880 mm×430 mm×240 mm（长×高×宽）。具有可利用大量工业废渣，施工效率高，缩短工期，节约砌筑砂浆，造价较低等优点。

2. 砌块的规格与强度等级

目前我国小型砌块的种类和规格都很多。承重砌块以混凝土空心砌块为主，主规格尺寸为 390 mm×190 mm×190 mm，辅助规格尺寸为 290 mm×190 mm×190 mm。其强度等级分为 MU3.5、MU5、MU7.5、MU10、MU15、MU20。

6.4　石砌体施工

石砌体工程是指用毛石或料石砌筑的砌体。

6.4.1　毛石基础施工

根据所放基础标线，先砌筑墙角石块，以此固定准线作为砌石标线，砌第一皮时，应选较大、较平整的石块铺平,使平整的一面着地。第一皮石块是建筑物的根基,其位置是否正确,砌筑是否稳固,对以后的砌筑有很大影响,砌筑方法根据地基不同,有以下两种:

(1)在土质基槽上砌毛石基础时,也要采取坐浆法砌筑。将大而较平的石块坐浆铺满一皮(一层),再将砂浆铺入空隙处,用小石块填空挤入砂浆,然后用手锤打紧,务使砂浆充满空隙,使石块平稳密实。不允许先塞小石块后铺砂浆,以免产生干缝和空缝。毛石基础砌法如图6.22所示。

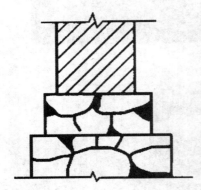

图 6.22　毛石基础砌法

(2)在垫层或岩石面上砌筑毛石基础时,首先将垫层或岩石面上清扫干净,先铺上一层砂浆,再砌石块,使砂浆与石块黏结,这样可使石块受力均匀,增加稳定性。当基础砌至最上一层时,外皮石块要求伸入墙内长度不小于墙厚的一半,如图6.23所示。

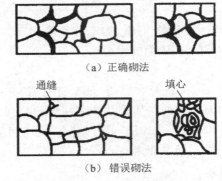

(a)正确砌法

通缝　　　　　填心

(b)错误砌法

图 6.23　石基础最上一层砌法

6.4.2　毛石墙施工

首先根据墙的位置及厚度在基础顶面上放线,立皮数杆、拉准线。分层砌筑,每层高300~400 mm。在每层砌体砌筑时,间隔1 m左右要砌与墙同宽的拉结石。上、下层间的拉结石应错开,呈梅花式布置。上、下层及每层内外石块要相互搭砌且不宜小于80 mm。不得采用外面侧砌立块,中间填心的砌筑方法。每天砌筑高度不应超过1.2 m。

毛石墙的转角处和交接处应同时砌筑,不能同时砌筑时,应砌成踏步槎。毛石墙如图6.24所示。

图 6.24　毛石墙

6.4.3　料石墙施工

料石墙的砌筑应用铺浆法,竖缝中应填满砂浆直至插捣溢出为止。上下皮应错缝搭接,转角处或内外墙交接处更要用石块相互搭砌。砌筑前应根据料石尺寸研究确定最好的组砌形式。如确有困难时,为增强砌体整体刚度,应在每楼层范围内至少设置两道钢筋网或拉结钢筋。干砌料石墙如图 6.25 所示。

图 6.25　干砌料石墙

6.4.4　石墙勾缝

石墙勾缝多采用平缝或凸缝(图 6.26)。勾缝前先将灰缝刮深 20～30 mm,墙面喷水湿润,并清理修整。勾缝用 1∶1 水泥细砂砂浆,或用青灰和白灰浆掺麻刀勾缝。毛石墙的勾缝要尽量保持砌筑时的自然缝。

图 6.26 石墙勾缝

6.4.5 毛石挡土墙施工

每砌 3～4 皮为一个分层高度,每个分层高度应找平一次;外露面的灰缝厚度不得大于 40 mm,两个分层高度向分层处的错缝不得小于 80 mm。料石挡土墙,当中间部分用毛石砌时,丁砌料石伸入毛石部分的长度不应小于 200 mm。

毛石挡土墙的泄水孔应均匀设置,在每米高度上间隔 2 m 左右设置一个泄水孔,泄水孔与土体间铺设长宽均为 300 mm、厚 200 mm 的卵石或碎石作疏水层。毛石挡土墙如图 6.27 所示。

图 6.27 毛石挡土墙

6.4.6 石砌体质量检验标准

石砌体质量分为合格和不合格两个等级。石砌体质量合格应符合以下规定:主控项目应全部符合规定;一般项目应有 80％ 及以上的抽检处符合规定,或偏差值在允许偏差范围以内。

1. 石砌体工程主控项目

（1）石材及砂浆强度等级必须符合设计要求。

抽检数量：同一产地的同类石材抽检不应少于 1 组。砂浆试块的抽检数量：每一检验批且不超过 250 m。砌体的各种类型及强度等级的砌筑砂浆，每台搅拌机应至少抽检 1 次。

检验方法：料石检查产品质量证明书，石材、砂浆检查试块试验报告。

（2）砌体灰缝的砂浆饱满度不应小于 80%。

抽检数量：每检验批抽查不应小于 5 处。

检验方法：观察检查。

2. 石砌体工程一般项目

（1）石砌体的组砌形式应符合下列规定：① 内外搭砌，上下错缝，拉结石、丁砌石交错设置；② 毛石墙拉结石每 0.7 m² 墙面不应少于 1 块。

检查数量：每检验批抽查不应少于 5 处。

检验方法：观察检查。

（2）石砌体尺寸、位置的允许偏差及检验方法应符合表 6-4 的规定。

抽检数量：每检验批抽查不应少于 5 处。

检验方法：见表 6-4。

表 6-4　石砌体尺寸、位置的允许偏差及检验方法

序号	项目		允许偏差/mm						检验方法
			毛石砌体		料石砌体				
					毛料石		粗料石		细料石	
			基础	墙	基础	墙	基础	墙	墙、柱	
1	轴线位置		20	15	20	15	15	10	10	用经纬仪和尺检查，或用其他测量仪器检查
2	基础和墙砌体顶面标高		±25	±15	±25	±15	±15	±15	±10	用水准仪和尺检查
3	砌体厚度		+30	+20 -10	+30	+20 -10	+15	+10 -5	+10 -5	用尺检查
4	墙面垂直度	每层	—	20	—	20	—	10	7	用经纬仪、吊线和尺检查或用其他测量仪器检查
		全高	—	30	—	30	—	25	10	
5	表面平整度	清水墙、柱	—	—	—	20	—	10	5	细料石用 2 m 靠尺和楔形塞尺检查，其他用两直尺垂直于灰缝拉 2 m 线和尺检查
		混水墙、柱	—	—	—	20	—	15	—	
6	清水墙水平灰缝平直度		—	—	—	—	—	10	5	拉 10 m 线和尺检查

6.5　砖砌体施工

砖砌体工程一般是指用烧结普通砖、烧结多孔砖、蒸压灰砂砖、粉煤灰砖等砌筑的砌体。

6.5.1 组砌形式

常见的组砌形式有：一顺一丁、三顺一丁、梅花丁、全顺、全丁、两平一侧等多种形式，如图 6.28 所示。

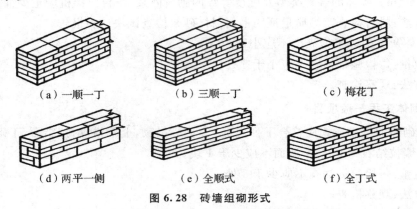

（a）一顺一丁　　　　　　（b）三顺一丁　　　　　　（c）梅花丁

（d）两平一侧　　　　　　（e）全顺式　　　　　　（f）全丁式

图 6.28　砖墙组砌形式

（1）一顺一丁

一顺一丁是一皮全部顺砖与一皮全部丁砖相互交替组砌，相邻两皮砖竖缝均相互交错 1/4 砖长。此种组砌方法效率较高，适用于砌一砖墙、一砖半墙及二砖墙。

（2）三顺一丁

三顺一丁是三皮全部顺砖与一皮全部丁砖间隔砌成，上下顺砖层间竖缝错开 1/2 砖长，上下皮顺砖与丁砖间的竖缝错开 1/4 砖长。这种砌法因顺砖较多而效率较高，适用于砌一砖墙、一砖半墙。

（3）梅花丁

梅花丁是每皮中丁砖与顺砖相隔、上皮丁砖坐中于下皮顺砖，上下皮砖竖缝相互错开 1/4 砖长。这种砌法内外竖缝每皮都能错开，故整体性较好，灰缝整齐，比较美观，但砌筑效率较低，适用于砌一砖墙及一砖半墙。

（4）两平一侧

两平一侧是两皮平砌砖与一皮侧砖的顺砖相隔砌成，多用于砌筑 180 mm 墙。

（5）全顺式

全顺式是每皮均用顺砖砌筑，上下皮间竖缝相互错开 1/2 砖长，常用于砌筑半砖墙。

（6）全丁式

全丁式是每皮均用丁砖砌筑，上下皮间竖缝互相错开 1/4 砖长，此种砌法可用于砖过梁或圆弧形构件的砌筑，常用于砖砌水塔、烟囱、水池等构筑物的砌筑。

6.5.2 砌筑方法

砖砌体的砌筑方法有"三一"砌砖法、挤浆法、刮浆法和满口灰法等四种，其中，"三一"砌砖法和挤浆法最常用。

"三一"砌砖法即一块砖、一铲灰、一揉压，并随手将挤出的砂浆刮去的砌筑方法。这种砌砖方法的优点是灰缝容易饱满、黏结力好、墙面整洁。故实心砖砌体宜采用"三一"砌砖法。

挤浆法即用灰勺、大铲或铺灰器在墙顶上铺一段砂浆,然后拿砖挤入砂浆中一定厚度之后把砖放平。这种砌砖方法的优点是可以连续挤砌几块砖,减少烦琐动作,平推平挤可以使灰缝饱满,效率高,保证质量。

6.5.3　砌筑工艺

砖砌体施工工艺流程为:抄平→放线→摆砖→立皮数杆→盘角→挂线→砌砖→楼层标高控制→清理、勾缝。

（1）抄平

砌墙前先在基础面或楼面上按标准的水准点定出各层标高,并用 M7.5 水泥砂浆或 C15 细石混凝土找平,使各段墙体底部标高符合设计要求。找平时,应使上下两层墙体之间不致出现明显的接缝。

（2）放线

根据龙门板上给定的轴线及图纸上标注的墙体尺寸,在基础顶面上用墨线弹出墙体轴线、墙的宽度线及门洞口的位置线,如图 6.29 所示。二楼以上墙体的轴线可以用经纬仪或垂球将轴线引上,并弹出墙体轴线、墙的宽度线及门洞口的位置线。

（3）摆砖

摆砖是指在放线的基面上按选定的砌筑形式用干砖试摆。摆砖的目的是校对放出的墨线在门窗洞口、附墙垛等处是否符合砖的模数,以尽可能减少砍砖,并使砌体灰缝均匀,组砌得当。摆砖由一个大角到另一个大角,砖与砖之间留 10 mm 缝隙。一般采用"纵顺横丁"的方法,即每层墙体的第一皮砖,沿纵墙方向摆顺砖,沿横墙方向摆丁砖。

（4）立皮数杆

皮数杆是指画有每皮砖和砖缝厚度,以及门窗洞口、过梁、楼板、梁底、预埋件等标高位置的木制标杆(图 6.30)。它是控制砌体竖向尺寸的标志,同时还可以保证砌体的垂直度。

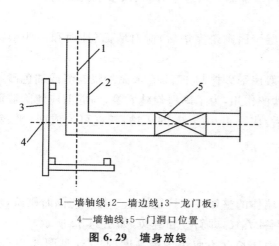

1—墙轴线;2—墙边线;3—龙门板;
4—墙边线;5—门洞口位置
图 6.29　墙身放线

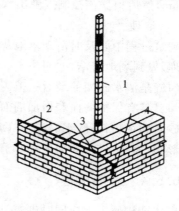

1—皮数杆;2—准线;3—竹片;4—铁钉
图 6.30　皮数杆示意图

（5）盘角

盘角又称立头角,是指正式砌筑墙体前,先在墙体的转角处由技术较高的瓦工先砌起,并始终高于周围墙面4～6皮砖,作为整面墙体控制垂直度和标高的依据,且随砌墙随盘角。

(6)挂线

挂线是以盘角为依据,在两个盘角之间的墙体上挂通线,通常在一砖墙、3/4砖墙及1/2砖墙体上挂单线(图6.31);在一砖半墙、两砖墙等较厚的墙体上挂双线。用以控制灰缝的厚度和每皮砖的平直度。

挂线

图 6.31 墙体挂单线

(7)砌砖

砌砖的操作方法很多,各地习惯不一,一般采用"三一"砌砖法和挤浆法。砌筑过程中应三皮一靠、五皮一吊,以保证墙面垂直平整。

(8)楼层标高控制

楼层标高除立皮数杆控制外,还应在室内弹出水平线进行控制。即当每层墙体砌筑到一定高度后,用水准仪在室内各墙角引测出标高控制点,一般比室内地面或楼面高出200～500 mm,然后根据该控制点弹出水平线,用以控制各层过梁、圈梁及楼板的标高。

(9)清理、勾缝

砌筑过程中要及时清理落地灰,当该层墙面砌筑完毕后,应对墙面、地面和一些杂物进行清理,做到场地清洁、文明施工。

勾缝是清水砖墙的最后一道工序,一般用细砂拌制1:1.5水泥砂浆勾缝或加色砂浆勾缝。勾缝具有保护墙面和增加墙面美观性的作用,为了确保勾缝质量,勾缝前应清除墙面黏结的砂浆和杂物,并洒水润湿,在砌完墙后,应画出10 mm的灰槽,灰缝可勾成凹、平、斜或凸等形状,勾缝完毕,墙面应及时清扫。

6.5.4 砖墙接槎

砌体结构原则上应同时砌筑,以保证墙体的整体性和抗震性能。如不能同时砌筑,应按规定留槎并做好接槎处理。接槎主要有两种方式,即斜槎和直槎,如图6.32所示。

通常应将留置的临时间断做成斜槎,斜槎长度不应小于墙高度的2/3[见图6.32(a)]。如留斜槎确有困难,才可留直槎,但必须做成阳槎,并加设拉结筋[图6.32(b)],拉结筋为2φ6@120的钢筋,间距沿墙高不得超过500 mm,埋入长度从墙的留槎处算起,每边均不得

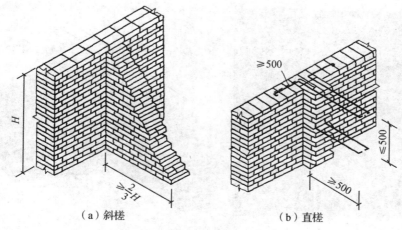

（a）斜槎 （b）直槎

图 6.32 接槎

少于 500 mm（对抗震设防烈度为 6 度、7 度地区，不得小于 1 000 mm），末端应有 90°弯钩。房屋转角处和抗震设防烈度 8 度及以上地区不得留直槎。

接槎时，必须先将留槎处的表面砂浆清理干净，再浇水湿润，并保证砂浆饱满，灰缝平直通顺，使接槎处的前后砌体黏结成整体。

6.5.5 钢筋混凝土构造柱

为提高建筑物砌体结构的整体稳定性，增强建筑物的防震能力，通常在建筑物的四角、内外墙交接处、较长的墙体中间，以及楼梯间、电梯间等洞口四周的位置设置构造柱。

1. 构造要求

（1）构造柱与墙体的连接见图 6.33。构造柱的截面尺寸为 240 mm×180 mm 或 240 mm×240 mm；竖向受力钢筋一般采用 $4\phi12\sim4\phi14$ 的钢筋；箍筋一般为 $\phi6@200$，且在柱上下端适当加密。

（2）构造柱应沿墙高每隔 500 mm 设置 $2\phi6$ 的水平拉结钢筋，两边伸入墙内不宜小于 1 m。若外墙为一砖半墙，则水平拉结钢筋采用 3 根。

（3）构造柱与砖墙相接处，应砌成马牙槎，从每层柱脚开始，先退后进；每个马牙槎沿高度方向的尺寸不宜超过 300 mm（或 5 皮砖高）；每个马牙槎进退应不小于 60 mm。

（4）构造柱通常与圈梁连接。其纵筋应穿过圈梁，保证纵筋上下贯通，且应适当加密；其根部一般与基础圈梁连接，或直接生根于基础（或基础梁）。

2. 施工要点

（1）构造柱的施工顺序为：绑扎钢筋、砌砖墙、支模板、浇筑混凝土。对于砖混结构的建筑物，必须在该层构造柱混凝土浇筑完毕后，才能进行上一层的施工。

（2）构造柱的竖向受力钢筋伸入基础（圈）梁或混凝土基础内的锚固长度，以及绑扎搭接长度，均不应小于 35 倍钢筋直径。接头区段内的箍筋间距不应大于 100 mm。钢筋混凝土保护层厚度一般为 20 mm。

（3）砌砖墙时，当马牙槎齿深度为 120 mm 时，其上口采用第一皮先进 60 mm，往上再进 120 mm 的方法，以保证浇筑混凝土时上角密实。

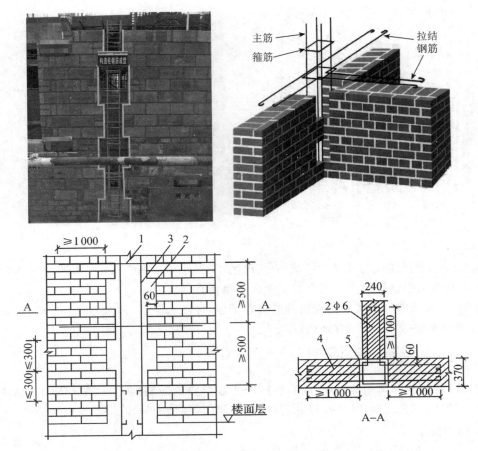

1—拉结钢筋;2—马牙槎;3—构造柱钢筋;4—墙体;5—构造柱

图 6.33 构造柱与墙体的连接

（4）构造柱的模板,必须与所在砖墙面严密贴紧,以防漏浆。

（5）浇筑构造柱的混凝土坍落度一般为 50～70 mm。构造柱浇筑混凝土前,必须将砌体留槎部位和模板浇水湿润,将模板内的杂物清理干净,并在柱底结合面处注入适量与构造柱混凝土相同成分的水泥砂浆。振捣时,应避免触碰墙体,严禁通过墙体传振。

6.5.6 砖砌体质量检验标准

1. 主控项目

（1）砖和砂浆的强度等级必须符合设计要求。

抽检数量:每一生产厂家,烧结普通砖、混凝土实心砖每 15 万块,烧结多孔砖、混凝土多孔砖、蒸压灰砂砖及蒸压粉煤灰砖每 10 万块各为一验收批,不足上述数量时按 1 批计,抽检数量为 1 组。砂浆试块的抽检数量按《砌体结构工程施工质量验收规范》(GB 50203)有关规定执行。

检验方法:检查砖和砂浆试块试验报告。

（2）砌体灰缝砂浆应密实饱满,砖墙水平灰缝的砂浆饱满度不得低于 80%;砖柱水平灰缝和竖向灰缝饱满度不得低于 90%。

抽检数量:每检验批抽查不应少于 5 处。

检验方法:用百格网检查砖底面与砂浆的黏结痕迹面积,每处检测 3 块砖,取其平均值。

(3)砖砌体的转角处和交接处应同时砌筑,严禁无可靠措施的内外墙分砌施工。在抗震设防烈度为 8 度及 8 度以上地区,对不能同时砌筑而又必须留置的临时间断处应砌成斜槎,普通砖砌体斜槎水平投影长度不应小于高度的 2/3,多孔砖砌体的斜槎长高比不应小于 1/2。斜槎高度不得超过一步脚手架的高度。

抽检数量:每检验批抽查不应少于 5 处。

检验方法:观察检查。

(4)非抗震设防及抗震设防烈度为 6 度、7 度地区的临时间断处,当不能留斜槎时,除转角外,可留直槎,但直槎必须做成凸槎,且应加设拉结钢筋,拉结钢筋应符合下列规定:① 每 120 mm 墙厚放置 1φ6 拉结钢筋(120 mm 墙厚应放置 2φ6 拉结钢筋);② 间距沿墙高不应超过 500 mm,且竖向间距偏差不应超过 100 mm;③ 埋入长度从留槎处算起每边均不应小于 500 mm,对抗震设防烈度 6 度、7 度的地区,不应小于 1 000 mm;④ 末端应有 90°弯钩。

抽检数量:每检验批抽查不应少于 5 处。

检验方法:观察和尺量检查。

2. 一般项目

(1)砖砌体组砌方法应正确,内外搭砌,上下错缝。清水墙、窗间墙无通缝;混水墙中不得有长度大于 300 mm 的通缝,长度 200~300 mm 的通缝每间不超过 3 处,且不得位于同一面墙体上。砖柱不得采用包心砌法。

抽检数量:每检验批抽查不应少于 5 处。

检验方法:观察、检查。砌体组砌方法抽检每处应为 3~5 m。

(2)砖砌体的灰缝应横平竖直,厚薄均匀,水平灰缝厚度及竖向灰缝宽度宜为 10 mm,但不应小于 8 mm,也不应大于 12 mm。

抽检数量:每检验批抽查不应少于 5 处。

检验方法:水平灰缝厚度用尺量 10 皮砖砌体高度折算;竖向灰缝宽度用尺量 2 m 砌体长度折算。

(3)砖砌体尺寸、位置的允许偏差及检验应符合表 6-5 的规定。

表 6-5　砖砌体尺寸、位置的允许偏差及检验

项次	项目		允许偏差/mm	检验方法	抽检数量
1	轴线位移		10	用经纬仪和尺或用其他测量仪器检查	承重墙、柱全数检查
2	基础、墙、柱顶面标高		±15	用水平仪和尺检查	不应少于 5 处
3	每层		5	用 2 m 托线板检查	不应少于 5 处
	全高	≤10 m	10	用经纬仪、吊线和尺或用其他测量仪器检查	外墙全部阳角
		>10 m	20		

续表

项次	项目		允许偏差/mm	检验方法	抽检数量
4	表面平整度	清水墙、柱	5	用 2 m 靠尺和楔形塞尺检查	不应少于 5 处
		混水墙、柱	8		
5	水平灰缝平直度	清水墙	7	拉 5 m 线和尺检查	不应少于 5 处
		混水墙	10		
6	门窗洞口高、宽(后塞口)		±10	用尺检查	不应少于 5 处
7	外墙上下窗口偏移		20	以底层窗口为准,用经纬仪或吊线检查	不应少于 5 处
8	清水墙游丁走缝		20	以每层第一皮砖为准,吊线和尺检查	不应少于 5 处

6.6 砌块砌体施工

用砌块代替烧结普通砖做墙体材料,是墙体改革的一个重要途径。近几年来,中小型砌块在我国得到了广泛应用。常用的砌块有加气混凝土砌块、粉煤灰硅酸盐砌块、混凝土小型空心砌块、煤矸石砌块等。砌块作为黏土砖的替代品,现在建筑广泛应用,尤其是小型砌块。

6.6.1 小型空心砌块施工

普通混凝土小型空心砌块是以碎石或卵石粗骨料制作的混凝土,主规格尺寸为 390 mm×190 mm×190 mm,空心率为 25%～50% 的小型空心砌块,简称混凝土小砌块。

1. 施工工艺

小型空心砌块施工工艺流程为:弹出墙体皮线→校正芯柱钢筋位置、砌块预排→砂浆拌制→砌筑→清除坠灰→勾缝→墙体验收→芯柱施工。

(1)弹出墙体皮线

在砌筑前,首先根据轴线的位置弹出墙体的两条皮线和门窗洞口的位置线,弹线时应结合建筑施工图和砌块排列图,两条皮线间净距应为 190 mm。

(2)校正芯柱钢筋位置、砌块预排

在开始正式砌筑以前,先校正芯柱钢筋位置,必须按照砌块排列图的块型排列次序沿墙体皮线摆设第一皮砌块。排放时,应从外墙转角处及纵横墙交接处开始摆放,在第一皮砌块全部摆放到位并检查无误后,再开始正式砌筑。

(3)砂浆拌制

按设计要求的砂浆品种、强度等级制配砂浆,按试验室确定的配比单进行砂浆的配制,配制砂浆时,各种材料均采用重量比,使用强制式搅拌机搅拌,拌制砂浆时先加细集料,掺合料和水泥干拌 1 min,加水湿拌 1 min,再加入外加剂搅拌 2 min。砂浆的稠度控制在 50～80 mm。

(4)砌筑

① 清理干净基础表面的污物、泥土,按照砌块排列图从转角处开始砌筑,砌筑时内外墙

体同时砌筑,纵横墙交错搭接。墙体临时间断处应砌成斜槎。如果留斜槎有困难,可留直槎,但要加设拉结筋,如图 6.34 所示。墙体砌筑时,沿墙高每 600 mm(三皮砌块)设一道 $\phi4$ 拉结钢筋网片。网片必须设置于灰缝和芯柱内,纵横墙交圈设置,不得错放和漏放。网片在墙体临时间断处的外露部分不得弯折。网片的搭接长度大于等于 120 mm。

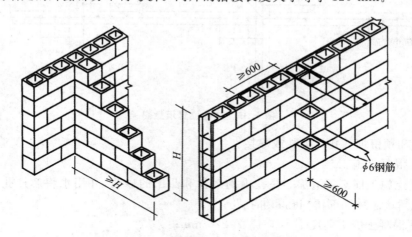

图 6.34 小型砌块砌体的斜槎和直槎

② 砌筑时灰缝应横平竖直。水平灰缝用坐浆法铺浆,铺浆长度小于等于 450 mm,铺浆时只在砌块的两侧肋上铺浆。竖向灰缝砂浆采用平铺端面砂浆法,即将小砌块端面朝上,在灰口铺满砂浆,然后挤紧,用橡皮榔头敲实、砸平。墙体的水平灰缝砂浆饱满度控制在 90% 以上,竖向灰缝砂浆饱满度控制在 80% 以上。

③ 砌体水平灰缝的厚度和垂直灰缝的宽度应控制在 8~12 mm。砌筑时每皮拉线控制砌体标高和墙面平整度。

④ 砌块施工时应搭设双排脚手架作业,避免在墙体内设置脚手眼。

（5）清除坠灰

在墙体砌筑过程中,芯柱处以及 +0.000 以下结构墙体孔洞中的坠灰应随砌随清,以保证芯柱孔洞上下贯通和芯柱的截面尺寸。

（6）勾缝

墙体砌筑时,应随砌随勾缝,勾缝应以原浆勾缝,深度小于等于 3 mm,灰缝平整密实,不得出现瞎缝、透缝。

（7）墙体验收

每道墙体砌筑完以后,在浇筑芯柱混凝土以前,对墙体的标高、轴线尺寸、平整度、垂直度、灰缝的饱满度,芯柱孔洞内清理等进行检查验收,合格后方可进行下道工序施工。

（8）芯柱施工

① 基础或基础圈梁施工时,留置芯柱预埋筋,每一部位芯柱钢筋的位置确定如图 6.35 所示。

② 校正芯柱钢筋。在每层墙体砌筑之前校正芯柱钢筋的位置。

③ 芯柱插筋。在墙体验收合格后,开始进行芯柱插筋并绑扎,每个楼层的芯柱钢筋应采用整根钢筋,上下楼层间的钢筋可在圈梁上部搭接,搭接长度不小于 $40d$。芯柱钢筋应从

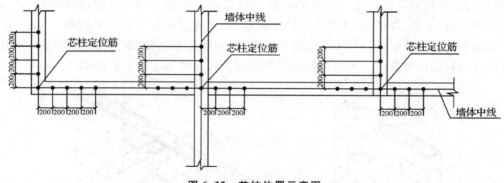

图 6.35 芯柱位置示意图

预留清扫孔和预留绑扎孔处绑扎或焊接。

④ 灌孔混凝土施工。

a. 混凝土施工前必须清除芯柱孔内的杂物和凸出的砂浆,并用水将芯柱孔冲洗干净;验收完毕后封堵芯柱底部清扫孔和绑扎孔;

b. 芯柱混凝土的坍落度不小于 180～220 mm;

c. 采用强制式搅拌机,搅拌时先加粗细集料、掺合料、水泥干拌 1 min,再加水湿拌 1 min,最后加外加剂搅拌,总的搅拌时间不少于 5 min;

d. 每楼层每根芯柱的混凝土应分段连续浇灌,边浇灌边振捣密实,严禁浇灌一个楼层后再振捣,浇灌后的芯柱面应低于最上一皮混凝土砌块表面 30～50 mm;

e. 用砌块砌筑的基础,全部芯孔必须灌注混凝土。

2. 施工注意事项

(1) 施工时所用的混凝土小型空心砌块的产品龄期不应小于 28 d。

(2) 在天气炎热的情况下,可提前洒水湿润小砌块;当小砌块表面有浮水时,不得施工。

(3) 小砌块应底面朝上反砌于墙上,承重墙严禁使用断裂的小砌块。

(4) 小砌块应从转角或定位处开始,内外墙同时砌筑,纵横墙交错搭接。转角墙和丁字墙砌块施工如图 6.36 所示。

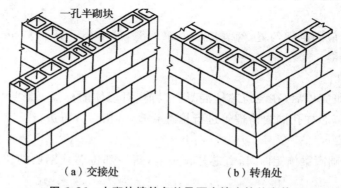

(a) 交接处　　　　　　　　(b) 转角处

图 6.36　小砌块墙转角处及丁字墙交接处砌筑

(5) 小砌块墙体应对孔错缝搭砌,搭接长度不应小于 90 mm。当墙体的个别部位不能满足上述要求时,应在灰缝中设置拉结钢筋或钢筋网片,但竖向通缝不能超过两皮小砌块。

6.6.2　中型砌块施工

1. 施工机具

砌块的装卸可用桅杆式起重机、汽车式起重机、履带式起重机和塔式起重机。砌块的水平运输可用专用砌块小车、普通平板车等。另外,还有安装砌块的专用夹具,如图 6.37 所示。

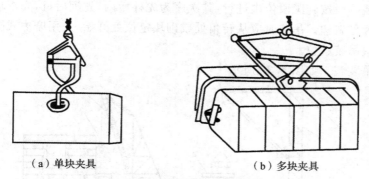

（a）单块夹具　　　　　　　　（b）多块夹具

图 6.37　砌块夹具

2. 绘制砌块排列图

由于中型砌块体积较大、较重,不如砖块可以随意搬动,多用专门设备进行吊装砌筑,且砌筑时必须使用整块,不像普通砖可随意砍凿,因此,在施工前,须根据工程平面图、立面图及门窗洞口的大小、楼层标高、构造要求等条件,绘制各墙的砌块排列图,以指导吊装砌块施工,如图 6.38 所示。

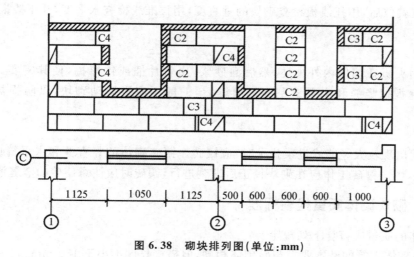

图 6.38　砌块排列图（单位：mm）

3. 中型砌块施工工艺

砌块的施工工艺流程：铺灰→砌块就位→校正→灌缝→镶砖。

（1）铺灰

砌块墙体所采用的砂浆,应具有良好的和易性,其稠度以 50～70 mm 为宜,铺灰应平整饱满,每次铺灰长度一般不超过 5 m,在炎热天气及严寒季节应适当缩短。

（2）砌块吊装就位

砌块安装通常采用两种方案：一是以轻型塔式起重机进行砌块、砂浆的运输,以及楼板等预制构件的吊装,由台灵架吊装砌块；二是以井架进行材料的垂直运输、以杠杆车进行楼板吊装,所有预制构件及材料的水平运输则用砌块车和劳动车,台灵架负责砌块的吊装,前者适用于工程量大或两幢房屋对翻流水的情况,后者适用于工程量小的房屋。

砌块的吊装一般按施工段依次进行,其次序为先外后内,先远后近,先下后上,在相邻施工段之间留阶梯形斜槎。吊装时应从转角处或砌块定位处开始,采用摩擦式夹具,按砌块排列图将所需砌块吊装就位。

中型砌块吊装施工如图 6.39 所示。

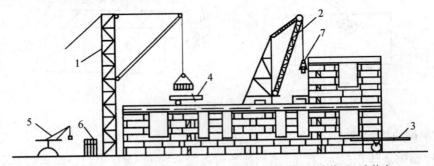

1—井架；2—台灵架；3—杠杆车；4—砌块车；5—少先吊；6—砌块；7—砌块夹

图 6.39　中型砌块吊装示意图

（3）校正

砌块吊装就位后,用托线板检查砌块的垂直度,用拉准线检查水平度,并用撬棍、楔块调整偏差。

（4）灌缝

竖缝可用夹板在墙体内外夹住,然后灌砂浆,用竹片插或铁棒捣,使其密实。当砂浆吸水后用刮缝板把竖缝和水平缝刮齐。灌缝后,一般不应再撬动砌块,以防损坏砂浆黏结力。

（5）镶砖

当砌块间出现较大竖缝或过梁找平时,应镶砖。镶砖砌体的竖直缝和水平缝应控制在 15～30 mm 以内。镶砖工作应在砌块校正后即刻进行,镶砖时应注意使砖的竖缝灌密实。

6.6.3　砌块砌体质量检验标准

砌块砌体的质量应符合下列规定：

（1）砌块砌体砌筑的基本要求与砖砌体相同,但搭接长度不小于 150 mm。

（2）外观检查应达到墙面清洁,勾缝密实,深浅一致,交接平整。

（3）经试验检查,在每一楼层或 250 m³ 砌体中,一组试块（每组三块）同强度等级的砂浆或细石混凝土的平均强度不得低于设计强度值。

（4）预埋件、预留孔洞的位置应符合设计要求。

（5）砌体的尺寸位置允许偏差见表 6-6、表 6-7。

（6）对于普通混凝土小型空心砌块和轻骨料混凝土小型空心砌块,其尺寸位置允许偏差见表 6-5。

表 6-6　加气混凝土块砌体尺寸位置允许偏差

序号	项目		允许偏差/mm	检查方法
1	墙面垂直度	≤3 m	5	用靠尺及线坠检查
		>3 m	10	
2	墙面平整度		8	用 2 m 靠尺或塞尺检查
3	轴线位移		10	尺量
4	门窗洞口宽度		±5	尺量
5	门口高度		±5	尺量
6	外墙窗口上下偏移		20	以底层为准用经纬仪或吊线检查

表 6-7　中型砌块砌体允许偏差

序号	项目			允许偏差/mm	检查方法
1	轴线位置			10	经纬仪、水平仪检查,并检查施工记录
2	基础或楼盖标高			±5	经纬仪、水平仪检查,并检查施工记录
3	垂直度	每楼层		5	吊线检查
		全高	10 m 以下	10	经纬仪或吊线检查
			10 m 以上	20	
4	表面平整			10	2 m 长直尺和塞尺检查
5	水平灰缝平直度	清水墙		7	10 m 长拉线和尺量检查
		混水墙		10	
6	水平灰缝厚度			+10,−5	尺量检查
7	垂直缝宽度			+10,−5	尺量检查
8	门窗洞口宽度(后塞框)			+10,−5	尺量检查
9	清水墙面错缝			20	吊线和尺量检查

思考题

1. 简述脚手架的基本要求。
2. 简述扣件式钢管脚手架主要组成部件。
3. 碗扣式钢管脚手架与扣件式脚手架在构造上有何不同? 其主要组成部件有哪些?
4. 简述砖砌体(墙体)的抽检数量如何规定?
5. 简述砖砌体施工工艺流程。
6. 简述构造柱的构造要求。

练 习 题

一、填空题

1. 常见的垂直运输设备有_____、_____、_____、_____等。

2. 脚手架的类型很多,按其搭设位置分为_____和_____两大类。

3. 常用扣件的形式有三种:_____、_____、_____。

4. 扣件式钢管脚手架的拆除应按_____、_____、_____的顺序进行。

5. 附着升降脚手架主要由_____、_____、升降装置、安全装置等组成。

6. 砌筑工程所用的材料主要是砖、石或_____以及_____。

7. 料石按其加工面的平整程度可分为_____、_____、_____三种。

8. 中型砌块吊装就位后,用托线板检查砌块的_____,拉准线检查_____,并用撬棍、楔块调整偏差。

二、单选题

1. 脚手架的宽度一般为( ),能够满足工人空间操作的使用要求。

A. 0.5~1.0 m　　　B. 0.8~1.2 m　　　C. 1.0~1.5 m　　　D. 1.5~2.0 m

2. 钢管脚手架的钢管一般采用外径和壁厚为( )的焊接钢管。

A. 48 mm,3.0 mm　　　　　　　　B. 48 mm,3.5 mm

C. 50 mm,3.0 mm　　　　　　　　D. 51 mm,5.0 mm

3. 高度( )以上的双排脚手架均应采用刚性连墙件连接。

A. 12 m　　　　　B. 18 m　　　　　C. 24 m　　　　　D. 36 m

4. 施工阶段,下列可以用于运输材料和施工人员的垂直运输设备是( )。

A. 塔式起重机　　　B. 施工电梯　　　C. 井架　　　　　D. 龙门架

5. 水泥必须具有出厂检验证明书,出厂日期不得超过( )。不同品种的水泥不得混合使用。

A. 1个月　　　　　B. 2个月　　　　　C. 3个月　　　　　D. 6个月

6. 水泥砂浆和混合砂浆必须分别在拌成后( )内用完。

A. 1 h和2 h　　　B. 2 h和3 h　　　C. 3 h和4 h　　　D. 4 h和5 h

7. 砌块高度( )的称为小型砌块。

A. 小于380 mm　　　B. 小于480 mm　　　C. 小于680 mm　　　D. 小于980 mm

8. 构造柱的最小截面尺寸为( )。

A. 240 mm×120 mm　　　　　　　　B. 240 mm×180 mm

C. 240 mm×200 mm　　　　　　　　D. 240 mm×240 mm

模块 7 防水工程

学习目标

1. 能够叙述三种防水屋面的构造及各层作用
2. 能够叙述三种防水屋面的施工工艺流程
3. 能够叙述地下防水工程的防水类型与施工工艺流程
4. 能够运用工程质量验收规范,对防水工程质量进行检验
5. 提高工程质量意识与规范意识,形成良好的工程专业素养

防水工程是房屋建筑工程一个十分重要的部分,它是一项系统的工程。其质量的优劣,涉及材料、设计、施工和使用保养等各方面,不仅关系到建筑物的使用寿命,而且直接影响到生产活动和人民生活。所以,在防水工程施工中,选择合适的防水材料,进行可靠、合理的防水工程设计,严格把好质量关,实行保养管理制度,以满足建筑物和构筑物的防水耐用年限。

防水工程按所用的材料可分为柔性防水(如卷材防水、涂膜防水等)和刚性防水(如防水混凝土等)。防水工程按其构造做法可分为结构自防水和防水层防水两大类。防水工程按其部位又可分为屋面防水、地下防水、卫生间防水等。

7.1 常用防水材料

防水材料是防水工程的物质基础,是保证建筑物与构筑物避免雨水侵入、渗透的主要屏障,防水材料的质量优劣对防水工程影响很大。正确选择和合理使用建筑防水材料,是提高防水质量的关键,也是设计和施工的前提。目前施工中常用的防水材料主要有防水卷材、防水涂膜和刚性防水三大类。

7.1.1 防水卷材

防水卷材主要有沥青防水卷材、高聚物改性沥青防水卷材、合成高分子防水卷材等。

1. 沥青防水卷材

沥青防水卷材是用原纸、纤维织物、纤维毡等胎体浸涂沥青,表面撒布粉状、粒状或片状材料制成的可卷曲的片状防水材料。按胎体材料的不同分为三类:纸胎油毡、纤维胎油毡、特殊胎油毡。是属于低档防水材料,由于其价格低廉,具有一定的防水性能。因其高温流淌,低温脆裂,耐久性差,已被淘汰。

2. 高聚物改性沥青防水卷材

高聚物改性沥青防水卷材是以合成高分子聚合物改性沥青为涂盖层,纤维织物或纤维毡为胎体,粉状、粒状、片状或薄膜材料为覆盖面材料制成的可卷曲片状防水材料(图7.1)。这种防水材料性能优异,价格适中,属于中高档防水卷材。常见的有 SBS 改性沥青防水卷材、APP 改性沥青防水卷材、PVC 改性焦油沥青防水卷材、再生胶改性沥青防水卷材等。

防水材料性能应与工程使用环境条件相适应。每道防水层厚度应满足防水设防的最小厚度要求,高聚物改性沥青防水卷材防水层最小厚度应符合表 7-1 的规定。

图 7.1　高聚物改性沥青防水卷材

3. 合成高分子防水卷材

合成高分子防水卷材是以合成橡胶、合成树脂或它们两者的共混体为基料,加入适量的化学助剂和填充料等,经不同工序加工研制成的可卷曲的片状防水材料(图7.2)。合成高分子防水卷材性能优异,是新型高档防水卷材。常见的有三元乙丙橡胶防水卷材、聚氯乙烯防水卷材、氯化聚乙烯防水卷材、氯化聚乙烯-橡胶共混防水卷材等。

图 7.2　合成高分子防水卷材(三元乙丙)

同样,合成高分子防水卷材的防水层最小厚度应符合表 7-1 的规定。

表 7-1 卷材防水层最小厚度

防水卷材类型			卷材防水层最小厚度/mm
聚合物改性沥青类防水卷材	热熔法施工聚合物改性防水卷材		3.0
	热沥青黏结和胶粘法施工聚合物改性防水卷材		3.0
	预铺反粘防水卷材(聚酯胎类)		4.0
	自粘聚合物改性防水卷材(含湿铺)	聚酯胎类	3.0
		无胎类及高分子膜基	1.5
合成高分子类防水卷材	均质型、带纤维背衬型、织物内增强型		1.2
	双面复合型		主体片材芯材 0.5
	预铺反粘防水卷材	塑料类	1.2
		橡胶类	1.5
	塑料防水板		1.2

7.1.2 防水涂膜

建筑防水涂膜(也称为防水涂料)是一类在常温下呈无定型液态,经涂布如喷涂、刮涂、滚涂或涂刷作业能在基层表面固化,形成具有一定弹性的防水膜物质。它能形成无接缝的完整防水膜,特别适合于各种复杂、不规则部位的防水,它多采用冷施工,施工快捷、方便;此外,涂布的防水涂料既是防水层的主体,又是黏结剂,故维修简便,且施工质量易保证。

常用的防水涂料有沥青基防水涂料、高聚物改性沥青防水涂料和合成高分子防水涂料三大类。

1. 沥青基防水涂料

沥青基防水涂料是以沥青为基料配制而成的水乳型或溶剂型防水涂料。这类涂料一般涂成较厚的涂膜,常称为厚质涂料,如水性石棉沥青、石灰乳化沥青、膨润土乳化沥青防水涂料等。适用于防水要求较低的建筑屋面。

2. 高聚物改性沥青防水涂料

高聚物改性沥青防水涂料是以沥青为基料,用合成高分子聚合物进行改性配置而成的水乳型或溶剂型防水涂料。与沥青基防水涂料相比,其柔韧性、抗裂性、强度、耐高低温性能、使用寿命等方面都有了较大改善,属于薄质涂料。常见的有再生胶改性沥青、水乳型氯丁橡胶沥青、SBS 橡胶改性沥青防水涂料等,可用于防水要求较高的建筑屋面。

3. 合成高分子防水涂料

合成高分子防水涂料是以合成橡胶或合成树脂为主要成膜物配制而成的单组或多组分

的防水涂料。由于合成高分子材料本身性能优良,与前两类防水涂料相比,具有高弹性、高耐久性以及优良的耐高低温性能,也属于薄质涂料,常见的有聚氨酯防水涂料、丙烯酸酯防水涂料等。适用于防水要求高的建筑屋面及地下防水工程。

7.1.3 刚性防水材料

刚性防水材料主要有:防水混凝土和防水砂浆。其防水机理是通过在混凝土或水泥砂浆中掺外加剂的方式,合理调整混凝土、水泥砂浆的配合比,改善孔隙结构特征,增强材料的密实性和抗渗性,使混凝土或水泥砂浆变得密实,阻止水分子渗透,从而达到结构防水的目的。这种防水方法成本低、施工较为简单,当出现渗漏时,只需修补渗漏裂缝即可。由于刚性防水的防水层易受结构层的变形影响而开裂,所以,一般工程的防水层采用刚柔互补的复合防水技术。

1. 防水混凝土

防水混凝土一般包括普通防水混凝土、外加剂防水混凝土两大类。

(1)普通防水混凝土

普通防水混凝土主要通过控制混凝土的水灰比、含砂率、水泥用量来提高混凝土密实性、抗渗性,从而提高其防水性能,是属于结构构件的自防水。

普通混凝土与防水混凝土的区别是:普通混凝土中水泥、砂子、石子、水的配合用量是根据所需强度进行配制的;防水混凝土中水泥、砂子、石子、水的用量是根据工程所需的抗渗要求配制的。

(2)外加剂防水混凝土

外加剂防水混凝土是在混凝土拌和物中加入少量的外加剂,来改善混凝土的和易性,提高混凝土的密实性和抗渗性。目前国内使用的外加剂主要有引气剂、减水剂、三乙醇胺早强剂、氯化铁防水剂、膨胀剂等。

2. 防水砂浆

水泥砂浆防水层是通过严格的操作技术或掺入适量的防水剂、高分子聚合物等材料,提高砂浆的密实性,达到抗渗防水的目的。水泥砂浆防水层按其材料成分的不同,可分为刚性多层抹面水泥砂浆防水、外加剂水泥砂浆防水等。

7.2 屋面防水工程

屋面防水工程按照所用材料不同,可分为卷材防水屋面、涂料防水屋面和刚性防水屋面等,其中卷材防水和涂料防水属于柔性防水。所用材料均应符合设计要求和相应质量标准。

根据《建筑与市政工程防水通用规范》(GB 55030—2022)规定,屋面工程防水设计工作年限不应低于 20 年;屋面工程按其防水功能重要程度分为甲类、乙类和丙类,具体划分应符合表 7-2 的规定;屋面防水等级分为一级、二级、三级,平屋面工程的防水做法应符合表 7-3 的规定。

表 7-2 工程防水类别

工程类别		工程防水类别		
		甲类	乙类	丙类
建筑工程	屋面工程	民用建筑和对渗漏敏感的工业建筑屋面	除甲类和丙类以外的建筑屋面	对渗漏不敏感的工业建筑屋面
	地下工程	有人员活动的民用建筑地下室,对渗漏敏感的建筑地下工程	除甲类和丙类以外的建筑地下工程	对渗漏不敏感的物品、设备使用或贮存场所,不影响正常使用的建筑地下工程
	外墙工程	民用建筑和对渗漏敏感的工业建筑外墙	渗漏不影响正常使用的工业建筑外墙	—
	室内工程	民用建筑和对渗漏敏感的工业建筑室内楼地面和墙面	—	—

表 7-3 平屋面工程防水做法

防水等级	防水做法	防水层	
		防水卷材	防水涂料
一级	不应少于 3 道	卷材防水层不应少于 1 道	
二级	不应少于 2 道	卷材防水层不应少于 1 道	
三级	不应少于 1 道	任选	

7.2.1 卷材防水屋面施工

1. 一般构造

卷材防水屋面在工程中应用十分广泛。卷材防水屋面是用胶结材料将防水卷材粘贴成一整片能防水的屋面覆盖层。卷材防水屋面属于柔性防水屋面,其优点是质量轻、防水性能好,尤其是防水层具有良好的柔韧性,能适应一定程度的结构振动和胀缩变形。所用卷材有沥青防水卷材、高聚物改性沥青防水卷材和合成高分子防水卷材等三大系列。适用于各类混凝土屋面防水。

卷材防水屋面一般由结构层、隔汽层、保温层、找平层、防水层和保护层组成,其中隔汽层在一定使用条件下可不设。卷材防水屋面构造层次示意图如图 7.3 所示。

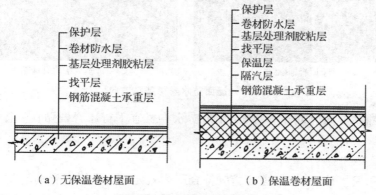

（a）无保温卷材屋面　　　（b）保温卷材屋面

图 7.3 卷材防水屋面构造

隔汽层能阻止室内水蒸气进入保温层,以免影响保温效果;保温层起隔热保温作用;找平层起找平保温层或结构层作用;防水层主要防止雨雪水向屋面渗透;保护层能保护防水层免受外界因素影响而遭受损坏。

2. 基层要求

基层处理的好坏,直接影响到屋面的施工质量,故要求基层应有足够的强度和刚度,承受荷载时不致产生显著变形。基层一般采用水泥砂浆、细石混凝土或沥青砂浆找平,做到平整、坚实、清洁、无凹凸形及尖锐颗粒。基层平整度应用 2 m 长的直尺检查,基层与直尺间的最大空隙不应超过 5 mm。基层表面不得有酥松、起皮、起砂、空裂缝等现象。平面与突出物连接处和阴阳角等部位的找平层应抹成圆弧。找平层的排水坡度要符合设计要求。在防水施工前,应在基层上涂刷与卷材材性相容的基层处理剂。待基层处理剂干燥后,方可铺设卷材。

3. 卷材铺贴的一般要求

(1)防水主材与辅材的材性要相容

所选用的辅材如基层处理剂、接缝胶黏剂、密封材料等配套材料应与铺贴的卷材材性相容。

(2)铺贴前基层必须干净、干燥

干燥程度的简易检验方法是将 1 m² 卷材平坦地干铺在找平层上,静置 3～4 h 后掀开检查,找平层覆盖部位与卷材上未见水印即可铺设。

(3)卷材铺贴方向

屋面坡度小于 3‰时,卷材宜平行屋脊铺贴;屋面坡度在 3‰～15‰时,卷材可平行或垂直屋脊铺贴;屋面坡度大于 15‰或屋面受震动时,防水卷材应垂直屋脊铺贴。当屋面坡度大于 25‰时,卷材应采取满粘和钉压固定措施。

防水卷材铺贴方向如图 7.4 所示。

平行于屋脊铺贴　　　　　　　　　　垂直于屋脊铺贴

图 7.4　屋面防水卷材铺贴方向

防水卷材铺贴方向应符合下列规定:① 防水卷材宜平行屋脊铺贴;② 上下层卷材不得互相垂直铺贴。

(4)卷材搭接

铺贴卷材采用搭接法,卷材搭接缝应符合下列规定:① 平行屋脊的卷材搭接缝应顺流水方向,卷材搭接宽度应符合表 7-4 的规定;② 相邻两幅卷材短边搭接缝应错开,且不得小于 500 mm；③上下层卷材长边搭接缝应错开，且不得小于幅宽的 1/3。

防水卷材最小搭接宽度应符合表 7-4 的要求。

表 7-4　防水卷材最小搭接宽度

单位：mm

防水卷材类别	搭接方式	搭接宽度
聚合物改性沥青类防水卷材	热熔法、热沥青	≥100
	自粘搭接（含湿铺）	≥80
合成高分子类防水卷材	胶黏剂、黏结料	≥100
	胶粘带、自粘胶	≥80
合成高分子类防水卷材	单缝焊	≥60，有效焊接宽度不应小于 25
	双缝焊	≥80，有效焊接宽度 10×2+空腔宽
	塑料防水板双缝焊	≥100，有效焊接宽度 10×2+空腔宽

（5）附加层

为保证防水效果，在铺贴大面积防水卷材前，应在女儿墙、檐沟墙、天窗壁、变形缝、烟囱或管道根部与屋面的交接处及檐口、天沟、雨水口、屋脊等部位，按设计要求先做卷材附加层，如图 7.5 所示。

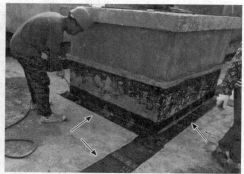

图 7.5　屋面防水附加层施工

4. 沥青防水卷材施工

沥青防水卷材施工工艺流程为：基层清理→涂刷基层处理剂→铺贴卷材附加层→铺贴卷材→卷材收头处理→蓄水试验→保护层施工→质量验收。

（1）基层清理

防水屋面施工前，将验收合格的基层表面的尘土、杂物清扫干净，保持干燥。

（2）刷涂基层处理剂

沥青卷材防水屋面基层处理一般采用冷底子油，大面积刷涂前，应将边角、管根、雨水口等处先刷涂一遍，然后大面积刷涂第一遍，待第一遍涂刷冷底子油干燥后，再喷刷第二遍，要求喷刷均匀无漏底，干燥后方可铺贴卷材。

（3）铺贴卷材附加层

所有节点、细部构造如女儿墙、雨水口、穿墙管道、檐口等部位必须先做附加层增强处理,女儿墙和转角部位贴附加层卷材,其搭接宽度应不小于 150 mm,并尽量减少接头。

（4）铺贴防水卷材

在大面积屋面施工时,应根据屋面特征和面积大小等因素划分流水施工段。施工段的界线宜设在屋脊、天沟、变形缝等处。

卷材铺贴方法按施工方法分:热施工法和冷施工法;按卷材与基层的黏结方法分:满黏法（卷材与基层采用全部黏结）、空铺法（卷材与基层在周边一定宽度内黏结,其余部分不黏结）、点黏法（卷材或与基层采用点状黏结）、条黏法（卷材与基层采用条状黏结）等;按铺油方法分:浇油法、刷油法、刮油法和撒油法等。

为保证铺贴的卷材平整顺直,搭接尺寸准确,不发生扭曲,在铺贴卷材时,应先在屋面标高的最低处开始弹出第一块卷材的铺贴基准线,然后按照所规定的搭接宽度边铺边弹基准线,卷材搭接缝粘贴牢固,密封严密,不得有皱折、翘边和鼓泡等缺陷。一般情况下,卷材铺贴应从屋面最低标高处向上施工,并且顺着主导风铺贴防水卷材（图 7.6）。

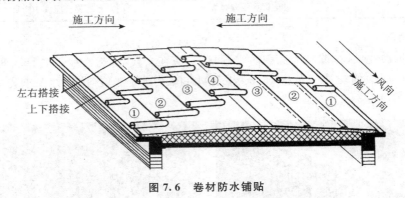

图 7.6　卷材防水铺贴

（5）卷材收头处理

为了防止卷材末端收头处剥落,防水卷材的收头及边缝用密封膏黏结牢固,缝口封严,不得翘边。

（6）蓄水试验

屋面防水层完工后,应做蓄水试验。蓄水高度根据工程而定,在不超过屋面允许荷载前提下,水量以没过屋面为准,蓄水 24 h 以上屋面无渗漏为合格。

（7）卷材保护层施工

屋面防水卷材保护层做法有浅色或反射涂料保护层、绿豆砂保护层、水泥砂浆保护层、细石混凝土保护层、块材保护层等。

一般沥青卷材屋面铺设绿豆砂（小豆石）保护层,如为上人屋面,则做水泥砂浆、细石混凝土或块材保护层。

5. 高聚物改性沥青卷材施工

高聚物改性沥青防水卷材,使用较为普遍的是 SBS 改性沥青卷材、APP 改性沥青卷材、PVC 改性沥青卷材和再生胶改性沥青卷材等。SBS 改性沥青卷材的特点是弹性高、延伸率大、耐疲劳性好,尤其适合寒冷地区。APP 改性沥青卷材的特点是弹性好、有突出的热稳定性和抗光辐射性,适合高温和太阳辐射强烈的屋面。

高聚物改性沥青卷材的施工方法主要有热熔法、冷粘法和自粘法等。

（1）热熔法

热熔法施工是指利用火焰加热器熔化热熔型防水卷材底层的热熔胶进行粘贴。施工时，在卷材表面热熔后（以卷材表面熔融至光亮黑色为度）应立即滚铺卷材，使之平展，并辊压粘接牢固（图 7.7）。

图 7.7　热熔法施工

热熔法属于明火施工，根据有关规定，热熔法不得用于地下密闭空间、通风不畅空间、易燃材料附近的防水工程。

热熔法施工工艺流程一般为：清理基层→涂刷基层处理剂→铺贴卷材附加层→热熔铺贴大面防水卷材→热熔封边→蓄水试验→保护层施工→质量验收。

（2）冷粘法

冷粘法施工是利用毛刷将胶黏剂涂刷在基层或卷材上，然后直接铺贴卷材，使卷材与基层、卷材与卷材粘接。其施工工艺流程参照热熔法。

（3）自粘法

自粘法施工是指采用带有自粘胶的防水卷材，不用热施工，也无需涂胶结材料而进行粘接，施工十分方便。其施工工艺流程参照热熔法。

6. 合成高分子卷材施工

合成高分子卷材施工工艺流程为：清理基层→涂刷基层处理剂→铺贴附加层卷材→粘贴防水卷材→卷材收头的处理→蓄水试验→保护层施工→质量验收。

施工方法一般有冷粘法、自粘法和热风焊接法三种。

冷粘法、自粘法施工要求与高聚物改性沥青防水卷材基本相同，但冷粘法施工时搭接部位应采用与卷材配套的接缝专用胶黏剂，在搭接缝黏合面上涂刷均匀，并控制涂刷与黏合的间隔时间，排除空气，辊压粘接牢固。

热风焊接法是利用热空气焊枪进行防水卷材搭接黏合（图 7.8）。焊接前卷材铺放应平整顺直，搭接尺寸准确；施工时焊接缝的结合面应清扫干净，先焊长边搭接缝，后焊短边搭接缝。

7. 卷材防水工程质量检查与验收

卷材防水屋面施工后，应进行 24 h 蓄水试验，或持续淋雨 24 h，或雨后观察，检验屋面排水是否顺畅、是否有渗漏等。施工单位会同监理（建设）单位按表 7-5、表 7-6 的规定进行检查、验收。

热风焊接机

图 7.8　热风焊接法施工

表 7-5　主控项目检验

序号	项目	合格质量标准	检验方法	检查数量
1	卷材及配套材料质量	卷材防水层所用卷材及其配套材料,必须符合设计要求	检查出厂合格证、质量检验报告和进场检验报告	按屋面面积每 100 m² 抽查 1 处,每处 10 m²,且不得少于 3 处;接缝密封防水应按每 50 m 抽查 1 处,每处为 5 m,且不得少于 3 处
2	卷材防水	卷材防水层不得有渗漏或积水现象	雨后观察或淋水、蓄水试验	
3	防水细部构造	卷材防水层在天沟、檐口、水落口、泛水、变形缝和伸出屋面管道的防水构造,必须符合设计要求	观察检查	

表 7-6　一般项目检验

序号	项目	合格质量标准	检验方法	检查数量
1	卷材搭接缝与收头质量	卷材防水层的搭接缝应粘或焊接牢固,密封严密,不得有扭曲、皱折和翘边;防水层的收头应与基层黏结,钉压应牢固,密封应严密。	观察检查	按屋面面积每 100 m² 抽查 1 处,每处 10 m²,且不得少于 3 处
2	卷材铺贴方向及搭接宽度允许偏差	卷材的铺贴方向应正确,卷材搭接宽度的允许偏差为 −10 mm	观察和尺量检查	
3	屋面排气孔道留置	屋面排气道应纵横贯通,不得堵塞;排气管应安装牢固,位置正确,封闭严密	观察检查	

7.2.2　涂膜防水屋面施工

1. 一般构造

涂膜防水屋面是在屋面基层上涂刷防水涂料,经固化后形成一层有一定厚度和弹性的整体防水膜,从而达到防水目的的一种防水屋面形式。涂料按其稠度有厚质涂料和薄质涂料之分,施工时有加胎体增强材料和不加胎体增强材料之别,具体做法视屋面构造和涂料本身性能要求而定。涂膜防水一般构造如图 7.9 所示。

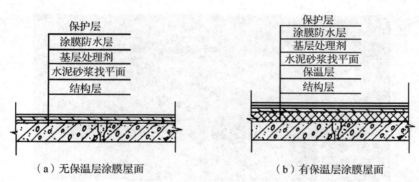

（a）无保温层涂膜屋面　　　　　　　（b）有保温层涂膜屋面

图 7.9　涂膜防水屋面构造

这种屋面具有施工操作简便、无污染、冷操作、无接缝、能适应复杂基层、防水性能好、温度适应性强、容易修补等优点。其最大缺点是涂膜厚度在施工中比较难以保持均匀一致。

2. 基层要求

基层（即找平层）必须具有足够的强度和刚度，表面要平整、密实，不应有起砂、起壳、龟裂、爆皮等现象，表面平整度应用 2 m 直尺检查，基层与直尺的最大间隙不应超过 5 mm，间隙仅允许平缓变化。基层与凸出屋面结构连接处及基层转角处应做成圆弧。按设计要求做好排水坡度，不得有积水现象。在基层干燥后，先将其清扫干净，不得有异物和浮灰，再在基层上面涂刷基层处理剂，要厚薄均匀，全部覆盖，待干燥后方可进行涂膜施工。

3. 施工工艺流程与施工原则

涂膜防水施工工艺流程为：基层清理→特殊部位附加增强处理→喷涂基层处理剂→涂布防水涂料及铺贴胎体增强材料→清理与检查修整→保护层施工→质量验收。

涂膜防水应按"先高后低，先远后近"的施工原则进行。遇高低跨屋面时，一般先涂布高跨屋面，后涂布低跨屋面；相同高度屋面上，要合理安排施工段，先涂布距上料点远的部位，后涂布近处；同一屋面上先涂布排水较集中的水落口、天沟、檐口等节点部位，再进行大面积涂布。

4. 涂膜防水层施工

（1）基层清理

基层（找平层）表面清扫干净，基层表面有麻面、凸凹不平、裂缝等处应进行刮填修补、嵌缝。

（2）特殊部位附加增强处理

在管道根部、阴阳角等部位（图 7.10），应做不少于一布二涂的附加层；在天沟、檐沟与屋面交接处以及找平层分格处均应空铺宽度不小于 200～300 mm 的附加层，构造做法应符合设计要求。

（3）涂刷基层处理剂

基层处理剂应与上部涂料的材性相容，常用防水涂料的稀释液进行刷涂或喷涂，涂前应充分搅拌，涂刷均匀，覆盖完全，干燥后方可进行涂膜防水层施工。

（4）涂布防水涂料及铺贴胎体增强材料

涂膜应根据防水涂料的品种分层分遍涂布，不得一次涂成。防水涂料可采用手工抹压、涂刷和喷涂分层施工。涂层厚度应均匀一致，表面平整，一道涂层完毕并待干燥结膜后，方可涂布下一遍涂料，第二道涂料的涂刮方向应与第一道相垂直。防水涂膜应由两层及以上

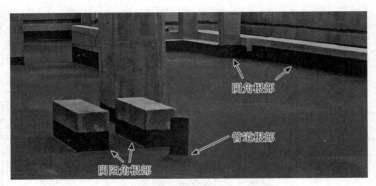

图 7.10　特殊部位增强处理

涂层组成,总厚度应符合设计要求或规范规定,反应型高分子类防水涂料、聚合物乳液类防水涂料和水性聚合物沥青类防水涂料等涂料防水层最小厚度不应小于 1.5 mm,热熔施工橡胶沥青类防水涂料防水层最小厚度不应小于 2.0 mm。

　　防水涂膜严禁在雨天、雪天施工,五级风以上时或预计涂膜固化前有雨时不得施工。

　　为了加强防水涂料层对基层开裂、房屋伸缩变形和结构较小沉陷的抵抗能力,在涂刷防水涂料时,可铺设胎体增强材料(聚酯无纺布、化纤无纺布)等,胎体增强材料的层数按设计要求来确定。对于天沟、檐沟、檐口、泛水等易产生渗漏的特殊部位,必须加铺胎体增强材料附加层,以提高防水层适应变形的能力。

　　(5)保护层施工

　　为防止涂料过快老化,涂膜防水屋面应设置保护层。涂膜防水层的保护层材料应根据设计图纸的要求选用。保护层施工前,应将防水层上的杂物清理干净,并对防水层质量进行严格检查,有条件的应做蓄水试验,合格后才能铺设保护层。如果采用刚性保护层,保护层与女儿墙之间预留 30 mm 以上空隙并嵌填密封材料,防水层和刚性保护层之间还应做隔离层。常见的保护层做法有浅色反射涂料保护层,粒料保护层,水泥砂浆保护层,块材保护层,细石混凝土保护层等。

　　屋面涂膜防水施工如图 7.11 所示。

图 7.11　屋面涂膜防水施工

5. 涂膜防水工程质量检查与验收

涂膜防水屋面施工后,应进行 24 h 蓄水试验,或持续淋雨 24 h,或雨后观察,检验屋面排水是否顺畅、是否有渗漏等。施工单位会同监理(建设)单位按表 7-7、表 7-8 的规定进行检查、验收。

表 7-7　主控项目检验

序号	项目	合格质量标准	检验方法	检查数量
1	防水涂料及胎体材料	防水涂料和胎体增强材料必须符合设计要求	检查出厂合格证、质量检验报告和进场检验报告	按屋面面积每 100 m² 抽查 1 处,每处 10 m²,且不得少于 3 处
2	涂膜防水层	涂膜防水层不得有渗漏或积水现象	雨后观察或淋水、蓄水试验	
3	防水细部构造	涂膜防水层在天沟、檐沟、檐口、水落口、泛水、变形缝和伸出屋面管道的防水构造,必须符合设计要求	观察检查	
4	涂膜防水层厚度	涂膜防水层的平均厚度应符合设计要求,且最小厚度不得小于设计厚度的80%	针测法或取样量测	

表 7-8　一般项目检验

序号	项目	合格质量标准	检验方法	检查数量
1	涂膜施工	涂膜防水层与基层应黏结牢固,表面平整,涂刷均匀,不得有流淌、皱折、起泡和露胎体等缺陷	观察检查	全数检查
2	涂膜防水层收头处理	涂膜防水层的收头应用防水涂料多遍涂刷		
3	胎体增强材料	铺贴胎体增强材料应平整顺直,搭接尺寸准确,应排除气泡,并应与涂料黏结牢固;胎体增强材料搭接宽度允许偏差为－10 mm	观察和尺量检查	按屋面面积每 100 m² 抽查 1 处,每处 10 m²,且不得少于 3 处

7.2.3　刚性防水屋面施工

1. 一般构造

刚性防水屋面常采用细石钢筋混凝土作为刚性防水层。细石混凝土刚性防水屋面一般是在屋面板上浇筑一层厚度不小于 40 mm 且强度等级不低于 C20 的细石混凝土作为屋面防水层。为使其受力均匀,有良好的抗裂和抗渗能力,在混凝土中应配置 $\phi(4\sim6)@(100\sim$

200)mm 双向钢筋网片。刚性防水屋面构造一般由结构层(屋面板)、找平层、隔离层和刚性防水层组成,其构造如图 7.12 所示。

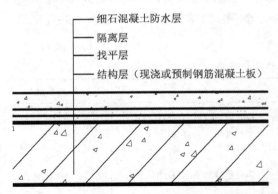

图 7.12　细石混凝土防水屋面构造

细石混凝土防水层宜用普通硅酸盐水泥或硅酸盐水泥,不得采用火山灰质水泥。水泥强度等级不低于 32.5 级,石子粒径不超过 5 mm,含泥量不应大于 1%。砂子应采用中砂或粗砂,粒径在 0.3~0.5 mm,含泥量不应大于 2%。水灰比不大于 0.55,水泥最小用量不应小于 330 kg/m³。

由于刚性防水屋面的抗拉强度低,极限拉应变小,易受混凝土或砂浆的干缩变形、温度变形和结构变位而产生裂缝。因此,刚性防水屋面不适用于设有松散材料保温层的屋面、受较大震动或冲击的屋面,而且刚性防水层的节点部位应与柔性材料结合使用,才能保证防水的可靠性。

细石混凝土防水屋面施工工艺流程:基层处理→隔离层施工→安装分格缝木条→绑扎钢筋网片→浇筑细石混凝土→起分格缝木条→养护→分格缝嵌填密封→质量验收。

2. 基层要求

刚性防水屋面的结构层宜为整体现浇的钢筋混凝土。刚性防水屋面的坡度宜为 2%~3%,并应采用结构找坡。当屋面结构层采用装配式钢筋混凝土板时,应采用强度等级不小于 C20 的细石混凝土灌缝,灌缝的细石混凝土宜掺膨胀剂。当屋面板板缝宽度大于 40 mm时,板缝内必须设置构造钢筋,板端缝应进行密封处理。

将屋面板(即结构层)清扫干净,洒水冲洗干净,用 1:3 水泥砂浆找平,做到平整、坚实、清洁无凹凸形、无尖锐颗粒,同时表面不得有酥松、起砂、起皮现象。

3. 隔离层施工

在结构层与防水层之间增加一层低强度等级砂浆、卷材、塑料薄膜等材料起隔离作用,使结构层和防水层之间变形互不受约束,以减少因结构变形使防水层混凝土产生的拉应力,从而减少刚性防水层的开裂。隔离层常见做法如下:

(1)黏土砂浆隔离层施工

基层表面应清扫干净,洒水湿润,但不得有积水,按石灰膏:砂:黏土=1:2.4:3.6配比,配比的材料应拌合均匀,砂浆以干稠为宜,铺抹的厚度为 10~20 mm,要求表面平整、压实、抹光,待砂浆基本干燥以后,方可进行下道工序施工。

（2）石灰砂浆隔离层施工

施工方法同上，砂浆配合比为石灰膏：砂＝1：4，厚度 15 mm。

（3）卷材隔离层施工

在干燥的找平层上铺一层 4～8 mm 厚干细砂滑动层，在其上铺一层卷材，搭接缝用热沥青玛蹄脂黏合。

（4）塑料薄膜隔离层施工

在找平好的结构基层上直接铺一层塑料薄膜。

（5）纸筋麻刀灰隔离层施工

在找平好的结构基层上抹一层 5～7 mm 厚的纸筋麻刀灰。

在隔离层上施工时，要注意对隔离层加强保护，混凝土运输不能直接在隔离层表面进行，应采取垫板等措施，绑扎钢筋时不得扎破表面，浇捣混凝土时更不能振酥隔离层。

4. 防水层施工

（1）分格缝设置

为了防止因温差、混凝土干缩、徐变、荷载和振动、地基沉陷等变形而造成防水层开裂，对防水层必须设置分格缝。分格缝的位置应按设计要求布置，为保证分格缝的位置留设准确，可采用先在屋面隔离层上满铺钢筋，然后绑扎成型，再按分格缝的位置剪断钢筋并弯钩的方法施工。

分格缝应设置在变形较大和较易变形屋面板的支承端、屋面转折处、防水层与突出屋面的交接处。分格缝的间距应控制在 6 m 以内，每仓以 20 m² 为宜（图 7.13），分格缝深度不小于混凝土厚度的 2/3，缝宽 10～20 mm，缝中嵌填密封材料，上面设置保护层（图 7.14）。

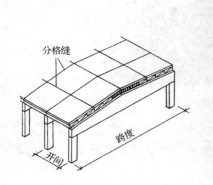

图 7.13　分格缝的布置

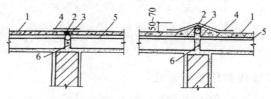

1—刚性防水层；2—密封材料；3—背衬材料；
4—防水卷材；5—隔离层；6—细石混凝土

图 7.14　屋面分格缝构造

（2）铺设钢筋网片

钢筋网片按设计要求铺设，设置直径为 $\phi(4\sim6)@(100\sim200)$ mm 双向钢筋网片。采用绑扎和焊接均可，其位置以居中偏上为宜，上部保护层厚度 $10\sim15$ mm。钢筋要调直、除锈、去污，绑扎钢丝的搭接长度必须大于 250 mm，焊接搭接长度不小于 25 倍直径，在一个网片内的同一断面内接头不超过断面积的 1/4，分格缝处的钢筋要断开，使板块在该处能自由缩伸。

（3）浇捣细石混凝土

浇捣细石混凝土前，应将隔离层表面的浮渣、杂物清除干净，检查隔离层质量及平整度、排水坡度和完整性，支好分格缝模板，标出混凝土浇捣厚度，厚度不应小于 40 mm。

混凝土要按配合比备料，严格控制水灰比，检查混凝土坍落度，并按规定留取试块，确保混凝土质量。混凝土浇筑应按照由远而近、先高后低的原则进行。在每个分格内，混凝土应连续浇筑，不得留施工缝，混凝土要铺平铺匀，用高频平板振动器振捣或用滚筒碾压，保证达到密实程度，振捣或碾压泛浆后，用木抹子拍实抹平（图 7.15）。

图 7.15　浇筑细石混凝土防水层

待混凝土收水初凝后，起出木条，避免破坏分格缝，用铁抹子进行第一次抹压，混凝土终凝前进行第二次抹压，使混凝土表面平整、光滑、无抹痕。抹压时严禁在表面洒水、加干水泥或水泥浆。

（4）防水层养护

细石混凝土浇筑后 $12\sim24$ h 应及时养护，养护时间不应少于 14 d，养护初期禁止上人。养护方法可采用洒水湿润，也可采用喷涂养护剂、覆盖塑料薄膜或锯末等方法，必须保证细石混凝土处于充分湿润的状态。

5. 刚性防水屋面工程质量检查与验收

刚性防水屋面施工完毕后，应进行 24 h 蓄水试验，或持续淋雨 24 h，或雨后观察，检验屋面排水是否顺畅、是否有渗漏等。施工单位会同监理（建设）单位按表 7-9、表 7-10 的规定进行检查、验收。

表 7-9　主控项目检验

序号	项目	合格质量标准	检验方法	检查数量
1	材料质量及配合比	细石混凝土的原材料及配合比必须符合设计要求	检查出厂合格证、质量检验报告、计量措施和现场抽样复验报告	按屋面面积每 100 m² 抽查 1 处，每处不得少于 10 m²，且不得少于 3 处
2	刚性防水层	细石混凝土防水层不得有渗漏或积水现象	雨后或淋水、蓄水检验	
3	细部防水构造	细石混凝土防水层在天沟、檐沟、檐口、水落口、泛水、变形缝和伸出屋面管道的防水构造，必须符合设计要求	观察检查和检查隐蔽工程验收记录	

表 7-10　一般项目检验

序号	项目	合格质量标准	检验方法	检查数量
1	防水层施工表面质量	细石混凝土防水层应表面平整、压实抹光，不得有裂缝、起壳、起砂等缺陷	观察检查	按屋面面积每 100 m² 抽查 1 处，每处不得少于 10 m²，且不得少于 3 处
2	防水层厚度和钢筋位置	细石混凝土防水层的厚度和钢筋位置应符合设计要求	观察和尺量检查	
3	分格缝位置和间距	细石混凝土分格缝的位置和间距应符合设计要求		
4	表面平整度允许偏差	细石混凝土防水层表面平整度的允许偏差为 5 mm	用 2 m 靠尺和楔塞尺检查	

7.2.4　屋面防水渗漏处理

屋面渗漏常发生在出屋面管道、变形缝、泛水、水落口，对建筑物的危害极大，主要表现如下：① 渗漏水导致钢筋锈蚀，使结构体开裂，增加了水和腐蚀性介质的侵入，最终将影响到结构安全；② 渗漏水加速了混凝土的碱骨料反应，导致混凝土结构工程的破坏；③ 建筑物吸收有害物质，如酸雨、盐类以及氮氧化物、二氧化硫、二氧化碳等，从而进一步加速了钢筋的锈蚀和混凝土结构的破坏作用；④ 由于水的渗入而使混凝土结构产生冻胀破坏。

1. 山墙、女儿墙和突出屋面的烟囱等墙体与防水层相交处渗漏

（1）渗漏原因：节点做法太简单，垂直面卷材与屋面卷材没有很好地分层搭接，经过冻融的交替作用，使开口增大，并延伸至屋面基层，造成漏水；基层与突出屋面结构的转角处找平层未做成圆弧或钝角；女儿墙、山墙的抹灰或压顶开裂使雨水从裂缝渗入；女儿墙泛水的收头处理不当产生翘边现象，使雨水从开口处渗入防水层下部。

（2）防治方法：如女儿墙压顶开裂，可铲除开裂压顶的砂浆，重抹水泥砂浆，并做好滴水线；在基层与突出屋面结构（如山墙、女儿墙、天窗壁、变形缝、烟囱等）的交接处以及基层转角处，均应按规定做成圆弧，并在该部位增铺卷材或防水涂膜附加层，垂直面与屋面的卷材应分层搭接;卷材在泛水处应采用满粘,防止立面卷材下滑,收头处要密封处理,如砖墙上的卷材收头可直接铺压在女儿墙压顶下,也可以压入砖墙凹槽内固定密封,凹槽距屋面找平层不应小于 250 mm,凹槽上部的墙体应做防水处理;涂膜防水层应直接涂刷至女儿墙的压顶下,收头处应用防水涂料多遍涂刷封严,压顶应做防水处理;混凝土墙上的卷材收头应采用金属压条钉压,并用密封材料封严;对已漏水的部位,可将转角渗漏处的卷材割开,并分层将旧卷材烤干剥离,清除原有的胶黏剂,再按规定步骤进行施工。

2. 挑檐、檐口处漏水

(1)渗漏原因:檐口处密封材料未压住卷材,造成封口处卷材张口,檐口砂浆开裂,下口滴水线未做好而造成漏水。

(2)防治方法:铺贴檐口 800 mm 范围内的卷材时应采取满粘法;天沟、檐沟卷材收头的端部应裁齐,塞入预留的凹槽内,用金属压条钉压固定,最大钉距不应大于 900 mm,并用密封材料嵌填封严。

3. 天沟、檐沟漏水

(1)渗漏原因:天沟、檐沟长度大,纵向坡度小,雨水口数量少,雨水口四周卷材粘贴不严,排水不畅,使沟中积水,造成渗漏。

(2)防治方法:天沟、檐沟的纵向坡度不能过小,否则施工找坡困难造成积水,防水层长期被水浸泡会加速损坏,故沟底的水落差应不超过 200 mm,即雨水口离天沟分水线不得超过 20 m 的要求;沟内附加层在天沟、檐沟与屋面交接处宜空铺,空铺宽度不应小于 200 mm,卷材防水层由沟底翻上至沟外檐顶部,卷材收头应用水泥钉固定,并用密封材料封严。

4. 屋面变形缝处漏水

(1)渗漏原因:泛水处构造处理不当,如泛水高度不够,钢盖板装反等。

(2)防治方法:屋面变形缝处的泛水高度不应小于 250 mm,防水层应铺贴到变形缝两侧砌体的上部,缝内应填充聚苯乙烯泡沫塑料,上部填放衬垫材料,并用卷材封盖;变形缝顶部应加扣混凝土或金属盖板,混凝土盖板的接缝应用密封材料嵌填。

5. 雨水口漏水

(1)渗漏原因:雨水口杯安装过高,排水坡度不够,周围密封不严,使雨水顺着雨水口杯外侧流入室内,造成渗漏。

(2)防治方法:雨水口杯上口的标高应设置在沟底的最低处;雨水口周围直径 500 mm 范围内的坡度不应小于 5%,并采用防水涂料或密封材料涂封,其厚度不应小于 2 mm;防水层贴入雨水口杯内不应小于 50 mm。

6. 伸出屋面的管道根部漏水

(1)渗漏原因:防水层包管高度不够,或卷材上口未封盖严密,雨水沿着管道根部进入室内造成渗漏。

(2)防治方法:管道根部直径 500 mm 范围内,找平层应抹出高度不小于 30 mm 的圆台;其周围与找平层或细石混凝土防水层之间,应预留 20 mm×20 mm 的凹槽,并用密封材料嵌填严密;管道根部四周应增设附加层,宽度和高度均不应小于 300 mm,管道上的防水层收头处应用金属箍紧固,并用密封材料封严。

7.3 地下防水工程

地下工程常年受潮,并受到地下水浸透和水中有害物质的影响,故对地下工程的防水处理比屋面工程的防水处理要求更高,技术难度更大。因此,如何正确选择合理有效的防水方案成为地下防水工程施工中的首要问题。根据国家标准《建筑与市政工程防水通用规范》(GB 55030—2022),地下工程防水设计工作年限不应低于工程结构设计年限;地下工程防水等级分为三级;明挖法地下工程现浇混凝土主体结构防水做法应符合表 7-11 的规定。

表 7-11 地下工程主体结构防水做法

防水等级	防水做法	防水混凝土	外设防水层		
			防水卷材	防水涂料	水泥基防水材料
一级	不应少于 3 道	为 1 道,应选	不少于 2 道; 防水卷材或防水涂料不应少于 1 道		
二级	不应少于 2 道	为 1 道,应选	不少于 1 道; 任选		
三级	不应少于 1 道	为 1 道,应选	—		

说明:水泥基防水材料指防水砂浆、外涂型水泥基渗透结晶防水材料。

7.3.1 卷材防水施工

卷材防水层用于地下工程,对于地下室底板,卷材防水层位于垫层与底板之间;对于地下室外墙,卷材防水层位于地下室墙体的外侧(即外防水法)。根据保护墙施工的先后及卷材铺贴位置,外防水法又分为外防外贴法和外防内贴法。

1. 外防外贴法

外防外贴法是在地下工程的垫层铺贴好底板防水卷材后,进行地下室底板和墙体的施工,待墙体侧模拆除后,再将卷材直接铺贴在墙体外侧面上,然后砌筑保护墙(图 7.16)。

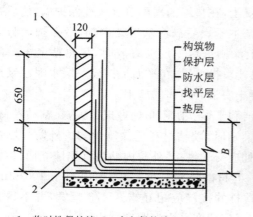

1—临时性保护墙;2—永久保护墙

图 7.16 外防外贴法

施工工艺流程为:浇筑垫层混凝土→砌筑永久性保护墙→铺贴底板防水卷材→卷材保护层施工→底板和墙体施工→拆除墙体模板→铺贴墙体防水卷材→砌筑卷材保护墙。

施工过程如下:首先浇筑防水结构底板下的混凝土垫层,并在垫层四周砌筑永久性保护墙,墙下干铺油毡一层,在永久性保护墙上砌筑临时保护墙。在永久性保护墙上和垫层上抹水泥砂浆找平层,待找平层基本干燥后,即在其上满涂基层处理剂,然后分层铺贴立面和平面卷材防水层,并将顶端临时固定。在铺贴好的卷材表面做好保护层后,再进行防水结构的底板和墙体施工。防水结构施工完成后,将临时固定的接搓部位的各层卷材揭开并清理干净,再在此区段的外墙表面上补抹水泥砂浆找平层,找平层上满涂基层处理剂,将卷材分层错搓搭接,向上铺贴在结构墙上,并及时做好防水层的保护结构。

2. 外防内贴法

外防内贴法是在垫层四周先砌筑保护墙,然后将防水卷材铺贴在垫层和保护墙上,最后再进行地下结构的底板和墙体施工(图 7.17)。

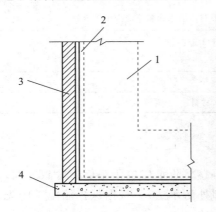

1—尚未施工的构筑物;2—卷材防水层;3—保护墙;4—垫层

图 7.17　外防内贴法

施工工艺流程为:浇筑垫层混凝土→砌筑保护墙→铺贴底板防水卷材→铺贴墙体防水卷材→卷材保护层施工→底板和墙体施工。

施工过程如下:首先,浇筑底板的垫层混凝土,在垫层四周砌筑永久性保护墙,然后在垫层及保护墙上抹 1:3 水泥砂浆找平层,待其基本干燥后满涂基层处理剂,沿保护墙与底层铺贴防水卷材。铺贴完毕后,在立面防水层上涂刷最后一层沥青胶时,趁热粘上干净的热砂,待冷却后,立即抹一层 10～20 mm 厚水泥砂浆找平层;在平面上铺设一层水泥砂浆或细石混凝土保护层,最后再进行防水结构的混凝土底板和墙体的施工。

铺贴卷材的基层表面必须牢固、平整、清洁和干燥。阴阳角处做成圆弧,在粘贴卷材前,基层表面应满涂与卷材相容的基层处理剂。铺贴时,胶结材料应涂刷均匀。外防外贴法铺贴卷材时应先铺平面,后铺立面,平立面交接处应交叉搭接;外防内贴法宜先铺立面,后铺平面;铺贴立面卷材时,应先铺转角,后铺大面。卷材的搭接长度,长边不应小于 100 mm,短边不应小于 150 mm。上下两层和相邻两幅卷材的接缝应相互错开 1/3 幅宽,并不得相互垂直铺贴。在立面和平面的转角处,卷材的接缝应留在平面上距离立面不小于 600 mm 处。所有转角处均应铺贴附加层。卷材与基层和各层卷材间必须黏结紧密,搭接缝必须用沥青胶仔细封严。

7.3.2 涂膜防水施工

在地下主体结构外或保护墙内涂刷一定厚度的防水涂料(图 7.18),以达到防水设计要求。一般分为外防外涂法和外防内涂法。

图 7.18 地下室外墙涂膜防水施工

其主要施工工艺流程为:清理基层→刷界面处理剂→特殊部位加强处理→多次涂刷防水涂料至规定厚度→收头处理节点密封→检查修整→保护层施工→质量验收。

施工要点如下:首先进行基层处理,如基层阴阳角应做成圆弧形,阴角直径宜大于 50 mm,阳角直径宜大于 10 mm,在底板转角部位应增加胎体增强材料,并应增涂防水涂料。涂料及增强材料进场后进行质量验收并抽样送检。施工基层应保持清洁、干燥。涂料应分层涂刷,待干燥后方可进行下一道涂刷,涂刷方向相互垂直,接槎为 30~50 mm。铺贴胎体增强材料,应在涂层表面干燥之前完成铺贴,待干燥后再进行上层涂料涂刷。防水涂料的厚度必须达到设计要求,防水结构边角部位,细部防水构造(如转角、变形缝、穿墙管)必须按照设计要求施工。涂膜表面平整,涂布均匀,不得有流淌,鼓泡,裸露胎体及翘边。

7.3.3 防水混凝土施工

地下工程防水混凝土质量的好坏,施工是关键。因此,防水混凝土施工中,要注重施工各主要环节,如搅拌、运输、浇筑、振捣及养护等。

防水混凝土的施工工艺流程为:基层清理→浇水润湿→浇筑、振捣混凝土→养护。

1. 防水混凝土施工工艺

(1)基层清理

在准备浇筑混凝土前,用压风机或大功率吸尘器,将模板内的灰尘、渣土等清理干净。

(2)浇水湿润

浇筑混凝土前,把混凝土底板基层、墙与柱接槎处浇水湿润;木模板表面浇水湿润,但不得浇在使用水性脱模剂的模板上。

（3）混凝土浇筑

① 混凝土进场质量检查。混凝土进场后，及时检查《预拌混凝土运输单》的强度和抗渗标号是否正确，出场时间、进场时间和浇筑时间能否满足质量要求；在浇筑过程中，试验员对进场的每车混凝土进行坍落度检查，并做好记录，把不符合要求的混凝土退出现场。

② 底板大体积混凝土浇筑。底板以后浇带为界分成块浇筑，每块必须连续浇筑，不留置施工缝；施工时采用多台混凝土泵同时浇筑；延长混凝土的初凝时间以避免施工缝的留置；对于较厚的底板，要分层浇筑，每次浇筑厚度为 400～500 mm，上层振捣时要插入下层 50 mm 以上，以保证混凝土的整体性。

③ 外墙混凝土浇筑。浇筑混凝土前先浇筑一层 30～50 mm 厚同标号的水泥砂浆，然后再浇筑墙体混凝土。当墙体高度较大时，高处浇筑混凝土易造成混凝土离析，采取的措施是：在混凝土泵管的末端加一节帆布软管，浇筑时先将软管放入墙内，然后分层（深度不大于 450 mm）浇筑、分层振捣。

（4）混凝土振捣

① 振捣工培训。混凝土浇筑施工前，要对混凝土振捣工进行操作方法、安全要求等方面的培训，并进行考核，合格后方可上岗。

② 振捣方法。振捣时由两人配合，一人负责振捣，一人负责移动电缆线；振捣方式采取星形振捣，快插慢拔，直至使混凝土表面出现气泡为宜。上层混凝土振捣时，插入下层混凝土 50 mm 以上。

（5）混凝土养护

① 底板混凝土养护。底板浇筑后，进行第二次搓平后，即覆盖一层塑料布，防止混凝土失水。如果混凝土表面温度过高，在塑料布上浇水降温，养护时间不少于 14 d。

② 墙体混凝土养护。墙体模板拆除后，即在两侧满挂防火草帘子，并根据天气情况，按时浇水，保证草帘子保持湿润。混凝土养护设专人负责。

2. 混凝土的细部构造处理

（1）施工缝处理

施工缝易出现的问题是混凝土不密实、松动，止水钢板埋偏，接缝处不按要求凿毛。因此在浇筑混凝土时，对接缝处重点把关，确保振捣质量。钢板止水带焊接牢固，墙体支模前，设专人进行接缝凿毛，浇水湿润，再刷一道混凝土界面剂，完成后进行隐蔽检查，合格后方可支墙体模板。

（2）后浇带处理

① 底板后浇带。后浇带常出现的问题是：两侧不做凿毛处理，底板上不做封闭，容易进水、掉落渣土等杂物，如浇筑前清理不净，将会导致混凝土浇筑后出现缝隙，不仅容易漏水，还会影响结构强度。因此，混凝土凝固后应及时进行两侧的凿毛工作；同时在两侧各增加一道钢板止水带；浇筑混凝土前，先在两侧刷一道混凝土界面剂。底板后浇带构造处理如图 7.19 所示。

② 墙体后浇带。墙体拆模后及时进行两侧的凿毛处理；由于后浇带浇筑时间较晚，为不影响地下室回填土，采取先做防水层后浇筑混凝土的方案（图 7.20）。在支设二次模板前，先在两侧刷一道混凝土界面剂。

（3）穿墙螺栓

地下室外墙支模全部采用带止水环的专用工具式穿墙螺栓（图 7.21），模板拆除后用膨胀水泥砂浆将穿墙螺栓凹槽处封严。

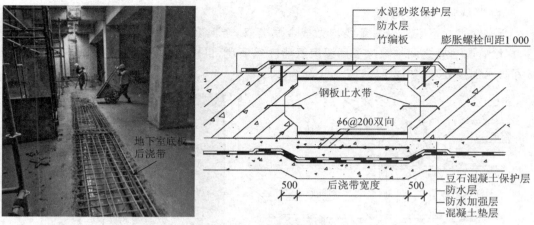

图 7.19　底板后浇带构造处理

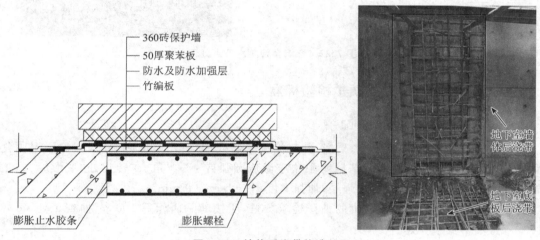

图 7.20　墙体后浇带构造处理

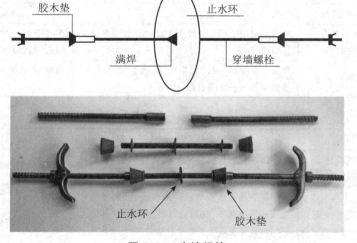

图 7.21　穿墙螺栓

（4）穿墙管

所有穿过地下室外墙的管线均做成金属套管,金属套管分刚性套管和柔性套管;穿管后,穿墙管与套管之间空隙除了用浸聚氨酯麻丝填严,再用干硬性水泥捻实外,外侧还需再做好防水加强处理(如图 7.22):

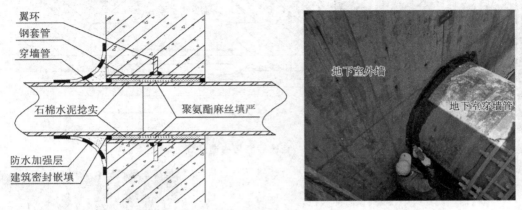

图 7.22　穿墙套管防水节点处理

7.3.4　地下防水工程质量检验标准

1. 卷材防水层

卷材铺贴之前,基面应干净、干燥,并应涂刷基层处理剂;当基面潮湿时,应涂刷湿固化型胶黏剂或潮湿界面隔离剂。基层阴阳角应做成圆弧或 45°坡角;在转角处、变形缝、施工缝、穿墙管等部位应铺贴卷材加强层,加强宽度不应小于 500 mm。

卷材防水层分项工程检验批的抽样检验数量,应按铺贴面积每 100 m² 抽查 1 处,每处10 m²,且不得少于 3 处。

卷材防水层的质量检验按主控项目和一般项目的规定执行,见表 7-12 和表 7-13。

表 7-12　主控项目

序号	项目	合格质量标准	检验方法
1	防水卷材及配套材料	防水卷材层所用卷材及其配套材料必须符合设计要求	检查产品合格证、产品性能检测报告和材料进场检验报告
2	防水细部构造	卷材防水层在转角处、变形缝、施工缝、穿墙管等部位做法必须符合设计要求	观察检查和检查隐蔽工程验收记录

表 7-13　一般项目

序号	项目	合格质量标准	检验方法
1	防水卷材搭接缝	卷材防水层的搭接缝应粘贴或焊接牢固,密封严密,不得有扭曲、皱折、翘边和起泡等缺陷	观察检查
2	立面卷材接槎的搭接宽度	采用外防外贴法铺贴卷材防水层时,立面卷材接槎的搭接宽度:高聚物改性沥青类卷材应为150 mm,合成高分子类卷材应为 100 mm,且上层卷材应盖过下层卷材	观察和尺量检查

续表

序号	项目	合格质量标准	检验方法
3	保护层	侧墙卷材防水层的保护层与防水层应结合紧密,保护层厚度应符合设计要求	观察和尺量检查
4	搭接宽度允许偏差	卷材搭接宽度的允许偏差应为 −10 mm	观察和尺量检查

2. 涂膜防水层

涂膜防水层分项工程检验批的抽样检验数量,应按涂层面积每 100 m² 抽查 1 处,每处 10 m²,且不得少于 3 处。涂抹防水层完工并经验收合格后应及时做保护层。保护层应符合"卷材防水层的保护层"的规定。

涂膜防水层的质量检验按主控项目和一般项目的规定执行,见表 7-14 和表 7-15。

表 7-14 主控项目

序号	项目	合格质量标准	检验方法
1	材料与配合比	涂料防水层所用的材料及配合比必须符合设计要求	检查产品合格证、产品性能检测报告、计量措施和材料进场检验报告
2	涂层厚度	涂料防水层平均厚度应符合设计要求	针测法
2	细部构造	涂料防水层在转角处、变形缝、施工缝、穿墙管等部位做法必须符合设计要求	观察检查和检查隐蔽工程验收记录

表 7-15 一般项目

序号	项目	合格质量标准	检验方法
1	涂层施工	涂料防水层应与基层黏结牢固,涂刷均匀,不得流淌、鼓泡、露槎	观察检查
2	胎体增强材料	涂层间夹铺胎体增强材料时,应使防水涂料浸透胎体、覆盖完全,不得有胎体外露现象	观察检查
3	保护层	侧墙涂料防水层的保护层与防水层应结合紧密,保护层厚度应符合设计要求	观察检查

3. 防水混凝土

防水混凝土适用于抗渗等级不小于 P6 的地下混凝土结构,不适用于环境温度高于 80 ℃ 的地下工程。

防水混凝土分项工程检验批的抽样检验数量,应按混凝土外露面积每 100 m² 抽查 1 处,每处 10 m²,且不得少于 3 处。

防水混凝土的质量检验按主控项目和一般项目的规定执行,见表 7-16 和表 7-17。

表 7-16 主控项目

序号	项目	合格质量标准	检验方法
1	原材料、配合比、坍落度	防水混凝土的原材料、配合比、坍落度必须符合设计要求	检查产品合格证、产品性能检测报告、计量措施和材料进场检验报告
2	抗压强度和抗渗性能	防水混凝土的抗压强度和抗渗性能必须符合设计要求	检查混凝土抗压强度、抗渗性能检验报告

表 7-17　一般项目

序号	项目	合格质量标准	检验方法
1	防水混凝土施工	防水混凝土结构表面应坚实、平整,不得有露筋、蜂窝等缺陷;埋设件位置应准确	观察检查
2	混凝土表面裂缝	防水混凝土结构表面的裂缝宽度不应大于0.2 mm,且不得贯通	用刻度放大镜检查
3	结构厚度、允许偏差	防水混凝土结构厚度不应小于 250 mm,其允许偏差应为+8 mm、−5 mm;主体结构迎水面钢筋保护层厚度不应小于 50 mm,其允许偏差为±5 mm	尺量检查和检查隐蔽工程验收记录

7.3.5　地下防水渗漏处理

地下防水工程主要分为主体防水和细部构造防水。目前,渗漏水事故易发生在施工缝、蜂窝麻面、裂缝、变形缝及穿墙管道等细部构造处。渗漏水的形式主要有孔洞漏水、裂缝漏水、防水面渗水或以上几种渗漏水的综合。因此,堵漏前必须先查明其原因,确定其位置,弄清水压大小,根据不同情况,进行相应的修补堵漏。

1. 渗漏部位及原因

(1)防水混凝土结构渗漏的部位及原因

由于模板表面粗糙或清理不干净,模板浇水湿润不够,脱模剂涂刷不均匀,接缝不严,振捣混凝土不密实等原因,致使混凝土出现蜂窝、孔洞、麻面而引起渗漏。墙板与底板及墙板与墙板间的施工缝处理不当而造成地下水沿施工缝渗入,造成渗漏。由于混凝土中砂石含泥量大,养护不及时等,产生干缩和温度裂缝而造成渗漏。混凝土内的预埋件及管道穿墙处未做认真处理而致使地下水渗入,造成渗漏。

(2)卷材防水层渗漏部位及原因

由于保护墙和地下工程主体结构沉降不同,致使粘在保护墙上的防水卷材被撕裂而造成漏水。卷材搭接接头宽度不够,搭接不严,结构转角处卷材铺贴不严实,后浇或后砌结构时卷材被破坏,或由于卷材韧性较差,结构不均匀沉降而造成卷材被破坏,造成渗漏。管道处的卷材与管道黏结不严、出现张口、翘边,也会造成渗漏。

(3)变形缝处渗漏原因

止水带固定方法不当,埋设位置不准确或在浇筑混凝土时被挤动;止水带两边的混凝土包裹不严,特别是底板止水带下面的混凝土振捣不实;钢筋过密,浇筑混凝土时下料和振捣不当,造成止水带周围骨料集中、混凝土离析,产生蜂窝、麻面;混凝土分层浇筑前,止水带周围的木屑杂物等未清理干净,在混凝土中形成薄弱的夹层,均会造成渗漏。

2. 堵漏技术

防水混凝土工程的堵漏,常用的方法包括用促凝剂和水泥拌制而成的快硬性水泥胶浆堵漏法和化学灌浆堵漏法等。

(1)快硬性水泥胶浆堵漏法

这种胶浆直接用水泥和促凝剂按1∶1～1∶0.5拌和,其凝结速度快,能达到迅速堵住渗漏水的目的。胶浆应先做试配,一般从开始拌和到操作使用的时间以 1~2 min 为宜。使用时,应注意随拌随用。快硬性水泥胶浆堵漏法常采用堵漏王材料进行堵漏施工(图 7.23)。

图 7.23　堵漏王

① 堵塞法。适用于孔洞漏水或裂缝漏水时的修补处理。堵漏时,应根据水压和漏水量的大小,采取不同的操作方法。

a. 孔洞漏水处理。常用方法有直接堵塞法和下管堵漏法。

直接堵塞法适用于水压不大,漏水孔洞较小的情况。操作时,先将漏水孔洞处剔槽,槽壁必须与基面垂直,并用水刷洗干净,随即将配制好的快凝水泥胶浆捻成与槽尺寸相近的锥形团,在胶浆开始凝固时,迅速压入槽内,并挤压密实,保持半分钟左右即可(图 7.24)。堵塞后,要检查有无渗水现象,再抹上一层素灰和一层水泥砂浆进行保护,将砂浆表面扫成毛纹,待砂浆层具有一定强度后,再做防水层。

图 7.24　直接堵塞法施工

下管堵漏法适用于水压较大,漏水孔洞较大的情况。操作时,先将漏水处空鼓面层及黏结不牢的石子剔除,并剔成上下基本垂直的孔洞,漏水严重的可直接剔至基层下的垫层。在孔洞底部铺碎石一层,碎石上面盖一层油毡,油毡中间留一小孔,将胶水管插入孔内,水即顺管流出。然后用快硬性水泥胶浆将孔洞堵塞好,在胶浆表面抹素灰一层和砂浆一层,以作保护。待砂浆具有一定的强度后,将胶管拔出,按照直接堵塞法将管孔堵塞。最后拆除挡水墙,清理干净后,再做防水层。

b. 裂缝漏水处理。裂缝漏水常用方法有裂缝直接堵塞法和下绳堵漏法。

裂缝直接堵塞法适用于水压较小的裂缝漏水。操作时,沿裂缝剔成八字形坡的沟槽,刷洗干净后,用快硬性水泥胶浆直接堵塞,经检查无渗水后,再做保护层和防水层。

下绳堵漏法适用于水压较大、裂缝较长的漏水处理。操作时,先剔好沟槽,在槽底沿裂缝处放置一根导水用的小绳,使水沿着小绳流出,一般要分段进行堵塞,每段长度为 100～150 mm,每段间留有 10～20 mm 空隙,当快硬性水泥砂浆将槽内堵塞好后,可将小绳抽出,此时缝漏变成点漏。待各段砂浆凝结硬化后,按照孔洞直接堵塞法,将空隙堵塞好。

② 抹面法。抹面法适用于较大面积的渗水面的修补处理。

操作时,一般先降低水压或降低地下水位,清理好基层,然后用抹面法做刚性防水层修补处理。先在漏水严重处用凿子剔出半贯穿性的孔眼,插入胶管将水导出,此时片渗变为点漏,在渗水面做好刚性防水层修补处理。待修补的防水层砂浆凝结硬化后,拔出胶管,再按照孔洞直接堵塞法将管孔堵塞好。

(2)化学灌浆堵漏法

灌浆堵漏施工,可分为对混凝土表面处理、布置灌浆孔、埋设灌浆嘴、封闭漏水部位、压水试验、灌浆、封孔等工序(图 7.25)。灌浆孔的间距一般为 1 m 左右,并交错布置,灌浆嘴的埋设需符合设计要求。灌浆结束后,需待浆液固结后,方能拔出灌浆嘴并用水泥砂浆封固灌浆孔。灌浆完毕后,应立即清洗灌浆机。

图 7.25 化学灌浆堵漏施工

思考题

1. 简述沥青防水卷材施工工艺流程。

2. 简述合成高分子卷材施工工艺流程。

3. 简述涂膜防水施工工艺流程。

4. 简述细石混凝土刚性防水屋面的施工工艺流程。

5. 简述地下防水工程外防外贴法的施工工艺流程。

6. 简述地下防水工程卷材防水层渗漏部位及原因。

练习题

一、填空题

1. 基层干燥程度的简易检验方法是将 1 m² 卷材平坦地干铺在找平层上,静置_____h 后掀开检查,找平层覆盖部位与卷材上未见水印即可铺设。

2. 高聚物改性沥青卷材的施工方法有_____、_____和_____等。

3. 地下工程施工中,外防水法分为_____和_____。

4. 水泥砂浆防水层施工不宜在_____进行。

5. 防水混凝土迎水面钢筋保护层厚度不应小于_____。

6. 孔洞漏水处理的常用方法有_____和_____。

二、单选题

1. 下面哪种卷材是合成高分子防水卷材(   )。

A. SBS 卷材   B. APP 卷材

C. 玻璃胎卷材   D. 三元乙丙卷材

2. 卷材防水屋面施工后,应进行(   )蓄水试验,或持续淋雨 24 h,或雨后观察,检验屋面排水是否顺畅、是否有渗漏等。

A. 12 h   B. 24 h   C. 36 h   D. 48 h

3. 当屋面坡度在 3%～15% 之间时,卷材应当(   )。

A. 平行于屋脊铺贴   B. 平行于或垂直于屋脊铺贴

C. 垂直于屋脊铺贴   D. 其他

4. 防水混凝土养护时间不少于(   )。

A. 7 d   B. 14 d   C. 21 d   D. 28 d

5. 地下室外墙混凝土浇筑前,先浇筑一层(   )mm 厚同标号的水泥砂浆,然后再浇筑墙体混凝土。

A. 10～20   B. 20～30   C. 30～50   D. 50～100

6. 地下防水工程卷材的搭接长度,长边不应小于 100 mm,短边不应小于(   )。

A. 80 mm   B. 100 mm   C. 150 mm   D. 200 mm

模块 8　装饰工程

学习目标

1. 能够理解墙面装饰、地面装饰、顶棚装饰的基本知识
2. 能够叙述墙面装饰、地面装饰、顶棚装饰的施工工艺流程
3. 能够运用工程质量验收规范，对装饰工程质量进行检验
4. 提高工程质量意识与规范意识，形成良好的工程专业素养

装饰工程是现代建筑工程的有机组成部分，是现代建筑工程的完善与深化，是对建筑空间的再设计和再加工。建筑装饰工程施工是按照装饰设计图纸通过装修构造、材料安装和工艺技术等施工手段来实现装饰设计的方案和意图，是将设计构思转化为工程实践的创作过程。

装饰工程主要包括墙面装饰、地面装饰、顶棚装饰等。

8.1　墙面装饰施工

墙面是室内外空间的侧向界面，墙面装饰对空间环境效果影响很大，不同的墙面有不同的使用和装饰要求。墙面装饰具有保护墙体、改善墙体使用功能、美化建筑物及周边环境等作用。

墙体按饰面材料的不同，可分为抹灰类、贴面类、石材类、镶板（材）类、涂刷类、裱糊类、玻璃（或金属）幕墙等。

8.1.1　抹灰类墙面施工

抹灰通常分为一般抹灰和装饰抹灰两类。

1. 常见抹灰工具

（1）抹子

抹子是灰浆抹灰施工面上的主要工具，有铁抹子、钢皮抹子、压子、塑料抹子、木抹子、阴阳角抹子等若干种，分别用于抹制底层灰、面层灰、压光、搓平压实、阴阳角压光等抹灰操作。

（2）木制工具

主要有木杠、刮尺、靠尺、靠尺板、方尺、托线板等，分别用于抹灰层的找平、地面棱角、阴

角的方正和靠吊墙面的垂直度。使用时将板的侧边靠紧墙面,根据中悬垂线偏离下端取中缺口的程度,即可确定墙面的垂直度及偏差。

（3）其他工具

其他工具有毛刷、钢丝刷、茅草把、喷壶、水壶、弹线墨斗等,分别用于抹灰面的洒水、清刷基层、木抹子搓平时洒水及墙面洒水、浇水。

抹灰的常用工具如图 8.1 所示。

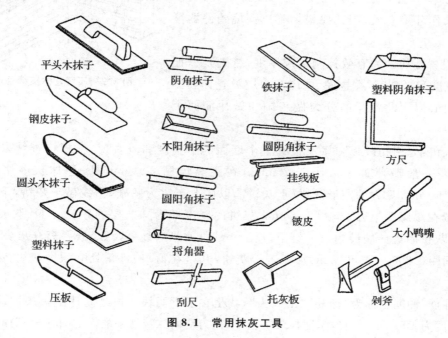

平头木抹子　　阴角抹子　　铁抹子　　塑料阴角抹子

钢皮抹子　　木阳角抹子　　圆阴角抹子　　方尺

圆头木抹子　　圆阳角抹子　　挂线板

塑料抹子　　将角器　　铍皮　　大小鸭嘴

压板　　刮尺　　托灰板　　剁斧

图 8.1　常用抹灰工具

2. 一般抹灰施工

一般抹灰是指采用石灰砂浆、混合砂浆、水泥砂浆等进行建筑物的面层抹灰并压实赶光的做法。外墙抹灰厚度一般为 20～25 mm,内墙抹灰厚度为 15～20 mm,顶棚抹灰厚度为 12～15 mm,在构造上和施工时须分层操作。

一般抹灰墙体为砖墙、石墙、混凝土墙等。墙体抹灰按照其位置的不同,分为内墙抹灰和外墙抹灰。

（1）内墙抹灰施工

内墙一般抹灰的主要施工工艺流程为:施工准备→基层处理→设置标筋→做护角→抹底层、中层灰→抹面层灰→清理。

① 施工准备。屋面防水或上层楼面面层已完工,没有渗漏;主体工程已通过验收;门窗框已安装就位;各种管道安装完毕;工作环境温度不低于 5 ℃;各种材料和机具已备齐。

② 基层处理。抹灰前应对基体表面的灰尘、污垢、油渍、跌落砂浆等进行清除。对墙面上的孔洞、剔槽等用水泥砂浆进行填嵌。门窗框与墙体交接处缝隙应用水泥砂浆或混合砂浆分层嵌堵。不同材质的基体相接处(如砖石墙体与混凝土梁柱相接处),应先铺设金属网

并绷紧牢固,金属网与各基体间的搭接宽度每侧不应小于 100 mm(图 8.2)。

为了确保抹灰砂浆与基体表面黏结牢固,防止干燥的抹灰基层吸水过快而造成抹灰砂浆脱水形成急干,影响底层砂浆与墙面基体的黏结力,致使抹灰层产生空鼓、裂缝、脱落等现象,应在抹灰前一天洒水润湿墙面。此外,各种基层浇水程度,还与施工季节、气候和室内操作环境有关,因此要根据施工环境条件酌情掌握。

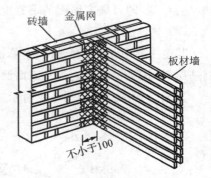

图 8.2　不同基体接缝处理

③ 设置标筋。为有效控制抹灰厚度,特别是保证墙面垂直度和平整度,在抹底、中层灰前应设置标筋作为抹灰的依据。设置标筋分为做灰饼和做冲筋两个步骤。

做灰饼:先用托线板和靠尺检查整个墙面的平整度和垂直度,根据检查结果确定灰饼的厚度,一般最薄处不应小于 7 mm。在距离顶棚 200 mm 处,用抹灰砂浆做一个 50 mm×50 mm 见方的矩形灰饼(上灰饼),以此上灰饼为基础,吊线做下灰饼,下灰饼的位置一般在踢脚线上方 200～250 mm,灰饼的厚度即为抹灰层的厚度。上、下灰饼做好之后,在灰饼附近砖墙缝内钉上钉子,栓上小线挂水平通线(注意小线要离开灰饼1 mm),然后按间距 1 200～1 500 mm,加做若干灰饼,凡是在窗口、垛角处必须做灰饼,如图 8.3 所示。

做冲筋:冲筋也称为"标筋""出柱头",就是在上下两块灰饼之间抹出一条长条梯形灰埂,其宽度为 100 mm 左右,厚度与灰饼相平,作为墙面抹灰填平的标准,相邻冲筋的间距为 1 200～1 500 mm,如图 8.3 所示。冲筋的做法为:在上下两个灰饼中间先抹一层,再抹第二遍凸出成八字形,要比灰饼凸出 10 mm 左右,然后用木杆紧贴灰饼左上右下搓平,直到把标筋搓得与灰饼一样平为止,同时要将标筋的两边用刮尺修成斜面,使其与抹灰层接槎顺平。冲筋做法如图 8.4 所示。

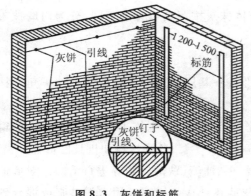

图 8.3　灰饼和标筋

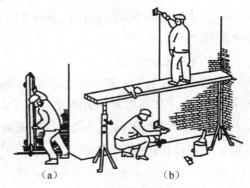

图 8.4　冲筋做法示意图

④ 做护角。为保护墙面转角处不易遭碰撞损坏,在室内墙角、柱面的阳角和门窗洞口

的阳角处应做水泥砂浆护角。护角要求线条顺直、清晰,并防止碰坏,无论设计有无规定都必须做护角。护角做好后,也起到标筋的作用。

抹护角时,以墙面灰饼厚度为依据,首先将阳角用方尺找方。靠门框一边,以门框离墙面的空隙为准,另一边以灰饼厚度为依据。护角应采用1:2水泥砂浆,高度一般不低于2 m,护角每侧宽度不小于50 mm,如图8.5所示。

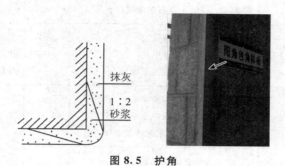

图 8.5　护角

⑤ 抹底层、中层灰。待标筋有一定强度后,即可在两标筋间用力抹上底层灰,用木抹子压实搓毛。待底层灰收水稍干后,即可抹中层灰,抹灰厚度应略高于标筋。中层抹灰后,随即用木杠沿标筋刮平,不平处补抹砂浆,然后再刮,直至墙面平直为止[图8.6(a)]。

墙的阴角,先用方尺上下核对方正,然后用阴角器上下抽动扯平,直至使室内四角方正为止,如图8.6(b)所示。

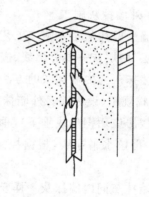

（a）木杆刮平　　　　　　（b）阴角扯平找直

图 8.6　抹灰

⑥ 抹面层灰。面层抹灰俗称"罩面"。面层抹灰应在中层灰稍干后进行,中层灰太湿会影响面层灰的平整度,还可能"咬色";中层灰太干,则容易使面层灰脱水太快而影响黏结,造成面层的空鼓。一般情况下待中层灰有六七成干时,即可抹面层灰。操作一般从阴角或阳角处开始,自左向右进行。一人在前抹面灰,另一人在其后找平整,并用铁抹子压实赶光。阴、阳角处用阴、阳角抹子捋光,并用毛刷蘸水将门窗阴阳角等处刷干净。高级抹灰的阳角必须用方尺找方。

抹灰工程中的基体不同,其抹灰的分层做法也不尽相同。不同基体、不同抹灰材料的内墙抹灰施工工艺可参考表8-1。

表 8-1　常见内墙抹灰类分层做法及施工要点

名称	适用范围	序号	分层做法	厚度/mm	施工要点
混合砂浆抹灰	砖墙基层	1	① 1：0.3：3 水泥石灰砂浆抹底层 ② 1：0.3：3 水泥石灰砂浆抹中层 ③ 1：0.3：3 水泥石灰砂浆抹面层	7 7 5	
	混凝土和石墙基层	2	① 1：3 水泥砂浆抹底层 ② 1：3 水泥砂浆抹中层 ③ 1：2.5 水泥砂浆抹罩面层	5～7 5～7 5	混凝土表面先刮水泥浆（水灰比 0.37～0.40）或撒水泥砂浆处理
水泥砂浆抹灰	砖墙基层	3	① 1：3 水泥砂浆抹底层 ② 1：3 水泥砂浆抹中层 ③ 1：2.5 或 1：2 水泥砂浆罩面	5～7 5～7 5	① 底层灰要压实，找平层（中层）表面要扫毛，待中层五六成干时抹面层； ② 抹面成活后要浇水养护
		4	① 1：2.5 水泥砂浆抹底层 ② 1：2.5 水泥砂浆抹中层 ③ 1：2 水泥砂浆罩面	5～7 5～7 5	
	加气混凝土基层	5	① 1：5＝107 胶：水 ② 1：3 水泥砂浆打底 ③ 1：2.5 水泥砂浆罩面	— 5 5	① 抹灰前墙面要浇水湿润 ② 107 胶溶液要涂刷均匀 ③ 打底后间隔 2 d 后罩面

（2）外墙抹灰施工

外墙一般抹灰主要施工工艺流程为：施工准备→基层处理→浇水润墙→找规矩、设标筋→抹底层、中层灰→弹分格线、嵌分格条→抹面层灰→起分格条→养护。

外墙抹灰与内墙抹灰的方法基本相同，仅有以下工序不同：

① 找规矩、设标筋。外墙抹灰找规矩要在四个大角先挂好自上而下的垂直通线（多层及高层楼房应用钢丝线垂下），垂直吊好通线，然后确定抹灰厚度，每步架大角两侧最好弹上控制线，再拉水平通线，根据控制线和水平线做灰饼，竖向每步架都做一个灰饼，然后再做冲筋。

外墙抹灰同内墙抹灰一样要挂线做灰饼和冲筋，但因外墙面由檐口到地面，整体抹灰面大，门窗、阳台、明柱、腰线等都要横平竖直，因而外墙抹灰顺序为先上部后下部，先檐口再墙面。

② 弹分格线、粘分格条。为了增加墙面美观性，避免罩面砂浆收缩后产生裂缝以及大面积热胀冷缩而空鼓脱落，待中层灰 6～7 成干后，按要求弹分格线，设置分格缝，分格缝处粘贴分格条。分格条可以采用木条、塑料条等，规格有 20 mm、25 mm、30 mm 等几种。

分格条为梯形截面，浸水湿润后两侧用黏稠的素水泥浆与墙面抹成 45°角粘接。嵌分格条时，应注意横平竖直，接头平直。如当天不抹面层灰，即采用"隔夜条"罩面层，分格条两边的素水泥浆应与墙面抹成 60°角，如图 8.7 所示。

面层灰应抹得比分格条略高一些，然后用刮杠刮平，紧接着用木抹子搓平，待稍干后再用刮杠刮一遍，用木抹子搓磨出平整、粗糙、均匀的表面。

③ 起分格条。当外墙的面层灰抹完后即可起出分格条,然后随即用水泥浆勾好分格缝,分格缝不得有错缝和缺棱掉角,其缝宽和深度应均匀一致,分格要与(a)图一样缝如图8.8所示。

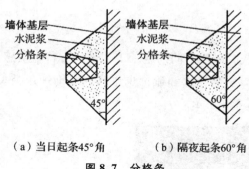

墙体基层
水泥浆
分格条
45°

墙体基层
水泥浆
分格条
60°

（a）当日起条45°角　　（b）隔夜起条60°角

图 8.7　分格条

图 8.8　分格缝

④ 其他。外墙抹灰时,在外窗台板、窗楣、雨篷、阳台、压顶及突出腰线等部位的上面必须做出流水坡度,下面应做滴水线或滴水槽,滴水槽的宽度和深度均不得小于 10 mm,要求棱角整齐,光滑平整,起到挡水作用。

（3）加气混凝土墙体抹灰施工

加气混凝土墙体抹灰的施工工艺与前述的墙体抹灰基本相同,但应注意以下事项:

① 在基层表面处理完毕后,应立即进行抹底层灰。

② 在抹灰前,应分遍浇水润湿墙体。由于加气混凝土砌块吸水速度先快后慢,吸水延续时间长,故应增加浇水次数,使抹灰层有良好的凝结硬化条件。浇水量以水分渗入砌块深度 8~10 mm 为宜,且浇水宜在抹灰前一天进行。遇到风干天气,抹灰前仍然干燥不湿,应再喷水一遍,但抹灰时墙面应不显浮水。

③ 底灰材料应选用与加气混凝土材料性能相适应的抹灰材料,如强度、弹性模量和收缩值等应与加气混凝土性能相近。一般是先用 1∶3∶9 水泥混合砂浆薄抹一层,接着用 1∶3 石灰砂浆抹第二遍。底层厚度为 3~5 mm,中层厚度为 8~10 mm,按照标筋,用大杠刮平,用木抹子搓平。

④ 每层每次抹灰厚度应小于 10 mm,如找平有困难而需要增加厚度,则应分层分次逐步加厚,每次间隔一定的时间,应待第一抹灰层终凝后进行,切忌连续流水作业。

⑤ 大面抹灰前的“冲筋”砂浆及修补找平砂浆,应与大面抹灰砂浆一致,切忌采用高标号砂浆。

⑥ 外墙抹灰应进行养护。

⑦ 外墙抹灰不宜冬季施工。

⑧ 底灰与基层表面应粘接良好,不得空鼓、开裂。

⑨ 为了防止抹灰层空鼓、开裂,在抹灰时可采取以下措施之一:

a. 在基层上涂刷一层“界面处理剂”,常用的界面处理剂有 YJ-302 型混凝土界面处理剂等,用以封闭基层;

b. 在砂浆中掺入胶结材料,即用 107 胶水溶液或其他黏合剂,以改善砂浆的粘接性能;

c. 涂刷"防裂剂",其方法是:将基层表面清理干净,提前用水湿润,即可抹底层灰,待底层灰修整、压光并收水时,在底层灰表面及时刷或喷一道专用的防裂剂,接着抹中层灰。同样方法,在中层灰表面刷或喷一道专用的防裂剂后,再抹面层灰。如果在其面层上再刷一道防裂剂,见湿而不流,则效果更佳。

3. 装饰抹灰施工

装饰抹灰是指利用材料特点,在进行墙面抹灰时采取不同的施工工艺做成有特定质感、纹理及色泽效果的饰面层。比一般抹灰更具装饰性,其档次和造价也更高。装饰抹灰类型常见的有水刷石、干粘石、斩假石、假面砖等,如图 8.9 所示。

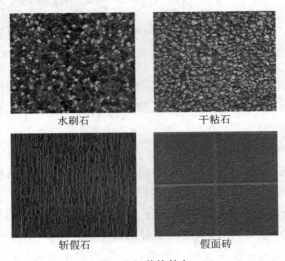

水刷石　　　　　　　　干粘石

斩假石　　　　　　　　假面砖

图 8.9　装饰抹灰

(1) 水刷石

水刷石主要施工工艺流程为:中层抹灰验收→弹线、粘分格条→抹面层水泥石子浆→水刷面层→起分格条、修整→养护。

① 弹线、粘分格条。按设计分格尺寸,在中层灰面上弹出分格墨线,依墨线用素水泥浆将木分格条沿线粘上,分格条两侧的素水泥浆应抹成八字形,分格条应粘得横平竖直。

② 抹水泥石子浆。在中层灰面上浇水湿润,刮一层水泥浆(水灰比为 0.37～0.40),随即在每个分格内抹上配制好的水泥石子浆,并用刮尺刮平,用铁抹压实。水泥石子浆收水后,用铁抹把水泥石子浆满压一遍,把露出的石子尖棱压进去,然后用刷子蘸水刷一遍,用铁抹压一遍,这样反复三遍,最后用铁抹拍平,使石子的大面朝外。

③ 水刷面层。待水泥初凝后,用手指按上去无指痕,用刷子刷石粒不松动时即可开始水刷面层。水刷面层应分两遍进行,第一遍用软毛刷蘸水刷掉面层水泥浆,露出石粒;第二遍用喷雾器喷水,把表面的水泥浆冲掉,使石粒外露约为粒径的 1/2,再用水壶从上往下冲水,使面层干净。当表面水泥浆已结硬时,应用 5% 的稀盐酸溶液洗刷,再用水冲洗(图 8.10)。

④ 起分格条、修整。面层洗刷后,适时起出分格条,再用素水泥浆将分格缝边修补抹平。根据设计要求,在分格缝内嵌水泥砂浆,勾成凹缝或上色。

⑤ 养护。水刷石抹完第二天起要洒水养护,养护时间不少于 7 d。在夏季酷热天气施工时,应考虑搭设临时遮阳棚,防止太阳直射致使水泥浆早期脱水影响强度,削弱黏结力。

水刷石外观如图 8.11 所示。

1 : 5～1 : 2.5
水泥石干抹面
木引条分格
(后取下)
1 : 3水泥
砂浆打底
墙体
立刻用毛刷蘸水刷下表面灰浆
水

图 8.10　水刷石水刷面层

图 8.11　水刷石与分格缝

(2) 干粘石

干粘石主要施工工艺流程为:中层抹灰验收→弹线、粘分格条→抹黏结层砂浆→撒石粒、拍平→起分格条、修整→养护。

① 弹线、粘分格条。为避免罩面砂浆收缩后产生裂纹而影响美观,应在中层抹灰 6～7成干后,按设计要求弹出分格线并粘分格条,分格条要横平竖直,分格条根据分格线的位置,用素水泥将其固定。

② 抹黏结层砂浆。在中层抹灰面上浇水湿润,刷素水泥浆(水灰比为 0.40～0.50)一遍,随即涂抹水泥砂浆或聚合物水泥砂浆黏结层。黏结层厚度要根据石粒大小而定,一般宜为 4～8 mm,砂浆稠度不应大于 80 mm。黏结层砂浆用刮尺刮平,使其表面平整。

③ 撒石子。黏结层抹完后,待干湿程度适宜时即可手甩撒石粒,然后随即用铁抹子将石子均匀地拍入粘接层(图 8.12)。拍压时,用力要合适,一般以石粒嵌入砂浆深度不小于粒径的 1/2 为宜,石子粒径宜采用 4～8 mm。同时,甩石粒应遵循"先边角后中间,先上面后下面"的原则。对于墙面石粒过稀或过密处,一般不宜甩补,应将石粒用抹子(或手)直接补上或恰当剔除。

④ 起分格条、修整。当墙面达到表面平整,石粒饱满时,即起分格条,对局部有石粒不均匀或表面不平整等不符合质量要求的地方要立即修整、拍平,分格条处应用水泥浆修补,以求线条顺直、光滑、清晰。

⑤ 养护。干粘石的面层在施工期间应加强养护,施工完 24 h 之后,应洒水养护 2～3 d。夏季高温时应有防护措施,避免阳光直接照射。同时,要注意防止脚手架撞击、触动,以免石粒脱落;还要注意避免涂料、砂浆等污染墙面。干粘石外观如图 8.13 所示。

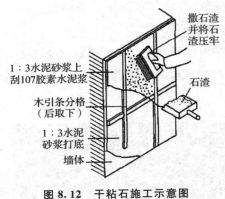

图8.12 干粘石施工示意图

图8.13 干粘石

（3）斩假石

斩假石又称剁斧石，其做法是先抹水泥石子浆，待其硬化后用专用工具斩剁，使其具有仿天然石纹的纹路（图8.14）。

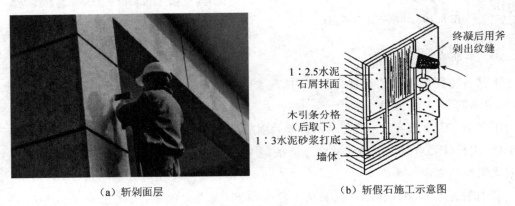

（a）斩剁面层 　　　　　（b）斩假石施工示意图

图8.14 斩假石施工

斩假石主要施工工艺流程为：中层抹灰验收→弹线、粘分格条→抹面层水泥石子浆→养护→斩剁石纹→清理。

斩假石的中层灰应采用1∶2水泥砂浆，操作同一般抹灰。

①弹线、粘分格条。待中层灰6～7成干时，按设计要求弹线，粘分格条，做法同干粘石。

②抹水泥石子浆。配制水泥石子浆时，石粒常用粒径2 mm的白色粒石，内掺30％粒径为0.3 mm的白云石，按照1∶1.5～1∶1.25的配比，稠度50～60 mm。

面层水泥石子浆一般两遍成活，厚度控制在10 mm左右。先薄薄抹一层，待稍收水后再抹一遍砂浆，与分格条平齐，并用刮杆刮平。待第二层收水后，再用木抹子拍实，上下顺势溜直，不得有砂眼、空隙。同一分格内的水泥石子浆应一次抹完。抹完后，用软毛刷蘸水顺纹清扫，刷去表面浮浆直至露石均匀。面层完成后应加强养护，避免暴晒和冰冻，24 h后洒水养护。

③ 斩剁面层。常温条件下,面层养护2～3 d后即可试剁,试剁以面层石粒不掉、容易剁出痕迹、声音清脆为准。斩剁前,应计划好哪些部位剁直纹,哪些部位剁横纹。在墙角、柱角等边棱处宜剁横纹或留出窄小边条不剁。斩剁时,用剁斧轻斩面层,一般要剁两遍,头遍轻斩,后遍稍重些,剁纹深浅要一致,深度一般以不超过石子粒径的1/3为宜。斩剁顺序是:先上后下,先左后右,先边角后中间。斩剁完后,用水冲刷面层,清除石屑末,并修补好分格缝处的掉边缺角。

（4）假面砖

假面砖又称仿釉面砖,是采用掺氧化铁和颜料的水泥砂浆,用手工操作,模拟面砖装饰效果的一种饰面做法,一般适用于外墙装饰,如图8.15所示。假面砖施工工具见图8.16。

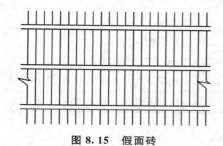

图 8.15　假面砖

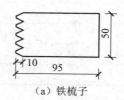

（a）铁梳子

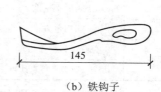

（b）铁钩子

图 8.16　施工工具

假面砖抹灰应做两层,第一层为砂浆垫层（13 mm厚）,第二层为面层（34 mm厚）。因所用砂浆不同,其有两种做法:做法一,第一层砂浆垫层用1∶0.3∶3水泥石灰混合砂浆,第二层用饰面砂浆或饰面色浆;做法二,第一层砂浆垫层用1∶1水泥砂浆,第二层用饰面砂浆。

假面砖施工时应注意:

① 按比例配制好砂浆或色浆,拌和均匀。

② 在第一层具有一定强度和第二层完成后,沿靠尺由上而下用铁梳子划纹。

③ 根据假面砖的宽度用铁钩子沿靠尺横向划沟,深度以露出第一层即可。

④ 最后清扫干净。

4. 抹灰工程质量检验标准

（1）检验批及检查数量

① 相同材料、工艺和施工条件的室外抹灰工程每1 000 m²应划分为一个检验批,不足1 000 m²时也应划分为一个检验批。

② 相同材料、工艺和施工条件的室内抹灰工程每50个自然间应划分为一个检验批,不足50间也应划分为一个检验批,大面积房间和走廊按抹灰面积30 m²计为一间。

③ 室外每个检验批每100 m²应至少抽查一处,每处不得小于10 m²。

④ 室内每个检验批应至少抽查10％,并不得少于3间;不足3间时应全数检查。

（2）一般抹灰工程质量检验标准

① 一般抹灰工程所采用材料的品种、性能应符合设计要求及国家现行标准的有关规定。

② 抹灰前基层表面的尘土、污垢和油渍等应清除干净,并应洒水润湿或进行界面处理。

③抹灰工程应分层进行。不同材料基体交接处表面的抹灰,应采取防止开裂的加强措施,当采用加强网时,加强网与各基体的搭接宽度不应小于 100 mm。

④抹灰层与基层之间及各抹灰层之间必须粘接牢固,抹灰层应无脱层和空鼓,面层应无爆灰和裂缝。

⑤表面光滑、洁净、颜色均匀、无抹纹,分格缝和灰线应清晰美观。

⑥一般抹灰工程质量的允许偏差和检验方法应符合表 8-2 的规定。

表 8-2　一般抹灰的允许偏差和检验方法

项次	项目	允许偏差/mm		检查方法
		普通抹灰	高级抹灰	
1	立面垂直度	4	3	用 2 m 垂直检测尺检查
2	表面平整度	4	3	用 2 m 靠尺和塞尺检查
3	阴阳角方正	4	3	用 200 mm 直角检测尺检查
4	分格条(缝)直线度	4	3	拉 5 m 线,不足 5 m 拉通线,用钢直尺检查
5	墙裙、勒脚上口直线度	4	3	拉 5 m 线,不足 5 m 拉通线,用钢直尺检查

注:1. 普通抹灰,本表第 3 项阴角方正可不检查。

2. 顶棚抹灰,本表第 2 项表面平整度可不检查,但应平顺。

(3)装饰抹灰工程质量检验标准

①装饰抹灰工程所采用材料的品种、性能应符合设计要求及国家现行标准的有关规定。

②抹灰前基层表面的尘土、污垢和油渍等应清除干净,并应洒水润湿或进行界面处理。

③抹灰工程应分层进行。不同材料基体交接处表面的抹灰,应采取防止开裂的加强措施,当采用加强网时,加强网与各基体的搭接宽度不应小于 100 mm。

④各抹灰层之间及抹灰层与基体之间应粘接牢固,抹灰层应无脱层、空鼓、裂缝。

⑤装饰抹灰分格条(缝)的设置应符合设计要求,宽度和深度应均匀,表面应平整光滑、棱角应整齐。

⑥装饰抹灰工程质量的允许偏差和检验方法应符合表 8-3 的规定。

表 8-3　装饰抹灰的允许偏差和检验方法

项次	项目	允许偏差/mm				检查方法
		水刷石	斩假石	干粘石	假面砖	
1	立面垂直度	5	4	5	5	用 2 m 垂直检测尺检查
2	表面平整度	3	3	5	4	用 2 m 靠尺和塞尺检查
3	阴阳角方正	3	3	4	4	用 200 mm 直角检测尺检查
4	分格条(缝)直线度	3	3	3	3	拉 5 m 线,不足 5 m 拉通线,用钢直尺检查
5	墙裙、勒脚上口直线度	3	3	—	—	拉 5 m 线,不足 5 m 拉通线,用钢直尺检查

8.1.2 贴面类墙面施工

贴面类饰面是将大小不同的块状材料采取粘贴的方式固定到墙面上的做法。这种饰面坚固耐用、色泽稳定、易清洗、耐腐蚀、防水、装饰效果丰富，内外墙面均可采用。

贴面类饰面的构造：由基层（墙体）、打底层（找平层）、结合层（砂浆）、面层组成。找平层为底层砂浆，结合层为黏结砂浆，面层为块状材料，如图 8.17 所示。

用于直接粘贴的墙体材料有：陶瓷面砖、陶瓷锦砖等。

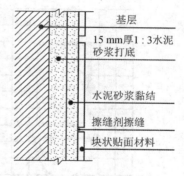

图 8.17 贴面类饰面构造

基层
15 mm厚1：3水泥砂浆打底
水泥砂浆黏结
擦缝剂擦缝
块状贴面材料

1. 内墙釉面砖施工

内墙釉面砖又称瓷砖。釉面砖表面光洁，耐酸碱腐蚀，方便擦拭清洗，颜色、图案丰富，装饰效果好，用于内墙十分理想，尤其适合盥洗室、厨房、卫生间等室内环境装饰。

用于铺贴室内墙面的陶瓷釉面砖，因其吸水率较大，坯体较为疏松，如果将其用于室外恶劣气候条件下，便易出现釉坯剥落的后果，因此内墙面砖不能用于外墙。

内墙釉面砖铺贴的工艺流程为：选砖→基层处理、抹底层灰→弹线、排砖→浸砖→粘贴面砖→擦缝。

（1）选砖

釉面砖和外墙面砖镶贴前应按其颜色的深浅（色差）和几何尺寸进行挑选分类。在铺贴前应开箱验收，即根据设计要求选择规格一致，外形平整方正，不缺棱掉角，无开裂和脱釉以及色泽均匀的砖块，并用自制套模对面砖的几何尺寸进行分选，以保证镶贴质量。

（2）基层处理、抹底层灰

① 基层为砖墙。将基层表面的灰尘清理干净，浇水润湿。用 1：3 水泥砂浆打底，分批抹层厚度约 10 mm，要分层分遍进行操作；最后用抹子搓平呈毛面，隔日洒水养护。

② 基层为混凝土。基层浇水润湿后，将 1：1 水泥细砂浆（可掺适量胶黏剂）喷或甩到基体表面做毛化处理，待其凝固后，分层分遍用 1：3 水泥砂浆打底，分批抹层厚度约 10 mm，最后用抹子搓平呈毛面，隔日洒水养护。

③ 基层为加气混凝土。用水湿润其表面，在缺棱掉角部位刷聚合物水泥砂浆一道，用 1：3：9 水泥石灰膏混合砂浆分层补平，干燥后再钉一层金属网并绷紧。在金属网上分层批抹 1：1：6 混合砂浆打底，砂浆与金属网连接要牢固，最后用抹子搓平呈毛面，隔日洒水养护。

（3）弹线、排砖

在釉面砖粘贴前，应根据图纸要求和砖的规格分别弹出每层的水平线和垂直线，如采用离缝镶贴，要使离缝分格均匀，同时要保证窗口、墙角的阳角使用整块砖。

排砖应按照设计要求和选砖结果以及铺贴面砖部位的实测尺寸，从上到下按皮数排列。铺贴釉面砖一般从阳角开始，非整砖应排在阴角或次要部位。顶天棚铺砖，可在下部调整，非整砖留在最下层。在卫生间、盥洗间等有洗面器、玻璃镜子的墙面铺贴时，应将洗面器下水管中心安排在釉面砖的中心或缝隙处（图 8.18），注意釉面砖镶贴要对称且美观。

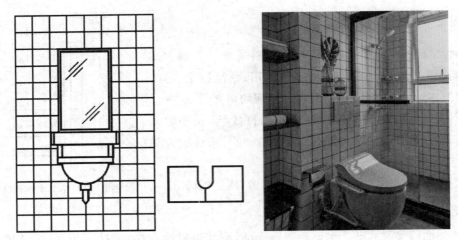

图 8.18　釉面砖排砖

（4）浸砖

镶贴面砖之前，砖墙要提前一天润湿好，混凝土墙可以提前 3～4 h 润湿。釉面砖在粘贴前应在清水中充分浸泡，以保证粘贴后不致因吸走灰浆中的水分而粘贴不牢，浸水时间一般为 3～5 h，然后取出晾至手按砖背无水迹方可贴砖。

（5）粘贴面砖

面砖铺贴的方式有离缝式和无缝式两种。无缝式铺贴要求阳角转角要倒角，即将釉面砖的阳角边厚度用面砖切割机打磨成 30°～40°，以便对缝。根据砖的位置，排砖有矩形长边水平排列和竖直排列两种。

镶贴时可用 1∶2 水泥砂浆做结合层，在釉面砖背面均匀地抹满水泥砂浆，以线为标准，位置准确地贴于润湿的找平层上，用小灰铲木把轻轻敲实，使灰挤满。贴好几块后，要随时检查平整度和调整缝隙，发现不平砖要用小铲将其敲平，亏灰的砖，应及时添灰重贴，对所铺贴的砖面层，严格进行自检，杜绝空鼓、不平、不直的情况。釉面砖粘贴顺序：由下往上，由左往右，逐层粘贴。

（6）擦缝

待面砖贴好 24 h 后，用白水泥涂满缝隙，再用棉砂蘸浆将缝隙擦平实，待稍有强度，用镏子勾缝，勾缝完要浇水养护。

2. 外墙面砖施工

外墙砖大体可分为炻器质（半瓷半陶）和瓷质两大类，分有釉和无釉两种。这类产品随着吸水率的降低，其耐候性提高，抗冻性好。在寒冷地区使用的外墙砖，吸水率以不超过 4％为宜，而瓷化程度越好的产品，其造价也越高。

外墙面砖铺贴的工艺流程与内墙基本相同，外墙釉面砖铺贴的工艺流程为：选砖→基层处理、抹找平层→弹线→排砖→浸砖→贴标准点→粘贴面砖→勾缝→清理表面。

选砖、基层处理、抹找平层的做法同内墙面砖施工。

（1）弹线、排砖

按照设计要求和施工样板进行排砖，确定接缝宽度及分格，同时弹出控制线，做出标记。由于外墙砖不允许出现非整砖，为了达到这个要求，可以通过调整砖缝宽度和抹灰厚度等方法予以控制。根据外墙长宽尺寸先初选砖缝的宽度，使砖的宽度加半个砖缝（称为模数）的倍数正好是外墙的长或宽，如果还有微小差距，通过增加或减少中层抹灰厚度来调整，使抹灰后外墙的尺寸刚好是模数的整倍数，这样外墙就不会出现非整砖。对于必须用非整砖的部位，非整砖的宽度不宜小于整砖宽度的 1/3。

常用矩形面砖的排列方式有矩形长边水平排列和竖直排列两种；按照砖缝的宽度，可分为密封排列（缝宽 1～3 mm）和疏缝排列（缝宽 4～20 mm）；还可以采用密封与疏缝结合进行排列。外墙矩形面砖排缝如图 8.19 所示。

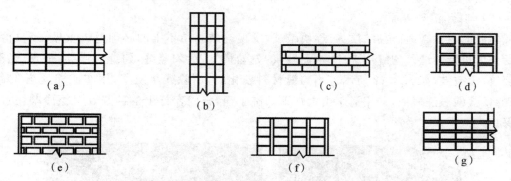

（a）长边水平密缝；（b）长边竖直密缝；（c）密缝错缝；（d）水平、竖直疏缝；
（e）疏缝错缝；（f）水平密缝、竖直疏缝；（g）水平疏缝、竖直密缝

图 8.19　外墙矩形面砖排缝示意图

外墙面砖的排砖应按照如下原则：阳角部位都应该是整砖，且阳角处立面整砖应盖住侧立面整砖（图 8.20）。对大面积墙面砖的镶贴，除不规则部位之外，其他部位不允许裁砖。

（2）浸砖

同内墙面砖。

（3）贴标准点

在镶贴前，应先贴若干块废面砖作为标志块，上下用托线板吊直，作为黏结厚度依据。横向每隔 1.5～2.0 m 做一个标志块，用拉线或靠尺校正平整度。靠阳角的侧面也要挂直，称为双面挂直（图 8.21）。

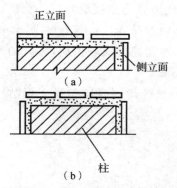

图 8.20　外墙阳角排砖示意图

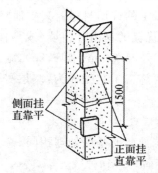

图 8.21　双面挂直示意图

（4）粘贴面砖

外墙面砖宜按照自上而下顺序镶贴，并先贴柱面后贴墙面，再贴窗间墙。

对于有设缝要求的饰面，可按设计规定的砖缝宽度自制小十字架，临时卡在每四块砖相邻的十字缝间，以保证缝隙精确。单元式的横缝或竖缝，则可用分隔条，一般情况下只需挂线贴砖。

从 2022 年 6 月起，外墙饰面砖禁止使用现场水泥拌砂浆粘贴，应采用水泥基黏结材料粘贴工艺。

（5）勾缝、清理表面

勾缝前应检查面砖黏结质量，逐块敲试，发现空鼓黏结不牢的必须返工重做，经自检合格后方可进行勾缝。勾缝用 1∶1 水泥砂浆，先勾横缝，后勾竖缝，勾缝应连续、平直、光滑、无裂纹、无空鼓，如图 8.22 所示。当勾缝材料硬化后，清除残余灰浆，用布或棉丝蘸 3% ～ 5% 的稀盐酸擦洗表面，并用清水由上往下冲洗干净，将门窗框上的砂浆及时擦净并注意成品保护。

图 8.22　外墙面砖勾缝

3. 陶瓷锦砖施工

陶瓷锦砖(俗称陶瓷马赛克，亦称纸皮砖)是以优质瓷土烧制成片状小瓷砖再拼成图案反贴在底纸上的饰面材料。其质地坚硬，经久耐用，耐酸碱、耐磨，不渗水，吸水率小(不大于0.2%)，是优良的室内外面墙(或地面)饰面材料。陶瓷锦砖成联供应，每联的尺寸一般为305.5 mm×305.5 mm(图 8.23)，施工时，以整联镶贴。

其主要施工工艺流程为：基层处理→抹找平层→排砖、分格、弹线→镶贴→揭纸→拨缝→擦缝。

（1）基层处理、抹找平层

同内墙面砖的基层处理相同。

（2）排砖、分格、弹线

根据设计施工图、建筑物的总高度、横竖线条装饰布置、门窗洞口和陶瓷锦砖(马赛克)

图 8.23　陶瓷锦砖

品种规格定出分格缝宽,弹出若干水平线、垂直线,同时加工好分格条。注意同一墙面应采取同一种排列方式,预排中应注意阳角、窗口处必须用整砖,而且是立面压着侧面。

(3) 镶贴

镶贴时,在弹好的水平线下口支靠垫尺,浇水湿润底层,由两人操作,一人先在墙上刷素水泥浆一道,再抹 1∶1 水泥砂浆黏结层 3～4 mm 厚,用靠尺刮平,抹子抹平;另一人将一张锦砖铺在木垫板上,纸面朝下,锦砖背朝上,刮上素水泥浆,将素水泥浆刮入陶瓷锦砖的缝隙内,再将陶瓷锦砖沿垫尺粘贴在墙面上,灰缝要对齐,并用木砖轻轻来回敲打,使其粘实。

粘贴时要注意使每张之间的间距基本与小块陶瓷锦砖缝隙相同,不宜过大或过小,以免造成明显的接槎,影响装饰效果。

(4) 揭纸

待灰浆初凝后,用软毛刷刷水将护面纸湿透,约 0.5 h 后揭纸,揭纸宜从上往下慢慢地撕,用力方向应尽量与墙面平行。揭纸时,如果发现有个别小块陶瓷锦砖随纸带下,要重新补上;如果随纸带下的数量较多,说明护面纸的胶水尚未溶化,此时应用抹子将其重新压紧,继续刷水润湿护面纸,直至撕纸时无掉块为止。

(5) 拨缝

揭纸后要检查缝口的大小,不合要求的缝必须拨正。用金属拨板(或开刀)调整弯扭的缝隙,并用黏结材料将未填实的缝隙嵌实,使之间距均匀。拨缝后在陶瓷锦砖上贴好垫板轻敲拍实,以增强与墙面的黏结。

(6) 擦缝

待黏结水泥砂浆凝固后,用素水泥浆找补擦缝。如果为浅色的陶瓷锦砖,擦缝用的水泥应采用白水泥。

擦缝完成后,待黏结层砂浆终凝后,全面清洗墙面,次日喷水养护。

陶瓷锦砖构造与施工如图 8.24 所示,陶瓷锦砖墙面装饰如图 8.25 所示。

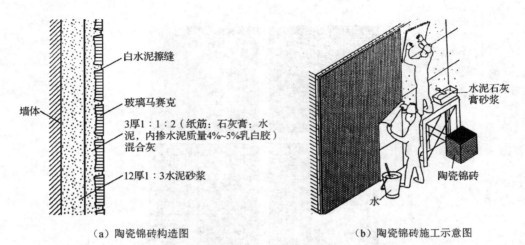

（a）陶瓷锦砖构造图 （b）陶瓷锦砖施工示意图

图 8.24 陶瓷锦砖构造与施工

4. 玻璃锦砖施工

玻璃锦砖又称为玻璃马赛克，是用玻璃烧制而成的小块贴于纸上构成的饰面材料。其特点是质地坚硬，性能稳定，表面光滑，吸水率低，耐空气腐蚀，耐热、耐冻、耐磨，不龟裂。其背面呈凹形有棱线条，四周有八字形斜角，使其与基层砂浆结合牢固。玻璃锦砖每联的规格为 325 mm×325 mm。玻璃锦砖常见有绿白相间、黑白相间、珠光、蓝紫、橘黄以及各种颜色混合搭配等多种色彩（图 8.26）。

图 8.25 陶瓷锦砖饰面

图 8.26 玻璃锦砖

其施工方法参照陶瓷锦砖。

5. 贴面类工程质量检验标准

（1）检验批及检查数量

① 相同材料、工艺和施工条件的室外饰面砖工程每 1 000 m² 应划分为一个检验批，不足 1 000 m² 也应划分为一个检验批。

② 相同材料、工艺和施工条件的室内饰面砖工程每 50 间应划分为一个检验批，不足 50 间也应划分为一个检验批，大面积房间和走廊按饰面砖面积 30 m² 计为一间。

③ 室外每个检验批每 100 m² 应至少抽查一处，每处不得小于 10 m²。

④ 室内每个检验批应至少抽查 10%，并不得少于 3 间；不足 3 间时应全数检查。

（2）质量检验标准

① 内外墙饰面砖的品种、规格、图案、颜色和性能应符合设计要求及国家现行标准的有关规定。

② 内外墙饰面砖粘贴工程找平、防水、黏结和填缝材料及施工方法应符合设计要求及国家现行标准的有关规定。

③ 内外墙饰面砖粘贴应牢固；面砖应无裂缝，大面和阳角应无空鼓。

④ 内墙饰面砖粘贴的允许偏差和检验方法应符合表 8-4 的规定。

表 8-4　内墙饰面砖粘贴的允许偏差和检验方法

项次	项目	允许偏差/mm	检验方法
1	立面垂直度	2	用 2 m 垂直检测尺检查
2	表面平整度	3	用 2 m 靠尺和塞尺检查
3	阴阳角方正	3	用 200 mm 直角检测尺检查
4	接缝直线度	2	拉 5 m 线，不足 5 m 拉通线，用钢直尺检查
5	接缝高低差	1	用钢尺和塞尺检查
6	接缝宽度	1	用钢直尺检查

⑤ 外墙饰面砖粘贴工程的伸缩缝设置应符合设计要求。

⑥ 外墙面砖粘贴的允许偏差和检验方法应符合表 8-5 的规定。

表 8-5　外墙饰面砖粘贴的允许偏差和检验方法

项次	项目	允许偏差/mm	检验方法
1	立面垂直度	3	用 2 m 垂直检测尺检查
2	表面平整度	4	用 2 m 靠尺和塞尺检查
3	阴阳角方正	3	用 200 mm 直角检测尺检查
4	接缝直线度	3	拉 5 m 线，不足 5 m 拉通线，用钢直尺检查
5	接缝高低差	1	用钢尺和塞尺检查
6	接缝宽度	1	用钢直尺检查

8.1.3　石板材类墙面施工

石板材可分为天然石板材和人造石板材两大类。常见天然石板材有花岗石、大理石和青石板等，具有强度高、耐久性好的优点，多作高级装饰用；常见人造石板材有预制水磨石板、人造大理石板等。

天然花岗岩板材质地坚硬、强度高、耐酸性好，属于硬石材。常用于室外墙地饰面装修，为高级饰面板材。花岗岩按其加工方法和表面粗糙程度可分为剁斧板、机刨板、火烧板、粗磨板和磨光板。粗磨板和磨光板材的常用规格有 400 mm×400 mm、600 mm×600 mm、600 mm×900 mm、750 mm×1 070 mm 等，厚度为 20 mm、30 mm、40 mm 等。

天然大理石板属于中硬石材，其质地均匀、色彩多变、纹理美观，是良好的装饰材料。但耐酸性差,因此常用于室内的装饰装修,不宜用于室外或易受有害气体侵蚀的环境中。大理石通常制成抛光镜面板,常见的规格有 400 mm×400 mm、600 mm×600 mm、600 mm×990 mm、600 mm×1200 mm 等,厚度为 20 mm、30 mm、40 mm 等。

蘑菇石是将天然花岗岩石加工成边缘整齐、中部有不规则凸起的形状,立体感强、装饰效果好,常用于外墙、内墙及屋面装饰装修。常用规格有 600 mm×900 mm、750 mm×1 200 mm 等,厚度为 150 mm 等。

石板材常见的施工方法主要有粘贴法、挂贴法和干挂法等,其中粘贴法适用于面积小于 400 mm×400 mm,厚度小于 12 mm 的石板材(即小规格石板材)。

1. 粘贴法施工

粘贴法是指采用水泥砂浆、聚合物水泥砂浆以及新型黏结材料(如建筑黏结剂)等将小规格天然石板材直接粘贴于建筑结构基体表面的一种施工方法。

粘贴法施工工艺为:基层处理→抹底灰→弹线定位→粘贴石板材→嵌缝。

(1)基层处理

对墙、柱等基体的缺陷进行修复,清除基体上的灰尘、污垢,并保证其平整、粗糙和湿润。

(2)抹底灰

一般用 1∶3 的水泥砂浆在基体上抹底灰,厚度为 12 mm,用短木杠刮平并划毛。

(3)弹线定位

根据设计图纸、粘贴的部位、石板材的规格以及接缝宽度,在底灰上弹出水平线、垂直线。

(4)粘贴石板材

粘贴前,应在底灰上刷一道素水泥浆。粘贴时在石板材背面抹上 2~3 mm 厚的素水泥浆(可加入适量的 107 胶),贴上后用木槌或橡皮锤轻轻敲击使之粘牢。

(5)嵌缝

待石板材粘贴 2~4 d 后,可用与饰面板底色相近的水泥浆进行嵌缝,并清除板材表面多余的浆液。

2. 挂贴法施工

挂贴法是指在建筑结构墙面固定钢筋网(图 8.27),在钢筋网上绑扎天然石板材,或采用金属锚固件钩挂石板材并与墙体固定,然后在石板材与墙体之间的空腔内灌注水泥砂浆或水泥石屑浆的一种施工方法。

挂贴法的施工工艺为:基层处理→绑扎钢筋网→钻孔、剔槽、挂丝→安装石板材→灌浆→嵌缝。

(1)基层处理

对墙、柱等基体的缺陷进行修复,清除基体表面上的灰尘、污垢等,并保证其表面平整粗糙。

(2)绑扎钢筋网

根据设计要求使用 $\phi 8 \sim \phi 10$ 的钢筋采用焊接或绑扎的方法形成钢筋网片,竖向钢筋的间距可按石板材宽度设置,横向钢筋的间距比石板材竖向尺寸低 20~30 mm 为宜。采用与膨胀螺栓焊接等方式,将钢筋网片固定在基体上,如图 8.26 所示。

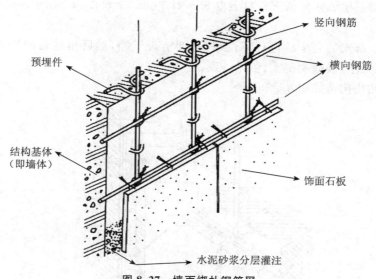

图 8.27 墙面绑扎钢筋网

（3）钻孔、剔槽、挂丝

为便于饰面板与钢筋网片进行连接，应在石板材上钻孔或剔槽，常用的有"牛轭孔""斜孔"和"三角形槽"，如图 8.28 所示。孔或槽一般距板材两端为板边长的 1/4～1/3，孔或槽形成后用铜丝或不锈钢丝穿入其中。铁丝因易腐蚀生锈而脱落，故不宜采用。

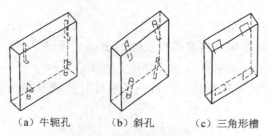

（a）牛轭孔   （b）斜孔   （c）三角形槽

图 8.28 石板材钻孔

（4）安装石板材

安装前，用线锤从上而下吊线，考虑留出石板材厚度、灌浆厚度以及钢筋网焊接绑扎所占的位置，准确定出石板材的位置，然后将此位置投影到地面，在墙下边画出第一层石板材的轮廓尺寸线，作为第一层石板材的安装基准线。

石板材安装一般自下而上逐层进行，通过铜丝或不锈钢丝绑扎在钢筋网片上，石板材的平整度、垂直度和接缝宽度可用木楔进行调整。板材就位后，要做临时固定，以防止灌浆时石板材游走、错位。

（5）灌浆

石板材经过校正垂直、平整和方正，并临时固定后即可灌浆。一般采用 1∶3 水泥砂浆分层灌浆，砂浆稠度 8～15 cm。灌浆时，注意不要碰动石板材，全长均匀灌注。灌浆应逐层进行，第一层灌入高度小于等于 150 mm，并应小于等于 1/3 板材高，灌浆时用小铁钎轻轻插捣，切忌猛捣猛灌。待第一层灌浆初凝后，再进行第二层灌浆，高度 100 mm 左右，即板材的 1/2 高度。第三层灌浆应低于板材上口 50～100 mm,余量作为上层板灌浆的接缝。

(6)嵌缝

当石板材全部安装完毕后,应将石板材表面清理干净,然后用选定的嵌缝材料进行嵌缝,边嵌缝边擦干净,嵌缝要密实、色泽一致。

石板材挂贴法构造如图 8.29 所示。

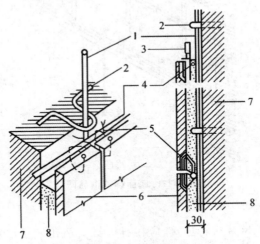

1—立筋;2—铁环;3—定位木楔;4—横筋;5—铜丝;6—石板材;7—墙体;8—水泥砂浆(灌浆)

图 8.29 挂贴法构造示意图

3. 干挂法施工

干挂石材的施工方法是用一组高强耐腐蚀的金属连接件,将饰面石材与结构可靠地连接,其间形成空气间层,不做灌浆处理的一种施工方法。

干挂法施工的工艺为:基层处理→弹线→石板材打孔或开槽→固定连接件→安装石板材→嵌缝、清理面板。

(1)基层处理

安装前,对基层墙体进行认真处理,是防止石板材安装后产生空鼓、脱落的关键工序。当基层表面有影响石板材安装的凸出部位时,应予以凿除;有小孔洞的,应用水泥砂浆补平,使其表面平整粗糙,墙面平整度一般控制在 4 mm/2 m,垂直度偏差一般控制在 H/1 000 或 20 mm 以内,必要时做灰饼以控制石板材安装的平整度。

(2)弹线

基层处理完毕后,在墙体基层表面吊垂线以及拉水平线,控制石板材的垂直度和水平度,根据设计图纸和实际需要弹出安装石板材的位置线和分块线。放线时要注意板与板之间应留缝隙,一般可留 1～2 mm 的缝隙。放线必须准确,一般由墙中心向两边弹放,使墙面误差均匀地分布在板缝中。

(3)石板材打孔或开槽

根据设计尺寸和图纸要求,将石板材用专用模具固定在台钻上进行打孔(或开槽),板材上下两边各形成两个孔洞(或沟槽)。打孔或开槽的位置要准确无误,并与连接件的尺寸相适应。

（4）固定连接件

连接件一般是由不锈钢板或角钢等金属构件组成，如图 8.30 所示。连接件的安装位置应根据设计要求和板材钻孔的位置确定，连接件可通过膨胀螺栓等方法与墙、柱基体连接。

（5）安装石板材

安装时从底层开始，干挂石板材时应保证水平度及垂直度满足有关规定，相邻石板材之间用 φ5 的不锈钢销钉钉牢。经找平吊直后，将石板材固定在上下连接件上并用环氧树脂胶密封。

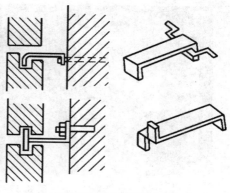

图 8.30　不锈钢连接件

（6）嵌缝

每一施工段安装后经检查无误，方可清扫拼接缝，填入橡胶条（或素水泥浆），然后用打胶机进行硅胶涂封，嵌缝后即可清理板材表面杂物。

石板材干挂法可分为无骨架干挂法和有骨架干挂法，无骨架干挂法如图 8.31 所示，有骨架干挂法如图 8.32 所示。

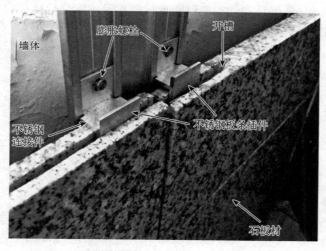

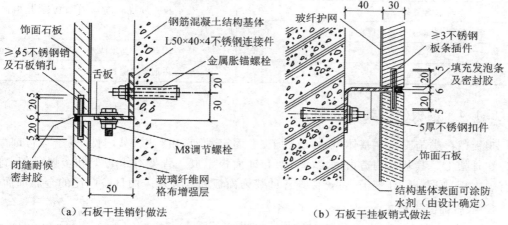

（a）石板干挂销针做法　　　　（b）石板干挂板销式做法

图 8.31　无骨架干挂法示意图

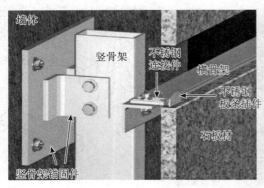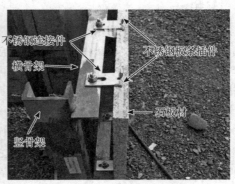

图 8.32　有骨架干挂法示意图

4. 石板材类工程质量检验标准

（1）检验批及检查数量

同贴面类工程。

（2）质量检验标准

① 石板的品种、规格、颜色和性能应符合设计要求及国家现行标准的有关规定。

② 石板孔、槽的数量、位置和尺寸应符合设计要求。

③ 石板安装工程的预埋件、连接件的材质、数量、规格、位置、连接方法和防腐处理应符合设计要求。石板安装应牢固。

④ 石板表面应平整、洁净、色泽一致，应无裂痕和缺损。

⑤ 石板安装的允许偏差和检验方法应符合表 8-6 的规定。

表 8-6　石板安装的允许偏差和检验方法

项次	项目	允许偏差/mm			检查方法
		光面	剁斧石	蘑菇石	
1	立面垂直度	2	3	3	用 2 m 垂直检测尺检查
2	表面平整度	2	3	—	用 2 m 靠尺和塞尺检查
3	阴阳角方正	2	4	4	用 200 mm 直角检测尺检查
4	接缝直线度	2	4	4	拉 5 m 线，不足 5 m 拉通线，用钢直尺检查
5	墙裙、勒脚上口直线度	2	3	3	
6	接缝高低差	1	3	—	用钢尺和塞尺检查
7	接缝宽度	1	2	2	用钢直尺检查

8.1.4　镶板(材)类墙面施工

镶板(材)类施工是在基体(墙体或柱子)上固定骨架，用粘贴、紧固件、嵌条等将饰面板安装在骨架上。其基本构造由固定的骨架和饰面板组成。骨架有木骨架和金属骨架，饰面板有硬木板、胶合板、纤维板、石膏板等各种装饰面板和近年来应用日益广泛的金属饰面板。

1. 木质饰面板施工

木质饰面板墙面是指采用各种硬木板、胶合板、纤维板以及各种装饰面板等进行墙面装修。具有美观大方、装饰效果好,且安装方便等优点,但防火、防潮性能欠佳,一般多用作宾馆、大型公共建筑的门厅以及大厅面的装修。木质饰面板墙面装修构造是先立墙筋,然后外钉面板(如图 8.33)。

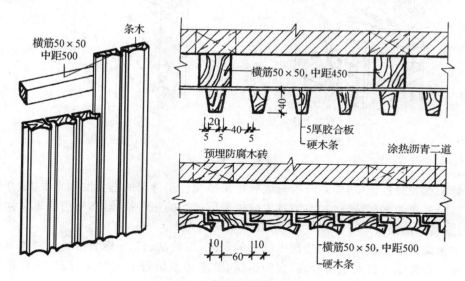

图 8.33 木质饰面板墙面构造

其施工工艺流程一般为:基层处理→弹线→检查预埋件→固定木骨架→安装木饰面板→安装收口线条。

(1)基层处理

清理墙体基层表面污物、灰尘,修补基层表面孔洞,铲除突出墙面的灰埂或钉子等,使其表面平整。用线锤检查墙面垂直度和平整度。如墙面平整误差在 10 mm 以内,采取垫灰修整的办法;如误差大于 10 mm,可在墙面与木龙骨之间加木垫块来解决,以保证木龙骨的平整度和垂直度。

(2)弹线

根据设计施工图的尺寸要求,先在墙面上画出水平标高线,按木骨架的分档尺寸弹出横竖骨架(木筋)的水平线和垂直线,横竖骨架的间距应参照木饰面板的长、宽的尺寸确定,一般为 400~600 mm。

弹线的目的有两个:一个是使施工有了基准线,便于下一道工序的施工。另一个是检查墙面预埋件是否符合设计要求;电气布线是否影响木龙骨安装位置;空间尺寸是否合适;标高尺寸是否改动等。在弹线过程中,如果发现有不能按原来标高施工的问题,或不能按原来设计布局的问题,应及时提出设计变更,以保证工序的顺利进行。

(3)检查预埋件

检查预埋件的位置是否符合骨架(木筋)分档的尺寸,如预埋件位置不合适,可以补设。预埋件可以为墙内预埋木砖、预埋木楔或钻孔后嵌入木楔(图 8.34)。

(4)固定木骨架

木骨架的固定,通常做法是将木骨架用圆钉与预埋木砖连接固定,或与嵌入墙体内的木楔连接固定,也可以用水泥钢钉将骨架直接钉入结构墙体基面。

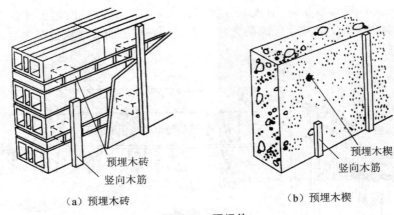

预埋木砖
竖向木筋
（a）预埋木砖

预埋木楔
竖向木筋
（b）预埋木楔

图 8.34　预埋件

木骨架在安装过程中，要随时吊垂线和拉水平线校正骨架的垂直度和水平度，并检查木骨架与基层表面的靠平情况，如空隙过大应先采取适当的垫平措施，然后再将木骨架钉牢。

（5）安装木饰面板

将木饰面板的装饰面朝外，按照木骨架的间距，用粘贴、钉、上螺钉等方法将木饰面板固定在横竖木骨架上。钉头不得外露，以防生锈，要求将所用钉子的钉头打扁，用铁锤打入板内，钉眼处用腻子抹平。

木饰面板应在骨架上接缝，如设计为明缝且缝隙宽度无设计要求，一般缝宽为 3～5 mm，以便适应木饰面板因空气湿度、温度变化引起的微量伸缩。缝隙的处理方式有方形、三角形以及压条盖缝等（图 8.35）。

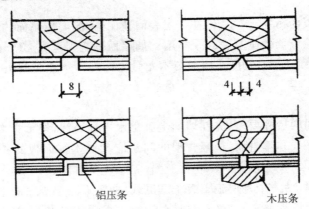

铝压条

木压条

图 8.35　木饰面板板缝处理

（6）安装收口线条

如果在两个不同交接面之间存在高差、转折或缝隙，那么表面就需要用线条造型修饰，常采用收口线条来处理。安装封边收口条时，钉的位置应在线条的凹槽处或背视线的一侧。

2. 金属饰面板施工

金属饰面板墙面系指利用薄钢板、不锈钢板、铝板或铝合金板作为墙面装修材料。金属饰面板作为建筑物特别是高层建筑物的外墙饰面具有典雅庄重、质感丰富、线条挺拔及坚固、质轻、耐久等特点。金属饰面板有铝合金板、不锈钢板等单一材质板，也有夹芯铝合金板、涂层钢板、烤漆钢板等复合材质板。

金属饰面板墙面装修构造,也是先立墙筋,然后外钉面板。墙筋用膨胀铆钉固定在墙上,间距为 60~180 mm。金属饰面板用自攻螺丝或膨胀铆钉固定,也可先用电钻打孔后用木螺丝固定。铝合金饰面板墙面构造如图 8.36 所示。

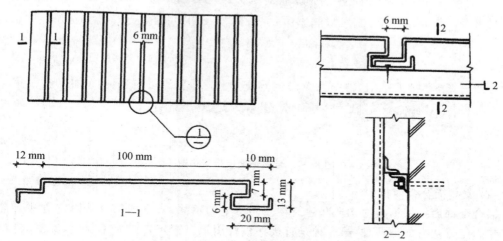

图 8.36　铝合金板材(扣板)墙面构造

以铝合金饰面板为例,其施工工艺流程一般为:弹线定位→固定骨架连接件→安装骨架→安装铝合金面板→收口细部处理。

(1)弹线定位

弹线定位前应对墙面进行测量检查,使墙体基层平面的垂直度、平整度满足骨架的垂直度和平整度的要求。如果误差较大,可用水泥砂浆修补。

弹线定位是决定铝合金饰面板安装精度的重要环节。根据设计要求将骨架的位置弹到墙面上,为骨架安装提供依据。弹线工作最好一次性完成,如果有误差,应随时进行调整。

(2)固定骨架连接件

横、竖骨架是通过骨架连接件与墙体结构进行固定(图 8.37),因此对骨架连接件的要求是位置精确,连接牢固。骨架连接件与墙体结构的连接通常做法有两种:第一种做法是与墙体结构的预埋铁件焊接,此种做法要求预埋铁件的位置要准确;第二种做法是在墙面上打金属膨胀螺栓固定,因该种方法较为灵活,尺寸易于控制,准确性较高,容易保证质量,所以在工程中采用较多。

为确保骨架连接件的牢固性,安装固定后应对施工情况做隐蔽工程检查记录(焊缝长度、位置、膨胀螺栓的打孔深度、数量等),必要时应做抗拉、拉拔测试,以达到设计要求。此外,型钢类连接件表面应当镀锌,焊缝处应刷防锈油漆。

(3)安装骨架

骨架在安装前必须做防腐处理。如采用铝合金型材,则与连接件接触部分必须做防腐处理,避免产生电化学腐蚀。

安装骨架的位置要准确,结合要牢固。安装过程中应及时校正垂直度和平整度,特别是对于较高外墙饰面的竖向骨架,应用经纬仪校正,较低的可用线锤校正。同时安装中要做好沉降缝、变形缝和变截面的细部处理,以便饰面板顺利安装。

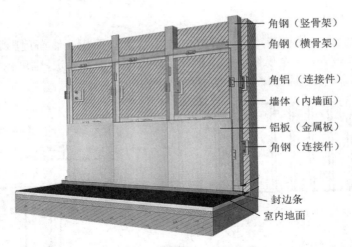

图 8.37　金属饰面板骨架构造

（4）安装铝合金面板

铝合金饰面板根据板材构造和建筑物立面造型的不同，有不同的安装固定方法。常用的安装固定方法有如下两种：第一种是直接将板材用螺钉固定在骨架型材上，其耐久性好，连接牢固，常用于外墙饰面工程；第二种是将带有异形边口的板材卡在特制的金属龙骨上，其施工方便，连接简单，适宜受力不大的室内墙面或吊顶饰面工程。

（5）收口细部处理

铝合金饰面板收口细部主要有：墙面边缘部位收口、墙面下端收口、转角处收口、窗台与女儿墙上部水平部位收口、伸缩缝与沉降缝等处收口。这些部位一般采用特制的铝合金成型板进行处理，一则防雨水渗入，二则提高墙面的整体美观性。

① 墙面边缘部位收口处理。一般采用铝合金成型板将墙板端部及骨架（龙骨）部位封住，图 8.38 是墙面边缘部位收口处理的节点大样图。

② 墙面下端收口处理。采用一条特制的披水板，将板的下端封住，同时将板与墙体之间的缝隙盖住，防止雨水渗入室内。铝合金板墙面下端收口处理的节点大样图如图 8.39 所示。

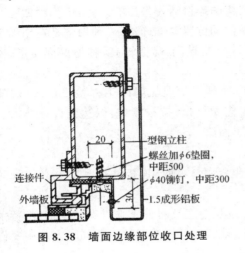

图 8.38　墙面边缘部位收口处理

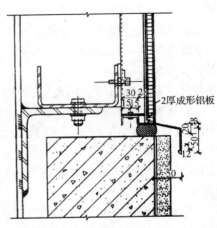

图 8.39　墙面下端收口处理

③ 转角处收口处理。较为简单的处理方法是用一条 1.5 mm 厚的直角铝合金板,与外墙板用螺栓连接(图 8.40),直角铝合金板的颜色应与外墙板的颜色相同。此方构造简单,一旦破损更换容易。

④ 窗台、女儿墙上部水平部位收口处理。窗台、女儿墙上部水平部位收口处理,一般采用铝合金板盖住顶部,使之阻挡风雨的浸透。水平盖板的固定,先在基层上焊接钢骨架,后用螺栓将盖板固定在骨架上,板的接长部位宜留 5 mm 左右的间隙,并用密封胶进行密封(图 8.41)。

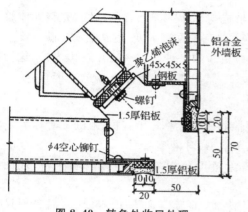

图 8.40 转角处收口处理

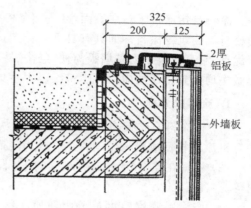

图 8.41 水平部位收口处理

3. 镶板(材)类工程质量检验标准

(1)检验批及检查数量

同贴面类工程。

(2)质量检验标准

① 木板、金属板的品种、规格、颜色和性能应符合设计要求及国家现行标准的有关规定。木龙骨、木饰面板的燃烧性能等级应符合设计要求。

② 木板安装工程和金属安装工程的龙骨、连接件的材质、数量、规格、位置、连接方法和防腐处理应符合设计要求,木板和金属板安装应牢固。

③ 外墙金属板的防雷装置应与主体结构防雷装置可靠接通。

④ 木板、金属板的表面应平整、洁净、色泽一致,应无缺损。

⑤ 木板、金属板安装的允许偏差和检验方法应符合表 8-7 的规定。

表 8-7 木板、金属板安装的允许偏差和检验方法

项次	项目	允许偏差/mm		检查方法
		木板	金属板	
1	立面垂直度	2	2	用 2 m 垂直检测尺检查
2	表面平整度	1	3	用 2 m 靠尺和塞尺检查
3	阴阳角方正	2	3	用 200 mm 直角检测尺检查
4	接缝直线度	2	2	拉 5 m 线,不足 5 m 拉通线,用钢直尺检查
5	墙裙、勒脚上口直线度	2	2	

项次	项目	允许偏差/mm		检查方法
		木板	金属板	
6	接缝高低差	1	1	用钢尺和塞尺检查
7	接缝宽度	1	1	用钢直尺检查

8.1.5 涂料类墙面施工

涂料是指涂覆于基层表面,在一定条件下可形成与基体牢固结合的连续、完整固体膜层的材料。建筑物涂料饰面具有自重轻、工期短、色彩丰富、质感多变、耐久性好、施工效率高等优点,它是建筑物内外墙最简便、经济、易于维修更新的一种装饰方法。在国内外,这种饰面做法均得到广泛的应用。建筑涂料主要具有装饰、保护和改善使用环境的功能。

1. 涂料的分类

(1)按涂料的成膜物质,可将涂料分为有机涂料、无机涂料和有机-无机复合涂料。其中有机涂料根据成膜物质的特点可分为溶剂型、水溶型、乳液型涂料。

(2)根据在建筑物上使用部位的不同,建筑涂料可分为外墙涂料、内墙涂料、地面涂料等。

(3)按涂料膜层厚度可分为薄质涂料、厚质涂料,前者厚度为 1～6 mm,后者厚度为50～100 mm。

(4)按涂料的特殊功能可分为防火涂料、防水涂料、防腐涂料、弹性涂料等。

(5)按化学成分不同可分为水性涂料(如乳液型涂料、无机涂料、水溶性涂料等)、溶剂型涂料(如丙烯酸酯涂料、聚氨酯丙烯酸涂料、有机硅丙烯酸涂料等)和美术涂料等。

上述分类只是从某一角度出发,强调某一方面的特点。实际应用时,往往是各种分类交织在一起,如薄质涂料包括合成树脂乳液薄涂料、水溶型薄涂料、溶剂型薄涂料、无机薄涂料等。

2. 涂料的施工方法

建筑涂料的基本施涂方法有刷涂、滚涂、喷涂、弹涂等(图 8.42)。

(1)刷涂

刷涂是用毛刷、排笔在基层表面进行人工覆涂施工的一种方法。这种方法简单易学,适用性广,工具设备简单。刷涂的顺序是先左后右,先上后下,先难后易,先边后面。一般是二道成活,高中级装饰可增加 1～2 道刷涂。刷涂的质量要求是薄厚均匀,颜色一致,无漏刷、流淌和刷纹,涂层丰富。

(2)滚涂

滚涂是利用软毛辊(羊毛或人造毛)、花样辊进行施工。该种方法具有设备简单、操作方便、工效高、涂饰效果好等优点。滚涂的顺序基本与刷涂相同。滚涂的质量要求是涂膜厚薄均匀、平整光滑、不流挂、不漏底;花纹图案完整清晰、匀称一致、颜色和谐。

(3)喷涂

喷涂是利用喷枪(或喷斗)将涂料喷于基层上的机械施涂方法。其特点是外观质量好,工效高,适用于大面积施工。喷涂时应先喷门、窗口等附近,后喷大面,一般二道成活,但喷

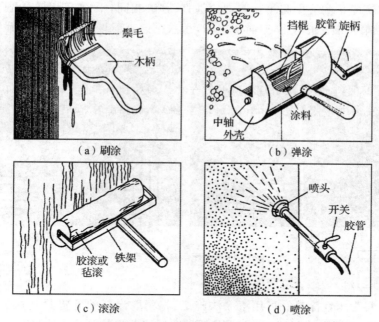

（a）刷涂 （b）弹涂

（c）滚涂 （d）喷涂

图 8.42 涂料施工方法示意图

涂复层涂料的主涂料时应一道成活。喷涂面的搭接宽度应控制在喷涂宽度的 1/3 左右。喷涂的质量要求为厚度均匀、颜色一致、平整光滑，不出现露底、皱纹、流挂、针孔、气泡和失光现象。

（4）弹涂

弹涂是借助专用的电动或手动的弹涂器，将各种颜色的涂料弹到饰面基层上，形成直径 2～8 mm、大小近似、颜色不同、互相交错的圆粒状色点或深浅色点相间的彩色涂层。弹涂饰面层黏结能力强，可用于各种基层，获得牢固、美观、立体感强的涂饰面层。弹涂方向为自上而下呈圆环状进行，不得出现接槎现象。弹涂器与墙面的距离一般为 250～350 mm，主要视料斗内涂料的多少而定，距离随涂料的减少而渐近，使色点大小保持均匀一致。

3. 内墙涂料施工

内墙涂料施工工艺流程为：基层处理→刮腻子、磨光→分遍刷涂料→清扫。

（1）基层处理

新抹水泥砂浆墙面常温龄期不少于 14 d，待墙面含水率小于 10% 时，方可施工。基层必须平整、无灰尘、无油污、无脱皮、无粉化。基层的空鼓部分要剔除，孔洞等要用 107 胶水泥腻子修补完好。

（2）刮腻子、磨光

腻子粉分成品腻子和现场调配腻子两种。其实它就是替代滑石粉＋纤维素钠＋901 胶这种传统工艺的产品，用法只需加入清水搅拌就可使用。主要是在涂装时对墙面进行处理，使墙面平整，以便于进行涂料作业。

刮腻子一般要求满刮两遍。第一遍是用胶皮刮板横向刮抹，要求均匀、光滑、密实、不漏刮，接头不留槎，不沾污门窗框其他部位，线角及边棱整齐，待干透后用粗砂纸（或打磨机）打磨平整;第二遍刮腻子的方向与第一遍方向垂直、方法相同,干透后用细砂纸(或打磨机)打磨平整、光滑,如图 8.43 所示。

（a）墙面刮腻子　　　　　　　　　　　（b）打磨机打磨

图 8.43　墙面刮腻子与磨光

（3）分遍刷涂料

① 内墙涂料为水性涂料。可用滚涂法施工,将蘸取涂料的毛辊紧贴基层上下、左右来回滚动,使涂料在基层上均匀展开,最后用蘸取涂料的毛辊按一定方向满滚一遍,阴角及上下口宜采用排笔刷涂抹齐。

② 内墙涂料为丙烯酸酯涂料。可采用刷涂的方法施工。用排笔、棕刷等工具蘸上涂料均匀地刷涂在基层表面上。涂刷时,宜按先左后右,先上后下,先难后易,先边后面的顺序进行。刷涂一般不少于两道,应在前一道涂料表面干燥后,再刷下一道,两道涂料的间隔时间一般为 2～4 h。

③ 内墙涂料为聚氨酯涂料。可采用抹涂的方法施工。先在基层刷涂或滚涂 1～2 道底层涂料,待其干燥后,用不锈钢抹子将涂料涂刷在基层上。一般抹 1～2 遍,间隔 1 h 后再用不锈钢抹子压平。

④ 内墙涂料为高分子涂料。可采用喷涂法施工,喷枪压力宜控制在 0.4～0.8 MPa 范围内,喷涂时喷枪与墙面应保持垂直,距离宜在 500 mm 左右,匀速平行移动,两行重叠宽度宜控制在喷涂宽的 1/3。

内墙涂料施工时,一般室内温度控制在 5～35 ℃,施工顺序一般应先顶棚后墙面。若楼地面已施工,可进行覆盖,以保持地面清洁。

（4）清扫

涂料施工完毕,应及时修补和清扫,并清除预先盖在门窗等部位的遮挡物。

4. 外墙涂料施工

外墙涂料施工工艺流程为:基层处理→设置分格缝→施涂封底涂料→施涂主层涂料→涂罩面涂料→修整。

（1）基层处理

基层表面必须坚固,无起酥、脱皮、起壳、粉化等现象,将基层表面上的灰尘、污垢等清除干净,将缺棱掉角处用 1∶3 水泥砂浆修好,表面麻面及缝隙可用腻子局部刮平,待腻子干后,用砂纸磨平。

不同类型的涂料对混凝土或抹灰基层含水率的要求不同,涂刷溶剂涂料时,参照国际一般做法规定为不大于 8%;涂刷乳液型涂料时,基层含水率控制在 10% 以下时装饰质量较好。

（2）设置分格缝

大面积墙面宜做分格处理,根据设计要求设置分格缝,并保证分格缝平直、光滑、粗细一致(图 8.44)。

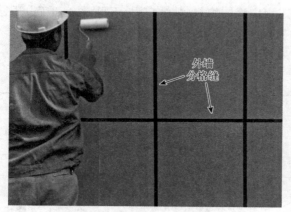

图 8.44　涂料外墙面分格缝

（3）施涂封底涂料

封底涂料采用喷涂或刷涂方法进行。

（4）施涂主层涂料

喷涂施工应根据所用涂料的品种、黏度、稠度等确定喷涂机的种类。采用喷枪进行施工时,喷嘴中心线必须与墙面垂直,喷枪运行速度应保持均匀,涂层的接搓应留在分格缝处。门窗以及不喷涂料的部位,应认真遮挡。喷涂操作一般应连续进行,一次成活。

（5）涂罩面涂料

主层涂料干后,即可涂罩面层涂料,水泥系主层涂料喷涂后应先干燥 12 h 以后,才能施涂罩面涂料。施涂罩面涂料时,采用喷涂的方法进行,不得有漏涂和流坠现象。待第一遍罩面涂料干燥后,再喷涂第二遍罩面涂料。

（6）修整

修整的形式有两种:一种是边施工边修整,它贯穿于班前班后和每完成一分格块;另一种是整个分部、分项工程完成后,应组织进行全面检查,如发现有漏涂、透底、流坠等缺陷,应立即修整和处理,以保证施工质量。

5. 涂料类工程质量检验标准

（1）检验批及检查数量

① 室外涂饰工程每一栋楼的同类涂料涂饰的墙面每 1 000 m² 应划分为一个检验批,不足 1 000 m² 也应划分为一个检验批。

② 室内涂饰工程同类涂料涂饰墙面每 50 间应划分为一个检验批,不足 50 间也应划分为一个检验批,大面积房间和走廊按涂饰面积 30 m² 计为一间。

③ 室外涂饰工程每 100 m² 应至少检查一处,每处不得小于 10 m²。

④ 室内涂饰工程每个检验批应至少抽查 10%，并不得少于 3 间；不足 3 间时应全数检查。

（2）质量检验标准

① 水性涂料涂饰工程。

a. 水性涂料涂饰工程所用涂料的品种、型号和性能应符合设计要求；

b. 水性涂料涂饰工程的颜色、光泽、图案应符合设计要求；

c. 水性涂料涂饰工程应涂饰均匀、黏结牢固，不得漏涂、透底、开裂、起皮和掉粉；

d. 水性涂料涂饰工程的基层处理应符合规范要求；

e. 薄涂料的涂饰质量和检验方法应符合表 8-8 的规定；

表 8-8 薄涂料的涂饰质量和检验方法

项次	项目	普通涂饰	高级涂饰	检验方法
1	颜色	均匀一致	均匀一致	观察
2	光泽、光滑	光泽基本均匀、光滑无挡手感	光泽均匀一致，光滑	
3	泛碱、咬色	允许少量轻微	不允许	
4	流坠、疙瘩	允许少量轻微	不允许	
5	砂眼、刷纹	允许少量轻微砂眼、刷纹通顺	无砂眼，无刷纹	

f. 厚涂料的涂饰质量和检验方法应符合表 8-9 的规定；

表 8-9 厚涂料的涂饰质量和检验方法

项次	项目	普通涂饰	高级涂饰	检验方法
1	颜色	均匀一致	均匀一致	观察
2	光泽	光泽基本均匀	光泽均匀一致	
3	泛碱、咬色	允许少量轻微	不允许	
4	点状分布	—	疏密均匀	

g. 墙面水性涂料涂饰工程的允许偏差和检验方法应符合表 8-10 的规定。

表 8-10 墙面水性涂料涂饰工程的允许偏差和检验方法

项次	项目	允许偏差（mm）					检查方法
		薄涂料		厚涂料		复层涂料	
		普通装饰	高级装饰	普通装饰	高级装饰		
1	立面垂直度	3	2	4	3	5	用 2 m 垂直检测尺检查
2	表面平整度	3	2	4	3	5	用 2 m 靠尺和塞尺检查
3	阴阳角方正	3	2	4	3	4	用 200 mm 直角检测尺检查
4	装饰线、分色线直线度	2	1	2	1	3	拉 5 m 线，不足 5 m 拉通线，用钢直尺检查
5	墙裙、勒脚上口直线度	2	1	2	1	3	拉 5 m 线，不足 5 m 拉通线，用钢直尺检查

② 溶剂型涂料涂饰工程。

a. 溶剂型涂料涂饰工程所选用涂料的品种、型号和性能应符合设计要求；

b. 溶剂型涂料涂饰工程的颜色、光泽、图案应符合设计要求；

c. 溶剂型涂料涂饰工程应涂饰均匀、黏结牢固，不得漏涂、透底、开裂、起皮和反锈；

d. 溶剂型涂料涂饰工程的基层处理应符合规范要求；

e. 色漆的涂饰质量和检验方法应符合表 8-11 的规定；

表 8-11　色漆的涂饰质量和检验方法

项次	项目	普通涂饰	高级涂饰	检验方法
1	颜色	均匀一致	均匀一致	观察
2	光泽、光滑	光泽基本均匀，光滑无挡手感	光泽均匀一致，光滑	观察、手摸检查
3	刷纹	刷纹通顺	无刷纹	观察
4	裹棱、流坠、皱皮	明显处不允许	不允许	观察

f. 清漆的涂饰质量和检验方法应符合表 8-12 的规定；

表 8-12　清漆的涂饰质量和检验方法

项次	项目	普通涂饰	高级涂饰	检验方法
1	颜色	基本一致	均匀一致	观察
2	木纹	棕眼刮平、木纹清楚	棕眼刮平、木纹清楚	观察
3	光泽、光滑	光泽基本均匀，光滑无挡手感	光泽均匀一致，光滑	观察、手摸检查
4	刷纹	无刷纹	无刷纹	观察
5	裹棱、流坠、皱皮	明显处不允许	不允许	观察

g. 涂层与其他装修材料和设备衔接处应吻合，界面应清晰；

h. 墙面溶剂型涂料涂饰工程的允许偏差和检验方法应符合表 8-13 的规定。

表 8-13　墙面溶剂型涂料涂饰工程的允许偏差和检验方法

项次	项目	允许偏差/mm				检验方法
		色漆		清漆		
		普通装饰	高级装饰	普通装饰	高级装饰	
1	立面垂直度	4	3	3	2	用 2 m 垂直检测尺检查
2	表面平整度	4	3	3	2	用 2 m 靠尺和塞尺检查
3	阴阳角方正	4	3	3	2	用 200 mm 直角检测尺检查
4	装饰线、分色线直线度	2	1	2	1	拉 5 m 线，不足 5 m 拉通线，用钢直尺检查
5	墙裙、勒脚上口直线度	2	1	2	1	拉 5 m 线，不足 5 m 拉通线，用钢直尺检查

8.1.6 裱糊类墙面施工

裱糊类墙面装饰是将各种装饰性的墙纸、墙布、织锦等材料裱糊在内墙面上的一种装修饰面。裱糊的材料种类繁多,色彩及花纹图案变化多样,质感强烈,具有良好的装饰效果,所以被广泛地用于宾馆、会议室、办公室及家居的内墙装饰。

裱糊工程中常用的材料有壁纸、墙布和胶黏剂(如 801 胶、聚醋酸乙烯胶黏剂、SG8104胶、粉末壁纸胶)等。壁纸种类多种多样,如复合纸质壁纸、PVC(塑料)壁纸、金属壁纸、纺织艺术壁纸等,当前应用最为普遍的壁纸是聚氯乙烯 PVC(塑料)壁纸,其产品的品种繁多,方便选用。墙布主要有玻璃纤维墙布、无纺贴墙布、锦缎墙布、化纤装饰墙布、棉质装饰墙布、石英纤维墙布等。

裱糊工程中常用的工具有活动裁纸刀、剪刀、刮板(如薄钢片刮板、胶皮刮板、塑料刮板,用于刮抹基层腻子以及刮压平整裱糊操作中的壁纸墙布)、滚压工具(如胶辊、辊筒,粘贴时,用于滚压壁纸墙布,迅速压平壁纸墙布的接缝和边缘部位)、刷具(如排笔、毛刷,用于涂刷裱糊胶黏剂)等,此外还有裁纸案台、钢卷尺、水平尺、粉线包、托线板、线锤、油灰铲刀等。

1. PVC 壁纸裱糊施工

其施工工艺流程:基层处理→封闭底层→弹线→预拼、裁纸、编号→润纸→刷胶→上墙裱糊→修整表面→养护。

(1)基层处理

裱糊壁纸的基层,要求坚实牢固,表面平整光洁,不疏松起皮、掉粉,无砂粒、孔洞、麻点和飞刺,污垢和尘土应消除干净,表面颜色要一致。裱糊壁纸的基层表面为了达到平整光滑、颜色一致的要求,应视基层的实际情况,采取局部刮腻子、满刮一遍腻子或满刮两遍腻子处理,每遍干透后用 0~2 号砂纸磨平。

不同基体材料的相接处,如木基层和石膏板相接处,应用穿孔纸带黏糊,以防止裱糊后的壁纸面层被撕裂或拉开,处理好的基层表面要喷或刷一遍汁浆。一般抹面基层可配制801 胶∶水=1∶1 喷刷,木基层、石膏板等可配制酚醛清漆∶汽油=1∶3 喷刷,汁浆喷刷不宜过厚,要均匀一致。

(2)封闭底层

为了防止墙纸、墙布受潮脱落,基层处理合格后,采用喷涂或刷涂的方法施涂封底涂料或底胶,做基层封闭处理,一般不少于两遍。

(3)弹线

按 PVC 壁纸的标准宽度找规矩,弹出水平及垂直准线。为了使壁纸花纹对称,应在窗户上弹好中线,再向两侧分弹。如果窗户不在中间,为保证窗间墙的阳角花饰对称,应弹窗间墙中线,由中心线向两侧再分格弹线。

(4)预拼、裁纸、编号

根据设计要求按照图案花色进行预拼,然后裁纸,裁纸长度应比实际量测的尺寸大20~30 mm,并计算好壁纸用料。裁纸下刀前,要认真复核尺寸有无出入,尺子压紧壁纸后不得再移动,刀刃贴紧尺边,一气呵成,中间不得停顿或变换持刀角度,手劲要均匀。裁好壁纸后要编号备用。

（5）润纸

PVC 壁纸上墙前，应先在壁纸背面刷清水一遍并立即刷胶，或将壁纸浸入水中 3～5 min 后，取出将水擦净，静置约 15 min 后，再进行刷胶。因为 PVC 壁纸遇水或胶水，即开始自由膨胀，干后自行收缩。如果在干壁纸上刷胶后立即上墙，因壁纸继续吸湿膨胀，墙面上的壁纸会出现大量的气泡、皱褶，不能成活。

（6）刷胶

刷胶时，基层表面涂刷胶黏剂的宽度要比上墙壁纸宽约 30 mm，涂刷要薄而均匀，不裹边，不宜过厚，一般抹灰面用胶量为 0.15 kg/m² 左右，气温较高时用量相对增加。为了能有足够的操作时间，纸背面和基层表面要同时刷胶。胶黏剂要集中调制，并于当日用完。

PVC 壁纸背面刷胶的方法是：壁纸背面刷胶后，胶面与胶面反复对叠，可避免胶干得太快，也便于上墙，这样裱糊的墙面整洁、平整。

（7）上墙裱糊

裱糊时，从墙的阴角开始铺贴第一张，按照弹好的垂直线吊直壁纸，从上而下用手铺平，用刮板刮实，并用小辊子将上下阴角处压实。第一张壁纸粘贴好后留 20 mm 余量拐过阴角约 10～20 mm。然后铺贴第二张壁纸，铺贴方法同第一张，与第一张搭槎 10～20 mm，要自上而下拼缝，用刮板刮平。一般无花纹的壁纸，用直钢尺在接缝处从上而下用活动裁纸刀切断，切割时要避免重割；有花纹的壁纸，则采取两幅壁纸花纹重叠，对好花，用钢尺在重叠处拍实，从上往下切割，将边纸撕去，裱糊拼缝对齐后，用薄钢片刮板或胶皮刮板由上而下抹刮（较厚的壁纸必须用胶辊滚压），再由拼缝开始按向外向下的顺序刮平压实，多余的黏结剂挤出纸边，及时用湿毛巾抹去，以整洁为准。然后用同样的方法将接顶、接踢脚的边切割整齐，并带胶压实，如图 8.45 所示。

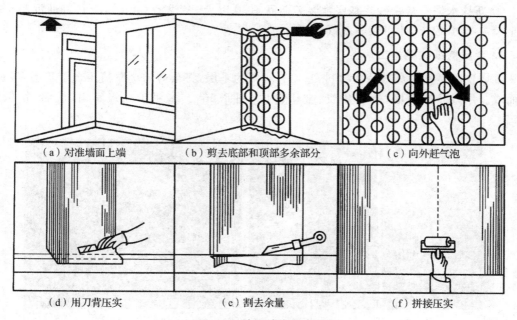

|（a）对准墙面上端|（b）剪去底部和顶部多余部分|（c）向外赶气泡|
|（d）用刀背压实|（e）割去余量|（f）拼接压实|

图 8.45　墙面裱糊示意图

为了防止使用时碰蹭，使壁纸开胶，严禁在阳角处甩缝搭槎，壁纸要裹过阳角不小于

20 mm。阴角壁纸搭缝时,应先裱糊压在里面的壁纸,再粘贴面层壁纸,搭接面应根据阴角垂直度而定,搭接宽度一般不小于20~30 mm,并且要保持垂直无毛边。

(8)修整表面

壁纸上墙后,若发现纸面出现气泡,可用注射针管将气抽出,再注射胶粘液贴平贴实。也可以用刀在气泡表面切开,挤出气体用胶黏剂压实。

如果已贴好的壁纸边沿脱胶而卷翘起来,即产生张嘴现象时,要将翘边壁纸翻起,清理干净,补刷胶液粘牢。

如果已贴好的壁纸出现接缝不垂直,花纹未对齐时,应及时将裱糊的壁纸铲除干净,重新裱糊。对于轻微的离缝或亏纸现象,可用与壁纸颜色相同的乳胶漆点描在缝隙内,漆膜干后一般不易显露。较严重的部位,可用相同的壁纸补贴,不得看出补贴痕迹。

对于在施工中碰撞损坏的壁纸,可采取挖空填补的办法,将损坏的部分割去,然后按形状和大小,对好花纹补上,要求补后不留痕迹。

(9)养护

壁纸在裱糊过程中及干燥前,应防止穿堂风劲吹,并应防止室温突然变化,冬季施工应在采暖条件下进行。除阴雨天外,需开窗通风,夜晚关门闭窗,防止潮气入侵。

施工注意事项:

①环境温度小于5 ℃、湿度大于85%及风雨天时均不得施工。

②混凝土及抹灰基层的含水率大于8%,木基层的含水率大于12%时,不得进行粘贴壁纸的施工。

③湿度较大的房间和经常潮湿的墙体表面,如需做裱糊时,应采用有防水性能的壁纸和胶黏剂等材料。

④新抹水泥石灰膏砂浆基层常温龄期需10 d以上(冬季需20 d以上),普通混凝土基层至少需28 d以上,才可粘贴壁纸。

2. 金属壁纸裱糊施工

金属壁纸是室内高档装修材料,它以特种纸为基层,将很薄的金属箔压合于基层表面加工而成。用以装饰墙面,雍容华贵、金碧辉煌(图8.46)。多用于高级宾馆、饭店、娱乐场所等。

图8.46 金属壁纸裱糊

其施工工艺流程为:基层处理→封闭底层→弹线→预拼、裁纸、编号→刷胶→上墙裱贴→修整表面→养护。

从施工工艺流程上看,金属壁纸裱糊与 PVC 壁纸裱糊类似,不同之处在于金属壁纸不必润纸。金属壁纸背面与基层表面应同时刷胶,胶黏剂应用金属壁纸专用胶粉配制,不得使用其他胶黏剂。金属壁纸刷胶时要特别慎重,勿将壁纸上的金属箔折坏。基层表面刷胶宽度应较壁纸宽出 30 mm 左右。

3. 锦缎裱糊施工

锦缎柔软光滑,极易变形,不易裁剪,故很难直接裱糊在各种基层表面。因此,必须先在锦缎背面裱一层宣纸,使锦缎硬朗挺括以后再上墙(图 8.47)。

图 8.47 锦缎裱糊

其施工工艺流程为:基层处理→封闭底层→弹线→锦缎上浆→锦缎裱纸→预拼、裁纸、编号→刷胶→上墙裱贴→修整墙面→涂防虫涂料→养护。

基层处理、封闭底层、弹线、预拼、裁纸、编号、刷胶、上墙裱贴、修整墙面、养护等做法同 PVC 壁纸。以下只介绍其中不同的工艺:

(1) 锦缎上浆

将锦缎平铺于字画裱糊的专用案子上,其正面朝下,背面朝上,并将锦缎两边压紧,用排刷从锦缎的中间向两边刷浆。刷浆要求均匀,浆液不宜过多,以打湿锦缎背面为准。

上浆用的浆液是由面粉、防虫粉和水按照 5∶40∶20(质量比)调配而成。

(2) 锦缎裱纸

在另外一张大的裱糊案子上,平铺一张幅宽大于锦缎宽度的宣纸,用水打湿宣纸使其平贴在桌面上。用水量要适当,以刚好打湿为准。把上好浆的锦缎从第一张桌面揭起,浆面朝下粘裱于打湿的宣纸之上,并用塑料刮片从锦缎中间向四周刮压,使它们粘贴均匀。待打湿的宣纸干后,便可从桌面取下锦缎备用。

(3) 涂防虫涂料

由于锦缎为丝织品,易被虫咬,故必须在锦缎的表面上涂上防虫涂料。

4. 裱糊类工程质量检验标准

(1) 检验批及检查数量

① 同一品种的裱糊工程每 50 间应划分为一个检验批,不足 50 间也应划分为一个检验批,大面积房间和走廊按施工面积 30 m² 计为一间。

② 裱糊工程每个检验批应至少抽查 5 间,不足 5 间时应全数检查。

（2）质量检验标准

① 壁纸、墙布的种类、规格、图案、颜色和燃烧性能等级应符合设计要求及国家现行标准的有关规定。

② 裱糊工程基层处理质量应符合高级抹灰的规范要求。

③ 裱糊后各幅拼接应横平竖直，拼接处花纹、图案应吻合，应不离缝、不搭接、不显拼缝。

④ 壁纸、墙布应粘贴牢固，不得有漏贴、补贴、脱层、空鼓和翘边。

⑤ 裱糊后的壁纸、墙布表面应平整，不得有波纹起伏、气泡、裂缝、皱褶；不得有斑污，斜视时应无胶痕。

⑥ 裱糊工程的允许偏差和检验方法应符合表 8-14 的规定。

表 8-14　裱糊工程的允许偏差和检验方法

项次	项目	允许偏差/mm	检验方法
1	表面平整度	3	用 2 m 靠尺和塞尺检查
2	立面垂直度	3	用 2 m 垂直检测尺检查
3	阴阳角方正	3	用 200 mm 直角检测尺检查

8.2　地面装饰施工

地面是建筑物首层地面（地坪）和楼层地面（楼面）的总称。地面装饰包括地坪装饰和楼面装饰两部分。

地面装饰作为装饰三大面的一个主要组成部分，是装饰施工中的一项重要内容。地面装饰要满足正常使用要求与人们的审美要求，主要起美观、保护结构层、创造良好的空间环境等作用。地面装饰面层应具有足够的强度、耐磨、防潮（水）、保温、隔声、美观、耐腐蚀等性能。

根据地面装饰面层所用的材料及施工方法的不同，地面装饰施工可分为整体类地面施工、块材类地面施工、卷材类地面施工和涂料类地面施工等四大类。

8.2.1　整体类地面施工

整体类地面主要指水泥砂浆地面、细石混凝土地面、现浇水磨石地面等，此三种做法在实际工程中较为常用，也是比较传统的地面装饰做法。

1. 水泥砂浆地面施工

水泥砂浆面层是采用水泥砂浆压抹于基层（垫层）或楼板结构层之上的一种装饰方法，是建筑工程应用最为传统、简单的面层构造。它具有材料简单，施工操作简便、快速，耐腐蚀、耐火，造价低廉等优点；但耐磨性稍差。适用于一般民用住宅和工业厂房车间的地坪面层。其常用构造做法如图 8.48 所示。

水泥砂浆地面施工工艺流程为：基层处理→找标高、弹线→抹灰饼或做标筋→刷素水泥浆结合层→铺水泥砂浆面层→木抹子搓平→第一遍抹压→第二遍抹压→第三遍压光→养护。

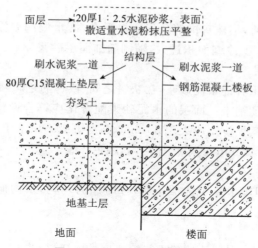

图 8.48 水泥砂浆地面构造

（1）基层处理

水泥砂浆面层一般抹在地坪混凝土垫层或楼面基层之上，基层处理是防止水泥砂浆面层空鼓、裂纹、起砂等质量通病的关键工序。因此要求基层应为干净、潮湿、粗糙的表面，认真清除基层上的灰尘，用钢丝刷和錾子刷净、剔掉灰浆皮和灰渣层，用水冲洗干净。

（2）找标高、弹线

地面抹灰前，根据实际情况，在四周墙上弹出 +500 mm 或 +1 000 mm 作为水平线基准线，根据基准线往下量测出面层标高，并弹在四周墙面上（即水平辅助基准线），作为确定水泥砂浆面层标高的依据［图 8.49（a）］，并要与房间以外的楼道、楼梯平台、踏步的标高相呼应，贯通一致。

（3）抹灰饼或做标筋（冲筋）

根据房间内四周墙面上弹出的面层标高水平线，确定面层抹灰厚度，然后拉水平线开始抹灰饼（5 cm×5 cm），横竖间距为 1.5～2.0 m，灰饼上平面即为地面面层标高。

如果房间较大，为保证整体面层平整度，还须做标筋（或称冲筋），将水泥砂浆铺在灰饼之间，宽度与灰饼宽相同，用木抹子拍抹成与灰饼上表面相平一致［图 8.49（b）］。

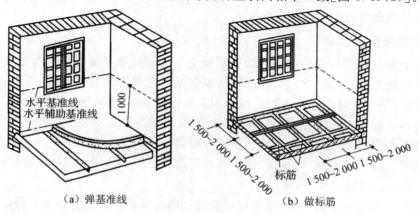

（a）弹基准线　　　　　　　（b）做标筋

图 8.49 弹线与做标筋

（4）刷素水泥浆结合层

在铺设水泥砂浆之前，将抹灰饼的余灰清扫干净，洒水湿润后涂刷水泥浆一层，其水灰比为 1∶0.5～1∶0.4，不要涂刷面积过大，随刷随铺面层砂浆。

（5）铺水泥砂浆面层

涂刷水泥浆之后紧跟着铺水泥砂浆，在灰饼之间（或标筋之间）将砂浆铺均匀，然后用木刮杠按灰饼（或标筋）高度刮平。面层的水泥砂浆配合比应符合设计有关要求，一般采用配合比为 1∶2 水泥砂浆，其稠度不应大于 35 mm，强度等级不应小于 M15。应使用砂浆搅拌机搅拌，搅拌时间不少于 2 min，要求搅拌均匀，颜色一致。

（6）木抹子搓平

木刮杠刮平后，立即用木抹子搓揉压实，抹时用力均匀，从内向外退着操作，并随时用 2 m 靠尺检查其平整度。

（7）第一遍抹压

待水泥砂浆收水后，立即用铁抹子进行第一遍抹实压平，直到出浆为止。如果局部砂浆过干，可用扫帚蘸水洒滴；如果局部砂浆过稀，可均匀撒一层 1∶1 干水泥砂来吸水，顺手用木抹子用力搓平，使其互相混合，待砂浆收水后再用铁抹子抹压直至出浆为止。上述操作须在水泥砂浆初凝之前完成。

（8）第二遍抹压

当面层砂浆刚刚初凝后，人踩上去，有脚印但不下陷时，用铁抹子进行第二遍抹压，边抹压边把坑凹处填平，要求不漏压，表面压平、压光。

（9）第三遍压光

在水泥砂浆终凝前，即人踩上去稍有脚印，用抹子抹上去不再有纹时，进行第三遍压光。抹压时用力稍大一些，并把第二遍抹压时留下的全部抹纹压平、压实、压光。

水泥砂浆地面压光要三遍成活，每遍抹压的时间要掌握恰当，以保证工程质量，压光过早或过迟，都会造成地面起砂的质量问题。

（10）养护

养护要适时，如浇水过早易起皮，过晚则易产生裂纹或起砂。在夏天，一般地面压光完 24 h 后，春秋季节应在 48 h 后养护。可采用铺锯末或其他材料覆盖洒水养护，保持湿润，养护时间不少于 7 d，当抗压强度达 5 MPa 才能上人。

冬期施工的环境温度不应低于 5 ℃。

2. 细石混凝土地面施工

细石混凝土面层是采用 C20 普通细石混凝土作地面或楼层面层。具有整体性好、强度高、耐久抗裂、施工简便、施工快速、造价较低等优点。适用于耐磨、抗裂性要求较高的厂房车间和公用、民用住宅建筑地坪面层。其常用构造做法如图 8.50 所示。

细石混凝土施工工艺流程：基层处理→找标高、弹线→抹灰饼或做标筋→刷素水泥浆结合层→浇筑细石混凝土→抹面层压光→养护→切割分格缝。

基层处理、找标高、弹线、抹灰饼、刷素水泥浆结合层的做法同水泥砂浆面层。

（1）浇筑细石混凝土

在浇筑细石混凝土的前一天，对基层表面进行洒水湿润。当天浇筑细石混凝土前，刷素水泥浆一道，随刷随浇铺。将搅拌好的细石混凝土铺抹到地面基层上，用 2 m 长刮杠顺着

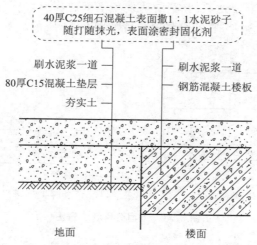

图 8.50 细石混凝土地面构造

标筋刮平,然后用滚筒往返纵横滚压。当面层厚度较厚时,应采用平板振动器振捣。如果混凝土振捣时,表面局部缺浆,可在表面略加适量的 1:2 水泥砂浆进行抹压找平,但不允许撒干水泥。如果表面已经泛浆,不允许再加水泥砂浆。

混凝土浇捣时,一定使其表面按墙四周基准线和中间的灰饼或标筋找平。

细石混凝土面层的强度等级不应小于 C20,水泥选用普通硅酸盐水泥或矿渣硅酸盐水泥,强度等级不低于 42.5,细石子粒径一般为 1~5 mm,最大粒径不应大于面层厚度的 2/3。

（2）抹面层压光

细石混凝土浇捣完毕后,用 2 m 长刮杠刮平,再用木抹子搓平,然后分三次抹压面层。

第一遍抹压:面层用木抹子搓平,待混凝土面层收水后,随即用铁抹子轻轻抹压面层进行第一遍抹压,直到出浆为止,使面层达到结合紧密。

第二遍抹压:当面层砂浆初凝后,地面面层上有脚印但走上去不下陷时,用铁抹子按先里后外的顺序进行第二遍抹压,把凹坑、砂眼填实抹平,注意不得漏压,不得留铁抹子的抹痕。

第三遍压光:在面层砂浆终凝前,即人踩上去稍有脚印,用铁抹子压光无抹痕时,可用铁抹子进行第三遍压光,此遍要用力抹压,把所有抹纹压平压光,达到面层表面密实光洁。压光应控制在混凝土终凝前完成,常温下不超过 3~5 h。要求表面无抹痕、光滑、色泽一致。

（3）养护

细石混凝土地面第三遍抹压完 24 h 后进行浇水养护,每天不少于 2 次,浇水次数应能保证混凝土具有足够的湿润状态。有条件时可铺湿润锯末或覆盖塑料薄膜养护,养护时间不少于 7 d,养护期间必须安排专人养护。耐磨混凝土地面养护不少于 14 d,28 d 后方可交付使用。

冬期施工的环境温度不应低于 5 ℃。

（4）切割分格缝

为避免结构柱周围地面开裂,必须在地面与结构柱之间设置分格缝,缝宽 5 mm,分隔缝在地面细石混凝土强度达到 70% 后,用砂轮切割机切割。切割前,必须弹线,保证分格缝缝宽笔直。柱边,通风、电气、水箱间、消防等设备基础边均应设置分格缝,分格缝距设备基础边 100 mm,填充弹性材料。柱边分格缝位置如图 8.51 所示。

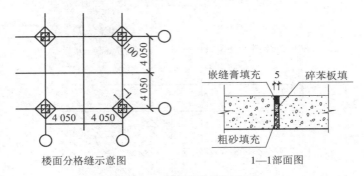

楼面分格缝示意图　　　　　　　　1—1部面图

图 8.51　地面分格缝示意图

3. 现浇水磨石地面施工

水磨石面层是在基层上铺抹水泥石粒浆,经硬化后磨光、打蜡而成。水磨石面层具有平整光滑、美观大方、坚固耐久、易于保洁、整体性好、防水防尘等优点,缺点是施工工序多、施工周期长、现场湿作业、容易产生污染物、噪声大等。适用于清洁要求较高的大厅、走廊、餐厅以及工业建筑的仪表车间、配电室、化验室、火药库等地坪或楼面的面层。

可分为本色水磨石(采用普通水泥)和彩色水磨石(采用白水泥)两种。其常用构造做法如图 8.52(a)所示,其装饰效果如图 8.52(b)所示。

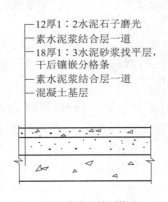

　（a）水磨石地面构造　　　　　　　　（b）水磨石地面装饰效果

图 8.52　水磨石地面

主要施工工艺流程:基层处理→找标高、弹水平线→铺找平层砂浆→养护→弹分格线→镶分格条→铺水磨石拌和料→滚压、抹平→水磨面层→草酸清洗→打蜡上光。

（1）基层处理

基层处理是保证水磨石经久耐用的重要工序,若处理不当或不做处理,可能引起水磨石面层的空鼓、裂缝,甚至局部塌陷。要求将混凝土基层上的杂物清除干净,不得有油污、浮土。用钢錾子和钢丝刷将沾在基层上的水泥浆皮錾掉铲净。

（2）找标高、弹水平线

根据已经弹好在墙面上的＋500 mm 或＋1 000 mm 水平标高线,往下量测出磨石面层的标高,弹在四周墙上,并考虑其他房间和通道面层的标高,要相一致。

（3）铺找平层砂浆

根据墙上弹出的水平线,留出面层厚度约 10～15 mm,抹 1∶3 水泥砂浆找平层。为了保证找平层的平整度,需要做灰饼或标筋。

在基层上洒水湿润,刷一道水灰比为 1∶0.5～1∶0.4 的素水泥浆,随刷浆随铺抹 1∶3 找平层砂浆,并用 2 m 长刮杠以标筋为标准进行刮平,再用木抹子搓平。找平层表面不用压光,要求平整、粗糙、无空鼓、无裂缝。

（4）养护

抹好找平层砂浆 24 h 后养护,待抗压强度达到 1.2 MPa,方可进行下道工序施工。

（5）弹分格线、镶分格条

根据设计要求的分格尺寸,一般采用 1 m×1 m。在房间中部弹十字线,计算好周边的镶边宽度后,以十字线为准可弹分格线。如果设计有图案要求时,应按设计要求弹出清晰的线条。

用小铁抹子抹稠水泥浆,将分格条(如玻璃条、铜条、铝条、塑料条等)固定在分格线上[图 8.53(a)],抹成 30°八字形[图 8.53(b)],高度应低于分格条条顶 4～6 mm,分格条应平直(上平必须一致)、牢固、接头严密,不得有缝隙,作为铺设面层的标志。在分格条十字交叉接头处,为了使拌和料填塞饱满,在距交点 40～50 mm 内不抹水泥浆[图 8.53(c)]。

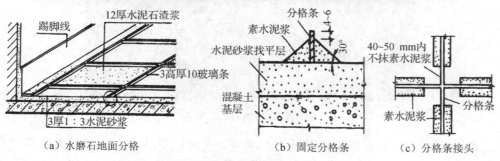

（a）水磨石地面分格　　　　　　　（b）固定分格条　　　　　（c）分格条接头

图 8.53　水磨石地面

（6）铺水磨石拌和料、滚压、抹平

按照设计要求配制拌好水磨石拌和料,铺设前 1 d 在基层上洒水充分湿润,并刷素水泥浆一道,随即铺抹水磨石拌和料,应均匀平整地铺设在分格框内,先铺抹分格条边,后铺分格条中间,并高出分格条1～2 mm。先用木抹子轻轻将分格条两侧的水磨石子浆拍紧压实,以免破坏分格条。

大面积施工可采用滚筒滚平压实(图8.54),滚压后,应及时用2 m靠尺检查平整度和排水坡度。待表面出浆收水后,再进行二次滚压,最后用铁抹子抹平、压实。如发现石粒不均匀处,应补石子浆,再用铁抹子拍平、压实。次日开始浇水养护。

图8.54　水磨石拌和料滚压

若面层有几种图案时,应先铺深色,凝固后再铺浅色;先铺大面,后做镶边。应注意不同颜色的拌和料不能同时铺抹,以免串色、混色。

(7)水磨面层

水磨面层主要包括试磨、粗磨、细磨、磨光等几道工序。水磨面层施工如图8.55所示。

图8.55　水磨石面层施工

试磨:水磨石开磨的时间与水泥强度、气温高低有关,一般根据气温情况确定养护天数,温度在20～30 ℃时2～3 d即可开始机磨,过早开磨石粒易松动;过迟造成磨光困难。所以需进行试磨,以面层不掉石粒为准。

粗磨:第一遍用60～90号粗金刚石磨,使磨石机机头在地面上走横"8"字形,直至表面磨平、磨匀,分格条和石粒全部露出,边角处用人工磨成同样效果。用水清洗面层并晾干,然后用同颜色较浓的水泥浆擦一遍进行补浆,特别是面层的洞眼小孔隙要填实抹平,脱落的石粒应补齐,24 h 后浇水养护 2~3 d。

细磨:第二遍用 90~120 号金刚石磨,要求磨至表面光滑为止。然后用清水冲净,满擦第二遍同颜色水泥浆,注意小孔隙要细擦严密,24 h 后浇水养护 2~3 d。

磨光:面层磨光是决定水磨石质量好坏最重要的环节,必须加以足够重视。第三遍用 200 号细金刚石磨,磨至表面石子显露均匀,无缺石粒现象、平整、光滑、无孔隙为止,然后用水冲洗、晾干。

普通水磨石面层磨光遍数不应少于三遍,高级水磨石面层的厚度和磨光遍数以及油石规格应根据设计确定。

(8) 草酸擦洗

为了取得打蜡后显著的效果,在打蜡前磨石面层要进行一次适量限度的酸洗,一般均用草酸进行擦洗。地面清洗干净后,浇上草酸溶液,用布包在磨石机上研磨,磨至表面光滑,再用清水冲洗干净并晾干。

(9) 打蜡上光

将蜡包在薄布内,在面层上薄薄涂一层,待干后用钉有帆布或麻布的木块代替油石,装在磨石机上研磨,用同样方法再打第二遍蜡,直到光滑洁亮为止(图 8.56)。

图 8.56　水磨石面层打蜡上光

冬季施工现制水磨石面层时,环境温度应保持 5 ℃以上。

4. 整体类地面装饰工程质量检验标准

(1) 检验批及检查数量

基层(各构造层)和各类面层的分项工程的施工质量验收应按每一层次或每层施工段(或变形缝)作为检验批,高层建筑的标准层可按每 3 层(不足 3 层按 3 层计)作为检验批。

每检验批应以各子分部工程的基层(各构造层)和各类面层所划分的分项工程按自然间(或标准间)检验,抽查数量应随机检验且不应少于 3 间;不足 3 间,应全数检查;其中走廊(过道)应以 10 延长米为 1 间,工业厂房(按单跨计)、礼堂、门厅应以两个轴线为 1 间进行计算。

有防水要求的建筑地面子分部工程的分项工程施工质量验收,每检验批抽查数量应按其房间总数随机检验不少于 4 间,不足 4 间,应全数检查。

（2）质量检验标准

① 水泥砂浆地面质量检验标准。

a. 水泥、砂的材质必须符合设计要求和施工质量验收规范的规定。

b. 水泥砂浆的体积比（强度等级）应符合设计要求,且体积比应为 1 : 2,强度不小于 M15。

c. 地面面层与下一层应结合牢固,且应无空鼓和开裂。

d. 面层表面的坡度应符合设计要求,不应有倒泛水和积水现象。

e. 踢脚线应高度一致,出墙厚度均匀,与墙面结合牢固,局部空鼓长度不应大于 300 mm,且在一个检查范围内不多于 2 处。

f. 水泥砂浆面层的允许偏差和检验方法应符合表 8-15 的规定。

② 细石混凝土地面质量检验标准。

a. 细石混凝土面层采用的石子粒径不应大于 16 mm。

b. 面层的强度等级应符合设计要求,且强度等级不应小于 C20。

c. 面层与下一层应结合牢固,且应无空鼓和开裂。

d. 面层表面的坡度应符合设计要求,不应有倒泛水和积水现象。

e. 踢脚线应高度一致,出墙厚度均匀,与墙面结合牢固,局部空鼓长度不应大于 300 mm,且在一个检查范围内不多于 2 处。

f. 细石混凝土面层允许偏差和检验方法应符合表 8-15 的规定。

③ 现浇水磨石地面质量检验标准。

a. 水磨石面层所用材料的品种、规格、性能、强度（配合比）及颜料应符合设计要求和施工质量验收规范的规定。

b. 面层与下一层结合应牢固,且应无空鼓、裂纹。当出现空鼓时,空鼓面积不应大于 400 mm²,且每自然间或标准间不应多于 2 处。

c. 面层表面应光滑,且无明显裂纹、砂眼和磨纹;石粒密实,显露应均匀;颜色图案应一致,不混色;分格条应牢固、顺直和清晰。

d. 面层坡度符合设计要求,不倒泛水、不积水、不渗漏,与地漏（管道）结合处严密平顺。

e. 踢脚线应高度一致,出墙厚度均匀,与墙面结合牢固,局部空鼓长度不应大于 300 mm,且每一个自然间或标准间不应多于 2 处。

f. 水磨石面层的允许偏差和检验方法应符合表 8-15 的规定。

表 8-15　整体面层的允许偏差和检验方法

项次	项目	允许偏差/mm						检验方法
		水泥砂浆面层	细石混凝土面层	普通水磨石面层	高级水磨石面层	自流平面层	涂料面层	
1	表面平整度	4	5	3	2	2	2	用 2 m 靠尺和楔形塞尺检查
2	踢脚线上口平直	4	4	3	3	3	3	拉 5 m 线和用钢尺检查
3	缝格顺直	3	3	3	2	2	2	

8.2.2 块材类地面施工

常见地面装饰用的块材有陶瓷地砖、陶瓷锦砖、大理石、花岗岩、木地板以及硬质塑料地板等。

1. 陶瓷地砖地面施工

陶瓷地砖，又称地砖或地面陶瓷砖。陶瓷地砖面层是在各类基层上用水泥砂浆或胶泥铺贴而成的。这种面砖色彩丰富、艺术性强、强度高、耐磨、抗腐蚀，品种、规格、花色多，施工方便、快速。适用于各类建筑的门厅、廊道、会议室、餐厅、浴、厕以及中、高档房间的地面面层。其常见构造做法如图 8.57(a)所示，陶瓷地砖地面装饰效果如图 8.57(b)所示。

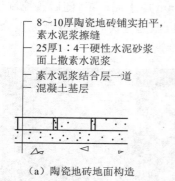

- 8～10 厚陶瓷地砖铺实拍平，素水泥浆擦缝
- 25 厚 1∶4 干硬性水泥砂浆面上撒素水泥浆
- 素水泥浆结合层一道
- 混凝土基层

（a）陶瓷地砖地面构造

（b）陶瓷地砖地面装饰效果

图 8.57 陶瓷地砖地面

主要施工工艺流程：清理基层→弹水平标高线、做灰饼→铺找平层→弹铺砖控制线→铺地砖→拨缝、擦缝→养护→贴踢脚板。

（1）清理基层

将基层表面的浮土或砂浆铲掉，清扫干净；有油污时，应用 10% 火碱水刷净，并用清水冲洗干净。若混凝土楼面基层光滑则应凿毛或拉毛。

（2）弹水平标高线、做灰饼

根据已弹好在墙面上 +500 mm 或 +1 000 mm 的水平线基准线，弹出地面水平标高线。根据地面水平标高线，拉水平线做灰饼（图 8.58），灰饼上平面即为陶瓷地砖下皮，用以控制找平层的平整度和标高。

灰饼

图 8.58 灰饼

（3）铺找平层

铺水泥砂浆找平层之前，先刷一道素水泥浆，然后用 1∶3 干硬性水泥砂浆（干硬程度以手捏成团，落地开花为准）铺设，其厚度为 20～25 mm，用大杠（顺标筋）将砂浆刮平，用木抹子拍实，抹平整。找平层厚度不超过灰饼顶面标高。

（4）弹铺砖控制线

在找平层上横向每 3～5 块砖弹控制线一道，并引至墙根。弹线时应注意楼层伸缩缝位置，使地砖接缝与伸缩缝重叠，房间与走道连通处应对缝拼花。

（5）铺地砖

在地砖铺贴前，应对砖的规格尺寸、外观质量、色泽等进行预选，浸水湿润、晾干待用。铺砖时，在找平层上刷素水泥浆一道，在地砖背面抹 10 mm 厚水泥砂浆，随后按控制线铺贴地砖，用橡胶锤砸实砸平，用靠尺检查平整度。如不平，应掀起地砖，衬灰或刮去多余砂浆，重新刮平，放上地砖，铺平压实，直至合格为止，如图 8.59 所示。

图 8.59 铺地砖

（6）拨缝、擦缝

地砖铺平压实后，拉通线，先横缝后竖缝调拨缝隙，使缝口平直、贯通，在砂浆初凝前完成拨缝调直。拨缝后应再轻砸一遍，并清净灰缝，洒水润缝。如设计无要求，密铺缝宽不宜大于 1 mm；稀铺缝宽宜在 5～10 mm 之间。1 mm 窄缝可直接用与地砖同颜色的水泥擦缝；5～10 mm 宽缝应用同色 1∶1 水泥砂浆勾缝、压缝。

（7）养护

待勾缝砂浆凝结后，清扫地面，铺锯屑洒水养护不少于 7 d。

（8）贴踢脚板

踢脚板宜采用与地面同品种、同颜色的地砖镶贴。其高度按设计要求，立缝应与地面平缝对齐。镶贴时先在房间各阴角两面各贴一块标准砖，要求上口水平，出墙厚度一致。然后按标准砖挂线，将踢脚板面砖粘贴在墙面上，找平、找垂直、拍实，刮除余浆，将砖面清理干净。

2. 陶瓷锦砖地面施工

陶瓷锦砖地面又称马赛克地面，是用水泥砂浆把组合成各种图案的陶瓷锦砖铺贴在混凝土地面上而成,具有耐磨、不渗水、耐酸碱、易清洗、色彩多样、抗压能力强、耐久、耐用、施工方便、快捷等优点。适用于工业与民用建筑的洁净车间、走廊、餐厅、厕所、浴室、游泳池等楼地面面层。陶瓷地面构造如图 8.60 所示。

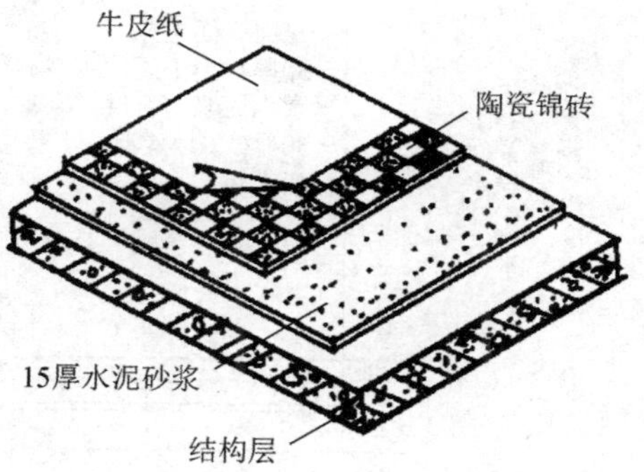

图 8.60　陶瓷锦砖地面构造

（牛皮纸　陶瓷锦砖　15厚水泥砂浆　结构层）

　　主要施工工艺流程:清理基层→弹水平标高线、做灰饼→铺找平层→弹铺砖控制线→铺贴陶瓷锦砖→揭纸、拨缝→擦缝→养护→贴踢脚板。

　　陶瓷锦砖的施工工艺与陶瓷地砖大致相同,以下仅叙述不同部分:

　　（1）铺贴陶瓷锦砖

　　铺贴前,先洒水润湿找平层,刷素水泥浆一道,接着铺抹 3～5 mm 厚 1:1 水泥砂浆结合层,按照控制线随铺随贴陶瓷锦砖。每铺完一张,在其上垫木板,用木槌仔细拍打一遍,使其平整密实,用靠尺靠平找正,控制灰缝宽度不大于 2 mm。

　　铺设次序,对连通的房间由门口中间向两边铺;单间应从里墙角开始;如有镶边,则先铺镶边部分,有图案的按图案铺贴。陶瓷锦砖面层宜整间一次铺完,如有间歇,须将接槎切齐,余灰清理干净。

　　（2）揭纸、拨缝

　　铺完一段后,紧接着在纸面上均匀地刷水润湿,常温下过 15～30 min 纸便湿透,如未湿透可继续洒水,此时可以开始揭护面纸,用开刀将缝拨直拨匀,先调竖缝,后调横缝,边拨边拍实,用直尺复平,并随时将纸毛清理干净。

　　（3）擦缝

　　拨缝后第二天或水泥砂浆结合层终凝后,用白水泥素浆或与锦砖同颜色的水泥素浆嵌缝擦实,棉丝蘸素浆从里到外顺缝揉擦,擦满、擦实为止,并及时将锦砖表面的余灰清理干净,防止对面层产生污染。

　　3. 石板材地面施工

　　天然石板材主要指大理石、花岗岩石板材。大理石、花岗石面层是采用加工好的天然大理石板、花岗石板在基层上铺砌而成。

　　天然大理石属于中硬石材,其颜色、花色多样,色泽鲜艳,给人富丽豪华的感觉,是公共场所如大堂、客厅、走道等常用的装饰材料。适用于室内墙面、柱面、地面、栏杆、楼梯踏步、窗台板、服务台,电梯间、门脸等处的装饰;花岗岩的质地坚硬,属于硬石材。这种地面耐擦、耐磨,经磨光处理后,光亮如镜,质感丰富,有华丽高贵的装饰效果,是高级装饰工程中常用的材料。由于花岗岩不易风化,硬度高,耐磨性能好,可以被广泛应用于室内外装饰中。大理石是碱性石材,花岗岩是酸性石材,所以在大气污染较严重的地区建筑物外墙不宜用碱性的大理石。

　　天然大理石、花岗石楼地面面层的构造做法如图 8.61 所示。

　　主要施工工艺流程:基层处理→试拼、编号→弹线→试排→铺砂浆结合层→铺贴石板材→灌缝、擦缝、养护→打蜡。

　　（1）基层处理

　　将地面基层上的杂物清除干净,用钢丝刷刷掉黏结在基层上的砂浆,并清扫冲洗干净。

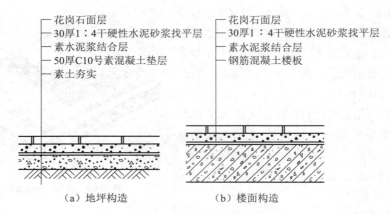

—花岗石面层	—花岗石面层
—30厚1：4干硬性水泥砂浆找平层	—30厚1：4干硬性水泥砂浆找平层
—素水泥浆结合层	—素水泥浆结合层
—50厚C10号素混凝土垫层	—钢筋混凝土楼板
—素土夯实	

（a）地坪构造　　　　　　　（b）楼面构造

图8.61　石板材地面构造

若基层为光滑混凝土面层，应做凿毛处理。

（2）试拼、编号

在正式铺设前，对每一房间的大理石（或花岗石）板材，应按图案、颜色、纹理试拼，试拼后按两个方向编号排列，然后按编号堆放整齐备用。

（3）弹线

为了检查和控制大理石（或花岗石）板材的位置，在房间内拉十字控制线，并引至墙面底部，然后依据墙面＋500 mm标高线找出面层水平标高，在墙上弹出水平标高线，弹水平标高线时要注意室内与楼道面层标高要一致。

（4）试排

在房间内的两个相互垂直的方向铺两条干砂，其宽度大于石板材宽度，厚度不小于30 mm，结合施工大样图及房间实际尺寸，把大理石（或花岗石）板材排好，以便检查石板材之间的缝隙，核对石板材与墙面、柱、洞口等部位的相对位置。

（5）铺砂浆结合层

试排后将干砂和石板材移开，清扫干净，用喷壶洒水湿润，刷一层素水泥浆，刷的面积不要过大，随刷随铺砂浆。根据板面水平标高线确定结合层砂浆厚度，拉十字控制线，开始铺结合层干硬性水泥砂浆（1：3～1：2），厚度控制在放上大理石（或花岗石）板材时宜高出面层水平线 3～4 mm。铺好后用刮杠刮平，再用抹子拍实找平。

（6）铺贴石板材

石板材应先用水浸湿，待擦干或表面晾干后方可铺设。

根据房间拉的十字控制线，纵横各铺一行，作为大面积铺贴标筋之用。依据试拼时的编号、图案及试排时的缝隙，从十字控制线交点开始铺砌。先在水泥砂浆结合层上满浇一层水灰比为1：0.5的素水泥浆，再对准位置铺贴石板材，用橡皮锤或木槌轻击石板材，调整石板材的平整度，并用靠尺检查平整度（图8.62）。

石板材铺贴顺序一般为：由房间中部向两侧退步进行。凡有柱子的大厅宜先铺柱子与柱子的中间部分，然后向两边展开。

（7）灌缝、擦缝、养护

铺板完成 2 d 后，经检查石板材无断裂、空鼓现象，方可进行灌缝。选择与石板材相同

图 8.62　石板材地面铺贴

颜色的矿物颜料和水泥(或白水泥)拌和均匀,调成 1∶1 稀水泥浆,用浆壶徐徐灌入板块之间的缝隙中,并用长把刮把流出的水泥浆刮向缝隙内,直至基本灌满为止。灌浆 1~2 h 后,用棉纱团蘸原稀水泥浆擦缝,同时将板面上水泥浆擦净,使大理石(或花岗石)面层的表面洁净、平整、坚实。

灌缝、擦缝完 24 h 后,应用干净湿润的锯屑覆盖,喷水养护不少于 7 d。3 d 内禁止上人走动或在面层上进行其他作业。

(8) 打蜡

当水泥砂浆结合层达到一定强度后(抗压强度达到 1.2 MPa 时),方可进行打蜡,打蜡后面层达到光滑洁亮。

4. 碎拼大理石(花岗岩)地面施工

碎拼大理石(花岗岩)地面也称为冰裂纹地面,它是采用不规则且经过挑选的不同色泽大理石板(花岗岩)边角废料组拼而成(图 8.63)。这种面层可铺贴出各种图案,具有乱中有序,俗而见雅,清新、奇特、明快、美观,且利用边角废料,造价较低,施工简便、快捷等优点,适用于高级宾馆、展览厅、通廊等的面层。

图 8.63　碎拼大理石地面

其构造做法同大理石、花岗岩板材地面。铺贴形式如图 8.64 所示。

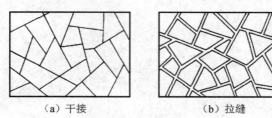

（a）干接　　　　　　　　（b）拉缝

图 8.64　碎拼大理石铺贴形式

主要施工工艺流程：挑选碎块大理石→弹线、试拼→基层清理→铺砂浆结合层→铺大理石碎块→灌缝、养护→磨光、打蜡。

（1）挑选碎块大理石

根据设计要求的颜色、规格挑选碎块大理石，要薄厚一致，不得有裂缝。

（2）弹线、试拼

根据设计要求的图案，结合地面尺寸，在基层上弹线并找出面层标高，然后进行试拼，确定缝隙的大小。

（3）清理基层

必须将黏结在基层上的灰浆层、尘土清扫干净，然后洒水湿润，刷水泥素浆，随刷水泥浆随铺结合层水泥砂浆。

（4）铺结合层砂浆

弹水平标高线，开始铺砂浆结合层，采用 1∶3 干硬性水泥砂浆，铺好后用大杠刮平，木抹子拍实抹平。

（5）铺大理石碎块

根据图案和试拼的缝隙铺砌大理石碎块，其方法同大理石板材地面。

（6）灌浆、养护

铺砌 1～2 d 后进行灌缝，根据设计要求，碎块间隙灌水泥砂浆时，厚度与大理石块上面层平，并将其表面找平压光。如果设计要求间隙灌水泥石渣浆时，灌浆厚度应比大理石碎块上面层高出 2 mm。养护时间不少于 7 d。

（7）磨光、打蜡

如果间隙灌水泥石渣浆时，养护后需进行磨光和打蜡，其操作工艺同现浇水磨石地面施工工艺标准。

5. 木地板地面施工

木地板是一种具有悠久历史传统的地面装饰形式，在我国家居地面装饰中广泛采用。木地板主要有实木地板、实木复合地板、中密度（强化）复合地板以及竹地板等。木地板具有质轻、弹性好、导热系数低、脚感舒适、防尘、施工快速等优点，但实木地板也容易随着空气中的温、湿度的变化而产生翘曲变形、裂缝、易燃等缺陷。适用于民用建筑和公共建筑较高级的写字间、客厅、居室的楼地面面层。

木地板的装饰按施工方法可分为空铺式、实铺式和浮铺式（新型木地板）。

空铺式木地板是指木地板通过地垄墙或砖墩等架空后与其上的木搁栅固定的一种施工

方法。主要应用于面层与基层距离较大,需要用砖墙和砖墩做支撑,才能达到设计标高的木地面,一般设在首层房间的地面,如舞台地面等。空铺式木地板面层可采用单层铺设或双层铺设两种做法。单层铺设是指采用长条木板直接铺钉于地面木搁栅上,而不设毛地板[图 8.65(a)];实木地板双层铺设是指木地板铺设时在长条形或块形面层木板下采用毛地板的构造做法,毛地板铺钉于木搁栅(木龙骨)上,面层木地板铺钉于毛地板上。

实铺式木地板是指木地板通过木搁栅与基层相连或用胶黏剂直接粘贴于基层上的一种施工方法,是目前楼层木地板铺设最为常用的方法。实铺木地板也可分为单层铺设和双层铺设两种构造做法,做法同空铺式木地板,实铺式双层铺设如图 8.65(b)所示。

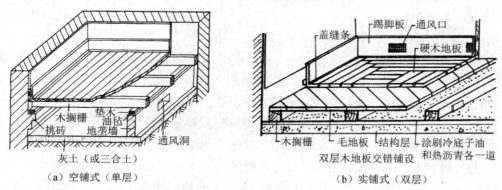

（a）空铺式（单层）　　　　　　　　（b）实铺式（双层）

图 8.65　木地板地面构造

以实木地板为例说明其施工工艺。

(1)空铺式木地板施工(双层做法)

其主要施工工艺流程:砌筑地垄墙→铺放垫木并找平→安装木搁栅→固定毛地板→铺钉面层→安装踢脚板。

① 砌筑地垄墙。地垄墙的厚度和高度应按设计要求确定。地垄墙应砌筑在坚实的基底上,地垄墙顶面上应采用涂刷焦油沥青、铺设两道油毡纸等防潮措施。同时,在垄墙上预埋铁件及 8 号铅丝,以备绑扎垫木。

一般情况下,垄墙与垄墙之间距离为 2 000 mm 左右。为了获得良好的通风条件,空铺式架空层同外部及每道隔墙在砌筑时,均要预留通风孔洞,且这些孔洞要尽量在一条直线上,尺寸一般为 120 mm×120 mm,且在建筑外墙每隔 3 000～5 000 mm 预留相应的不小于 180 mm×180 mm 的孔洞以及通风窗设施。

② 铺放垫木。垫木设置于地垄墙与搁栅之间,铺设后放线进行找平。垫木的厚度一般为 50 mm,铅丝绑扎垫木的间距应不超过 300 mm,接头采用平接。垫木在使用前要进行防火防腐处理。

③ 安装木搁栅。木搁栅设置在垫木上,起到固定与承托面层的作用。木搁栅一般按照与地垄墙垂直方向设置,间距应符合设计要求,一般常用 500 mm 左右。木搁栅与墙间要留出 30 mm 的缝隙。木搁栅的标高要准确,要拉水平线进行找平。要注意给木搁栅表面做防火、防腐处理。

木搁栅准确就位并找平后,用长铁钉从搁栅的两侧中部斜向呈 45°角与垫木(或沿缘木)钉牢。为了增加木搁栅侧向稳定性,要在木搁栅两侧面之间设定剪刀撑,不但可以减少搁栅本身变形,而且可以增加整个地面的刚度。

④ 固定毛地板。毛地板位于木搁栅之上,木地板面层之下。常用松木板、杉木板条制作,宽度不大于 120 mm,根据设计及现场情况,也可以采用厚细木工板、中密度板等人造板材。

在铺设前,必须先清除构造空间内的杂物。如果面层是铺条形或硬木拼花席纹地板时,毛地板应与木搁栅呈 30°或 45°角并用钉斜向钉牢。毛地板和墙之间应留 10~20 mm 缝隙。当采用硬木拼花人字纹时,一般与木搁栅垂直铺设。表面要求平整,接缝不必太严密,可以有 2~3 mm 的缝隙。

根据实际情况和设计要求,毛地板也可取消不用。

⑤ 铺钉面层。在面板铺钉前要铺设一层防潮膜,以防止在以后使用中产生声响和散发潮气。从墙的一边开始铺钉企口实木地板,靠墙的一块板应离开墙面 10 mm 左右,以后逐块排紧,实木地板面层的接头应按设计要求留置。

对于非成品的实木地板,铺钉之后应刨平、磨光,需要油漆的实木地板,按油漆施工工艺标准施工。在商场购买的成品实木地板,就不必进行刨平、磨光以及上油漆等后续工序。

⑥ 安装踢脚板。木地板房间的四周墙脚处应设置木踢脚板,踢脚板高度一般为 100~200 mm,厚 20~25 mm。所用木材与木地板面层所用材质品种相同。为了防潮通风,木踢脚板每 1~1.5 m 设一组 $\phi6$ 通风孔。一般木踢脚板与地面转角处安装木压条或圆角成品木条,踢脚板接缝处应做暗榫或斜坡压槎,在 90°转角处做成 45°斜角接缝。安装时,木踢脚板与墙面贴紧,上口平直。

(2)实铺式木地板施工

其主要施工工艺流程:抄平、弹线→基层处理→安装木搁栅→铺钉木地板→安装踢脚板。

① 抄平、弹线。抄平借助仪器、水平软管,操作要求认真准确。弹线要求清晰、准确,不许有遗漏,同一水平要交圈,复核后将基层清扫干净,并用水泥砂浆找平。

② 基层处理。基层应干燥且做防腐处理(沥青油毡或铺防水粉),或者铺设防潮膜。预埋件(木楔)位置、数量、牢固性要满足设计要求。

③ 安装木搁栅。搁栅可采用 30 mm×40 mm 或 40 mm×60 mm 截面木龙骨;也可以采用 10~18 mm 厚、100 mm 左右宽的人造板条。木地板基层要求毛地板下搁栅(龙骨)间距要密实,要小于300 mm。固定时用长钉将木搁栅固定在基层的木楔上。

④ 铺钉木地板。

单层铺设:将长条木板直接铺钉于基层的木搁栅上,而不设毛地板(图 8.66)。

双层铺设:在面层木地板铺钉前,可根据设计及现场情况的需要铺设一层毛地板,毛地板可选 10~18 mm 厚人造板并与木搁栅胶钉,然后铺钉面层木地板。

现在通用的木地板多为企口板,此做法同空铺式工艺。条形地板的铺设方向应考虑铺钉方便,固定牢固,实用美观等要求。对于走廊、过道等部位,应顺着行走的方向铺设;而室内房间,应顺光线铺设。

图 8.66　木地板铺设

⑤ 安装踢脚板。同空铺式。

6. 块材类地面质量检验标准

（1）检验批及检查数量

同整体类地面。

（2）质量检验标准

① 陶瓷地砖、陶瓷锦砖地面质量检验标准。

a. 面层所用板块的品种、质量必须符合设计要求和国家现行有关标准的规定。

b. 面层与下一层的结合应牢固,无空鼓。

c. 砖面层的表面应洁净,图案清晰,色泽一致,接缝应平整,深浅应一致,周边应顺直。板块应无裂缝、掉角和缺棱等缺陷。

d. 面层邻接处的镶边用料及尺寸应符合设计要求,边角整齐、光滑。

e. 踢脚线表面应洁净、高度一致、结合牢固、出墙厚度一致。

f. 面层表面的坡度应符合设计要求,不倒泛水、无积水;与地漏、管道结合处应严密牢固,无渗漏。

g. 砖面层的允许偏差和检验方法应符合表 8-16 的规定。

② 石板材地面、碎拼大理石地面、花岗岩地面质量检验标准。

a. 面层所用板块产品应符合设计要求和国家现行有关标准的规定。

b. 面层与下一层应结合牢固,无空鼓。

c. 石板材表面洁净、平整、无磨痕,且应图案清晰,色泽一致,接缝均匀,周边顺直,镶嵌正确,板块无裂纹、掉角、缺棱等缺陷。

d. 面层表面的坡度应符合设计要求,不倒泛水,无积水;与地漏、管道结合处应严密牢固,无渗漏。

e. 踢脚线表面应洁净、高度一致、结合牢固、出墙厚度一致。

f. 大理石花岗岩面层允许偏差项目和检验方法应符合表 8-16 的规定。

表 8-16　板、块面层的允许偏差和检验方法

项次	项目	允许偏差/mm							检验方法
		陶瓷地砖和陶瓷锦砖面层	缸砖面层	水泥花砖面层	大理石和花岗石面层	碎拼大理石和花岗岩面层	塑料板面层	块石面层	
1	表面平整度	2.0	4.0	3.0	1.0	3.0	2.0	10.0	用 2 m 靠尺和楔形塞尺检查
2	缝格平直	3.0	3.0	3.0	2.0	—	3.0	8.0	拉 5 m 线和用钢尺检查
3	接缝高低差	0.5	1.5	0.5	0.5	—	0.5	—	用钢尺和楔形塞尺检查
4	踢脚线上口平直	3.0	4.0	—	1.0	1.0	2.0	—	拉 5 m 线和用钢尺检查
5	板块间隙宽度	2.0	2.0	2.0	1.0	—	—	—	用钢尺检查

③ 木地板地面质量检验标准。

a. 实木地板面层所采用的材质和铺设时的木材含水率必须符合设计要求。木搁栅、垫木和毛地板等必须做防腐、防蛀处理。

b. 木搁栅安装应牢固、平直;面层铺设应牢固;黏结应无空鼓、松动。

c. 实木地板面层应刨平、磨光,无明显刨痕和毛刺等现象;图案应清晰、颜色应均匀一致。面层缝隙应严密,接头位置应错开、表面平整、洁净。

d. 踢脚线表面应光滑,接缝严密,高度一致。

e. 木地板面层允许偏差和检验方法应符合表 8-17 的规定。

表 8-17　木、竹面层的允许偏差和检查方法

项次	项目	允许偏差/mm				检验方法
		实木地板面层、实木集成地面、竹地板面层			浸渍纸层压木质地板、实木复合地板、软木类地板面层	
		松木地板	硬木地板	拼花地板		
1	板面缝隙宽度	1.0	0.5	0.2	0.5	用钢尺检查
2	表面平整度	3.0	2.0	2.0	2.0	用 2 m 靠尺和楔形塞尺检查
3	踢脚线上口平齐	3.0	3.0	3.0	3.0	拉 5 m 线和用钢尺检查
4	板面拼缝平直	3.0	3.0	3.0	3.0	
5	相邻板材高差	0.5	0.5	0.5	0.5	用钢尺和楔形塞尺检查
6	踢脚线与面层的接缝	1.0				楔形塞尺检查

8.2.3　卷材类地面施工

常见的卷材类地面装饰材料有塑料地面卷材、橡胶地毡和地毯等。

1. 塑料地面卷材施工

塑料地面卷材是经混炼、热压或压延等工艺制成的卷材。主要为聚氯乙烯(PVC)塑料地面卷材,分为无基层卷材和有基层卷材两种。

无基层卷材质地柔软,有一定弹性,适合于家庭地面装饰。有基层卷材一般由两层或多层复合而成,常见的是三层结构。基层为无纺布、玻璃纤维布,中层为印花的不透明聚氯乙烯塑料,面层为透明的聚氯乙烯塑料。若中层为聚氯乙烯泡沫塑料,则称为发泡塑料地面卷材。

塑料卷材地面是用胶黏剂将塑料卷材粘贴在水泥类基层上而成(图 8.67)。这种面层具有表面光洁,色泽多样,拼花美观新颖,脚感舒适,质轻、绝缘、耐磨、耐燃,吸水性小,尺寸稳定,施工方便,成本不高等特点。适用于住宅、宾馆、会议室、候车室、试验室、精密车间、手术室及其他防腐、防尘要求较高房间的楼地面面层。其常用构造做法如图 8.68 所示。

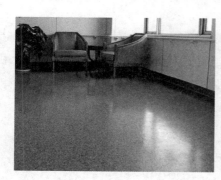

图 8.67　塑料卷材地面

其施工工艺流程:基层处理 → 裁剪 → 弹线 → 刷底子胶 → 铺贴塑料卷材 → 铺贴塑料踢脚板 → 擦光上蜡。

(1) 基层处理

地面基层为水泥砂浆抹面时,表面应平整(其平整度采用 2 m 直尺检查时,其允许空隙不应大于 2 mm)、坚硬、干燥、无油及其他杂质。如有凹陷小孔,用黏结剂水泥浆修补填平。施工时的室内相对湿度不应大于 80%。

— 2～6厚塑料地板
— 塑料地板胶粘剂
— 107胶水泥腻子嵌批平整
— 20厚1:2水泥砂浆找平
— 素水泥浆结合层一道
— 混凝土基层

图 8.68　塑料卷材地面构造

(2) 裁剪

预先按已计划好的卷材铺贴方向及房间尺寸裁料,按铺贴顺序编号备用。

(3) 弹线

根据设计图案,在地面上弹十字中心线或对角斜线作铺贴的基准线。如有镶边,同时弹好镶边线,一般距墙面 200～300 mm 为宜。

（4）刷底子胶

基层清理干净后，先刷一道薄而均匀的结合层底子胶，待其干燥后，按弹线位置沿轴线由中央向四面铺贴。

（5）铺贴塑料卷材

刷胶铺贴时，将卷材的一边对准所弹的尺寸线，用压滚压实，要求对线连接平顺，滚压不到的地方用橡皮锤敲实，不卷不翘。

如有镶边，镶边的材料及镶边做法均应按照具体设计要求进行施工。

（6）铺贴塑料踢脚板

地面铺贴完后，弹出踢脚上口线，应先铺贴阴阳角，后铺贴大面，用滚子反复压实，注意踢脚上口及踢脚与地面交接处阴角的滚压，并及时将挤出的胶痕擦净，侧面应平整、接槎应严密，阴阳角应做成直角或圆角。

（7）擦光上蜡

铺贴好塑料地面卷材及踢脚板后，用墩布擦干净、晾干，然后用砂布包裹已配好的上光软蜡，满涂 1～2 遍，稍干后用净布擦拭，直至表面光滑、光亮。

2. 地毯地面施工

地毯为一种高级地面装饰材料，具有豪华美观、高贵典雅、柔软富有弹性、脚感舒适、防潮、保暖、防滑、吸音、铺设速度快等优点；但耐污染能力不如硬质地面，价格较贵。适用于民用和公共建筑的宾馆、贵宾室、会客厅、会议室、通廊、体育馆等楼地面面层。其常见构造做法如图 8.69 所示。

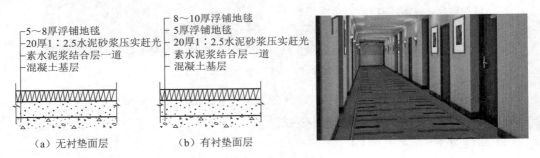

（a）无衬垫面层　　　　（b）有衬垫面层

图 8.69　地毯地面构造

地毯规格与种类繁多，价格和装饰效果差异很大。按照材质的不同，可分为羊毛地毯、塑料地毯、混纺地毯、化纤地毯以及剑麻地毯等；按照使用场合的不同，可分为轻度家用级、中度家用级、一般家用级、重度家用级、重度专业使用级、豪华级等六个等级。通常在设计使用地毯时，主要根据使用功能、铺设部位、装饰等级以及造价等方面进行综合考虑，来确定地毯等级。

地毯铺设有非固定式和固定式两种。

（1）非固定式铺设

非固定式铺设也称为活动式铺设，是指不用胶黏剂铺设在基层的一种方法，即不与基层固定的铺设,四周沿墙角修齐即可,不用时则卷起。一般仅适用于装饰性工艺地毯的铺设。

其主要施工工艺流程:基层处理→地毯剪裁→(接缝缝合)→铺设地毯→收口及清理。

① 基层处理。要求基层表面平整光洁,不能有凸出表面的堆积物。如果是水泥砂浆基层,可按照水泥砂浆面层的平整度要求,用 2 m 直尺检查,其偏差应小于等于 2 mm。

② 地毯裁剪。精确量好所铺地毯部位尺寸以及确定铺设的方向后,即可进行地毯裁剪。

③ 接缝缝合。地毯裁剪完毕,如果有多块地毯铺设,应在基层上进行试铺,并在相邻地毯的拼接处进行缝合。

④ 铺设地毯。铺设前,应将基层清扫干净,弹好分格控制线。铺设时,宜先从中部开始,然后往四周展开均铺。

⑤ 收口及清理。收口部位应当按照设计要求选择适当的收口条。与其他材质地面交接处,如果地面标高一致,可选用铜条或不锈钢收口条,以起到衔接与收口的作用;如果地面标高不一致,则应选用"L"铝合金收口条,将地毯的毛边伸入收口条内,再将收口条端部砸扁,起到收口和固定的双重作用(图 8.70)。重要部位也可以配合采用胶黏剂等稳固措施,同时要及时清理卫生。

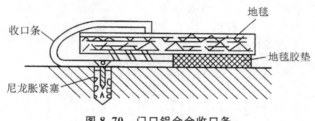

图 8.70　门口铝合金收口条

(2) 固定式铺设

固定式铺设一般有两种方法:一种是用倒刺板固定;另一种是用胶黏剂固定。

下面主要介绍倒刺板固定施工工艺。其主要施工工艺流程:基层处理→弹线定位→裁剪地毯→钉倒刺板挂毯条→铺设衬垫→铺设地毯→细部处理及清理。

① 基层处理。铺设地毯的基层,一般是水泥砂浆地面,也可以是木地板或其他材质的地面。要求表面平整、光滑、洁净。如为水泥地面,含水率不大于 8%,表面平整度偏差小于等于 2 mm。

② 弹线定位。要严格按照设计图纸对各个不同部位和房间的具体要求进行弹线、分格。若图纸没具体要求时,则应对称找中并弹线,以便定位铺设。

③ 裁剪地毯。一定要精确测量房间尺寸,并按房间和所用地毯型号逐一登记编号。然后根据房间尺寸、形状用裁边机断下地毯料,每段地毯的长度要比房间长出 20 mm 左右,宽度要以裁去地毯边缘线后的尺寸计算。裁剪时,按照计算尺寸在地毯背面弹线后,大面积地毯用裁边机裁割,小面积一般用手握裁刀或和手推裁刀从地毯背面裁切。如为圈绒地毯,应从环卷毛绒的中间剪断;如为平绒地毯,应注意切口处绒毛的整齐。

④ 钉倒刺板挂毯条。沿房间或走道四周踢脚板边缘，用高强水泥钉将倒刺板钉在基层上（钉朝向墙的方向），其间距约为 300～400 mm。倒刺板应离开踢脚板面8～10 mm，以便于钉牢倒刺板（图 8.71）。

⑤ 铺设衬垫。对于加设衬垫的地毯，衬垫应按照倒刺板间净距下料，避免铺设后的衬垫过长或不能完全覆盖。将衬垫采用点粘法刷 107 胶或聚醋酸乙烯乳胶，粘在地面基层上，要离开倒刺板 10 mm 左右。

⑥ 铺设地毯。

a. 缝合地毯：地毯的缝合包括背面缝合和正面缝合两种。地毯背面缝合用直针缝线缝合，然后在缝合处用塑料胶纸粘贴保护接缝，使保护接缝处不被划破或勾起；地毯正面铺平后，用弯针在接缝处做绒毛密实的缝合，表面不显拼缝。

b. 拉伸与固定地毯：先将毯的一条长边固定在倒刺板上，毛边掩到踢脚板下，用地毯撑子拉伸地毯，直至拉平为止。然后将地毯固定在另一条倒刺板上，掩好毛边。长出的地毯，用裁割刀割掉。一个方向拉伸完毕，再进行另一个方向的拉伸，直至四个边都固定在倒刺板上，如图 8.72 所示。

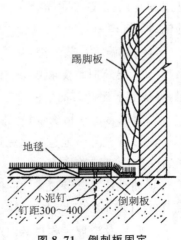

图 8.71　倒刺板固定

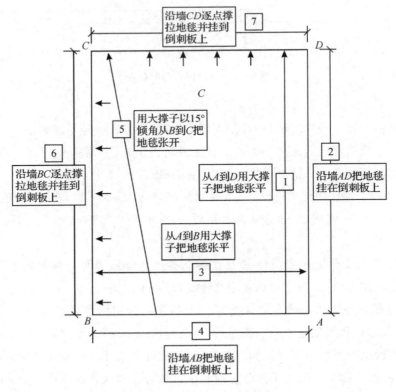

图 8.72　平绒地毯拉伸与固定

⑦ 细部处理清理。要注意门口压条的处理和走道与门厅、卫生间门槛,楼梯踏步与过道平台,内门与外门,不同颜色地毯交接处和踢脚板等部位地毯的套割与固定和掩边工作,必须黏结牢固,不应有显露。地毯铺设完毕,固定收口条后,应用吸尘器清扫干净,并将毯面上脱落的绒毛等彻底清理干净。

3. 卷材类地面质量检验标准

(1)检验批及检查数量

同整体类地面。

(2)质量检验标准

① 塑料地面卷材质量检验标准

塑料地面卷材工程质量检验标准应符合表 8-18 的规定。

表 8-18 塑料地面卷材工程质量检验标准

项目	项次	质量要求	检验方法
主控项目	1	面层所用的塑料板块、塑料卷材、胶黏剂等应符合设计要求和国家现行有关标准的规定	观察检查和检查型式检验报告、出厂检验报告、出厂合格证
	2	面层与下一层的黏结应牢固,不翘边,不脱胶,不溢胶	观察、敲击及钢尺检查
一般项目	3	面层应表面洁净,图案清晰,色泽一致,接缝严密、美观;拼缝处的图案、花纹应吻合,无胶痕;与柱、墙边交接应严密,阴阳角收边应方正	观察检查
	4	镶边用料应尺寸准确、边角整齐、拼缝严密、接缝顺直	观察和用钢尺检查
	5	踢脚线宜与地面面层对缝一致,踢脚线与基层的黏合应密实	观察检查
	6	面层的允许偏差应符合表 8-16 中的规定	按表 8-16 中的检验方法

② 地毯地面质量检验标准。地毯地面工程质量检验标准应符合表 8-19 的规定。

表 8-19 地毯地面工程质量检验标准

项目	项次	质量要求	检验方法
主控项目	1	地毯面层采用的材料应符合设计要求和国家现行有关标准的规定	观察检查和检查型式检验报告、出厂检验报告、出厂合格证
	2	地毯表面应平服,拼缝处粘贴牢固、严密平整、图案吻合	观察检查
一般项目	3	地毯表面不应起鼓、起皱、翘边、卷边、显拼缝、露线和毛边,绒面毛应顺光一致,毯面应洁净,无污染和损伤	观察检查
	4	地毯同其他面层连接处、收口处和墙边、柱子周围应顺直、压紧	观察检查

8.2.4 涂料类地面施工

涂料是指涂敷于物体表面,与基体材料很好地黏结,并能形成完整而坚韧保护膜的物质。涂料所包含的内容范围很广,既包括传统的油漆,也包括以各类合成树脂为主要原料生产的溶剂型涂料和水性涂料。

根据《涂料产品分类和命名》(GB/T 2705—2003),将建筑涂料分为墙面涂料、防水涂料、地坪涂料和功能性建筑涂料。

地坪涂料是采用耐磨树脂和耐磨颜料制成的用于地面涂刷的涂料。与一般涂料相比,地坪涂料具有优异的耐磨性、耐碱性、耐水性、抗冲击性、抗污染性等特点,因此广泛用于商场、车库、跑道、工业厂房等地面装饰。

1. 地坪涂料类型

常见的地坪涂料有环氧地坪涂料、聚氨酯地坪涂料、过氯乙烯地坪涂料、氯-偏共聚乳液地坪涂料、聚乙烯醇缩甲醛水泥地坪涂料等。

(1)环氧地坪涂料

环氧地坪涂料通常由环氧树脂、溶剂和固化剂及颜料、助剂等构成。环氧地坪涂料是一种高强度、耐磨损、美观的地面涂饰材料,具有无接缝、质地坚实、防腐、防水、防尘、保养方便、维护费用低廉等优点。其主要特征是与水泥基层的黏结力强,具有耐水性及耐其他腐蚀性介质腐蚀的作用,以及具有良好的涂膜物理力学性能等。可根据不同的用途要求设计多种方案,如 0.3～0.5 mm 环氧薄涂地坪、0.6～0.8 mm 环氧厚涂地坪、1～5 mm 厚的环氧自流平地面、防滑耐磨涂装、砂浆型涂装、防静电与防腐蚀涂装等。

环氧地坪涂料分为溶剂型和无溶剂自流平型两种类型。溶剂型用于薄涂,耐磨性符合一般需求;无溶剂自流平用于厚涂,符合高标准的耐磨性要求。如果在环氧地坪涂料中加入功能性材料,则可制成功能性涂料,如防静电地坪涂料、砂浆型防滑地坪涂料。环氧地坪涂料只适用于各类建筑物室内混凝土地面的装饰,如医疗、卫生、食品工业、医院、电子、微电子、无尘无菌实验室、洁净室、轻工业行业等。环氧地坪如图 8.73 所示。

图 8.73 室内环氧地坪

(2)聚氨酯地坪涂料

聚氨酯地坪涂料是以聚醚树脂、丙烯酸酯树脂或环氧树脂为甲组分,异氰酸为乙组分构成,其涂膜硬度和与基层的黏结力等不如环氧地坪涂料,其品种较少。

聚氨酯地坪涂料可分为工业地坪涂料、商务地坪涂料、艺术地坪涂料等。其中聚氨酯工业地坪涂料具有较好的力学性能,杰出的材料韧性、耐冲击性、耐高温性、耐冷冻性、耐光老化、耐化学介质浸蚀、防止光污染等特性。由于材料表面的高致密性,表面能低,使材料具有抗静电不吸尘性能,材料中的功能填充使其硬度、耐久性、耐磨性均达到较高水平。因此,聚氨酯工业地坪涂料可以在更严苛的环境条件下使用,是当前国际上公认的最为优秀的工业地坪涂料,广泛应用于食品加工、制酒、酿造、饮料、医药、化工、电子等行业及具有严重化学介质腐蚀的地面工程。

聚氨酯地坪涂料是在室内外均可使用的地坪涂料,尤其是弹性聚氨酯地坪涂料,广泛应用在跑道、过街天桥等地面装饰(图 8.74)。

图 8.74　室外聚氨酯地坪

聚氨酯地坪涂料属于双组分、反应型地坪涂料。甲、乙组分反应时产生一定量的水和二氧化碳,这两种副产物均以气体形式逸出,其中水(H_2O)在常温下逸出速度极慢,滞后于化学交联反应速度,因此需在体系中加入一定量的促进反应剂,以促使反应气泡迅速逸出,这种结果是以加快整体反应速度作为代价的,这就造成了聚氨酯地坪材料的可操作时间过短,增加了一定的施工难度。因此,聚氨酯地坪材料的施工必须配有专业的施工队伍和专用施工工具,以保证施工质量达到标准。

（3）过氯乙烯地坪涂料

过氯乙烯地坪涂料是我国较早开发应用的一种地面涂料。它是以过氯乙烯树脂为主要成膜物质,掺入少量的酚醛树脂改性,加入适量的增塑剂、稳定剂、颜料、填充料等物质,经过捏合、混炼、切粒、溶解、过滤等工艺过程配制而成的一种溶剂型地坪涂料。

该地坪涂料具有施工方便、干燥速度快(常温下 2 h 完全干燥)的特点,且具有良好的耐磨性(人流多的地面可保持 2～3 年)、耐水性、耐化学腐蚀性以及耐久性等。

（4）氯-偏共聚乳液地坪涂料

氯-偏共聚乳液地坪涂料是氯乙烯-偏氯乙烯共聚乳液地坪涂料的简称,也称为"RT-170 地坪涂料",它是以氯乙烯共聚乳液为主要成膜物质,添加少量的其他合成树脂为基料,掺入适量不同品种的颜料、填料以及助剂而制成的水乳型地坪涂料。

该地坪涂料具有无毒、无味、不燃、快干、黏结力强,涂层坚固光洁、不易脱粉,有较好的耐水性、耐磨性、耐酸碱性、耐腐蚀性,使用寿命长等特点。由于其产量大,在乳液中价格较低,因此在建筑中广泛使用。

（5）聚乙烯醇缩甲醛水泥地坪涂料

聚乙烯醇缩甲醛水泥地坪涂料也称为"777 水性地坪涂料",它是以水溶性高分子聚合物胶为基材,与特制的颜料、填料制成的地坪涂料。该地坪涂料具有无毒、不燃、经济、干燥快、经久耐用、施工简便等特点,主要用于公共建筑、住宅建筑以及办公室、实验室等水泥地面的装饰。

2. 环氧地坪涂料施工

其主要施工工艺流程:基层处理→底涂层→腻子层→中涂层→面涂层。

（1）基层处理

基层处理即对地坪表面进行处理。地坪基层一般以水泥混凝土或水泥砂浆地面为准，将基层上的浮尘、空鼓、油污彻底清除干净，地面孔洞可用环氧砂浆补平。基层含水量在8％以下方可施工，施工前需保持基层干燥和清洁。新竣工的工业地坪水泥混凝土基层必须经过28 d养护后方可施工。

（2）底涂层

基层处理符合要求后，采用高压无气喷涂或辊涂环氧封闭底涂料一道，涂布必须连续，不得间断，涂布量以表面刚好饱和为准（图8.75）。环氧封闭底涂料有很强的渗透性，在涂刷底涂料时应加入一定量的稀释剂，使稀释后的底涂料能渗入基层内部，增强涂层与基层的附着力。局部漏涂可用刷子补涂，表面多余的底涂料必须在下道工序施工前打磨处理好。

图8.75 底涂层

（3）腻子层

在实干的底涂层表面采用两道批刮腻子的方法（图8.76），以确保地坪具有耐磨损、耐压、耐碰撞、耐酸碱溶液等性能，并调整地面平整度。

图8.76 腻子层

用100～200目的石英砂和环氧批刮料，作为第一道腻子，要充分搅拌均匀、刮平，此道主要用于增强地面的耐磨及抗压性能。用砂袋式无尘滚动磨砂机打磨第一道腻子，并吸尘清洁。用 200～270 目的石英砂和环氧批刮料，作为第二道腻子，要充分搅拌均匀、刮平，此道主要用于增强地面的耐磨及平整度。用砂袋式无尘滚动磨砂机打磨第二道腻子，并吸尘清洁。

两道腻子实干以后，如有麻面、裂缝处应先进行修补，然后用平板砂光机进行打磨，使其平整，并吸尘清洁。

（4）中涂层

在打磨、清洁后的腻子层表面上用环氧地坪涂料涂饰中间层（图 8.77），涂饰方法可用刷涂、批刮、高压无空气喷涂，大面积施工以高压无空气喷涂为最佳，喷涂压力为 20～25 MPa。此遍可使地面更趋于平整，更便于发现地面仍存在的缺陷，以便下一面层施工找平。

图 8.77　中涂层

（5）面涂层

在中间层实干后，进行环氧地坪面层涂装（图 8.78），涂装方法用批刮和高压无空气喷涂，但以高压无空气喷涂为宜。涂装前应对于中间层用砂袋式无尘滚动磨砂机进行打磨、吸尘。面层喷涂后，如存在气泡现象应用消泡滚筒，在地坪上来回滚动，最后让其自行流平即可。

图 8.78　面涂层

如建设单位在中间层实干后，先进行了设备的安装调试，使地面形成新的缺陷，应用批刮料找平、打磨，并吸尘、清洁后喷涂面层。

3. 聚氨酯地坪涂料施工

其主要施工工艺流程:基层处理→刷底漆→腻子找平→中涂层→面涂层。

(1) 基层处理

基层处理与环氧地坪基本一致。旧混凝土基层表面可能存在的涂料、油污与化学药品等必须进行脱脂去污处理。为去除黏附不牢的浮浆,建议采用喷砂处理,并用吸尘器吸净浮尘。处理后的基层表面用高标号混凝土找平。基层表面含水率低于 8% 方可进行下一道工序施工。

新混凝土基层至少应养护 28 d,不得使用影响养护黏结、渗透性能的加气剂及附加剂。

(2) 刷底漆

底漆的作用有封闭混凝土微孔,增加涂层的黏结性能,使其他涂层与基层有良好的过渡性能。底漆应用稀释的环氧树脂,以利于渗透微孔,并在固化后起到良好的锚着作用。

(3) 腻子找平

刷好底漆待 24 h 实干后,用树脂胶泥作腻子找平基层。要求达到较为平整光滑的表面,经 24 h 实干后用砂纸打磨平整并清除浮尘。

(4) 中涂层

用加入一定填料(如石英粉料)的树脂漆料,在处理后的腻子找平层上涂刷,要求达到均匀、平整,并达到相应的厚度。中涂层主要是起过渡的作用,使其具有更好的结合力。

(5) 面涂层

中涂层实干后再涂刷面漆(即聚氨酯地坪面层涂料)。面漆主要起到装饰及保护作用。面漆采用高耐磨、高光泽的聚氨酯面漆。聚氨酯面漆干燥快,漆膜坚韧,可以在 −5 ℃ 以上施工,并具有良好的固化性。一般 24 h 后可以步行开放,48 h 后可以重物开放。

4. 涂料类地面质量检验标准

(1) 检验批及检查数量

参照整体类地面。室外涂饰工程每 100 m² 应至少检查一处,每处不得小于 10 m²;室内涂饰工程每个检验批应至少抽查 10%,并不得少于 3 间;不足 3 间时应全数检查。

(2) 质量检验标准

① 涂料类面层应采用丙烯酸、环氧、聚氨酯等树脂型涂料涂刷。

② 涂料面层的基层应符合下列规定:基层应平整、洁净;基层强度等级不应小于 C20;基层含水率与涂料的技术要求相一致。

③ 涂料面层的厚度、颜色应符合设计要求,铺设时应分层施工。

④ 涂料地面工程质量检验标准应符合表 8-20 的规定。

表 8-20　涂料地面工程质量检验标准

项目	项次	质量要求	检验方法
主控项目	1	涂料应符合设计要求和国家现行有关标准的规定	观察检查和检查型式检验报告、出厂检验报告、出厂合格证
	2	涂料面层的表面不应有开裂、空鼓、漏涂和倒泛水、积水等现象	观察和泼水检查

项目	项次	质量要求	检验方法
一般项目	3	涂料找平层应平整,不应有刮痕	观察检查
	4	涂料面层应光洁,色泽应均匀、一致,不应有起泡、起皮、泛砂等现象	观察检查
	5	涂料面层的允许偏差应符合表 8-15 的规定	按表 8-15 中的检验方法

8.3 顶棚装饰施工

顶棚是建筑内部的上部界面,是楼板层或屋顶下面的装修层,是室内装修的重要部位。顶棚的形式、造型、材质不同,可以体现不同的风格和档次,也具有不同的使用功能。顶棚的设计与选择要考虑到建筑功能、建筑声学、建筑热工、设备安装、管线敷设、维护检修、防火安全等综合因素。顶棚要求光洁、美观,能通过反射光照来改善室内采光及卫生状况,对某些特殊要求的房间,还要求顶棚具有隔声、防水、保温、隔热等功能。

顶棚按其构造方式有直接式顶棚和吊式顶棚两种。

8.3.1 直接式顶棚施工

直接式顶棚是在楼板底面直接喷浆和抹灰,或粘贴其他装饰材料。

直接式顶棚构造简单,构造层厚度小,可充分利用空间,装饰效果多样,用材少,施工方便,造价较低,但不能隐藏管线等设备。一般用于装饰性要求不高的住宅、办公楼、其他民用建筑及室内空间高度受到限制的场所。

根据面层的材料,直接式顶棚通常有抹灰顶棚、涂刷顶棚、贴面顶棚(如壁纸顶棚、面砖顶棚以及其他各类板材顶棚)等。其基本构造由底层(抹灰)、中间层(抹灰)、面层(各种饰面材料)组成。

1. 抹灰顶棚施工

抹灰顶棚可以采用纸筋灰抹灰、石灰砂浆抹灰、水泥砂浆抹灰等。普通抹灰用于一般房间,装饰抹灰用于要求较高的房间。

其施工工艺流程为:弹水平线→抹底层灰、中层灰→抹面层灰→清理、验收。

(1)弹水平线

顶棚抹灰通常不做标志块或标筋,大多数采用弹水平线的方法。抹灰前,根据墙面 +500 mm 水平控制线,向上在靠近顶棚四周的墙面位置弹出水平线,作为顶棚抹灰水平标准。

(2)抹底灰

底层抹灰砂浆采用配合比为水泥:石灰膏:砂=1:0.5:1 的水泥混合砂浆。在顶棚湿润的情况下,先刷环保建筑胶素水泥浆一道,随刷随打底,底层抹灰厚约 2 mm,用力压实,随后用刮尺刮平,并用木抹子搓毛。

(3)抹中层灰

中层抹灰砂浆,其配合比一般采用水泥:石灰膏:砂=1:3:9 的水泥混合砂浆,抹灰层厚 6 mm 左右,抹后用刮尺刮平,并用木抹子搓平。

(4)面层抹灰

待中层灰达到六七成干时才进行面层抹灰,即用手按不软有指印再开始面层抹灰,最后达到压实、压光的程度,不应有抹纹、接槎不平等现象,顶棚与墙面相交的阴角应成一条直线。

(5)清理、验收

面层抹灰完成后,及时做好卫生清理工作,按照一般抹灰工程进行验收。

2. 涂刷顶棚施工

涂刷顶棚可以采用石灰浆、大白浆、可赛银浆、内墙漆等进行涂刷[图 8.79(a)]。目前大多采用内墙乳胶漆涂刷顶棚,用于一般房间。

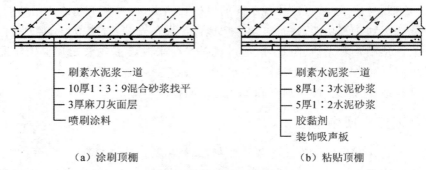

（a）涂刷顶棚   （b）粘贴顶棚

图 8.79　直接式顶棚构造

其施工工艺流程为:弹水平线→抹底灰、中层灰→刮腻子、磨平→涂刷面层(底漆、面漆)→清理、验收。对于装饰要求不高的房间,采用石灰浆、大白浆、可赛银涂刷时,可以直接涂刷在抹灰层上。

(1)弹水平线、抹底层灰、中层灰。

上述三种工艺与抹灰顶棚一致。

(2)刮腻子、抹平

用刮板往返刮,注意上下左右接槎,两道刮板之间要干净,不允许留浮腻子,刮腻子时要防止沾上或混进砂粒等杂物。头道腻子刮过之后,在修补过的部位应进行复查,如有问题,在塌陷部位用腻子进行复补找平,待腻子干后,用砂纸磨光、磨平、扫净。

待头道腻子干燥后再刮第二遍,一般要求至少两遍成活。

(3)涂刷面层

检查腻子表面干透、平整、光滑、无裂纹后,可以进行涂刷。若采用内墙漆涂刷,应先涂刷底漆(一般一遍),后涂刷面漆(一般两遍)。涂刷时应连续迅速操作,一次刷完。涂刷乳胶漆时应均匀,不能有漏刷、流附等现象。

底漆能有效抵抗顶棚碱性物质的渗透,阻止水溶盐分的析出,防止顶棚基层返碱。同时,底漆良好的附着力使面层更趋平滑,令面漆更易涂刷,减少了面漆的使用量。

另外要注意,底漆与面漆最好选用同一品牌或配套的涂料,以防止底漆与面漆之间产生不良化学反应。

3. 贴面顶棚施工

壁纸顶棚、面砖顶棚以及其他板材贴面顶棚都属于贴面顶棚[图 8.79(b)]。

壁纸顶棚可采用墙纸、墙布、其他织物等饰面材料进行顶棚装饰,用于装饰要求较高的房间。

面砖顶棚常采用釉面砖进行装饰,用于防潮、防腐、防霉或清洁要求较高的房间。

壁纸顶棚和面砖顶棚的施工工艺参照裱糊类墙面和贴面墙面。

4. 抹灰顶棚质量检验标准

(1) 检验批及检查数量

① 相同材料、工艺施工条件的室内抹灰工程每 50 个自然间应划分为一个检验批,不足 50 间也应划分为一个检验批,大面积房间和走廊按抹灰面积 30 m² 为一间。

② 室内每个检验批应至少抽查 10%,并不得少于 3 间;不足 3 间时应全数检查。

(2) 抹灰顶棚工程质量检验标准

抹灰顶棚工程质量检验标准参照表 8-2 的规定。

8.3.2　吊式顶棚施工

吊式顶棚,又名吊顶、天花板、天棚、平顶,是室内装饰工程的一个重要组成部分。吊顶具有保温、隔热、隔声和吸声作用,又可以增加室内亮度和美观性。对于设计有空调的建筑,吊式顶棚也是节约能耗的一个基本途径。

吊式顶棚分为上人吊顶和不上人吊顶两种,上人吊顶是指吊顶内有需要上人进行检修的设备或部位,以及其他有上人要求功能的吊顶。不上人吊顶是指不需要上人的一般顶棚,顶棚为一个整体,不留上人孔,必要时可以留检查孔。

吊式顶棚一般由吊筋、龙骨、面板等三个部分组成(图 8.80)。

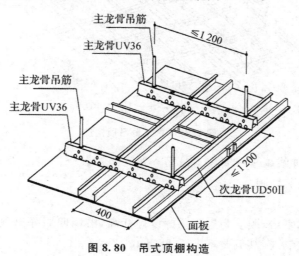

图 8.80　吊式顶棚构造

(1) 吊筋

吊筋又称为吊杆,其作用是承受吊顶面板和龙骨的全部荷载,并将这些荷载传递给楼板的承重结构。同时,吊筋也是控制吊顶高度和调平龙骨架的主要构件。

吊筋的材料:大多使用钢筋或型钢,对于木骨架的吊筋也可以采用木吊筋。

（2）龙骨

龙骨也称为骨架，可分为主龙骨、次龙骨。主龙骨位于次龙骨之上，与吊筋连接。次龙骨之下是面板，是承担面板荷载的构件。

龙骨的作用：承受吊顶面板的荷载，并将荷载通过吊筋传给楼板的承重结构。

龙骨的材料：常用的有木龙骨、轻钢龙骨、铝合金龙骨等。

龙骨的结构：主要包括主龙骨、次龙骨和搁栅、次搁栅等所形成的网架体系。轻钢龙骨和铝合金龙骨包括 T 型、U 型、LT 型及各种异型龙骨等。

（3）面板

面板的作用：装饰室内空间，以及吸声、反射等功能。

面板的材料：纸面石膏板、纤维板、胶合板、钙塑板、矿棉吸音、铝合金等金属板、PVC 塑料板等。

1. 木龙骨吊顶施工

木龙骨吊顶是以大、中、小龙骨所组成的方格木骨架，下面固定各种材料的罩面板（如胶合板、塑料板、纤维板、钙塑板、石膏板、矿棉板等）而形成的吊顶。这种吊顶具有重量轻、刚度大、美观大方、线条流畅、装饰性强、抗震性能好、施工简单方便、造价较低等优点。存在问题是防火、耐水、抗腐蚀性能差。适用于一般民用中、高级住宅吊顶。木龙骨吊顶构造如图 8.81 所示。

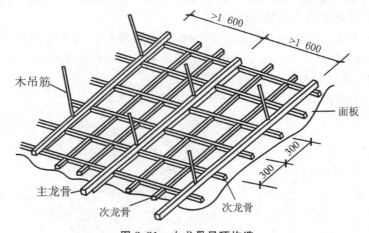

图 8.81 木龙骨吊顶构造

施工工艺流程：弹线找平→安装木吊筋→龙骨架拼装→固定沿墙龙骨→吊装龙骨架→龙骨架整体调平→安装面板。

（1）弹线找平

根据楼层标高水平线，顺墙高量至顶棚设计标高，沿墙四周弹出顶棚标高水平线，为吊顶下皮四周的水平控制线，其偏差不大于±5 mm。

弹线包括顶棚标高线、吊点位置、造型位置线、灯位线等。

（2）安装木吊筋

木龙骨吊顶的吊杆（也称为吊筋）常采用木吊杆、角钢吊杆、扁铁吊杆等（图 8.82）。采用木吊杆时，其长度应为吊点与龙骨架之间的实际距离多出 100 mm 左右，便于调整高度；采用角钢做吊杆时，在其端头钻 2～4 个孔便于调整高度；采用扁铁做吊杆时，其端头也应打出 2～

4 个调节孔,扁铁与吊点的连接可采用 M6 螺栓,与木龙骨用 2 枚木螺钉固定。

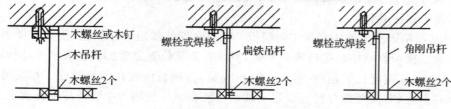

图 8.82　木龙骨吊顶吊筋类型

（3）龙骨架拼装

龙骨架是由木主龙骨和木次龙骨构成。为了安装方便,木龙骨架吊装前在地面进行分片拼装,拼装面积一般控制在 10 m² 以内,否则不方便吊装。拼装时,先拼装大片的龙骨骨架,再拼装小片局部骨架,采用半榫扣接的方法（图 8.83）。

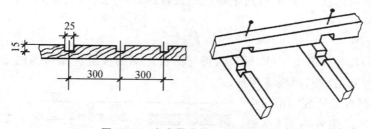

图 8.83　木龙骨半榫扣接示意图

（4）固定沿墙龙骨

在墙面弹出吊顶标高线,在标高线以上 10 mm 处墙面用冲击钻打孔塞入木楔,将沿墙龙骨钉固在墙内的木楔上,要求沿墙龙骨的底边与其他次龙骨底边标高一致。

（5）吊装龙骨架

木龙骨架有两种形式:单层木龙骨架和双层木龙骨架。

① 单层木龙骨架吊装。单层木龙骨架采用分片吊装的方法。一般从墙角开始吊装,将拼装好的木龙骨架托起至标高位,用木杆作临时支撑,或用铁丝在吊点作临时固定。根据墙面吊顶标高线位置拉出水平通长线,作为吊顶底边的平面基准线,调整整片龙骨架与通长线平齐后,先将其靠墙部分与沿墙龙骨钉接,再用木吊筋与龙骨架固定。

② 双层木龙骨架吊装。主龙骨的安装:通常按照设计要求布置主龙骨,一般间距为 1 000～1 200 m。先将主龙骨搁置在沿墙龙骨上,调平主龙骨,然后与木吊筋固定,并与沿墙龙骨钉接。

安装次龙骨：在主龙骨底面拉垂直于主龙骨的通长线，将次龙骨按与主龙骨相同的间距横撑在两根主龙骨之间，次龙骨顶面与主龙骨底面平齐，从主龙骨侧面或上面用两个钉子将主龙骨与次龙骨钉牢。

（6）龙骨架整体调平

龙骨架全部吊装完成后，在整个吊顶面下拉十字交叉的标高线，用来检查整个龙骨架底边的平整度。对于骨架下凸的部位，要重新拉紧吊杆；对于上凹的部位，可采用木杆下顶。对于一些面积较大的木龙骨架吊顶，可采用起拱的方法来平衡吊顶的下坠，一般情况下，跨度在 7~10 m 之间的起拱量为 3/1 000，跨度在 20~15 m 之间的起拱量为 5/1 000。

（7）安装面板

按照设计要求选用吊顶面板品种，采用合适的固定方式安装面板。面板与木龙骨架常用固定方法有以下几种：

① 胶黏剂粘固法。本法多用于钙塑板。板材在安装前应经过挑选，使其厚度、尺寸、边角整齐一致。面板在粘贴前进行排板预装，然后在预装位置龙骨的框底面刷胶，同时在面板四周 10~15 mm 宽度位置刷胶，经 5~10 min 后，将面板压粘在预装部位。每间房间吊顶先由中间一行开始，向两侧分行依次逐块粘贴。胶黏剂一般用 401 胶或按设计规定选用。

② 铁钉钉固法。本法多用于纤维板、胶合板的安装。在已装好并经验收合格的木龙骨下面，按面板规格、板缝间隙（一般为 3~5 mm），在木龙骨架底面分块弹线，在吊顶中间顺通长大龙骨方向先装一行作为基准，接着向两侧延伸安装，钉固面板的钉距为 200 mm。

③ 木螺钉拧固法。本法多用于石棉板、石膏板、塑料板。安装前在面板四周按螺钉间距先钻孔，安装顺序和方法同铁钉钉固法。

顶棚所有露明的铁件，钉面板前未做防锈处理的必须刷好防锈漆，木骨架与结构接触面应进行防腐处理。

（8）板缝处理

为了提升吊顶整体的美观性，吊顶面板与面板之间的板缝应做适当的处理。板缝主要有吊顶中部板缝和沿墙四周板缝两种。

① 吊顶中部板缝处理。吊顶中部板缝处理的形式主要有对缝（密缝）、凹缝（离缝）、盖缝（离缝）三种（图 8.84）。对缝处理：面板与面板在龙骨上对接，此时面板多为粘、钉在龙骨上，接缝处容易产生变形或裂缝，可采用成棉纸粘贴接缝处，防止接缝出现开裂而影响美观；凹缝处理：在两面板接缝处做成凹槽，凹

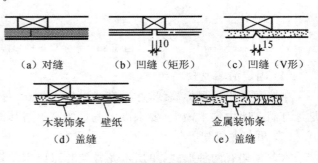

图 8.84　木龙骨吊顶面板接缝形式

槽有 V 形和矩形两种，凹缝宽度一般不小于 10 mm；盖缝处理：板缝不直接暴露在外，利用压条盖住板缝，这样可以避免缝隙宽窄不均的现象。

② 沿墙周边板缝处理。木吊顶与沿墙周边板缝处理，通常采用固定木角线或塑料角线的处理方法。角线的式样及固定方法多种多样，常用的有实心角线、斜位角线、八字角线、阶梯形角线等（图 8.85）。

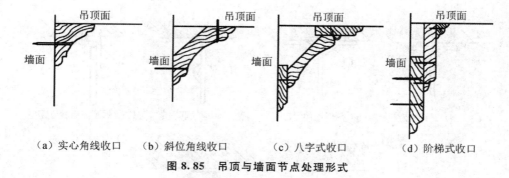

（a）实心角线收口　　（b）斜位角线收口　　（c）八字式收口　　（d）阶梯式收口

图 8.85　吊顶与墙面节点处理形式

2. 金属龙骨吊顶施工

金属龙骨吊顶是以轻钢龙骨或铝合金龙骨作为吊顶的基本骨架，用轻型装饰面板组合而成的新型顶棚体系。常用的吊顶面板有纸面石膏板、硅酸钙板、矿棉吸音板、钙塑凹凸板等。其中轻钢龙骨吊顶具有设置灵活、装拆方便、高强质轻、防火等优点，广泛应用于公共建筑和商业建筑的吊顶。

下面以轻钢龙骨吊顶为例说明其施工工艺，轻钢龙骨吊顶构造如图 8.86 所示。

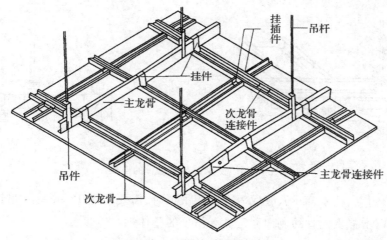

图 8.86　轻钢龙骨吊顶构造

施工工艺流程为：弹线找平→安装吊筋→安装主龙骨→安装次龙骨、横撑龙骨→安装面板→板缝处理→面板二次处理。

（1）弹线找平同木龙骨吊顶

（2）安装吊筋

弹好顶棚标高水平线后，确定吊筋下端头的标高，按主龙骨位置及吊挂间距，将吊筋用各种方法固定于楼板上，常用吊筋固定方法有射钉固定、预埋铁件（或钢筋）固定、金属膨胀螺栓固定等，如图 8.87 所示。

（3）安装主龙骨

将主龙骨与吊筋通过吊挂件连接。上人吊顶的悬挂，是用一个吊环将主龙骨箍住，并拧紧螺丝固定；不上人吊顶的悬挂，用挂件卡在主龙骨的槽中，如图 8.88 所示。

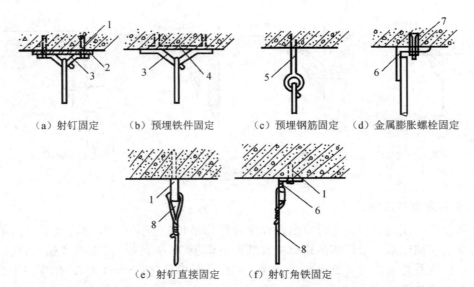

（a）射钉固定　（b）预埋铁件固定　（c）预埋钢筋固定　（d）金属膨胀螺栓固定

（e）射钉直接固定　（f）射钉角铁固定

1—射钉；2—焊板；3—吊环；4—预埋钢板；5—钢筋；6—角钢；7—金属膨胀螺栓；8—铝合金丝

图 8.87　吊筋固定方法

（a）不上人吊顶　（b）上人吊顶

图 8.88　主龙骨与次龙骨的连接

当遇到影剧院、礼堂、商场、餐厅等大面积吊顶时，需要每隔 12 m 在主龙骨上部焊接横卧龙骨一道，以增强主龙骨的侧向稳定性和吊顶的整体性。

主龙骨安装就位后，拉线调整标高、调正调平。调平时，主龙骨的中间部位要有所拱起，起拱高度一般不小于房间短向跨度的 1/300～1/200。

（4）安装次龙骨、横撑龙骨

① 安装次龙骨。在主次龙骨的交叉布置点，用配套的龙骨挂件将二者连接固定（图 8.71）。次龙骨的间距由饰面板规格而定。双层 U、T 型龙骨骨架的中龙骨间距为 500～1 500 mm，如果间距大于 800 mm，在中龙骨之间应增加小龙骨，小龙骨与中龙骨平行，用小吊挂件与大龙骨连接固定。

② 安装横撑龙骨。横撑龙骨由中、小龙骨截取，其方向与次龙骨垂直，装在饰面板的拼接处，横撑龙骨底面与次龙骨平齐。横撑龙骨与次龙骨的连接，采用配套的接插件连接。

③ 固定边龙骨。根据墙面顶棚标高水平线，将边龙骨用高强水泥钉固定于墙面，钉的间距小于 500 mm 为宜。边龙骨一般不承重，只起封口作用。

（5）安装面板

在安装面板之前必须对顶棚内的各种管线进行检查验收，并对龙骨架安装质量进行验收合格后，方可进行面板安装。面板安装方法常见的有明装、暗装、半隐装三种。明装是指面板直接搁置在 T 型龙骨两翼上，纵横 T 型龙骨架均外露。暗装是指面板安装后骨架不外露。半隐装是指面板安装后外露部分骨架。U 型轻钢龙骨吊顶多采用暗装面板方式，面板与龙骨的连接采用螺钉、自攻螺钉、胶黏剂等。

（6）板缝处理

当面板采用纸面石膏板或硅酸钙板时（暗装），面板之间的拼接缝隙应做处理，否则会影响美观。在板缝处理之前，应将所有的自攻螺钉的钉头做防锈处理，然后用石膏腻子嵌平，之后再做板缝处理。

用小刮刀将嵌缝石膏腻子均匀饱满地嵌入板缝，并在板缝外刮涂宽约 60 mm、厚 1 mm 的腻子，随即贴上宽度为 50 mm 的穿孔纸带或玻璃纤维网格胶带（降低板缝开裂的可能性），随后再次刮上石膏腻子，并将腻子打磨平滑。

（7）面层二次处理

当面板采用纸面石膏板或硅酸钙板时，面层应做二次装饰处理，面层一般采用刷涂料（如水泥漆）或贴壁纸等进行二次处理，其做法同墙面。对于金属面板和塑料面板等无需进行表面的二次处理。

3. 开敞式吊顶施工

开敞式吊顶是将各种具有形状的单元体或单元组合体悬吊于结构层下面的一种吊顶形式。这种吊顶表面开敞，具有既遮又透的效果，有一定的韵律感，减少了压抑感，又称搁栅吊顶（图 8.89）。常用于影剧院、音乐厅、茶室、舞厅、超市等室内吊顶。

图 8.89　开敞式吊顶

开敞式吊顶的单元体常采用木质、塑料、金属等材料制作，木单元体的形式有垂柱式、平齐式、凹凸式等（图 8.90）；金属单元体常见的形式有大方格和小方格（图 8.91）。

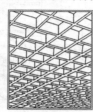

（a）垂柱式　　　　　（b）平齐式　　　　　（c）凹凸式

图 8.90　木单元体形式

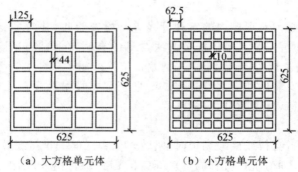

（a）大方格单元体　　　（b）小方格单元体

图8.91　铝合金单元体形式

开敞式吊顶主要施工工艺流程为:结构面处理→弹线找平→拼装单元体→固定吊筋→吊装单元体→整体调整→饰面处理。

（1）结构面处理

由于上部空间是敞开的,设备及管道均可看见,通常对吊顶以上部分的结构表面进行涂黑或按照设计要求进行涂饰处理,并采用灯光反射和将吊顶上方的设备管道刷暗色涂料进行处理。

（2）弹线找平

弹线找平同木龙骨吊顶。主要包括标高线、吊点布置线、分片布置线等,分片布置线是根据吊顶的结构形式和分片大小所弹出的线;吊点的位置需要根据分片布置线来确定,以便使吊顶的各分片材料受力均匀。

（3）拼装单元体

① 木质单元体拼装。木质单元体及多体结构形式较多,常见的有单板方框式、骨架单板方框式、单条板式、单条板与方板组合式等形式(图8.92)

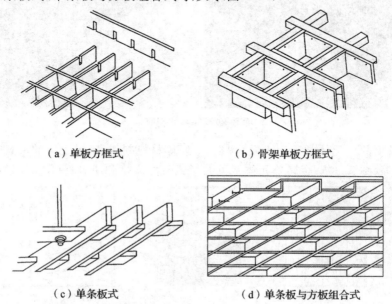

（a）单板方框式　　　　（b）骨架单板方框式

（c）单条板式　　　　　（d）单条板与方板组合式

图8.92　木质单元体拼装形式

② 金属单元体拼装。金属单元体构造较为简单,大多数采用配套的格片龙骨与连接件直接卡接。常见的有格片型金属板单元体拼装和搁栅型金属板单元体拼装(图 8.93)。

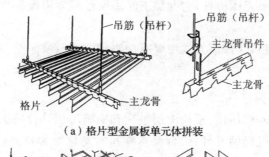

(a)格片型金属板单元体拼装

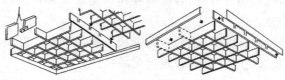

(b)搁栅型铝合金单元体拼装

图 8.93　金属单元体拼装形式

(4)固定吊筋

大多数开敞式吊顶比较轻便,一般在吊点位置用冲击钻打孔,并固定膨胀螺栓,然后将金属吊筋焊接在膨胀螺栓上。

(5)吊装单元体

吊装单元体一般从一个墙角开始,分片起吊,高度略高于顶棚标高线并临时分片固定,再按标高基准线调整平齐,最后将各分片连接处对齐,用连接件固定。

开敞式吊顶单元体的吊装方法有直接固定法和间接固定法两种。

直接固定法:单元体或组合体构件本身有一定的刚度时,可将构件直接用吊筋吊挂在楼板结构上[图 8.94(a)]。

间接固定法:对于构件本身刚度不足,直接吊挂容易变形的;或吊点太多且费工费时的,可将单元体构件固定在骨架上,再用吊筋将骨架挂于楼板结构上[图 8.94(b)]。

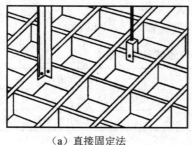

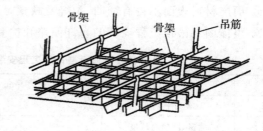

(a)直接固定法　　　　　　　　　　(b)间接固定法

图 8.94　开敞式吊顶的吊装方法

(6)整体调整

沿标高线拉出多条平行或垂直的基准线,根据基准线进行吊顶面的整体调整平齐,修正单元体构件因固定安装而产生的变形,检查吊顶的起拱量正确与否,检查各个连接部位固定件的可靠性,对于一些受力集中的部位进行加固。

（7）饰面处理

对于铝合金搁栅式单元体构件,它在加工时表面已经做阳极氧化膜或漆膜处理,吊装后无需再进行饰面处理。

对于木质开敞式吊顶,其饰面方式主要有油漆、贴壁纸、喷涂喷塑、镶贴不锈钢和玻璃镜等工艺。

4. 吊式顶棚质量检验标准

吊顶工程包括整体面层吊顶、板块面层吊顶和搁栅吊顶等分项工程。

整体面层吊顶包括以轻钢龙骨、铝合金龙骨和木龙骨等为骨架,以石膏板、水泥纤维板和木板为整体面层的吊顶。

板块面层吊顶包括以轻钢龙骨、铝合金龙骨和木龙骨等为骨架,以石膏板、金属板、矿棉板、木板、塑料板、玻璃板和复合板等为板块面层的吊顶。

搁栅吊顶包括以轻钢龙骨、铝合金龙骨和木龙骨等为骨架,以金属、木材、塑料和复合材料等为搁栅面层的吊顶。

（1）检验批与检验数量

① 检验批。同一品种的吊顶工程每 50 间应划分为一个检验批,不足 50 间也应划分为一个检验批,大面积房间和走廊按吊顶面积 30 m² 为一间。

② 检验数量。每个检验批应至少抽查 10%,并不少于 3 间;不足 3 间时应全数检查。

（2）整体面层吊顶工程质量检验标准

① 吊顶标高、尺寸、起拱和造型应符合设计要求。

② 面层材料的材质、品种、规格、图案、颜色和性能应符合设计要求和国家现行标准的有关规定。

③ 整体面层吊顶的吊杆、龙骨、面板的安装应牢固。

④ 吊杆和龙骨的材质、规格、安装间距及连接方式应符合设计要求。

⑤ 石膏板、水泥纤维板的接缝应按其施工工艺标准进行板缝防裂处理。

⑥ 面层材料表面不得有翘曲、裂缝及缺损,压条应平直、宽窄一致。

⑦ 整体面层吊顶工程安装的允许偏差和检验方法应符合表 8-21 的规定。

表 8-21　整体面层吊顶工程安装的允许偏差和检验方法

项次	项目	允许偏差/mm	检验方法
1	表面平整度	3	用 2 m 靠尺和塞尺检查
2	缝格、凹槽直线度	3	拉 5 m 线,不足 5 m 拉通线,用钢直尺检查

（3）板块面层吊顶工程质量检验标准

① 吊顶标高、尺寸、起拱和造型应符合设计要求。

② 面层材料的材质、品种、规格、图案、颜色和性能应符合设计要求和国家现行标准的有关规定。

③ 面板的安装应稳固严密。面板与龙骨的搭接宽度应大于龙骨受力面的 2/3。

④ 吊杆和龙骨的材质、规格、安装间距及连接方式应符合设计要求。

⑤ 板块面层吊顶工程的吊杆和龙骨安装应牢固。

⑥ 面层材料表面应洁净、色泽一致,不得有翘曲、裂缝及缺损。面板与龙骨的搭接应平整、吻合,压条应平直、宽窄一致。

⑦ 板块面层吊顶工程安装的允许偏差和检验方法应符合表 8-22 的规定。

表 8-22 板块面层吊顶工程安装的允许偏差和检验方法

项次	项目	允许偏差/mm				检验方法
		石膏板	金属板	矿棉板	木板、塑料板、玻璃板、复合板	
1	表面平整度	3	2	3	2	用 2 m 靠尺和塞尺检查
2	接缝直线度	3	2	3	3	拉 5 m 线,不足 5 m 拉通线,用钢直尺检查
3	接缝高低差	1	1	2	1	用钢直尺和塞尺检查

(4)搁栅面层吊顶工程质量检验标准

① 吊顶标高、尺寸、起拱和造型应符合设计要求。

② 搁栅的材质、品种、规格、图案、颜色和性能应符合设计要求和国家现行标准的有关规定。

③ 吊杆和龙骨的材质、规格、安装间距及连接方式应符合设计要求。

④ 搁栅吊顶工程的吊杆、龙骨和搁栅的安装应牢固。

⑤ 搁栅表面应洁净、色泽一致,不得有翘曲、裂缝及缺损。栅条角度应一致,边缘应整齐,接口应无错位。压条应平直、宽窄一致。

⑥ 搁栅吊顶工程安装的允许偏差和检验方法应符合表 8-23 的规定。

表 8-23 搁栅吊顶工程安装的允许偏差和检验方法

项次	项目	允许偏差/mm		检验方法
		金属搁栅	木搁栅、塑料搁栅、复合材料搁栅	
1	表面平整度	2	3	用 2 m 靠尺和塞尺检查
2	搁栅直线度	2	3	拉 5 m 线,不足 5 m 拉通线,用钢直尺检查

思考题

1. 简述内、外墙抹灰施工工艺流程。

2. 简述外墙釉面砖铺贴施工工艺流程。

3. 简述石板材墙面干挂法施工工艺流程。

4. 简述镶板(材)类墙面施工工艺流程。

5. 简述现浇水磨石地面施工工艺流程。

6. 简述陶瓷地砖地面施工工艺流程。

7. 简述实铺式木地板施工工艺流程。

8. 简述环氧地坪涂料施工工艺流程。

9. 简述木龙骨吊顶施工工艺流程。

10. 简述金属龙骨吊顶施工工艺流程。

================ 练习题 ================

一、填空题

1. 墙面抹灰一般由_____、_____和_____三部分组成。

2. 外墙面砖宜按照自上而下顺序镶贴,并先贴_____后贴_____,再贴窗间墙。

3. 石板材饰面中,常见的施工方法主要有_____、_____和_____等。

4. 镶板(材)类饰面的基本构造由固定的_____和_____组成。

5. 地面装饰施工可分为_____地面施工、_____地面施工、_____地面施工和_____地面施工等四大类。

6. 陶瓷地砖铺装前,应先拉水平线做灰饼,用以控制找平层的_____和_____。

7. 地毯固定式铺设一般有两种方法:一种是用_____固定;另一种是用_____固定。

8. 聚氨酯地坪涂料施工时,应刷底漆,其作用是_____,增加涂层的_____,使其他涂层与基层有良好的过渡性能。

9. 顶棚抹灰通常不做标志块或标筋,大多数采用_____的方法。

10. 开敞式吊顶单元体的吊装方法有_____法和_____法两种。

二、单选题

1. 室内贴面类饰面工程每个检验批应至少抽查(   ),并不得少于3间;不足3间时应全数检查。

A. 10%　　　　　B. 15%　　　　　C. 20%　　　　　D. 25%

2. 镶板(材)类饰面,木饰面板应在骨架上接缝,如设计为明缝且缝隙宽度无设计要求,一般缝宽为(   )m,以便适应木饰面板因空气湿度、温度变化引起的微量伸缩。

A. 1～3　　　　　B. 3～5　　　　　C. 5～10　　　　　D. 10～15

3. 采用高分子涂料喷涂法施工内墙面,喷涂时喷枪与墙面应保持垂直,距离宜在(   )mm左右,匀速平行移动,两行重叠宽度宜控制在喷涂宽的1/3。

A. 100　　　　　B. 200　　　　　C. 300　　　　　D. 500

4. 上墙裱糊PVC壁纸,第二张壁纸与第一张搭槎(   )mm,要自上而下拼缝。

A. 5～10　　　　　B. 10～15　　　　　C. 10～20　　　　　D. 20～30

5. 新竣工的工业地坪水泥混凝土基层必须经过(   )d养护后方可进行地坪涂料施工。

A. 7　　　　　B. 14　　　　　C. 21　　　　　D. 28

6. 对于一些面积较大的木龙骨架吊顶,可采用起拱的方法来平衡吊顶的下坠,一般情况下,跨度在7～10 m之间的起拱量为(   )。

A. 1/1 000　　　　　B. 3/1 000　　　　　C. 5/1 000　　　　　D. 3/1 500

参考文献

[1] 卓维松.建筑施工技术[M].2版.厦门:厦门大学出版社,2016.

[2] 郑传明,等.建筑施工技术[M].4版.北京:高等教育出版社,2019.

[3] 王强,等.建筑施工技术[M].北京:高等教育出版社,2016.

[4] 中华人民共和国住房和城乡建设部.建筑与市政工程防水通用规范:GB 55030—2022[S].北京:中国建筑工业出版社,2022.

[5] 中华人民共和国住房和城乡建设部.施工脚手架通用规范:GB 55023—2022[S].北京:中国建筑工业出版社,2022.

[6] 中华人民共和国住房和城乡建设部.建筑地基基础工程施工质量验收标准:GB 50202—2018[S].北京:中国计划出版社,2018.

[7] 中华人民共和国住房和城乡建设部.混凝土结构工程施工质量验收规范:GB 50204—2015[S].北京:中国建筑工业出版社,2015.

[8] 中华人民共和国住房和城乡建设部.砌体结构工程施工质量验收规范:GB 50203—2011[S].北京:中国建筑工业出版社,2011.

[9] 中华人民共和国住房和城乡建设部.建筑装饰装修工程质量验收标准:GB 50210—2018[S].北京:中国建筑工业出版社,2018.

[10] 中华人民共和国住房和城乡建设部.钢结构工程施工质量验收标准:GB 50205—2020[S].北京:中国计划出版社,2020.

[11] 中华人民共和国住房和城乡建设部.屋面工程质量验收规范:GB 50207—2012[S].北京:中国建筑工业出版社,2012.

[12] 中华人民共和国住房和城乡建设部.钢筋机械连接技术规程:JGJ 107—2016[S].北京:中国建筑工业出版社,2016.

参 考 答 案

模块 1　土方工程

思考题

1. 简述土的分类以及土的主要工程性质。

将土分为松软土、普通土、坚土、砂砾坚土、软石、次坚石、坚石、特坚石等八类。前四类属一般土,后四类属岩石。土的主要工程性质有:土的天然密度、干密度、天然含水量、可松性、压缩性、渗透性等。

2. 基槽开挖如何进行基槽底部抄平,请画图示之。

至距槽底约 500 mm 时,应配合测量放线人员抄出距槽底 500 mm 的水平线,沿槽边每隔 3~4 m 钉水平标高小木桩(如图 1 所示)。

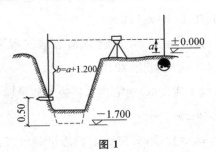

图 1

3. 简述正铲、反铲、拉铲、抓铲挖掘机的工作特点。

正铲挖土机特点:前进向上,强制切土。

反铲挖土机特点:后退向下,强制切土。

拉铲挖土机特点:后退向下,自重切土。

抓铲挖土机特点:直上直下,自重切土。

4. 简述基坑槽支护结构的主要形式有哪些?

建筑基坑支护结构形式主要有:横撑式支护、板桩式支护、重力式支护、锚式支护、土钉墙支护以及地下连续墙等。

5. 简述土层锚杆的组成和施工工艺流程。

土层锚杆由锚头、支护结构、拉杆、锚固体等部分组成。主要施工工艺流程为:定位→钻孔→安放拉杆→压力灌浆→张拉锚固。

6. 简述土钉支护的组成和施工工艺流程。

土钉支护一般由土钉、面层和排水系统组成。施工工艺流程为:开挖第一层土方→打孔→插筋、注浆→铺设钢筋网→喷射面层混凝土→开挖下层土方。

7. 简述地下连续墙的施工工艺流程。

地下连续墙的施工工艺流程为：修筑导墙→槽段开挖→安放锁口管→吊放钢筋笼→浇筑混凝土→拔出锁口管→墙段施工完毕。

8. 简述轻型井点降水的井点系统安装顺序。

安装顺序：按降水方案放线→布设总管→冲孔→沉设井点管→灌填砂滤层、黏土封口→用弯联管将井点管与总管接通→安装抽水设备→试运行→正式抽水。

9. 简述土方工程机械压实方法有哪些？适用情况如何？

常用的机械压实方法有碾压法、夯实法、振动压实法等。

碾压法多用于大面积填土工程。夯实法主要用于小面积回填。振动压实法适用于大面积填方工程。

练习题

一、单选题

1. C　　2. C　　3. C　　4. B　　5. B
6. A　　7. A　　8. A　　9. D　　10. C

二、填空题

1. ±0.000。

2. 1,1。

3. 方格网法,断面法。

4. 7 d,60%。

5. C20,80 mm。

6. 300～500 mm。

7. 先大后小,先浑后清。

8. 压实功,土的含水量。

9. 偏移,变形。

10. 较大,减少。

模块2　桩基础工程

思考题

1. 预制桩的打桩顺序有哪几种？如何确定？

打桩顺序一般分为：两侧向中间打设、逐排打设、自中部向四周打设、由中间向两侧打设四种。

当桩较稀时(桩中心距大于4倍桩边长或桩径),可采用图2.24(a)或图2.24(b)打桩顺序。

当桩较密时(桩中心距小于等于4倍桩边长或桩径),可采用图2.24(c)或图2.24(d)打桩顺序。

2. 简述预制桩静压法施工工艺流程。

预制柱静压法施工工艺流程为：场地清理→测量定位→桩机就位→吊桩插桩→压桩→接桩→再压桩→……(送桩)→终止压桩→(截桩)。

3. 简述泥浆护壁钻孔灌注桩施工工艺流程。

泥浆护壁钻孔灌注桩施工工艺流程为:测定桩位→埋设护筒→钻机就位→钻进成孔→孔底清渣→吊放钢筋笼→安放导管→二次清孔→混凝土灌注→成桩。

4. 简述静压预制桩质量检验标准中,主控项目和检验方法有哪些?

主控项目:桩的承载力和桩身完整性。

检验方法:承载力采用静载试验或高应变法等。桩身完整性采用低应变法。

5. 简述泥浆护壁钻孔灌注桩质量检验标准中,主控项目有哪些?

主控项目有:承载力、孔深、桩身完整性、混凝土强度、嵌岩深度。

练习题

一、单选题

1. D　　2. D　　3. B　　4. C　　5. B

6. C　　7. D　　8. A　　9. B　　10. A

二、填空题

1. 空心管桩,实心方桩。

2. 100%。

3. 静力压桩法。

4. ≤50,≤150。

5. 自中部向四周打设,由中间向两侧。

6. 反循环。

7. 固定桩孔位置。

8. 静载试验法,低应变法。

9. 单打法,反插法。

10. 焊接法,浆锚法。

三、判断题

1~5:√×√××

四、识图题

(1) 24,14,10。

(2) 8,5,3。

(3) 编号为 19 的一般性钻孔,该孔口标高为 28.2 m。

(4) 编号为 20 的控制性钻孔,该孔口标高为 30.5 m。

(5) 3,2,30,1,4。

模块 3　钢筋混凝土工程

思考题

1. 简述框架结构模板拆除的顺序。

首先是柱模板,然后是梁侧模板,楼板底板,最后梁底模板。拆除跨度较大的梁下支柱时,应先从跨中开始,分别拆向两端。

2. 简述基础模板安装工艺流程。

基础模板安装工艺流程为:抄平、放线→安装基础模板→校正加固。

3. 简述柱模板安装工艺流程。

柱模板安装工艺流程为:放线、定位→安装柱模板→调直纠偏→安装柱箍→柱模群体固定。

4. 简述梁模板安装工艺流程。

梁模板安装工艺流程为:支设柱头模板→支设梁底支柱→铺设梁底模板→安装梁侧模板→安装侧向支撑或对拉螺栓。

5. 简述钢筋进场检验内容。

检查产品合格证、出厂检验报告和进场复验报告。此外,还应对每捆钢筋进行查对标牌和外观质量检查,钢筋外观应平直、无损伤,表面不得有裂纹、油污、颗粒状或片状老锈。

6. 简述直螺纹套筒连接施工工艺流程。

直螺纹套筒连接施工工艺流程为:钢筋断料、切头→钢筋端头轧圆滚丝→螺纹质量检验→套筒连接→接头检查。

7. 简述独立基础钢筋绑扎工艺流程。

独立基础钢筋绑扎施工工艺流程为:基础垫层清理→弹放底板钢筋位置线→按位置线布置钢筋→绑扎钢筋→布置垫块→绑柱预留插筋。

8. 简述柱钢筋绑扎的工艺流程。

柱钢筋绑扎施工工艺流程为:基层清理→弹放柱子线→调整柱子钢筋→套柱子箍筋→连接竖向受力钢筋→画箍筋位置线→绑扎箍筋。

9. 简述梁钢筋模外绑扎的工艺流程。

梁钢筋模外绑扎施工工艺流程为:画梁箍筋间距线→铺横杆→穿梁钢筋→绑扎钢筋→垫混凝土垫块。

10. 简述板钢筋绑扎的工艺流程。

板钢筋绑扎施工工艺流程为:清理模板→模板上画线→绑扎板的下部受力钢筋→绑扎负弯矩钢筋→垫混凝土垫块。

11. 混凝土实体质量检验内容有哪些?

主要包括混凝土结构外观质量检验、混凝土结构强度检验、钢筋保护层厚度以及工程合同约定的项目,必要时可检验其他项目。

12. 简述常见混凝土质量表面缺陷类型。

常见的表面缺陷主要有蜂窝、麻面、孔洞、露筋、裂缝、缺棱掉角、缝隙和薄夹层等。

练习题

一、填空题

1. 模板工程,钢筋工程,混凝土工程。

2. 组合钢模板,连接件,支承件。

3. 等强度,等面积。

4. 半圆弯钩,直弯钩,斜弯钩。

5. 焊接,机械连接,绑扎连接。

6. 直段长度＋斜段长度－弯折量度差值＋弯钩增加长度。

7. 先支的后拆,后支的先拆。

8. 力学性能,重量偏差。

9. 受剪力较小。

10. 人工搅拌,机械搅拌,机械搅拌。

二、单选题

1. C   2. A   3. B   4. B   5. C
6. C   7. B   8. C   9. A   10. C

三、计算题

1. L1 梁各种钢筋下料长度计算如下:

保护层厚度 25 mm。

① 号钢筋下料长度＝(4 240－2×25)＋2×6.25×10＝4 315 mm

② 号钢筋下料长度可分段计算

端部平直长＝240＋50－25＝265 mm

斜段长＝(梁高－2 倍保护层厚度)×1.41＝(400－2×25)×1.41＝494 mm

中间直线段长＝4 240－2×25－2×265－2×350＝2 960 mm

HRB335 钢筋末端无弯钩。钢筋下料长度为:

$2×(150＋265＋494)＋2 960－4×0.5d－2×2d＝4 658$ mm

③ 号钢筋下料长度＝4 240－2×25＋2×100＋2×6.25d

－2×2d＝4 190＋200＋225－72＝4 543 mm

④ 号箍筋:按外包尺寸计算:

宽度＝200－2×25＋2×6＝162 mm

高度＝400－2×25＋2×6＝362 mm

④ 号箍筋下料长度＝2×(162＋362)＋50＝1 098 mm

箍筋数量＝(构件长度－两端保护层)/箍筋间距＋1

＝(4 240－2×25)/200＋1＝4 190/200＋1＝21.95 根,取 22 根。

计算结果汇总于下表:

钢筋配料单

序号	构件名称	钢筋编号	简图	直径/mm	钢号	下料长度/mm	单位根数	合计根数
1		①	4 190	10	⏁	4 315	2	10
2	L-1 梁共计5根	②	150 265 494 2 960 494 265 150	20	⏁	4 658	1	5
3		③	100 4 190 100	18	⏁	4 543	2	10
4		④	362 162	6	φ	1 108	22	110

2.(1)施工配合比为:$1:2.55\times(1+3\%):5.12\times(1+1\%)=1:2.63:5.17$

(2)每 1 m³ 混凝土材料用量为:

水泥:310 kg

砂子:$310\times2.63=815.3$ kg

石子:$310\times5.17=1\ 602.7$ kg

水:$310\times0.65-310\times2.55\times3\%-310\times5.12\times1\%=161.9$ kg

模块 4 预应力混凝土工程

思考题

1. 简述先张法采用台座法生产时的施工工艺流程。

先张法采用台座法生产时工艺流程一般为:台座准备、刷隔离剂→预应力筋铺设→预应力筋张拉→绑扎横向钢筋装侧模→混凝土浇筑及养护→预应力筋放张→脱模→出槽→堆放。

2. 简述先张法中预应力筋张拉的程序及超张拉的目的。

预应力筋的张拉程序可按下列程序之一进行:

$0\to1.03\sigma_{con}$ 或 $0\to1.05\sigma_{con}\xrightarrow{\text{持荷 2 min}}\sigma_{con}$,其中,$\sigma_{con}$ 为张拉控制应力,一般由设计而定。

第一种张拉程序中,超张拉 3% 是为了弥补预应力筋的松弛损失。

第二种张拉程序中,超张拉 5% 并持荷 2 min,其目的是减少预应力筋的松弛损失,可以减少 50% 以上的松弛损失。

3. 简述后张法的最主要施工工艺。

后张法的最主要施工工艺为:孔道留设、预应力筋穿束、预应力筋张拉和灌浆与封锚等四部分。施工时先制作构件,预留孔道,待构件混凝土强度达到设计规定的数值后,在孔道内穿入预应力筋进行张拉,并用锚具在构件端部将预应力筋锚固,最后进行孔道灌浆。

4. 简述锚固夹具与锚具有哪些异同点?

相同点:二者都是用于预应力构件中锚固预应力筋的装置。

不同点:锚固夹具用于先张法中,是一种临时装置,只能锚固,不能张拉,可以重复使用。锚具用于后张法中,是固定到混凝土构件上不能重复使用的永久性锚固装置。锚固夹具只承受预力筋的拉力,而锚具除了承受预应力筋的拉力外,还要承受构件端对其的压力。

5. 简述无黏结预应力混凝土施工工艺流程。

无黏结预应力混凝土主要施工工艺流程为:无黏结预应力钢筋的制作→无黏结预应力钢筋的铺设→混凝土浇筑及养护→张拉预应力筋→锚固。

练习题

一、填空题

1. 先张法,后张法。

2. 黏结力。

3. 锚具。

4. 台座,夹具,张拉设备。

5. 张拉,临时固定,锚固,张拉。

6. 锚具。

7. 单根粗钢筋锚具,钢筋束和钢绞线束锚具,钢丝束锚具。

8. 拉杆式千斤顶,穿心式千斤顶,锥锚式千斤顶。

9. 直线,曲线,折线,钢管抽芯,胶管抽芯,预埋管。

10. 先上后下,先曲后直。

二、单选题

1. B   2. C   3. C   4. B   5. D

6. B   7. C   8. D   9. D   10. C

模块 5   结构安装工程

思考题

1. 什么是分件吊装法?三次开行的主要工作内容是什么?

分件吊装法是指起重机在车间内每开行一次仅吊装一种或两种构件,通常分三次开行。

第一次开行——安装全部柱子,并对柱子加以校正和最后固定;

第二次开行——安装全部吊车梁、连系梁以及柱间支撑;

第三次开行——分节间安装屋架、天窗架、屋面板及屋面支撑等。

2. 什么是综合吊装法?吊装过程主要步骤有哪些?

综合吊装法是指起重机在车间内的一次开行中,分节间安装所有类型的构件。具体做法是先吊装 4~6 根柱子,立即加以校正和最后固定,接着吊装吊车梁、连系梁、屋架、屋面板等构件。吊装完一个节间所有构件后,转入吊装下一个节间。

3. 简述结构构件吊装前的准备工作包括哪些?

准备工作的内容包括场地清理、道路铺设、构件运输与堆放、构件检查与清理、构件弹线与编号、基础准备以及吊装机具的准备等。

4. 简述单层工业厂房柱子吊装的主要步骤。

其吊装施工主要步骤有:绑扎、吊升、对位与临时固定、校正、最后固定。

5. 简述钢网架结构安装方法以及适用范围。

① 高空散装法。适用于非焊接连接的各种类型网架安装。

② 分条(分块)安装法。适用于网架分割后的条块单元刚度较大的各类中小型网架。

③ 高空滑移法。适用于正放四角锥、正放抽空四角锥、两向正交正放四角锥等网架。

④ 整体吊装法。此法适用于各种网架。

⑤ 整体提升法。适用于周边支撑及多点支撑网架。

⑥ 整体顶升法。适用于周边支承点较少的多点支撑大跨度网架。

练习题

一、填空题

1. 索具,起重。

2. 吊索高度,吊索对构件的横向压力。

3. 正反斜向,正反纵向。

4. 分件吊装法,综合吊装法。

5. 安装,对位,校正。

6. 杯底抄平,顶面弹线。

7. 平面位置,垂直度和标高。

8. 细石混凝土,二次。

9. 通线法,平移轴线法。

10. 垂直度,经纬仪或垂球。

二、单选题

1. A   2. D   3. B   4. C   5. C

模块6 砌筑工程

思考题

1. 简述脚手架的基本要求。

其宽度应满足工人操作、材料堆放及运输的要求,脚手架的宽度一般为 1.5～2.0 m;能够满足强度、刚度和稳定性的要求;结构简单,装拆方便,并能多次周转使用。

2. 简述扣件式钢管脚手架主要组成部件。

扣件式钢管脚手架由钢管、扣件、连墙件、脚手板和底座等组成,是目前最为常用的一种脚手架。

3. 碗扣式钢管脚手架与扣件式脚手架在构造上有何不同？其主要组成部件有哪些？

碗扣式钢管脚手架的构造与扣件式钢管脚手架基本相似,不同之处主要在于碗扣接头。其主要由碗扣接头、主要构件、辅助构件、专用构件等组成。

4. 简述砖砌体(墙体)的抽检数量如何规定？

抽检数量:轴线查全部承重墙柱;外墙垂直度全高查阳角,不应少于 4 处,每层每 20 m 查一处;内墙按有代表性的自然间抽 10%,但不应少于 3 间,每间不应少于 2 处,柱不少于 5 根。

5. 简述砖砌体施工工艺流程。

砖砌体施工工艺流程为:抄平→放线→摆砖→立皮数杆→盘角→挂线→砌砖→楼层标 高控制→清理、勾缝。

6. 简述构造柱的构造要求。

砖砌体的构造柱的截面尺寸为 240 mm×180 mm 或 240 mm×240 mm;竖向受力钢筋 一般采用 $4\phi12\sim4\phi14$ 的钢筋;箍筋一般为 $\phi6@200$,且在柱上下端适当加密。构造柱应沿 墙高每隔 500 mm 设置 $2\phi6$ 的水平拉结钢筋,两边伸入墙内不宜小于 1 m。

练习题

一、填空题

1. 井架,塔式起重机,施工电梯,龙门架。

2. 外脚手架,里脚手架。

3. 直角扣件,回转扣件,对接扣件。

4. 由上而下,后搭设先拆,先搭设后拆。

5. 架体结构,附着支撑。

6. 砌块,砌筑砂浆。

7. 细料石,粗料石,毛料石。

8. 垂直度,水平度。

二、单选题

1. D   2. B   3. C   4. B   5. C   6. C   7. A   8. B

模块 7 防水工程

思考题

1. 简述沥青防水卷材施工工艺流程。

沥青防水卷材施工工艺流程为:基层清理→涂刷基层处理剂→铺贴卷材附加层→铺贴 卷材→卷材收头处理→蓄水试验→保护层施工→质量验收。

2. 简述合成高分子卷材施工工艺流程。

合成高分子卷材施工工艺流程为:清理基层→涂刷基层处理剂→铺贴附加层卷材→粘 贴防水卷材→卷材收头的处理→蓄水试验→保护层施工→质量验收。

3. 简述涂膜防水施工工艺流程。

涂膜防水施工工艺流程为:基层清理→特殊部位附加增强处理→喷涂基层处理剂→涂布防水涂料及铺贴胎体增强材料→清理与检查修整→保护层施工→质量验收。

4. 简述细石混凝土刚性防水屋面的施工工艺流程。

细石混凝土刚性防水屋面的施工工艺流程为:基层处理→隔离层施工→安装分格缝木条→绑扎钢筋网片→浇筑细石混凝土→起分格缝木条→养护→分格缝嵌填密封→质量验收。

5. 简述地下防水工程外防外贴法的施工工艺流程。

地下防水工程外防外贴法的施工工艺流程为:浇筑垫层混凝土→砌筑永久性保护墙→铺贴底板防水卷材→卷材保护层施工→底板和墙体施工→拆除墙体模板→铺贴墙体防水卷材→砌筑卷材保护墙。

6. 简述地下防水工程卷材防水层渗漏部位及原因。

由于保护墙和地下工程主体结构沉降不同,致使粘在保护墙上的防水卷材被撕裂而造成漏水。卷材的压力和搭接接头宽度不够,搭接不严,结构转角处卷材铺贴不严实,后浇或后砌结构时卷材被破坏,或由于卷材韧性较差,结构不均匀沉降而造成卷材被破坏,造成渗漏。管道处的卷材与管道黏结不严、出现张口翘边,也会造成渗漏。

练习题

一、填空题

1. 3～4。
2. 热熔法,冷粘法,自粘法。
3. 外防外贴法,外防内贴法。
4. 雨天及 5 级以上大风中。
5. 50 mm。
6. 直接堵塞法,下管堵漏法。

二、单选题

1. D　　2. B　　3. B　　4. B　　5. C　　6. C

模块 8　装饰工程

思考题

1. 简述内、外墙抹灰施工工艺流程。

内墙抹灰施工工艺流程为:施工准备→基层处理→设置标筋→做护角→抹底层、中层灰→抹面层灰→清理。

外墙抹灰施工工艺流程为:施工准备→基层处理→浇水润墙→找规矩、设标筋→抹底层、中层灰→弹分格线、嵌分格条→抹面层灰→起分格条→养护。

2. 简述外墙釉面砖铺贴施工工艺流程。

外墙釉面砖铺贴施工工艺流程为:选砖→基层处理、抹找平层→弹线、排砖→浸砖→贴标准点→粘贴面砖→勾缝→清理表面。

3. 简述石板材墙面干挂法施工工艺流程。

石板材墙面干挂法施工工艺流程为:基层处理→弹线→石板材打孔或开槽→固定连接件→安装石板材→嵌缝、清理面板。

4. 简述镶板(材)类墙面施工工艺流程。

镶板(材)类墙面施工工艺流程为:基层处理→弹线→检查预埋件→固定木骨架→安装木饰面板→安装收口线条。

5. 简述现浇水磨石地面施工工艺流程。

现浇水磨石地面施工工艺流程为:基层处理→找标高、弹水平线→铺找平层砂浆→养护→弹分格线、镶分格条→铺水磨石拌和料→滚压、抹平→水磨面层→草酸清洗→打蜡上光。

6. 简述陶瓷地砖地面施工工艺流程。

陶瓷地砖、地面施工工艺流程为:清理基层→弹水平标高线、做灰饼→铺找平层→弹铺砖控制线→铺地砖→拨缝、擦缝→养护→贴踢脚板。

7. 简述实铺式木地板施工工艺流程。

实铺式木地板施工工艺流程为:抄平、弹线→基层处理→安装木搁栅→铺钉木地板→安装踢脚板。

8. 简述环氧地坪涂料施工工艺流程。

环氧地坪涂料施工工艺流程为:基层处理→底涂层→腻子层→中涂层→面涂层。

9. 简述木龙骨吊顶施工工艺流程。

木龙骨吊顶施工工艺流程为:弹线找平→安装木吊筋→龙骨架拼装→固定沿墙龙骨→吊装龙骨架→龙骨架整体调平→安装面板。

10. 简述金属龙骨吊顶施工工艺流程。

金属龙骨吊顶施工工艺流程为:弹线找平→安装吊筋→安装主龙骨→安装次龙骨、横撑龙骨→安装面板→板缝处理→面板二次处理(暗装)。

练习题

一、填空题

1. 底层抹灰,中层抹灰,面层抹灰。

2. 柱面,墙面。

3. 粘贴法,挂贴法,干挂法。

4. 骨架,饰面板。

5. 整体类,块材类,卷材类,涂料类。

6. 平整度,标高。

7. 倒刺板,胶黏剂。

8. 封闭混凝土微孔,黏结性能。

9. 弹水平线。

10. 直接固定,间接固定。

二、单选题

1. A   2. B   3. D   4. C   5. D   6. B